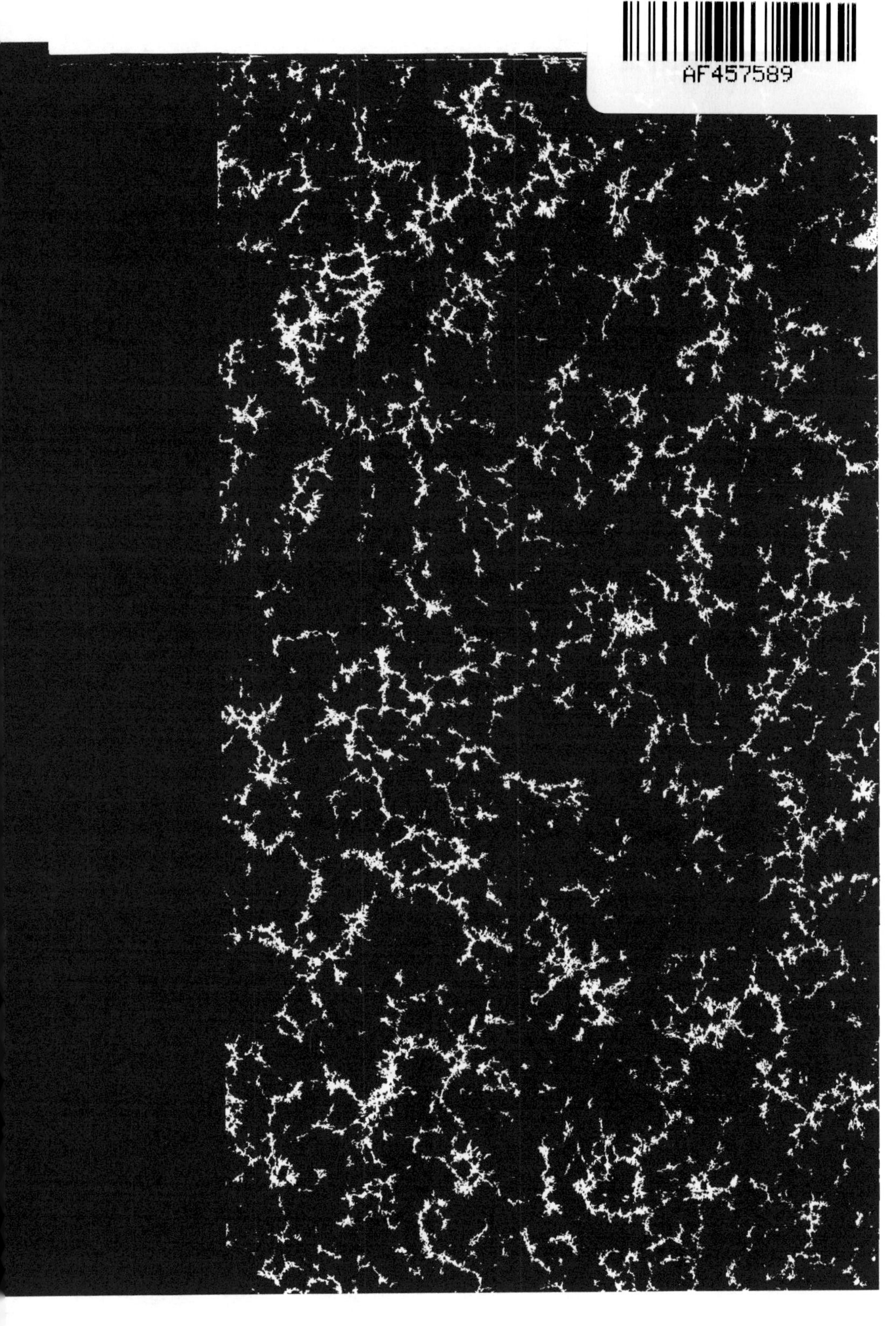

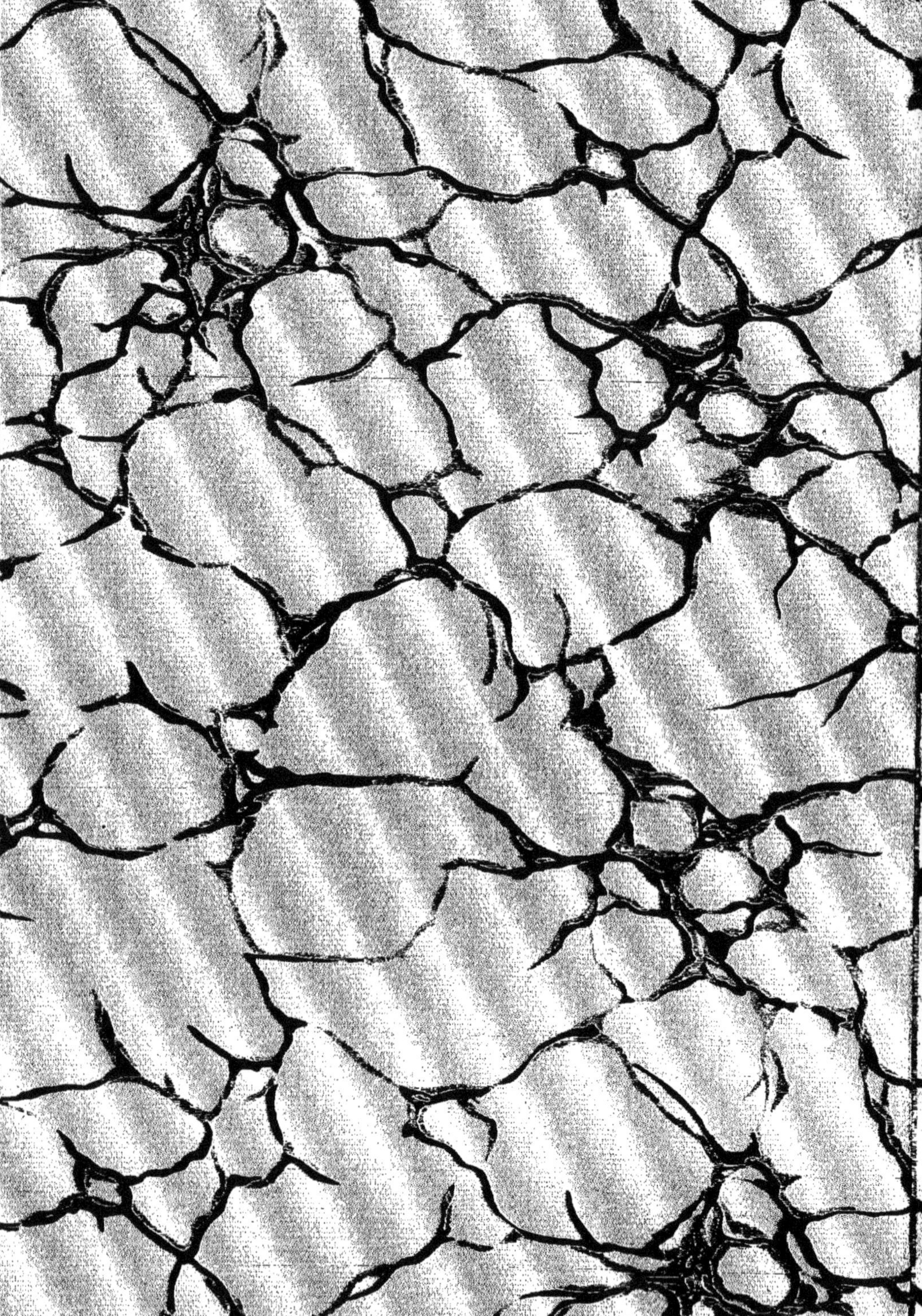

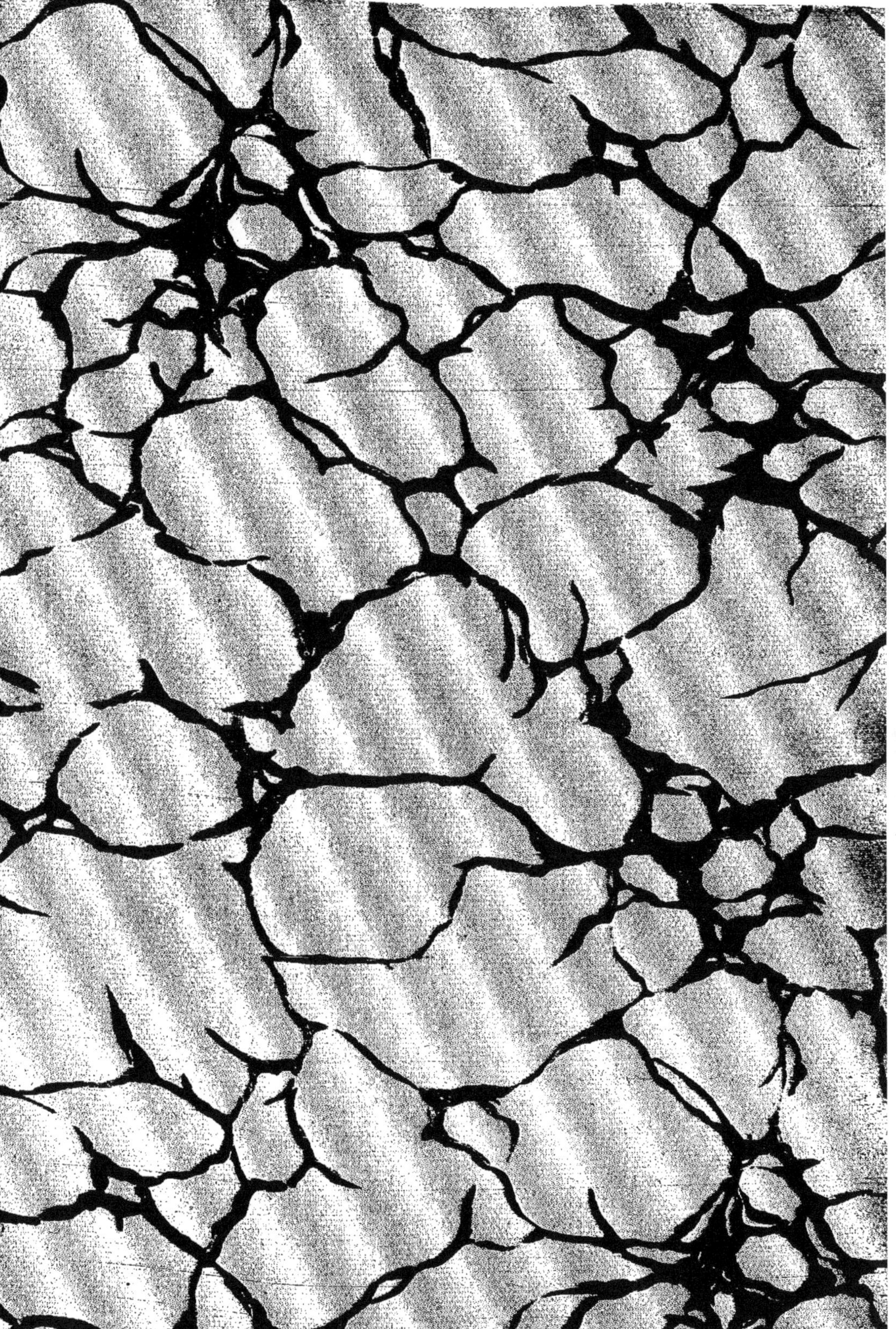

# Mission Scientifique

# du Bourg de Bozas

DE LA MER ROUGE A L'ATLANTIQUE A TRAVERS L'AFRIQUE TROPICALE

*(Octobre 1900 — Mai 1903)*

PARIS
F. R. DE RUDEVAL, ÉDITEUR
4, RUE ANTOINE DUBOIS, 4

1906

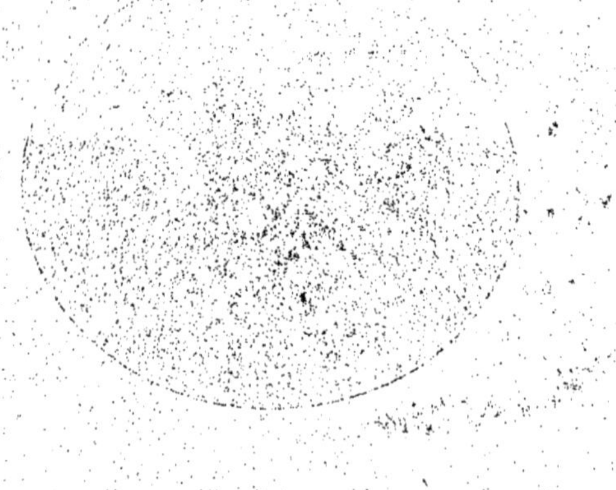

MISSION SCIENTIFIQUE DU BOURG DE BOZAS

Vte R. du Bourg de Bozas
chargé de mission.

Mission Scientifique DU BOURG DE BOZAS

# DE LA MER ROUGE A L'ATLANTIQUE

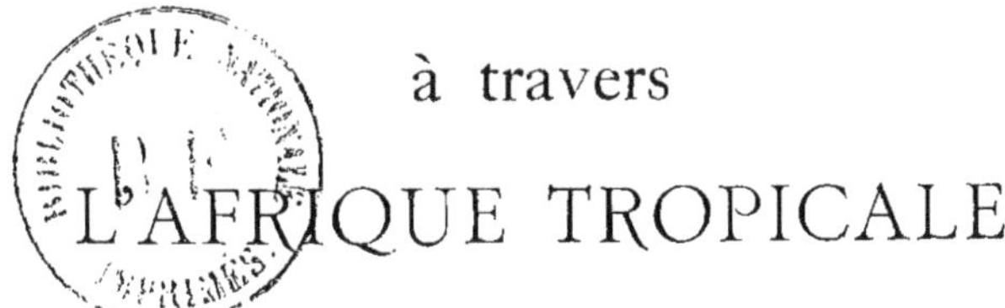

à travers

## L'AFRIQUE TROPICALE

*(Octobre 1900 — Mai 1903)*

CARNETS DE ROUTE

Préface de M. R. DE SAINT-ARROMAN

Ouvrage accompagné de 172 illustrations
d'après les photographies originales de la mission,
et de trois Cartes de l'itinéraire parcouru.

PARIS
F. R. DE RUDEVAL, ÉDITEUR
4, RUE ANTOINE DUBOIS, 4

1906

# PRÉFACE

*Cet ouvrage raconte et précise les péripéties d'une mission scientifique inscrite au livre d'or de l'exploration française et dont le chef est mort sur l'Ouellé, sa tâche accomplie, avant d'être honoré de la haute et légitime récompense que le Gouvernement se fut fait un devoir de lui décerner à sa rentrée en France.*

*Tel qu'il apparaît au frontispice de ce livre, le Vicomte Robert du Bourg de Bozas séduisait dès l'abord. D'une taille au-dessus de la moyenne, élancée, bien prise, les traits fins, l'œil profond et lumineux, la parole à la fois très douce et très ferme, le geste sobre mais élégant, on ne s'étonnait point qu'il appartînt à une aristocratie authentique.*

*La monotonie d'une brillante et vaine existence pesait sur son esprit lassé du déjà vu et des banalités somptueuses. Il fallait à son activité un aliment nouveau ; à son ambition, des occasions de se signaler ; à sa raison, un prétexte pour s'éloigner d'un milieu où tant de liens pourtant le retenaient.*

*Dans son entourage, on élargissait parfois l'horizon assez limité des causeries mondaines jusqu'à se préoccuper des destinées d'un Prince d'Orléans, d'un Duc d'Uzès, d'un Marquis de Morès ou de personnalités bourgeoises, telles qu'un Versepuy, un Crampel, un Foa et tant d'autres. Un frisson de patriotisme circulait alors, vivifiant et très sincère. On suivait sur une carte les raids tentés ou accomplis par ces hommes si différents d'origine et d'opinions, mais dont les noms figurent à un titre égal au martyrologe des voyageurs français et méritent un égal hommage.*

*Et si, par hasard, l'on n'apercevait pas toute l'ampleur des résultats acquis par ces entreprises mémorables, on se plaisait surtout à dénombrer les gibiers difficiles ou inédits que les explorateurs avaient eus à la portée de leurs fusils.*

*Ce dernier attrait détermina plus particulièrement le Vicomte Robert du Bourg de Bozas à marcher sur les traces de ses devanciers; telle fut, du moins l'impression que je reçus, lors de la première visite qu'il me fit, un jour de septembre de l'année 1900.*

*Le plan de mission qu'il m'exposa présentait un intérêt de premier ordre. Il s'agissait d'explorer une région de l'Afrique qu'aucun voyageur français, à l'exception de Mgr Le Roy, Supérieur de l'Ordre des Pères du Saint-Esprit, n'avait encore abordée. Partant de la côte du Zanguebar, Robert du Bourg se proposait de faire l'ascension du Kilimandjaro, la plus haute montagne de cette région, et de visiter le pays des Massaï au triple point de vue géographique, zoologique et botanique. Il se proposait notamment de reconnaître le bord oriental du lac Natron et de déterminer le cours des rivières, encore inconnues pour la plupart, qui se déversent dans la partie orientale et dans la partie septentrionale du lac Victoria. Ce vaste programme réalisé, il reviendrait en Europe en contournant le lac Rodolphe et en traversant l'Abyssinie, à moins que, par surcroît, il ne poussât une pointe vers Madagascar.*

*Tout ce qu'on savait et même ce qu'on ne savait pas sur la faune de la région des grands lacs de l'Afrique Equatoriale et sur celle de la grande île, Robert du Bourg eut vite fait de me l'apprendre.*

*« Ce sont d'admirables chasses, des* tableaux *extraordinaires que j'entrevois, me disait-il, et une incomparable collection de bêtes ignorées que je réunirai pour le Muséum d'histoire naturelle. Je m'occuperai de plus, personnellement, d'ethnographie, science qui ne m'est pas tout à fait étrangère. Quant aux autres sciences, elles seront représentées par des spécialistes dont je me suis assuré la collaboration. Tout ce qui sera recueilli au cours de mon voyage deviendra la propriété du Ministère de l'Instruction publique. Je ne demande rien en échange, si ce n'est un appui moral sous la forme d'une « Mission officielle »; et je suppose qu'on n'a aucune raison de me le refuser ».*

*Cette requête obtint de la Commission des Missions et du Ministre un accueil unanimement favorable. Tout le monde était d'accord pour louer une initiative aussi rare et faciliter la réalisation d'un aussi noble désir. A la vérité, on se demandait si le jeune mondain qui voulait ainsi se mesurer avec l'inconnu, ne placerait pas au-dessus de toute autre préoccupation scientifique le souci d'aller vite, loin et de multiplier des exploits cynégétiques en des contrées où il aurait, le premier, fait parler la poudre. Et l'on n'était pas sans inquiétudes sur ses aptitudes à la direction d'une escouade de savants Européens et au commandement du régiment hétérogène que constituent les porteurs, les guides, les domestiques indispensables à une pareille expédition.*

*Robert du Bourg se disposait donc à s'embarquer pour Zanzibar lorsqu'on apprit que les territoires de l'Afrique Orientale, placés sous le protectorat anglais, étaient profondément troublés, non seulement dans le pays de Kismaju, où un résident britannique venait d'être assassiné, mais aussi dans les parages qui séparent Monbaz du lac Victoria. Sir Clément Hill, lui-même, chargé par le Foreign Office d'une mission d'inspection dans l'Ouganda, n'avait pu parvenir aux grands lacs et en revenir que sous l'égide d'une importante troupe militaire.*

*Il n'était plus possible, dès lors, d'exécuter le plan si complaisamment étudié sans se heurter à de redoutables obstacles diplomatiques. C'est en ces circonstances délicates que se dessina, avec netteté, le caractère viril du Chef de la Mission, et que l'on eût de sérieuses raisons de bien augurer désormais de la solidité de ses résolutions. A peine, en effet, lui avait-on signalé la nature des difficultés soulevées par son projet, qu'il prenait le parti de le modifier et de se diriger vers les hautes plaines du Nil et le lac Rodolphe en passant par l'Abyssinie. Télégraphiquement, il donnait des ordres afin que les instruments, les armes, les munitions, les objets de campement, les provisions, les pacotilles, en un mot, l'énorme matériel de l'expédition, qui l'attendait à Zanzibar, lui fût adressé à Djibouti par les moyens les plus rapides. Cela fut fait à coups de billets de banque; « mais plaie d'argent n'est pas mortelle », ainsi qu'il le disait en souriant.*

*Le voici donc à Djibouti, aussi vaillant que s'il eût été à Zanzibar. A tout prendre, c'était un peu le même but qu'il pensait encore atteindre par une voie différente. Les mêmes obstacles diplomatiques surgirent et peu s'en fallut que la dispendieuse et longue organisation de la Mission ne devînt inutile. Il n'en fut pas ainsi, grâce à la bonne volonté de Robert du Bourg qui se résolut à modifier son itinéraire une troisième fois et qui accepta avec la plus gracieuse déférence d'exécuter, autant que les événements s'y prêteraient, le programme que traça pour lui une commission spéciale composée de MM. Grandidier, Hamy, Perrier, membres de l'Institut, et Maunoir, ancien secrétaire général de la Société de Géographie de Paris.*

*C'était toujours l'Afrique Orientale qui était le but visé; mais la Commission avait circonscrit le plan d'études et insisté sur la méthode qu'il convenait d'employer pour rendre les recherches fécondes. Le cadre et la méthode agréèrent au chef de l'expédition. Déjà respectueux des sévères exigences de la science, éclairé par les déceptions successives qui avaient annihilé ses premiers efforts, il comprit à merveille que le stationnement en des points déterminés, qui permet d'étudier lentement et sûrement une région par voie de rayonnement, est le seul mode d'exploration désormais utile. Il ne lui échappait pas que ce système remplace avantageusement les grands raids à travers le blanc de la carte qui servent à préparer la véritable découverte. Cette découverte commence seulement lorsque le voyageur, après une étude minutieuse des espaces parcourus à la hâte, réussit à rapporter, au lieu de données vagues, des documents incontestables.*

*Dans cet esprit, il mit le cap sur Harar, ardemment désireux d'élucider quelques uns des problèmes fort obscurs qui se posent encore à propos de l'Afrique Orientale.*

*Il ne faut pas oublier que si ce pays commence à être connu dans sa masse et dans ses aspects généraux, il y existe des espaces mystérieux où l'Européen n'a jamais mis le pied. C'est à peine si quelques livres, il y a quinze ans, pouvaient être consultés sur cette immense région, et encore chacun d'eux ne nous renseignait-il que sur une partie fort restreinte. Les relations de Borelli sur l'Ethiopie et de Révoil sur la côte des Somalis étaient, avec quelques ouvrages de missionnaires, tout ce qui valait la peine d'être cité.*

*Les deux volumes du savant allemand Paulitschke sur l'Ethnographie de l'Afrique du Nord-Est, parus en 1894, attirèrent l'attention de la science sur la contrée. Quelque temps après, les victoires du Négous Ménélik et l'extension de son pouvoir sur toute l'Ethiopie méridionale, sur Harar et sur une partie de la Somalie, mirent en éveil le monde politique. Toutes les curiosités se surexcitèrent à dater de cette époque, et l'on vit des explorateurs de tous les pays civilisés prendre comme objet de leurs études l'Afrique Orientale : des Italiens : Brichetti-Robecchi, Botlego, Vannutelli et Citerni : des Anglais : Donaldson Smith, Sivayne : des Allemands : Neumann, Erlanger, Wickenburg : des Russes : Léontieff, Boulatovich : des Roumains : Ghika : des Français enfin : de Poncins, Marchand, Hugues Le Roux, Duchesne-Fournets, etc., etc.*

*Tous ont fait de bonne besogne, mais on ne saurait s'étonner qu'ils aient laissé beaucoup à faire. Ces dix années d'exploration en tous sens ont simplement permis de délimiter les questions à traiter, sans qu'on ait pu parvenir à les élucider toutes. On sait, grâce à cela, que cette Afrique*

*Orientale présente d'abord à l'Est, une plateforme qui s'étend à perte de vue et sans accident de relief : c'est la Somalie à l'Est, le Borana au Sud. A cette première région en succède une autre, vers le Nord-Ouest, plus tourmentée, plus montagneuse, qui entoure Harar. Plus avant encore, dans la même direction, c'est une grande dépression basse, chaude et marécageuse, couverte de petits lacs qui se dessèchent et traçant, du lac Rodolphe à Djibouti, une grande voie longitudinale, d'accès commode mais d'habitat malsain. Enfin, au-delà, ce sont les contreforts des hautes montagnes de l'Ethiopie méridionale et de l'Abyssinie.*

*C'est ce qu'on sait en gros, mais que de détails importants de la topographie sont lettre close, que de massifs à repérer, que de vallées à tracer encore !*

*On soupçonne à peine que la géologie du pays est plus variée que celle de l'Afrique centrale, que le régime des pluies équatoriales et celui des pluies de mousson doivent s'y combattre, qu'au point de vue botanique et zoologique l'Afrique Orientale est très riche en espèces : mais ce ne sont que des hypothèses. On sait que plusieurs races habitent le pays, des* Sémites *: les Abyssins ; des* Hamites *: les Somalis, les Danakil et les Gallas ; des* Négroïdes *: les Bantous. Mais que de points à éclaircir sur leur emplacement exact, la pureté ou le mélange des races, les mœurs et le genre de vie ! Enfin, si l'on ajoute qu'à ce moment même une compagnie française activait les travaux d'un chemin de fer qui devait relier notre possession de Djibouti, sur la côte de la Mer Rouge, à Harar et à Addis-Ababa, quel intérêt ne devait-il pas y avoir pour un français à estimer* de visu *les produits et les facilités d'exploitation qu'offrait ce pays nouveau qui, par nos œuvres, s'ouvrait à la civilisation ?*

*Pour répondre aux intentions que le Ministère de l'Instruction Publique lui avait exprimées, Robert du Bourg de Bozas régla les étapes de son voyage de la manière suivante : de Djibouti il gagnerait Harar, et de là pousserait une pointe au centre du pays Somali, dans l'Ogaden, pour étudier les mœurs de ses habitants, reviendrait vers l'Ouest par le Ouabi-Chébéli et ses affluents et remonterait ensuite sur Addis-Ababa. De la capitale de Ménélik, il descendrait vers le Sud, à travers l'Ethiopie méridionale, encore si mal connue, pour atteindre, par le cours du fleuve Omo, le mystérieux lac Rodolphe. Puis, du lac Rodolphe, il piquerait à l'Ouest vers le Haut-Nil, à travers les pays du Tourkouana qu'aucun Européen n'avait jusque-là visités. Une fois sur le Nil, que ferait-il ? Il ne savait ; à si longue échéance, il lui fallait bien s'en remettre aux circonstances ; mais déjà la traversée de l'Afrique le tentait et il songeait à gagner du bassin du Nil celui du Congo et à revenir en France par l'Atlantique.*

*Ce projet périlleux qui marque l'énergie de Robert du Bourg fut réalisé dans sa plus grande partie. On verra que lorsqu'il rendit le dernier soupir, la Mission avait déjà atteint le bassin du Congo; elle était au terme du voyage et n'avait plus qu'à descendre le fleuve,*

*Les Bulletins de la Société de Géographie de Paris — Juin 1902 et Février 1903 — contiennent deux communications de Robert du Bourg résumant les faits de tout ordre qui avaient le plus vivement éveillé son attention (1).*

*En suivant les étapes de ce magnifique itinéraire, le lecteur aura le réconfortant spectacle d'une énergie bien française. Il pénétrera quelques-uns des secrets de ces barbaries que la civilisation a la prétention de vaincre et sera témoin de drames où le comique atténue parfois des situations poignantes. Il pourra mesurer ce que de pareilles aventures coûtent d'efforts, exigent de courage, de patience, de philosophie et de décision. Il sera témoin aussi, et c'est là ce qui m'a le plus frappé, de la transformation et de l'éducation rapide d'un caractère.*

*Avant qu'il ait entrepris cette exploration, nous sommes en présence d'un homme d'un monde où il s'ennuie, qui veut, avant tout, fuir le boulevard et se singulariser par le lointain de ses terrains de chasse. Il a certainement eu, tout comme un autre, des occasions de faire preuve de finesse, de sagacité, de volonté, de sang-froid. Mais ces preuves ont été fournies en des circonstances normales, en pleine activité sociale, avec des gardiens de la paix, des commissaires de police, des magistrats, des chemins de fer et de l'électricité tout autour. Robert du Bourg a 28 ans à peine. Pour la première fois il s'éloigne à perte de vue du cercle familial, ce point d'appui de la défense contre les embûches de la vie. Sera-t-il mûr pour les si pesantes responsabilités qu'engendre une exploration aussi compliquée? On est en droit d'en douter.*

*Aussitôt qu'il a mis le pied sur la côte d'Afrique, ses projets, d'autant plus chèrement caressés qu'ils ont défrayé les conversations des milieux mondains, un peu sceptiques comme il est de bon ton, avortent à deux reprises et dans des circonstances absolument imprévues. Loin d'en être déconcerté, il se raidit contre la malchance et met à profit le temps qui s'écoule en attendant l'élaboration d'un troisième itinéraire,*

---

(1) *Communications adressées en cours de route à la Société de Géographie,* par le V^le R. du Bourg de Bozas. — Paris, F. R. de Rudeval.

*pour veiller de sa personne aux mille détails qui assurent la cohésion d'une expédition, un minimum de défections et un maximum de garanties de sécurité. En d'autres termes, il commence et poursuit son rude apprentissage d'explorateur.*

*Il a choisi pour collaborateurs scientifiques le docteur Brumpt, pourvu du diplôme de docteur ès-sciences, préparateur à l'école des Hautes-Etudes, qui est devenu chef de travaux pratiques à l'Institut de médecine coloniale, qui a rendu à la mission d'inappréciables services et l'a, après la disparition du chef, ramenée intacte en France ; le lieutenant Burthe d'Annelet, que ses campagnes algériennes aux chasseurs d'Afrique et aux spahis Sahariens ont familiarisé avec le désert et le commerce des indigènes ; M. de Zeltner, ethnographe et sociologue d'une science sûre et éprouvée. A Djibouti, il recrutera un quatrième auxiliaire. M. Golliez, Suisse d'origine, très averti par des voyages antérieurs, des hommes et des choses de l'Abyssinie. Un peu plus tard, quand MM. Burthe d'Annelet et de Zeltner seront contraints par des raisons impérieuses de se séparer de la Mission, il trouvera à Addis-Ababa un cinquième collaborateur dans la personne de M. Didier, qui deviendra, sous sa dictée, l'historiographe de la Mission et aura la douleur d'en rédiger seul les derniers feuillets.*

*Cet état-major est jeune ; le plus âgé de ses membres n'a pas trente ans ! Mais chacun d'eux justifie par son savoir ou son courage la place d'honneur qu'il occupe. Le chef, jeune lui aussi, sait se faire aimer de ses compagnons, et prend sur eux, dès le début, une autorité nécessaire. reconnue et acceptée sans arrière-pensée.*

*C'est un échange constant de procédés courtois et affectueux, chacun initiant son voisin aux connaissances spéciales qu'il possède. C'est en quelque sorte une école mutuelle. Robert du Bourg y puise de nouvelles et fortes habitudes d'activité. A cet exercice de tous les instants sa volonté se développe, commande à son tempérament et par la libre action qu'il exerce sur lui-même, il chasse le vieil homme et ennoblit sans trêve son caractère. C'est avec un calme qui ne se dément jamais qu'il envisage les événements qui se succèdent, les obstacles dressés devant lui, les périls de toute sorte, les hostilités des hommes, des bêtes ou des éléments. Il domine le tout par son jugement clair et sa décision prompte. Et jusqu'à son dernier soupir il donne le bel exemple d'une persévérance qui eût dû faire reculer la mort.*

*Le récit que j'ai l'honneur de présenter au public, est l'expression fidèle des pensées et des actes du chef de la Mission, consignés au jour le jour sur ses carnets de route que M. Fernand Maurette, l'un de nos plus brillants agrégés d'histoire et de géographie, a fidèlement et éloquemment mis en œuvre. Il sera prochainement suivi de quatre fascicules exclusivement consacrés à la géologie et à la botanique, à la zoologie, à l'ethnographie, à la pathologie et à la parasitologie des pays explorés par la Mission.*

*Ainsi s'achèvera le monument que la famille du Bourg de Bozas érige pieusement à la mémoire de l'un de ses fils et qui lui était dû.*

*RAOUL DE SAINT-ARROMAN*

*Etrechy, 2 août 1905.*

DE LA MER ROUGE A L'ATLANTIQUE

A TRAVERS L'AFRIQUE TROPICALE

DJIBOUTI. — Un coin du marché.

# CHAPITRE I

## La première étape : de Djibouti à Harar

(2 février — 21 avril 1901)

DJIBOUTI. — Arabe du Yémen.

DJIBOUTI. — NÉGOCIATIONS AVEC LE GOUVERNEMENT ABYSSIN. — CONSTITUTION DÉFINITIVE DE L'EXPÉDITION. — DÉPART. — A TRAVERS LE DÉSERT. — LES TERMITIÈRES. — ECHASSIERS ET CRIQUETS. — LA CIGÜE DES CHAMEAUX. — LE PREMIER LARCIN. — GUELDEÏSSA ; UNE VILLE DOUANIÈRE. — CHANGEMENT DE DÉCOR : UN SITE EUROPÉEN. — LA PREMIÈRE CHARRUE ; UNE FERME GALLA. — QUELQUES TRAITS DU CARACTÈRE GALLA. — EN VUE DE HARAR.

Partis de Marseille le 10 janvier 1901, sur le paquebot « Djemmah », M. du Bourg de Bozas et ses compagnons arrivaient à Djibouti le 30 à une heure du matin. Une escale de huit jours à Suez, pour réparer une hélice faussée, fut le seul incident de cette traversée heureuse et sans histoire.

A peine arrivé, M. du Bourg se rendit chez le gouverneur de notre colonie, M. Bonhoure, et lui présenta les membres de la mission. L'accueil de notre compatriote fut ce qu'il devait être pour une entreprise dont la double fin était l'avancement de la science et la propagation du nom français. Dès le 1er février, le chef de la mission et ses collaborateurs s'occupèrent de tout organiser pour le départ.

Innombrables sont les formalités auxquelles doit s'astreindre tout voyageur qui veut toucher au pays abyssin. Le gouvernement demi civilisé de ce pays barbare est plus formaliste que la plus antique de nos administrations européennes. Avant tout, il fallait donc obtenir les autorisations indispensables du négous Ménélik. Le second de la mission, M. Burthe d'Annelet, devait partir à cette fin pour Harar et pour Addis-Ababa, porteur de lettres à l'adresse du ras Makonnen et du négous. Il leur exposerait le plan de l'expédition, son but pacifique et désintéressé, et obtiendrait d'eux les sauf-conduits qui mettraient à la disposition des explorateurs tous les *dedjaz* (1) des provinces abyssines qu'ils traverseraient. Le 2 février, M. d'Annelet partait en ambassade; il devait retrouver M. du Bourg à Harar, après un heureux succès.

Pendant deux mois, M. du Bourg demeura à Djibouti pour recruter et équiper sa troupe. Dès le début, il adjoignait à son personnel européen M. Golliez, un vieux routier des pays gallas et éthiopiens, fin connaisseur en hommes et en choses de l'Afrique Orientale. Il devait ajouter les fruits précieux de son expérience à la science forcément indirecte et livresque des autres membres de l'expédition. Dans la suite et jusqu'à la fin, M. du Bourg n'eut qu'à se louer de cet auxiliaire inespéré.

L'enrôlement de ce collaborateur d'élite fut chose facile. Mais le recrutement du personnel indigène était une tout autre affaire, et qui n'alla pas sans difficulté. Palabres interminables et discussions sans fin (*calames*, comme on dit en pays arabe), marchandages énervants, marchés rompus au moment de se conclure, rien ne fut épargné à notre explorateur. Durant ces soixante jours il eut à essuyer plus de récriminations mercantiles que pendant tout le reste de sa trop courte vie. C'est là la moindre des calamités qui guettent le voyageur abordant sur la côte africaine. Tous les habitants de la contrée, Abyssins, Gallas, Somalis, Danakil, Souahilis, Arabes, ont pour le moins plusieurs pintes de sang sémite dans les veines (2), et les affaires s'en ressentent lorsque

(1) *Dedjaz* : Gouverneur.

(2) Les Arabes et les Abyssins sont certainement de race sémitique; les Souahilis sont un mélange d'Arabe et de nègre ; quant aux Somalis, aux Danakil et aux Gallas, ils sont *hamites*, branche particulière de la race sémitique.

nous entreprenons de traiter avec eux, nous autres, pauvres européens, fils de Japhet.

Le projet de M. du Bourg (et la suite des événements en prouva la sagesse) était de ne pas recruter sa suite indigène dans une seule race d'hommes, mais de la composer de tous les éléments ethniques représentés dans le pays. A cela, il voyait, non sans raison, un double avantage : les indigènes n'auraient entre eux d'autre lien que ceux que crée l'obéissance à un chef unique, et l'expédition se trouverait béné-

DJIBOUTI. — Quelques types Somalis Issa.

ficier de toutes les qualités, fort diverses, que présente chacun des peuples de l'Afrique Orientale.

Des Somalis l'on obtiendrait les ressources physiques énormes qu'offre leur structure sèche, nerveuse, solide comme les bois de leurs buissons. Aux Arabes et aux Souahilis (sorte de métis d'Arabes et de Bantous qui peuplent la côte de Zanzibar), on demanderait les qualités de l'intelligence, la finesse, l'esprit pratique et de décision précieux dans les circonstances difficiles qu'il fallait prévoir. Les Abyssins, enfin, donneraient à la petite troupe un ascendant que l'on devine dans tout l'empire du négous ; et, il faut bien le dire, dans les pays gallas et prétendus indépendants, elle participerait au prestige terrible que les *Amharas* (1) surent acquérir par leurs pillages auprès de leurs paisibles voisins.

En somme, à une telle troupe, une seule vertu eût fait défaut : l'esprit de discipline. Aussi M. du Bourg s'avisa-t-il de lui donner un fort appoint de ces mêmes Soudanais, qui, par leur endurance et leur fidélité à toute épreuve, donnèrent à nos explorateurs, Foureau, Marchand et tant d'autres, le moyen de faire de si grandes choses. Au reste, les Soudanais suivraient les explorateurs pendant toute leur traversée de l'Afrique ; les autres les quitteraient au Nil.

S'inspirant de ces principes, notre voyageur parvint à recruter, tant à Djibouti que sur les côtes d'Arabie et de Zanzibar (2), une troupe de 73 indigènes, qui se décomposait ainsi :

| | | |
|---|---|---|
| Abyssins | | 21 |
| Souahilis | | 14 |
| Arabes | | 2 |
| Somalis | Haberaouals | 18 |
| | Issas | 2 |
| Soudanais | | 16 |
| | Total | 73 |

Pour les animaux porteurs, il allait de soi que l'on achèterait des chameaux. C'est l'unique bête de somme usitée en Afar (3) et en Somalie. Seule, elle peut parcourir ces déserts où l'herbe est parfois rare et toujours maigre, — où l'eau se fait souvent désirer pendant des jours, — et où les routes, pour être planes, n'en sont pas moins ardues, toutes hérissées de cailloux et de laves desséchées, derniers témoins des éruptions de l'époque tertiaire, qui, d'Ethiopie, s'étendirent jusque là.

Mais il fallait songer que bientôt, après les plaines du pays somali, on aborderait les fortes pentes qui avoisinent Harar, — que plus tard on s'attaquerait aux rudes falaises basaltiques de l'Abyssinie. Aussi M. du Bourg crut-il prudent de se monter aussi en ânes et en mulets. Le mulet du pays rappelle celui de nos Pyrénées : il est, par excellence,

(1) Nom donné aux Abyssins dans toute l'Afrique Orientale.

(2) Zanzibar, jadis marché d'esclave, est aujourd'hui un grand « bureau de placement » pour porteurs africains de tout pays.

(3) Plaine occupée par les Danakil.

l'animal porteur sur les routes escarpées. Il rendit dans la suite de grands services à l'expédition.

Deux mois s'étaient écoulés à acheter, à débarquer les bagages et à répartir les charges. On avait de bonnes nouvelles de la mission diplomatique de M. d'Annelet : vraisemblablement, aucun empêchement ne viendrait de la part du négous. Les explorateurs pouvaient donc partir, après avoir jeté un dernier coup d'œil sur cette ville de Djibouti, qu'ils avaient eu le loisir d'inspecter durant ce séjour nécessaire.

Le territoire de Djibouti appartient à la France depuis 1858. Mais l'essor de la ville ne date que de 1896, époque à laquelle la résidence du gouverneur y fut transférée d'Obock. C'était une bourgade infime malgré sa situation propice. Aujourd'hui, c'est une ville de 2.000 européens et de 10.000 indigènes environ, qui s'étage assez agréablement sur trois plateaux disposés en amphithéâtre au dessus de la côte. L'altitude, les vents secs et chauds qui soufflent d'Arabie, l'ont dotée d'un climat souvent torride, mais toujours sain. Le soleil, qui élève parfois la température jusqu'à 47°, est le seul ennemi à craindre. Les pluies sont réparties en deux saisons, comme dans toute la région des tropiques, mais la quantité d'eau précipitée est très restreinte et l'humidité en suspension dans l'air presque nulle. L'eau des puits d'Amboulie est excellente et très potable. En sorte que ces deux fléaux de tout pays tropical, la fièvre et la dyssentrie, sont presqu'également ignorés à Djibouti.

Les maisons européennes de la ville sont adaptées au climat : tout y est prévu contre la chaleur, rien contre une humidité absente. De larges vérandahs les entourent, où les colons viennent vers le soir « goûter l'ombre et le frais ». Les murs sont épais, les fenêtres sans vitres, et de grandes *pankas* s'agitent sans cesse dans les intérieurs qu'elles rafraîchissent.

Le commerce de la ville européenne est assez actif. Il le sera encore plus quand le chemin de fer qui unit déjà la côté à Harar et qui doit aller jusqu'à Addis-Ababa, rendra tous les services que l'on attend de lui. Steamers européens et *boutres* arabes peuplent continûment le port. Ces derniers, avec leur arrière carré et puissant, qui leur donne de la tenue sur les mers les plus dures, avec leur avant effilé, qui les rend aptes à de grandes vitesses, dénotent un art de la construction navale assez avancé. Les voiles latines qui les surmontent leur donnent au loin l'aspect de grands albatros qui seraient descendus des verts océans du Nord pour connaître les mers bleues et phosphorescentes des tropiques.

Le grand commerce est dans les mains des Français, des Italiens et des Grecs. Les exportations sont difficiles à évaluer exactement : tout au plus peut-on les dire en voie de croissance. Les importations représentent 15 millions de francs environ, dont la moitié représentée par les cotonnades anglaises, hindoues, américaines. L'industrie ne fait que de naître. Une usine à glace, une minoterie, deux fours à chaux, voilà tout ce que Djibouti renferme pour l'instant.

Quant à la ville indigène, elle se répartit en trois agglomérations, Djibouti, Bender Djedid et Boulars. Cette dernière est sur la route de Zeilah, la rivale anglaise de notre Djibouti. Les rues sont rectilignes, comme tirées au cordeau, et se coupent à angle droit. Mais sur ce vaste échiquier se dressent avec peine les constructions les plus bizarres et les plus pauvres. Des perches tortueuses soutiennent des murs caducs ; des planches pourries, des nattes hors d'usage, de vieux morceaux de toile, ont fait tous les frais de la construction. Le toit est fait d'herbes sèches entassées. Quoique variable la disposition intérieure est toujours simple : une ou deux pièces basses et étroites s'ouvrent sur une cour. Quelques *angareb*, sorte de lits de sangle, un bahut appelé *sandouk*, un mortier pour écraser le grain, une série de pots et de paniers, voilà tout le mobilier, mobilier que M. du Bourg retrouvera dans toute l'Afrique Orientale : seule avec les lieux variera la forme de ces ustensiles et l'architecture des édifices qu'ils meublent.

La population, très mêlée, constitue comme une synthèse de toutes les races de l'Afrique Orientale. On peut dire qu'en ce sens Djibouti présente une leçon de choses complète à l'explorateur qui aborde pour la première fois cette contrée. La majorité est composée de Danakil et de Somalis des tribus les plus proches : Haberaouals, Issas et Gadabursi. Somalis et Danakil sont en somme fort voisins les uns des autres. Tous sont de race hamitique et arrivèrent probablement de concert en Afrique, à une époque très ancienne, que l'histoire n'a pas enregistrée. Longtemps ils restèrent cantonnés sur les rives de la mer Rouge, laissant tout l'intérieur à un autre rameau de leur race, les Gallas. Leur situation actuelle ne date que du XVI^e siècle. Grands, minces, nerveux, bien proportionnés, marcheurs infatigables, chasseurs rusés et très braves, ils constituent une des races les plus remarquables de l'Afrique. Certains d'entre eux, avec leurs traits fins, leurs cheveux crépus mais bien plantés, leur peau d'un grain délicat et leur port naturellement élégant, sont réellement admirables. On voudrait voir cette race de beaux hommes consacrée à un labeur fécond et s'acheminant vers la civilisation. Malheureusement le pays qu'ils habitent, et dont la mission allait parcourir les confins, les condamne à la vie errante et pastorale, c'est-à-dire au pillage, à la fourberie et à la cruauté. Somalis et Danakil sont musulmans.

A côté d'eux vivent, à Djibouti, des Abyssins de religion copte. Leur type est généralement plus mêlé d'éléments négroïdes, bien que l'origine de la race soit sémitique. Vêtus d'un caleçon, entourés d'une grande pièce d'étoffe blanche appelée *tob*, traînant par les rues une démarche indolente, ils manquent de cet aspect énergique et martial qui distingue les Somalis. La victoire que leur négous remporta naguère sur les Italiens, les a remplis

DJIBOUTI. — Vue du marché.

d'un orgueil qui n'est pas près de s'éteindre. Ils méprisent l'Européen, quel qu'il soit.

Avec quelques Gallas égarés et de rares Soudanais, Souahilis et Hindous, les Arabes, ouvriers entreprenants, commerçants astucieux, exploiteurs tenaces de toute la côte orientale d'Afrique, complètent l'ethnographie de Djibouti. C'est leur action qui jadis fanatisa tous les hamites et les convertit à l'Islam. Aujourd'hui que l'ardeur du prosélytisme s'est refroidie, ils continuent par le commerce la conquête de cette « corne orientale de l'Afrique » qu'ils avaient commencée comme une croisade.

Mais, du haut de sa forteresse naturelle, l'Abyssin est descendu dans la plaine pour la lui disputer, mû par sa haine de l'Islam et par sa rapacité insatiable. Aujourd'hui, devant les soldats du négous, le musulman recule : hier, l'Islam était maître de Harar ; aujourd'hui Menelik y règne par la force et entreprend, avec peine il est vrai, d'en extirper les profondes racines que la civilisation de Mahomet y a jetées.

Dès le 13 février, bien avant leur départ, les explorateurs eurent comme un avant-goût du spectacle qui les attendait dans la brousse. Un nuage de criquets, arrivant de l'Ouest et poussés par le vent de terre, s'abattit sur toute la banlieue de la ville. Ils volaient à environ 4 mètres du sol, avec une vitesse assez grande et dans une direction rectiligne. Sur les flancs de la colonne quelques compagnies isolées décrivaient de grands arcs de cercle en volant contre le vent et en le coupant en diagonale. Aucun d'eux ne touchait à la verdure. Par des crochets brusques ces voltigeurs se dérobaient facilement à l'atteinte de qui voulait les saisir, manœuvre que ne pouvait accomplir le gros de la colonne, qui allait droit dans le lit du vent. De près, les criquets examinés par M. du Bourg et ses compagnons étaient d'un jaune brillant et émettaient sans interruption un sifflement strident et intense. Le vol dura une heure et alla se perdre dans la mer. La colonie n'avait subi aucun mal.

Le 1er avril tout était prêt. Le départ fut donc décidé pour le lendemain et la journée consacrée aux adieux. Le 2, au matin, l'expédition sortait de Djibouti. Elle ne devait plus toucher à une terre française avant notre colonie du Congo, la terre promise. Combien de ceux qui partaient y arriveraient-ils?

La première étape commençait : elle devait se terminer à Harar. La route que l'expédition allait suivre, route ordinaire des caravanes, traversait le désert Somal jusqu'à Gueldeïssa et de là remontait les fortes pentes qui mènent sur les hauts plateaux de Harar. Aussi, dès la sortie de Djibouti, M. du Bourg fit-il prendre à sa troupe la direction du sud. A l'est se dessinaient les hauteurs de l'Afar, vastes ondulations jaunâtres de terre sèche, sans herbe : c'est le pays des Danakil ; au sud, un autre désert : c'est le pays des Somalis Issas.

Il est bien connu aujourd'hui. Les travaux d'un autre français, le vicomte de Poncins, nous l'ont surtout révélé. Quand M. du Bourg le traversa, c'est-à-dire pendant la première quinzaine d'avril, il était absolument sec. Le sol en est constitué par des laves qu'épanchèrent jadis les volcans éthiopiens. Aujourd'hui ces laves sont en partie décomposées en une sorte d'argile rougeâtre. Cette argile ne manque pas d'éléments fertilisants, mais l'absence quasi absolue de pluie condamne cette terre à la stérilité. Les vastes ondulations en sont sillonnées par des *tugs*, ou lits de rivières transitoires, qui ne roulent de l'eau qu'après la pluie. La seule formation végétale qui s'y rencontre est le buisson, buisson parfois épineux, composé surtout d'acacias, d'euphorbes et de cactus. Tel est le triste paysage que contemplèrent dans leur marche les voyageurs jusqu'au 9 avril : la faune était pauvre et les chasses peu

Groupe de femmes somalies dans une zériba.

fructueuses. Midgân, que l'on traversa le 5, Hadjin, où l'on séjourna le 6, sont des bourgades sans importance, plutôt des relais de caravanes que des agglomérations de sédentaires.

Dès le 5, à Midgân, M. du Bourg fit connaissance avec le plus rude fléau du pays : les maraudeurs. Vers huit heures du soir la caravane, qui faisait des marches nocturnes pour ménager les hommes, était engagée dans un ravin, quand l'arrière-garde essuya trois coups de feu tirés par des pillards cachés. Les Ascaris ripostèrent immédiatement, sans se troubler, et les assaillants se turent. L'escarmouche n'eût donc pas de suite et permit simplement à M. du Bourg de se rassurer sur la cohésion et le sang-froid de sa troupe. Dans tout ce pays Issa, sillonné par les caravanes qui montent vers Harar, les maraudeurs abondent. Certes, les Issas sont moins rapaces et moins batailleurs que leurs voisins les Danakil ; mais, habitant le désert, ils sont presque fatalement condamnés à vivre de la seule ressource qu'il leur offre : le commerce entre Harar et la côte. Or, ils en vivent de deux façons : comme pillards, ou, quand ils le peuvent, comme convoyeurs et protecteurs stipendiés. A un moindre degré que les Danakil, mais dans une grande mesure encore, ils ont comme monopolisé leur désert. Ils maudissent l'Européen qui, avec ses armes perfectionnées et ses troupes disciplinées, assure lui-même la police et la sécurité de ses caravanes et tend à ruiner le pauvre Issa en supprimant le vol.

Le 9, M. du Bourg arrivait à Biokobaba ; le site, dans une vallée encaissée et toujours humide, offre au regard des arbres touffus, des lianes et du gazon qui reposent de la brousse. Mais, après cette oasis, le désert reprend. A partir du 10, de petites hauteurs coniques apparurent aux yeux des explorateurs. A l'inspection, ils y reconnurent des termitières. Les termites sont, en effet, les représentants les plus minuscules et les plus nombreux de la faune de ces régions désertiques. Leurs édifices de terre rougeâtre s'élèvent de l'herbe desséchée, et constituent le seul relief de la plaine. Le 11, les criquets réapparurent : une compagnie de grands marabouts était en train d'y chercher sa pâture. M. du Bourg en tua un, qui enrichit la collection zoologique du docteur. Avec les antilopes et quelques hyènes, ce fut le seul gibier que l'on rencontra.

Pour la flore spéciale du pays, elle se fit connaître, le 12, de façon désagréable. Un chameau mourut pour avoir mangé d'un arbrisseau vénéneux, le *gommor*, fort connu des habitants du désert, et répandu dans toutes les régions désertiques de l'Afrique Orientale. Deux jours avant, trois autres chameaux avaient disparu, victimes, sans doute, non pas du pays, mais de ses habitants. Le 12, l'un d'eux revint seul, sans sa charge, dont on l'avait « allégé », pour employer un mot d'argot qui trouvait là son application stricte. Le 13, après des menaces adressées par M. du Bourg à des habitants qu'il rencontra, des Somalis se présentèrent avec les deux autres chameaux tout chargés et la charge du troisième, qu'ils déclarèrent avoir « retrouvée » ! Le temps pressait trop pour mener une enquête : nos voyageurs acceptèrent l'explication sans approfondir ; en somme, quand, le 19, l'expédition quitta le désert, elle avait déjà éprouvé tous les désagréments qu'infligent à l'Européen la flore du pays et sa faune, sans en exclure l'homme.

Pendant ces dix-huit jours de marche, on s'était élevé insensiblement. Le 19, le point atteint, Arto, était à l'altitude de 940 mètres. Peu à peu, le pays changeait d'aspect, la végétation devenait plus luxuriante; les mimosas, de plus en plus nombreux, tendaient à remplacer le buisson épineux; l'herbe se montrait drue et riche en couleur. Tout dénotait que les montagnes proches, ces grands condensateurs naturels de la vapeur atmosphérique, prodiguaient ici l'eau et la vie.

Enfin, le 18 avril, la mission atteint Gueldeïssa, la première ville où réside un chef abyssin, Ato-Marcha. M. du Bourg fut accueilli aux abords de la ville par une escorte que lui déléguait celui-ci. Salves de coups de fusil, vivats, réception par le chef dans sa *toucoul* (1), rien ne manqua de ce cérémonial, que les explorateurs devaient retrouver à chaque grande étape.

Toute la journée du 18, on séjourna dans la ville. Composée de *toucouls* abyssines et de quelques paillottes somalies et gallas, misérables abris faits de lattes et de torchis, Gueldeïssa est, à dire vrai, plutôt un marché et une douane qu'une ville digne de ce nom, même en pays abyssin où sur ce fait on est peu difficile. Elle est le premier point d'échange qui mérite d'être signalé depuis la côte. Elle se trouve, en effet, à la limite de deux régions fort différentes et naturellement appelées à troquer leurs produits : la steppe somal et le haut pays de Harar. D'où l'intérêt qui s'y attache : Abyssins, Somalis et Gallas s'y mêlent aux marchands venus de loin, aux Arabes, aux Grecs et aux Hindous. A côté du *berberi*, du sel et des oignons, comestibles de consommation locale, le grand produit de trafic est le café de Harar ou d'Ethiopie, qui de là part vers l'Europe, où nos gourmets le humeront avec délices sous le nom de *moka*. Car le moka ne vient pas de Moka, qui n'en produit presque plus; il vient surtout d'Ethiopie.

Mais le plus curieux de Gueldeïssa n'est pas le marché; c'est la douane. Deux grands magasins aux piliers de pierre y sont affectés, véritables monuments parmi les masures qui composent la ville. Là, de par la volonté du négous, défilent toutes les marchandises qui pénètrent dans l'empire ou qui en sortent. En théorie, la taxe est fixée à 10 o/o *ad valorem*; en pratique, le chef de la douane, fonctionnaire tout-puissant,

(1) *Toucoul :* maison en abyssin.

prélève à son gré un impôt souvent énorme. Les commerçants indigènes, Somalis, Hararis et Gallas n'ont qu'à se soumettre sans résister à ces exigences d'un maître récent et lointain. Heureux, si la rapacité abyssine ne se manifestait jamais que sous cette forme presque loyale et tout au moins pacifique !

La mission ne passa pas la nuit à Gueldeïssa. Le docteur ayant appris que le lieu était fiévreux, mit son veto à un séjour nocturne, et M. du Bourg s'inclina. Le 18 au soir tout le monde partait donc, après avoir jeté un dernier coup d'œil sur les arbres magnifiques qui entourent le site, preuve certaine que les Abyssins, ces grands destructeurs d'arbres, ne sont pas depuis longtemps maîtres de la contrée, et n'ont pas encore su imposer leurs mœurs.

Dès le 20, on atteint l'altitude de 1.200 mètres. Malgré la saison, la température devient plus fraîche. En deux jours, par de fortes pentes, plus de 1.000 mètres d'altitude sont encore franchis. Les chameaux souffrent beaucoup sur ces routes escarpées ; les mulets eux-mêmes montent avec peine les rampes qui mènent à Belaoua. Bêtes et hommes sont rendus quand on arrive aux 2.240 mètres. Mais les Européens sont payés par le spectacle qui s'offre à eux.

C'est encore un changement à vue. Par l'effet de cette ascension rapide, M. de Bourg et ses compagnons ont, en quelques jours, eu l'exacte notion de toutes les formations végétales qui, à ces latitudes, s'échelonnent sur les pentes. Le 18, à 900 mètres, on était encore dans ce que les Abyssins appellent la *kolla*, le bas pays, peu arrosé, très chaud, sans autre flore que le buisson et l'herbe éphémère de la steppe. Le 19, à 1.200 mètres, on atteignait une seconde zone, encore chaude, mais déjà plus arrosée, où les nuages s'accrochent aux hauteurs et se résolvent en pluies. La végétation y est quasi-tropicale, sinon par les espèces, du moins par la profusion. C'est ce que l'abyssin appelle la zone de la *woina-dega*. Deux jours après, on est à 2.200 mètres. Ici l'air est plus frais, l'atmosphère encore plus humide ; c'est un véritable paysage d'Europe qui se présente aux yeux des voyageurs : sur les plis de terrain, de gros pâturages, semés de bouquets d'arbres, leur rappellent tel site de la Normandie qui leur est familier. C'est la *dega*, la région des céréales et des prairies, la région habitable entre toutes.

Avec les végétaux changent aussi les hommes et leur mode d'existence. Le 20 avril, à Belaoua, les Européens découvrent un objet pourtant bien simple, mais qu'ils accueillent par des cris de joie : une charrue ! Une charrue, cela veut dire un pays fertile, des habitants sédentaires et paisibles ; cela veut dire la fin du désert, de ses buissons, de ses fourmis, de ses pillards ; cela veut dire Harar proche !

Bientôt les traces d'une vie purement agricole se font plus nombreuses. De grandes *toucouls* sont répandues dans la campagne. Elles sont habitées par des Gallas. Mais, nonobstant leurs hôtes, elles ne sont pas sans rappeler aux explorateurs les fermes de nos pays. Seule la forme, conique ici, les en distingue ; mais, ici comme là, le toit est de chaume et il abrite des êtres simples, actifs et paisibles. Dans la cour, à droite de la maison d'habitation, se trouve l'étable aux troupeaux ; un tronc d'arbre, fendu et évidé, leur sert d'abreuvoir. A l'intérieur, le mobilier est simple : quelques rayons de bois, supportant des paniers et des callebasses, un lit haut de 50 centimètres et couvert d'une peau de bœuf, — un exemplaire du Coran — et c'est tout.

Les habitants sont des Gallas-Hargété. Physiquement, ils ressemblent aux Somalis, et, de fait, ils sont hamites comme eux. Toutefois, leur type paraît mêlé d'éléments nigritiens. Mais ce qui les distingue surtout des Somalis, c'est leur vie. Exclusivement agriculteurs, ils cultivent la dourah et élèvent du gros bétail, sans toutefois travailler plus qu'exige leur subsistance : car ils sont modestes de goût et thésauriser leur déplaît. Épars dans les champs et courbés sur la terre, ils se redressaient un instant pour regarder passer la caravane, sans crainte, sinon sans surprise, puis, lentement, ils reprenaient leur tâche.

Le 21 avril, la mission arrivait en vue de Harar. La première étape était terminée.

DJIBOUTI. — Abords du village indigène.

Une demi-mondaine somalie.

# CHAPITRE II

## Harar

(21 avril — 2 juin 1901)

Jeune fille somalie.

HARAR — LA VILLE ET LES HABITANTS. — UNE MISSION CATHOLIQUE. — CE QU'EST LA RELIGION COPTE. — LES BENI-CHONGOUL DE M. DE LA GUIBOURGÈRE. — QUELQUES TRAITS DU CARACTÈRE ABYSSIN. — LA MAUVAISE FOI AU PAYS DE MÉNÉLIK. — EXCURSION AU MONT HAKIM ET AU LAC ARAMAYA. — LES SERFS GALLAS.— PILLAGE ORGANISÉ. — UN CHEF ABYSSIN. — ENTRÉE SOLENNELLE DE M. LAGARDE. — EN ROUTE POUR L'INCONNU.

Sur la demande du ras Makonnen, qui se trouvait alors à Harar, M. du Bourg consentit à ajourner au lendemain 22 avril son entrée dans la ville. C'était grande fête à Harar, à l'occasion du retour du ras, qui venait d'épouser une nièce de l'impératrice Taïtou. En sage politique, Makonnen voulait éviter tout contact entre les Hararis et les Abyssins de l'expédition, à l'heure où les têtes seraient échauffées par la poudre et le vin de la fête.

Force fut donc à la mission, pendant toute la journée du 21, de contempler de loin la ville retentissante. Elle apparaissait comme une agglomération de maisons à toits plats et de couleur brune. Trois monuments principaux en surgissent et la dominent, comme trois symboles de pierre : la mosquée au double minaret, le palais de Makonnen, et l'église abyssine, ronde, massive et blanche.

Si l'on excepte ces deux derniers monuments, la ville est aujourd'hui ce qu'elle était en 1884, quand les armées de Ménélik, alors simple roi du Choa, écrasèrent à Tchelenko l'émir Abdullaë et entrèrent dans sa capitale. Tout a été dit sur Harar, sur l'étendue de la ville, la plus considérable du pays, sur la vie grouillante et bigarrée de ses rues, sur la richesse de son marché, que lui vaut sa situation intermédiaire entre l'Ethiopie productive et la côte commerçante, et qui en fait comme la Tombouctou de l'Afrique orientale. Mais ce qu'on n'a pas assez dit (et M. du Bourg dans son journal y insiste), c'est que toute l'opiniâtreté astucieuse des Amharas n'a pu seulement entamer la résistance morale des Hararis.

Ceux-ci, mélange de Gallas, de Somalis, d'Arabes, d'Abyssins même, attirés de toute antiquité sur ce point par l'activité du négoce, constituent un ensemble, multiforme par les origines et par les races, mais que la vie en commun et les traditions historiques ont lentement cimenté en un bloc sans fissures. Vaincus par les armes, ils ont gardé intactes leurs mœurs orientales, leur costume, leur langue, et surtout leur fanatisme musulman, qui jadis couvrit le pays tout alentour de ces pèlerinages encore florissants aujourd'hui, Cheik Houssein, le mont Hakim et tant d'autres. Ils ont même gardé un chef, Hadji Yousouf, qui sert d'intermédiaire entre les musulmans et le ras. En somme, malgré l'énergie et la diplomatie de ce dernier, la domination abyssine sur Harar n'est à tout prendre qu'un protectorat.

C'est ce que M. du Bourg remarqua dès son entrée dans la ville. Elle se fit le 23, après que le vicomte eût installé ses bagages et le gros de sa troupe en dehors des remparts de la cité sous la surveillance de M. Golliez. On entra par la porte dite « du Herrer » à l'aspect suffisamment moyennageux. Pour atteindre le palais du ras, il fallut ascensionner par des rues raides et tortueuses, où quelques cailloux épars faisaient difficilement figure de pavage et dont les pentes rappelaient désagréablement à nos voyageurs la montée de Belaoua.

Les maisons étaient basses, vieilles, sans décoration. Les Ethiopiens, on le verra, ne sont rien moins qu'architectes. Ils n'ont pas plus changé l'aspect que l'âme de la ville, et sans doute y ont-ils peu tâché. Les quelques toucouls de leur façon qu'ils ont édifiées dans les terrains vagues, témoignent, ici comme ailleurs, qu'en matière de bâtisse comme dans tout le reste, les conquérants n'ont rien appris, rien oublié.

Enfin, M. du Bourg, M. Brumpt et M. de Zeltner arrivent sur une grande place où se dresse le palais royal ; cet édifice fort médiocre ne se distingue des autres habitations que par ses dimensions et par deux lions en pierre sculptée, d'une exécution enfantine. On les introduit dans une cour, encombrée comme tout le reste de l'immeuble par des solliciteurs

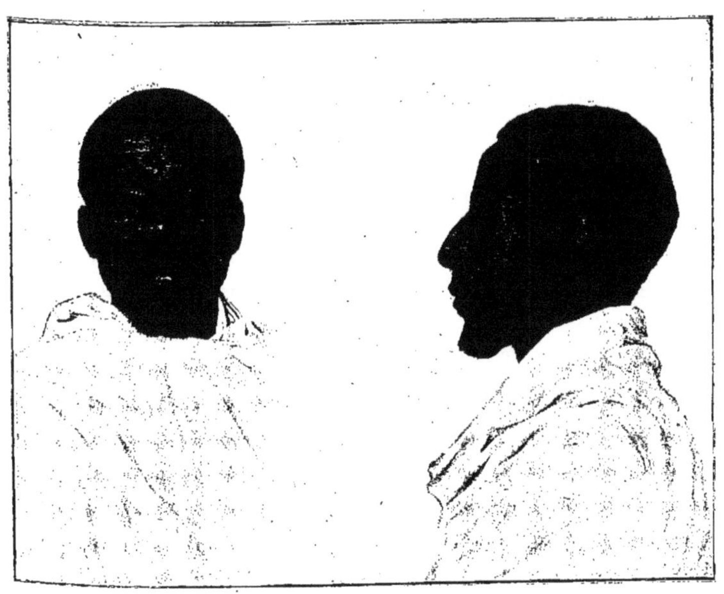

Nazer, Abyssin musulman du Godjam.

bruyants. Sous une sorte de vérandah, à gauche, se tient une longue théorie de prêtres en turban blanc. Derrière cette cour, une suite d'appartements délabrés. Puis, une seconde cour transformée en tonnelle pour le récent banquet des soldats. Longue station dans des antichambres garnies de foin en guise de tapis ; arrivée de domestiques affairés ; on parlemente. Enfin, après bien des palabres et des négociations, on introduit les explorateurs auprès de S. A. Makonnen.

Il se tient dans une petite pièce, sur un divan couvert de tapis et garni de coussins. Sa robe est noire, brodée d'or. Il est de taille moyenne, mince et bien prise. Sa chevelure frisée le coiffe en boule ; la barbe, soignée, se divise en deux pointes. Le front est légèrement bombé, le nez droit, les yeux vifs, les lèvres minces. Malgré la peau noire, rien dans les traits n'évoque le nègre.

A l'entrée de M. du Bourg, il se lève, serre la main des explorateurs, puis se réinstalle sur ses coussins, tandis que ceux-ci prennent séance sur trois sièges de jardin qui sont là. L'interprète reste debout et l'audience commence.

— Votre voyage fût-il bon depuis la côte ? Avez-vous perdu des hommes ou des chameaux ? Quels sont vos projets d'avenir ?

Telles furent les questions, banales mais obligatoires, par lesquelles débuta le chef Abyssin. La dernière, seule, importait et sortait des formules de la pure politesse. Le vicomte exposa de vive voix au ras, comme il avait déjà fait par écrit, le but de la mission, son projet de descendre le Ouabi-Chébéli jusqu'à Imi, de tourner ensuite à l'ouest, vers le lac Pagadé, puis de remonter vers Addis-Ababa.

« Ainsi, ajouta-t-il, nous ne sortirons pas de la zône d'influence abyssine, et votre appui moral nous sera plus que jamais précieux, nécessaire.

— Pour moi, déclara Makonnen, je vous suis tout acquis. Mais en tout il faut consulter le négous.

Là-dessus, on lui rappelle que M. d'Annelet est, à cette fin, parti vers Addis-Ababa. On apporte sur une table, couverte d'un tapis somptueux et rutilant, trois verres et une bouteille d'un tesch délicieux, parfumé et mousseux, rappelant le meilleur cidre bouché. Toast silencieux, raffraichissement unanime. L'audience est terminée. M. du Bourg et ses lieutenants sortent par une porte latérale et laissent la place aux solliciteurs.

Nos explorateurs devaient rester sept semaines à Harar, à attendre les autorisations impériales et à refaire leurs bagages. Pendant ce temps, ils apprirent à connaître la plupart des membres de la colonie française de Harar, MM. Guigniony, consul de France, Kalm, Le Bertois, — concessionnaire récent de mines de pierres précieuses, qu'il déclarait avoir découvertes aux environs de Harar, — de la Guibourgère, commandant d'une compagnie de soldats, armés et équipés à l'européenne pour le compte du négous, Deynaud, de Guardia, Gros et Gauvain, commerçants.

Ils entrèrent aussi en relations avec deux officiers anglais, le major Tracy et le capitaine Cobbold, dont le but était de recruter 300 Somalis pour se joindre aux troupes abyssines qui devaient opérer contre le fameux Mullah. C'était à l'époque où cette manière de Mahdi, de prophète fanatique et belliqueux, commençait à faire parler de lui et à grouper tous les Somalis de l'Ogaden pour la propagande musulmane contre tous les chrétiens, schismatiques coptes et catholiques.

Le peu de catholiques qui subsistent dans l'Afrique Orientale, sont presque tous des européens. A Harar se trouve une mission française, dirigée par Mgr André, et qui comprend, non seulement des Pères, explorant à la fois et catéchisant les pays d'alentour, mais aussi des Sœurs, qui ont institué une petite école de filles abyssines, hararis et arméniennes.

De Mgr André et de l'un des Pères les plus érudits de la mission, le P. Cyprien, M. du Bourg recueillit les détails les plus circonstanciés sur les origines de la religion copte, qui est, aujourd'hui, celle des Abyssins ; elle se partage l'Afrique Orientale avec l'islamisme des Somalis et de certains Gallas, et le fétichisme des autres Gallas et des négroïdes. L'Abyssinie avait été de bonne heure convertie au christianisme. Saint Frumence fut l'un des premiers évêques. Après le concile d'Ephèse, en 456, Dioscoride, patriarche d'Alexandrie, fit adopter à l'église d'Egypte l'hérésie monophysite, qui niait l'existence en Jésus-Christ des deux natures et admettait seulement la nature divine. Toutefois, les fidèles de l'église catholique continuaient de subsister nombreux, sous le nom de *Melchites*, et ils fournirent encore des patriarches à l'Abyssinie. Au IXe siècle, les Melchites furent presqu'entièrement exterminés par les Arabes, et les quelques membres qui en subsistèrent perdirent à jamais toute organisation ecclésiastique. Dès lors, le soin de choisir le clergé abyssin fut commis au patriarche copte et, depuis cette époque, l'usage n'a pas varié. Il y avait, d'ailleurs, à Seth, en Nubie, un couvent copte fondé depuis la création du schisme d'Eutychès, mais dont l'influence resta locale. On trouve aussi, dans les provinces centrales d'Abyssinie, des catholiques descendant des catholiques des premiers âges.

Parmi les membres de la colonie française, en Abyssinie, un des plus remarquables était, sans contredit, M. de la Guibourgère. Conduit dans ce pays par l'esprit d'aventure, M. de la Guibourgère avait offert à Ménélik de lui équiper, discipliner et éduquer une troupe de soldats à l'européenne. Ménélik accepta, se proposant bien de tirer de M. de la Guibourgère tout ce qu'il pourrait sans bourse délier, et notre capitaine bénévole se mit à l'œuvre.

En avril-mai 1901, le vicomte put voir sa troupe à Harar. M. de la Guibourgère lui amena, le 2 mai, 200 hommes, à qui il fit exécuter divers mouvements d'ensemble, ainsi que le maniement des armes. Ces hommes étaient des Beni-Chongoul, que leur capitaine avait recrutés dans toutes les provinces équatoriales de l'Abyssinie, dans le Kaffa, dans le Konso, dans le Oualamo. La race des Beni Chougoul, du groupe nilotique, existe principalement en Abyssinie sur les bords de l'Abbaï ou Nil bleu, dans les régions voisines du fleuve qui, plus basses que le plateau éthiopien, torrides et marécageuses, ont toujours opposé un obstacle à l'expansion des Abyssins.

Ces Beni-Chongoul s'acquittaient fort adroitement de leurs exercices. Leur chef, monté sur un cheval harnaché à l'abyssine avec des plaques d'argent, portait un casque aux couleurs du négous et une peau de lion en forme de lambrequin. Derrière lui, un groom portait sa lance, son bouclier et un grand sabre au fourreau de velours violet garni de plaques d'or.

Dans cet équipage il avait bonne mine et fort grand air. Le vicomte ne manqua pas de le complimenter : Sa Majesté Abyssine, disait-il, devait lui être reconnaissante de préparer de tels hommes pour les luttes à venir.

Un soupir de M. de la Guibourgère fut sa réponse : car de ce côté il était mal récompensé de ses efforts. Ménélik était enchanté d'avoir des troupes noires dressées à l'européenne, mais il préférait en laisser les frais à d'autres. Il avait donc adressé notre compatriote au ras Makonnen avec ordre de l'entretenir. Le ras, de son côté, ne trouvait aucun agrément à solder les troupes du négous. D'où une hostilité qu'en toute occasion il témoignait au malheureux capitaine. Quelques jours auparavant, il avait déclaré à un tiers qu'il ne voulait plus de notre valeureux compatriote. Une crise existait, à l'état latent. Le 4 mai, elle éclata. M. de la Guibourgère n'avait reçu jusqu'alors comme émoluments qu'une peau de lion, un sabre, un bouclier et une lance. Il réclama autre chose. Makonnen saisit l'occasion et lui déclara qu'on estimait en haut lieu que sa collaboration ne s'imposait plus. On le remerciait comme un domestique, et sans lui laisser ses huit jours. Tout était rompu. La semaine suivante, tout était renoué. Le ras revenait sur ce qu'il avait dit et priait M. de la Guibourgère de reprendre son poste, ce qu'il fit incontinent avec un scepticisme résigné : aussi bien n'en était-il pas à sa première, ni sans doute à sa dernière expérience de la mauvaise foi abyssine.

Cette mauvaise foi, M. du Bourg, dès Harar, l'éprouva par lui-même, quelques jours avant l'heureux dénouement de cette tragi-comédie. Il n'avait eu jusqu'alors qu'à se féliciter de la conduite de tout son personnel indigène. Or, le 5 mai, toute l'équipe abyssine se présenta, ayant en tête son chef et son orateur, l'interprète de la mission, du nom de Daniel. Il s'était fait accompagner d'Ato-Marcha, ce chef Abyssin qui avait introduit M. du Bourg dans Harar. Au nom de ses compagnons, il se répandit en un long discours, d'où il ressortait que tous se déclaraient mal nourris.

— « Mais, lui répondit le vicomte, vous touchez la ration que je vous ai promise à Djibouti : quatre pains de dourah par homme et par jour, plus une ration de mouton.

» — Elle nous paraît maintenant insuffisante.

» — Mais vos compagnons s'en déclarent satisfaits.

» — Elle nous paraît, à nous, insuffisante.

Et là-dessus, comme M. du Bourg ne voulait plus les entendre, Daniel,

HARAR.— Quelques soldats du comte de la Guibourgère.

appuyé par tous ses hommes, se plaint de tous les membres de la mission. Il en appelle à Ato-Marcha, qui semble l'approuver, et déclare insolemment que toute la population de Harar est irritée contre la mission française, que M. Golliez doit 3.000 thalers à certains Hararis, qui le feront incarcérer. Ce sont là mensonges forgés de toutes pièces. M. du Bourg le comprend, demeure inflexible, et se contente de notifier que si les révoltés ne sont pas contents de la vie qui leur est faite, ils n'ont qu'à le quitter sans plainte. Voyant que leurs menaces ont fait long feu et que le chef élève la voix, les Abyssins se taisent et, l'oreille basse, rejoignent leur cantonnement.

L'incident est clos, mais bonne note est prise par les membres de la mission. Les Abyssins sont décidément l'élément le moins maniable et le moins sûr de la troupe, comme aussi de l'Afrique Orientale. Seuls, leur orgueil, leur rapacité et leur haine de l'étranger l'emportent sur leur mauvaise foi. M. Gauvain tient à ce sujet d'un chef Abyssin un propos significatif. La conversation avait porté sur les razzias, que les Abyssins dirigent périodiquement sur l'Ogaden, et notre homme lui donnait cette conclusion : « Il nous serait bien plus agréable de combattre les Germains (lisez Européens), car, après les avoir vaincus (ce dont il ne doutait pas), on pillerait vos magasins et l'on aurait de belles armes au lieu du bétail que nous rapportons. » A bon entendeur, avis.

Avec cela, aucune qualité ne les élève au-dessus des populations qu'ils ont soumises. Ils sont aussi superstitieux et fermés à la notion du progrès scientifique. Un exemple entre mille. Un chef Abyssin perdit à Harar sa femme, quelques jours avant le départ de la mission ; il demande au Dr Vitalien de Harar et à M. Brumpt de l'embaumer. Les docteurs jugent bon de l'avertir qu'il leur faudra pratiquer quelques incisions sur le cadavre. Bien leur en prend, car l'homme, à ces paroles, s'enfuit épouvanté.

Aucun de ces hommes, peureux et sensibles à la douleur, n'aurait été capable de ce trait de courage dont s'honora le 19 mai un Souahili de l'escorte, Ali ben Salé. Le cuisinier Beja ben Tisso, en maniant un fusil, le blessa à bout portant. La balle fit séton dans le tissu graisseux de la poitrine. Blessure peu dangereuse, mais la douleur fut vive. L'homme tomba à terre en hurlant. Sur ces entrefaites M. Golliez se montre : aussitôt il se relève, roide comme un piquet, et fait le salut militaire...

Cependant, il y avait plus de deux semaines que la mission était à Harar. Remis de leur fatigue et laissant M. du Bourg occupé à des négociations avec certains chefs, M. Brumpt et M. de Zeltner résolurent de faire une excursion au mont Hakim. Dominant la ville de Harar, ce mont est un lieu de pélerinage vénéré ; il porte le tombeau du Cheik Mohammed, en son vivant très saint personnage, et dont le fils vit encore à Zeilah.

L'excursion eut lieu le 7 mai. Le mont Hakim a une individualité géologique. La région de Harar est essentiellement éruptive ; le granit y domine, et c'est sur un bloc de cette roche que la ville même est bâtie. Or, en sortant de la ville par le Sud, les voyageurs descendirent d'abord dans la vallée du Herrer, affluent du Ouabi Chébéli. La vallée est fertile et la terre végétale y atteint une grande épaisseur. Puis, en remontant l'autre versant, après des sables sans fossiles, ils trouvèrent un banc de traver-

HARAR. — Groupes de femmes Gallas-Ala. Les femmes mariées ont les cheveux cachés sous une pièce de mousseline.

tin (1) que les naturels exploitent en carrière. Cette formation ne semble pas avoir bougé depuis qu'elle s'est déposée ; les feuilles des végétaux pris dans la masse sont horizontales et les stalactiques d'infiltration rigoureusement verticales. Quant au mont Hakim lui-même tout son sommet est constitué par une grande table de calcaire secondaire dont les assises horizontales donnent au loin l'illusion d'un mur. Une végétation assez riche jaillit de tous les interstices.

Du sommet (2.230 mètres), le panorama n'est pas sans beauté. Au pied du spectateur s'étend Harar, avec la tache brune de ses toits dans la verdure. Tout autour s'étagent les masses tabulaires des monts, entre lesquelles l'Herrer se creuse une vallée, d'un vert sombre et opulent. Partout, d'ailleurs, à ces hautes altitudes, la teinte dominante est le vert, vert foncé des forêts, vert tendre des pâturages. Quelques fermes gallas jalonnent au loin les pentes. Tout, jusqu'au ciel, est dans les tons assoupis, tout s'estompe dans une sorte de brume ; la lumière est douce ; aucun de ces contrastes entre les couleurs vives, pourtant si fréquents dans les régions tropicales. On a peine à se croire en Afrique et sous de telles latitudes.

A l'extrémité nord-ouest du sommet, qui s'étale en forme de table, se trouve le tombeau du cheik. Il se compose d'un soubassement carré, de forme légèrement pyramidale, dont la bordure saillante forme larmier. Sur cette base trapue, de 10 mètres de côté et de 3 mètres de haut, s'élève directement la coupole, de forme ovoïde et hérissée de saillies, ce qui lui donne vaguement l'aspect d'une tiare. Par la porte, en plein cintre, on pénètre dans la *cella* intérieure, circulaire, et de 8 mètres de diamètre. Au milieu, un catafalque rouge bordé de vert, contient les cendres du saint homme. Avec sa base puissante et sa coupole légère, avec ses lignes sobres et sa belle nudité, ce tombeau donne l'impression de la majesté et de l'apaisement. Dans l'air calme de ce site harmonieux, la blancheur un peu passée de la pierre ne rappelle pas la crûdité lugubre de nos nécropoles, et ce calme sans tristesse symbolise heureusement, dans l'esprit du voyageur, une religion dont l'essentiel est la croyance en une vie future.

Le 18 mai, M. du Bourg fit avec MM. Brumpt et de Zeltner, une autre excursion au lac Haramaya. Ce lac est situé à 20 kilomètres à l'ouest de Harar. Sa forme est d'un ovale allongé. Le fond, assez consi-

---

(1) Pierre brune formée par des sources calcaires autour de débris végétaux. Les naturels en tirent de la pierre à bâtir.

dérable au centre, se relève lentement sur les bords, où l'eau est fangeuse. C'est en somme une cuvette assez régulière, sans déversoir apparent, probablement alimentée par les seules eaux de pluie. Des bandes d'oiseaux aquatiques, oies, canards, grèbes, ibis, poules d'eau, y nagent et y nichent. Les jeunes Gallas y vont facilement cueillir les œufs des poussins, parmi les eaux et les herbes.

Sur le pourtour les collines arrondies et de hauteur égale forment le rebord régulier de cette cuvette parfaite. Quelques cultures en couvrent la face septentrionale, où se groupent des toucouls gallas entourées d'euphorbes. Les Gallas sont ici d'anciens propriétaires de la terre, que les Abyssins leur ont enlevée, puis rendue sous forme de tenure féodale. Ils sont serfs du négous, taillables et corvéables à merci. Et cette servitude, accomplie sans révolte, ne les garantit même pas contre les sévices de la force armée. Qu'il passe une bande de soldats, et la voilà qui enfonce les portes des huttes, pillant et prenant tout ce qui lui plaît. Un Galla manifeste-t-il quelque velléité de résistance ? Des horions le rappellent au silence. Cela est injuste, mais qu'importe ? Cela se fait au nom de Menelik : « Bâ Menelik ! ».

En revenant du lac, le 20, M. du Bourg et ses compagnons virent justement la route sillonnée de bandes qui allaient piller l'Ogaden ou qui en revenaient chargées de butin. L'air retentissait de chants belliqueux, que scandait de place en place un *choum* (1), monté sur une mule caparaçonnée de rouge. Ces bandes s'interpellaient l'une l'autre. Tout était joyeux, car le butin de ceux qui revenaient était opulent et les partants en concevaient un grand espoir. Autour de la ville, les bandes, à qui Makonnen en avaient interdit l'entrée, campaient. C'était la Saint-Michel, grande fête abyssine, nouveau sujet d'allégresse. Des marchands circulaient dans les camps, vendant des galettes de dourah et des bananes.... Cependant, de longues théories de Gallas transportent laborieusement, silencieusement, les poutres et les pierres pour la nouvelle demeure que Makonnen se fait construire. Ils ne sont pas de cette fête, qui se fait aux dépens des leurs. Mais Menelik est grand et cette nuit le tesch coulera à flots en son honneur...

Un abyssin, retour de l'Ogaden, a eu un mot bien typique. A M. de Zeltner, qui lui demandait pourquoi les *chamas* prises aux Somalis n'étaient ni trouées, ni ensanglantées, il a répondu : « D'abord on prenait leurs chamas ; on les tuait après ».

(1) Petit chef indigène.

Et pourtant cette race abyssine, fourbe et cruelle, renferme quelques représentants très remarquables par les qualités du cœur et de l'esprit. Témoin Makonnen. Témoin encore ce chef qui se présenta à M. du Bourg quelques jours avant son départ de Harar, le 25 mai. Il se nommait Birou, et avait la dignité de *dedjaz*. C'était un des grands chefs les mieux disposés pour les Européens. Il était de grande famille, neveu de Menelik et, pour lui succéder sur le trône impérial, ses chances alors balançaient celles de Makonnen. Il rendit plusieurs visites à M. du

Jeune fille somalie.

Bourg. Au contraire de la plupart des Abyssins, il savait voir ce qu'on lui montrait et il était assez intelligent pour s'étonner. En guerrier, il s'intéressa surtout au maniement des armes à feu perfectionnées. Il avait vu l'Europe, se souvenait du nom de M. du Bourg, qu'il avait entendu prononcer à Vichy à propos de courses hippiques, et il répétait volontiers qu'il ferait son possible pour lui être agréable, car il aimait la France.

Le 27 mai, M. Lagarde, ambassadeur de France auprès du négous, arriva à Harar. Il venait d'Addis-Ababa. Makonnen, Birou, les consuls de France et d'Angleterre, toute la colonie française, toutes les troupes mobilisées, lui firent une entrée triomphale. Les Beni-Chongoul de M. de la Guibourgère étaient au premier rang de l'escorte et leur chef plus glorieux que jamais.

M. Lagarde fit fête aux membres de la mission et les assura de la bienveillance de Menelik. Au reste M. d'Annelet était revenu depuis plusieurs jours porteur des autorisations demandées. L'ambassadeur examina les plans de M. du Bourg, les approuva, et lui donna rendez-vous à Addis-Ababa. La mission n'avait désormais plus rien à faire à Harar. Les bagages étaient prêts car M. Golliez avait fait silencieusement son utile besogne. Le 1er juin au matin la mission quittait Harar, en route pour l'inconnu.

Femme somalie Darot.

Les hommes de la mission pêchant dans une mare du Dakhatto.

## CHAPITRE III

### Vers l'Ogaden Occidental

(2 juin — 2 juillet 1901)

SAGAK. — Groupe de femmes somalies.

Bou Sidimo. — Un guide entêté. — La vallée du Herrer : une vallée bien africaine. — Riches cultures. — Correspondance avec le ras Makonnen. — Quelques types de maisons Gallas. — Arbres sacrés. — Une descente difficile : la vallée du Gobélé. — Paysage typique de la région : le parc. — A la recherche des éléphants. — Une région-tampon entre le Négous et le Mullah : le désert. — Un Abyssin intéressant. — Dépeuplement de la contrée : les causes. — Argile comestible. — La vallée du Dakhatto. — Des ennuis que peut causer la différence des confessions dans l'alimentation d'une caravane.

Le 2 juin, à 5 heures du matin, la mission s'éloignait définitivement de Harar. Les caisses bouclées, les chameaux et les mulets chargés, la colonne s'avança lentement sur la route qui va vers le sud.

La caravane comprenait 77 chameaux, 8 chevaux, 16 mulets, 33 ânes.

Le personnel européen se décomposait ainsi : cinq Européens (MM. du Bourg de Bozas, Burthe d'Annelet, Brumpt, de Zeltner et Golliez), 26 Abyssins, 15 Soudanais, 15 Souahilis, 22 Somalis, un interprête et un guide. Ce guide, absolument nécessaire dans un pays inconnu, devait causer par la suite bien des tracas à M. du Bourg.

Dès que l'on eût quitté les approches de la ville, le chef de la mission réunit ceux de ses auxiliaires qui constituaient comme le cerveau de la troupe, c'est-à-dire les Européens, l'interprète et le guide. Il leur expliqua ses intentions. Le but de cette seconde étape était en somme le suivant : marcher droit au sud pour gagner la vallée du Ouabi Chébéli, puis, le Ouabi atteint, le descendre vers le sud jusqu'au coude qu'il fait à Imi vers l'ouest. L'intérêt de ce voyage était grand et neuf, il s'agissait d'inspecter une région fort peu connue, que, seule, l'expédition récente du voyageur allemand Erlanger avait en partie découverte, région pleine d'attraits pour tous les géographes, puisque, au point de vue physique comme au point de vue humain, elle forme une sorte de transition entre le pays abyssin et le pays somali, entre la steppe absolue et le haut pays, humide et fertile.

Jeune fille somalie.

« Aussi, ajouta M. du Bourg, désiré-je que nous marchions doucement, en investigateurs consciencieux, et, autant qu'il sera possible, par des routes peu fréquentées, puisque les routes des caravanes sont déjà repérées et connues. Nous séjournerons sur les points qui paraîtront propices aux études de nos savants spécialistes, Brumpt et de Zeltner. D'Annelet fera en cours de route les levées topographiques. Pour l'instant, il m'apparaît que la vallée du Herrer, peu connue mais fraîche et d'un accès facile, présente toutes les conditions requises. »

La majorité fut de cet avis et l'on décida que, jusqu'à nouvel ordre, la vallée du Herrer serait suivie. Informé de ces décisions, le guide fit la grimace. Ce personnage avait, paraît-il, des affaires personnelles qui l'appelaient sur la route ordinaire des caravanes. Au reste, on découvrit par la suite qu'il ne connaissait pas celle du Herrer : mais allez donc faire avouer son ignorance à un abyssin, quand il voit dans cet aveu le risque de perdre un gain précieux ! Il égarerait plutôt mille caravanes ! Son intention était donc de faire suivre à M. du Bourg la route ordinaire, et au pas de course. Celui-ci s'efforça de lui faire entendre qu'il était aux ordres de la mission et non pas la mission à ses ordres. Mais on verra qu'il ne l'avait pas convaincu.

Ce premier jour, une marche assez rapide de 4 kilomètres amena la caravane à Bou-Sidimo. Ce parcours était suffisant pour une étape préliminaire. Après un long séjour la première marche d'une caravane est toujours une marche d'essai. Il faut habituer les bêtes à leur charge, les hommes à leurs bêtes, déterminer les distances entre chaque groupe ; en un mot, il faut que le tassement se produise comme dans la mise en scène d'un drame nouveau. Toute cette journée, M. du Bourg fut accompagné par quelques commerçants français, MM. Gauvain, de Guardia et Missulani, qui ne le quittèrent qu'à Bou-Sidimo. Un espion de Makonnen lui fit aussi l'honneur de l'escorter.

Le 3, séjour à Bou-Sidimo. Les explorateurs profitèrent du repos pour faire l'ascension d'une hauteur voisine et pour jeter un coup d'œil rapide sur le paysage qu'ils allaient voir pendant tant de jours. Au nord, ils distinguent Harar : assise sur son bloc de granit, un peu de travers, la ville apparaît comme un gros pâté marron moucheté de quelques taches blanches, le palais du ras, l'église abyssine, la mosquée. C'est en somme le même aspect que du haut du mont Hakim. A l'est, se déroule la vallée du Herrer : elle se découpe nettement comme sur un plan en relief. Sa rive gauche est bordée d'une ligne continue de hauteurs, sa rive droite, plate, reçoit, de monticules discontinus qui la suivent à 1.500 mètres de distance, un grand nombre de petits ruisseaux, qui, la pluie étant tombée la veille, apportaient tous alors un contingent d'eau assez fort à la rivière.

Cette circonstance donnait à tout le paysage une singulière fraîcheur. Pourtant, ce n'était déjà plus les prairies hautes, humides et quasi-européennes du nord de Harar ; c'était bien un paysage africain : le plateau, aux ondulations jaunes à peine dissimulées çà et là sous une herbe maigre et de rares buissons, et la vallée sombre et foisonnante, encombrée de mimosas et de fourrés impénétrables, mettaient à la fois sous les yeux l'aridité du désert et l'exubérance des tropiques. Là, comme dans toute la Somalie, on sent une terre fertile, qui n'attend que l'eau pour se couvrir d'un riche tapis.

A son retour au camp, M. du Bourg fut assailli comme la veille par les récriminations du guide. Ce personnage réclamait une tente et des vivres pour « ses soldats » ! Car il prétendait avoir une garde à lui, de quatre hommes. M. du Bourg eut grand mal à lui remontrer que les ascaris de l'escorte garderaient bien sa personne vénérable sans succomber à ce surcroît de besogne. Notre homme s'éloigne en grommelant : il faudra décidément le surveiller.

Jeune fille somalie.

Le 2, une étape de 15 kilomètres conduit les voyageurs à Etcho. Le Herrer présentait toujours la même végétation touffue entre les hauteurs continues sur la gauche et interrompues sur la droite. La population était dense : sans cesse on rencontrait des toucouls spacieuses, entourées de leur *zériba*, ou palissade d'enceinte. Elles étaient bâties en travertin brun, comme les maisons de Harar. De temps à autre un blanc minaret attestait au loin la foi musulmane des habitants.

Ceux-ci sont des Gallas cultivateurs et éleveurs. Ce sont de beaux hommes, grands et sains. Ils sont de mœurs sédentaires et pacifiques et labourent à la charrue. Il y a loin de leurs procédés de culture, assez perfectionnés, à ceux qu'emploient leurs frères les Somalis sur les rares points humides de leur désert (1) : là des trous creusés au pieu et tant bien

(1) Particulièrement sur les bords du Ouabi Chébéli et de la Djouba.

que mal espacés reçoivent en paquets la semence ; la moisson poussée, la récolte se pratique suivant des procédés tout aussi primitifs. Ici au contraire la semaille et la moisson se font presqu'à l'européenne. Les maisons, elles aussi, dénotent une civilisation assez avancée : elles sont bien bâties et toutes élevées au-dessus du sol d'un ou de deux degrés.

Malheureusement dans les bouquets d'arbres qui parsèment les champs se retrouve le *gommor*, l'arbre tueur de chameaux. M. du Bourg perdit encore là quelques uns de ces modestes et précieux auxiliaires. Du moins le docteur put-il faire des remarques intéressantes sur la façon dont les chameaux sont frappés par le poison : l'animal, qui a mangé du gommor, est d'abord atteint d'une paralysie de l'arrière-train ; il manifeste quelque inquiétude, puis se couche résigné sur le sol. La paralysie gagne peu à peu la partie supérieure du corps, et la mort arrive au bout de vingt-quatre heures environ. Quatre chameaux de la mission furent ainsi frappés le 5 juin.

Le 6, le pays parcouru apparut aux yeux des Européens couvert de tombeaux. Ceux-ci diffèrent beaucoup des tombeaux de la Somalie. Le Somali nomade enterre les siens dans le désert ; pour garantir le cadavre de la dent des carnivores il entasse un petit tumulus de pierres sur le corps. Claires sous le soleil, semblables de loin à des ossements blanchis, ces pierres indiquent au nomade qu'un de ses frères de la steppe dort là son dernier sommeil. S'il l'avait rencontré vivant, peut-être lui eût-il cherché chicane, car le Somali n'a d'amis que dans sa tribu. Mais envers le mort il accomplit avec soins le rite traditionnel et ajoute sa pierre au tumulus qu'il rencontre. Ainsi la hauteur de ces monuments, qui s'édifient sans cesse et ne sont jamais terminés, atteste l'antiquité du mort et le nombre des vivants qui ont passé là.

Tout différents sont les tombeaux des Gallas sédentaires. Ils sont naturellement groupés en nécropoles. Le 6 juin, près du village d'Ouarka, M. du Bourg visita un de ces cimetières qui ne contenait pas moins de cinquante tombes; cinq ou six d'entre elles, groupées à part, devaient former la sépulture de toute une famille. Elles étaient en forme d'auges terminées aux deux extrémités par deux pierres plates. Certaines étaient sculptées. L'une, plus haute, chargée de festons plus compliqués et d'une inscription en partie martelée mais où se distinguaient des caractères arabes, était peut-être la tombe d'un grand chef, et sans doute d'un Harari. Comme la plupart des cimetières gallas que rencontra le vicomte, celui-ci étaient entouré de grands arbres et situé sur une éminence. A l'entour s'étendent les champs cultivés. Ainsi le labeur des Gallas d'aujourd'hui semble placé sous le regard invisible de leurs ancêtres. Ils furent jadis ce qu'ils sont maintenant. Ce culte les attache au sol qu'égratigna le soc primitif de leurs aïeux et que retourne à cette heure leur charrue plus parfaite.

Toute la journée du 6 on marcha dans un pays fertile jusqu'à l'exubérance, les grands champs de dourah alternaient avec les pâturages où paissaient de grands bœufs à bosse. Les hommes qui travaillaient aux champs, s'arrêtaient et regardaient sans peur passer la caravane. Le climat de toute cette région est salubre. Un homme interrogé déclare qu'ici on ignore la fièvre et que dans la vallée du Herrer elle apparaît seulement à deux journées de marche plus au sud.

Nos voyageurs n'eurent pas à en faire l'expérience, du moins dans cette vallée. Car dès le 7, le guide fanfaron et têtu déclara à M. du Bourg qu'il fallait quitter le Herrer et obliquer un temps vers l'est.

— Pourquoi ? lui demanda M. du Bourg.

— Parce que c'est la route qui convient.

— Mais pourquoi ne pas suivre la vallée ?

— Elle est plus bas impraticable. Nous la rejoindrons plus au sud.

Le guide paraît sûr de ce qu'il avance. On décide qu'on suivra ses indications, mais en le surveillant. Quoiqu'il en soit, la vallée est à peine perdue de vue que le pays change instantanément: il est sec, nu, couvert seulement d'une végétation épineuse. Les cultures deviennent plus rares. On a l'impression qu'une nouvelle région commence et que la Somalie approche. Il n'est pas jusqu'à la forme des toucouls, d'ailleurs plus espacées, qui ne se modifie. Rondes, avec un toit de chaume fort pointu, elles rappellent la tente. Il semble que les hommes qui se sont fixés là n'ont pas encore désappris les mœurs qu'ils pratiquaient au temps où ils étaient nomades dans la steppe. Leur habitation est comme une tente figée, devenue immobile et permanente,

Est-ce le vent de la steppe qui grise les têtes ? Arrivés le 7 au soir à l'étape de Bia Ouoraba, les Abyssins de l'escorte, menés par Daniel, viennent trouver M. du Bourg et renouvellent la scène de Harar. Cette fois, ils ne se plaignent pas de la nourriture, mais du mode de locomotion que l'on impose aux malades. En effet on leur fait monter des chameaux.

« Or, déclare Daniel avec une fierté comique, l'Abyssin chevauche les mulets. Le mettre à dos de chameau, c'est le déshonorer. »

M. du Bourg, à cette sortie imprévue, demeure impassible et répond par ce discours sans apprêt, mais expressif :

« Je ne puis admettre une pétition collective, que je considère comme une atteinte à mon autorité. Si le fait se reproduit, je sévirai, et je ferai *courbacher* (1) les orateurs. Au reste, je ne vous retiens pas. Si vous êtes mécontents du sort que l'on vous fait ici, partez, mais sans récriminer. Vous remplacer me sera facile. »

Ce *quos ego* adapté aux circonstances fait merveille, telle une douche sur les cervelles échauffées. Tout se tait, tout rentre dans le rang. C'est ainsi qu'il faut traiter ces Abyssins procéduriers, peu scrupuleux et lâches.

DANS LA STEPPE SOMALIE. — Le vicomte du Bourg et une de ses victimes.

Ils crient beaucoup..... si on les écoute. Les Somalis crient moins, mais savent mieux manifester leur mécontentement. Le même jour, un Somali, peu satisfait du régime, quittait simplement la mission sans rien dire, et jamais on ne le revit. Il avait eu la délicatesse de laisser au camp les armes à lui confiées.

Le 9, la mission séjourna à Amarreyti, lieu de repos des caravanes, village sans importance. M. du Bourg partit dès le matin pour la chasse;

(1) Courbache : lanière de cuir servant de fouet. C'est malheureusement le seul châtiment pratique là-bas. Il n'est pas d'ailleurs plus déshonorant que la « salle de police » pour nos soldats.

le pays est giboyeux et contient spécialement des *gerenouks*, animaux fort curieux, et que les chasseurs de la mission n'avaient encore pu tirer. Cependant, M. Brumpt établissait un cabinet de consultation gratuite dans la brousse. La renommée de l'expédition s'était déjà répandue au loin : certains malades, qui venaient se faire soigner par le grand sorcier européen, habitaient à plus de cinq jours de marche du camp. Les remèdes que leur indiquait le docteur, les étonnaient généralement : on eut beaucoup de peine à faire comprendre les bienfaits de l'hydrothérapie à un vieux Galla qui avait amené son fils idiot. — Cependant M. de Zeltner profitait de cette affluence et exerçait son zèle d'ethnographe sur les crânes et les faces des naturels qu'il mensurait sans lassitude. Certains poussaient des cris affreux pendant l'opération qu'ils jugeaient volontiers diabolique,

La journée fut encore signalée par l'arrivée d'une lettre du ras Makonnen ; nous la transcrivons pour donner une idée du style abyssin ;

*Le ras Makonnen au vicomte du Bourg de Bozas*

« Que votre santé se maintienne toujours ! Je vous envoie les soldats » Goualo, Captimer, Benticas, Lemma, Voldérieur. Si vous avez des » soldats chez vous, qui se soient sauvés de mon armée, enchainez-les, » et expédiez-les moi. Je suis à votre service. J'espère que vous serez » toujours en bonne santé. Les soldats qui ont déserté n'ont pas terminé » leur engagement. Je vous en prie, n'oubliez pas. Je demanderai dans » mes prières que votre santé soit toujours bonne. »

Fait à Harar, le 29 guénévot.

Comme on le voit, le ras ne craignait pas la redondance et le redoublement de l'expression : les souhaits gracieux reviennent dans sa lettre comme un *leit-motiv*. Mais il faut noter surtout les désertions que la lettre signale. Elles sont assez fréquentes dans l'armée abyssine, où l'on ne retient les soldats que par l'appât du pillage. Vienne une période d'accalmie dans les déprédations, et aussitôt ils désertent. Ce n'est pas la discipline qui fait là-bas la force et la cohésion des troupes, c'est un ardent et unanime désir de butin.

Mais aucun déserteur ne s'était présenté au camp de la mission, et le jour même M. du Bourg le signifia au ras, dans une lettre où il le remerciait des soldats qu'il lui envoyait et dont il n'eut dans la suite qu'à se louer.

Le lendemain, la marche reprit à travers la brousse. La mission, en descendant toujours vers le sud, rencontrait de nouveau des régions plus humides. C'est le pays de Gouroura. La terre, noire, spongieuse, fertile, y est couverte en certains points de marécages. C'est la région de la fièvre, annoncée par les indigènes dès le 6. En effet, parmi les malades qui, comme tous les jours, venaient se faire soigner par le docteur, dix au moins étaient atteints de paludisme.

Les malades affluaient en effet au camp, et aussi les marchands. Car ce pays de Gouroura est fort peuplé. Les huttes abondent, entourées de

La visite médicale du docteur à Gouroura.

zéribas, et présentant toutes les formes possibles : rondes, ovales, carrées, hémisphériques. Que diraient les ethnographes qui prétendent déterminer et caractériser les races d'après la forme des habitations ? Autour paissaient d'énormes troupeaux de bœufs à bosse, qui contemplaient longuement et doucement la caravane en marche. Les cultivateurs — des Gallas encore — faisaient de même. On les sentait de mœurs paisibles. Et de fait si leurs ancêtres furent des guerriers, eux ont oublié le maniements des armes au point de se laisser vendre par les Abyssins sans la moindre résistance. Ils aiment la vie du foyer, jusqu'à en contracter des maladies. M. Brumpt avait remarqué parmi ses clients du jour un nombre considérable de femmes et d'enfants atteints d'ophtalmies. Il s'enquit et se persuada que tous les avait contractées à séjourner près du foyer, qui leur envoyait sa fumée dans le visage. Curieux effet de la vie domestique ! Les petits Gallas de Gouroura ont les yeux malades, alors que leurs cousins de la steppe gardent un regard clair sous le soleil éclatant et malgré les tempêtes de sable. Quel bel exemple pour nos théoriciens de la vie au grand air!

Le 11, au retour de son expédition de chasse quotidienne, M. du Bourg trouva le camp en effervescence. Un Harari de l'escorte, Bichet, s'était pris de querelle avec un Soudanais et avait voulu lui passer sa baïonnette au travers du corps. Un autre Soudanais avait été pris à partie par un Arabe, et des paroles ces grands enfants en étaient rapidement passés aux coups. M. Golliez les avait sagement tous mis d'accord, en leur infligeant les fers. Le vicomte en rentrant les tance vertement ; les Soudanais lui répondent par l'expression des plus humbles remords. On leur pardonne. Enchantés, ils organisent aussitôt une fête, avec musique discordante, danses frénétiques, scènes mimées, etc. Le programme est complet. Les Souahilis s'associent à ces réjouissances, qui ne cessent pas de la nuit. Seuls les Abyssins sont taciturnes ; car le jour même le grand chef a déjoué une de leurs ruses. Sous le prétexte qu'on est dans une contrée marécageuse et paludéenne, beaucoup ont affecté d'être malades ; tous se refusant d'ailleurs à la visite du docteur voudraient ne plus faire aucune partie de la route à pied. Ils ne méprisent plus maintenant les chameaux : ils n'en voudraient plus descendre. Fort de l'avis de M. Brumpt, le vicomte a refusé cette douceur à ces malades imaginaires, qui, par crainte de la courbache, ont repris la marche en maugréant, mais d'un bon pas.

Toute la journée, la marche continua à travers des fourrés assez épais. Nos voyageurs remarquèrent certains arbres auxquels des pierres étaient suspendues, et qui avaient été jadis l'objet d'un culte, au temps où l'antique religion des Gallas, avant leur conversion à l'islam, leur recommandait le respect des arbres, Sage précepte, que la religion copte n'enseigne pas, au grand dommage des Abyssins, qui sont en train de ruiner leurs montagnes en les déboisant d'une manière inconsidérée.

Mais les fourrés devenaient de plus en plus épais, la route de plus en plus impraticable. Il semblait avéré que le fameux guide trompait les explorateurs ou se trompait lui-même. Depuis trois jours, on avait perdu de vue le Herrer et depuis cinq jours le guide promettait d'y ramener la caravane. Or, les indigènes prétendaient qu'on pouvait le gagner en quatre heures et par des routes faciles aux chameaux ; au contraire, le chemin que l'on suivait était très pénible et, dans la journée du 13, il se transforma en fondrière. La caravane arrive tout à coup au-dessus d'une vallée profonde de 400 mètres ; un chemin y conduit, à peine praticable aux mulets ; pour les chameaux, ils buttent à chaque pas, certains s'effondrent et la nuit trouve la mission dans le plus complet désarroi. Dans cette circonstance, M. du Bourg put éprouver le dévouement de ses hommes, notamment des Soudanais et des Souahilis. A 11 heures du soir, la concentration dans le bas de la vallée était à peu près terminée.

Chargement d'un dromadaire.

A la suite de cette école, le guide fut enchaîné et condamné à la courbache, s'il persistait dans son attitude mystérieuse. Etait-il coupable de malveillance ? N'était-ce pas la vanité, invétérée chez les hommes de sa race, qui l'avait induit à prétendre connaître un chemin dont il n'avait pas l'élémentaire notion ? Enfin, le lendemain il avoua tout ; il avait fait suivre, autant que possible à M. du Bourg, la route déjà adoptée par la mission allemande Neumann-Erlanger, auprès de laquelle il avait servi comme muletier ; il ne connaissait que cette route dans la région. De là ses résistances quand, au départ, M. du Bourg avait affirmé son intention de ne suivre aucun sentier battu. Malgré ces ordres, il avait conduit aussi lion que possible, la mission française, sur le même chemin que la mission allemande ; et quand il avait fallu rejoindre le Herrer, il s'était fourvoyé.

Il fut tenu compte au malheureux de sa franchise tardive, et puisque l'aventure se terminait sans catastrophe, le vicomte décida de le renvoyer à ses affaires sans autre forme de procès et de se guider sur les renseignements que donneraient les indigènes de rencontre. Mais il jugea bon de rendre compte de l'incident au ras Makonnen, qui avait fourni le guide en se portant garant de sa science et de sa fidélité.

« Dans la dernière entrevue que vous m'avez offerte, lui écrivit-il, » je convins avec vous de suivre la vallée du Herrer jusqu'au Ouabi. C'était » ce que j'avais demandé à l'empereur et ce qu'il m'accorda dans les lettres » qu'il voulut bien m'envoyer. Vous-même n'avez soulevé aucune » objection. J'avais précisé que je ne voulais pas suivre le même chemin » que la mission allemande, route déjà parcourue et n'ayant plus, pour » moi, d'intérêt scientifique. Or, le guide qui m'a été fourni à Harar s'est » obstiné à s'écarter de la voie que je voulais suivre ; il m'a constamment » menti, me promettant chaque jour de me ramener au Herrer le lende- » main, me déclarant sans cesse que nous étions loin de la route suivie » par la mission allemande, alors que nous suivions cette route même. » Dans ces conditions, ma mission manquait son but, qui est une investi- » gation scientifique de régions inconnues. J'ai donc congédié le guide, et » je continue seul mon voyage sur Moullou, comme il avait été convenu. » De là, je suivrai le Herrer jusqu'au Ouabi, d'où je me rendrai auprès du » dedjaz Voldé Gabriel, pour lui remettre les lettres dont l'empereur m'a » chargé pour lui.

» J'espère que votre altesse est toujours en bonne santé et je lui envoie » mes respectueuses salutations ».

VICOMTE DU BOURG DE BOZAS

M. du Bourg fit comme il disait dans cette lettre, et, deux jours après, le 16, il atteignait Moullou et le Herrer. Le paysage qui s'offrit alors aux yeux des voyageurs leur fit encore plus maudire l'inconséquence du guide qui les en avait tenus éloignés si longtemps. Aucune autre région ne leur avait donné, à ce point, la notion exacte de cette formation végétale si fréquente dans l'Afrique équatoriale et que les géographes allemands ont les premiers désignée du nom caractéristique de parc (*Parklandschaft.*)

Le parc est, en quelque sorte, un compromis de la nature entre la steppe et la forêt. Il s'établit dans les régions où la pluie est trop abondante pour ne laisser croître que les herbes éphémères de la steppe, mais ne l'est pas assez pour donner lieu à une forêt étale et continue. De là ces paysages *mêlés*, si l'on peut dire, tels que celui du pays du Herrer. La vallée formait le centre naturel du tableau. De part et d'autre s'étageaient des plateaux chauds et moyennement arrosés; ils étaient couverts de graminées d'où surgissaient quelques buissons touffus, mais formés de plantes des pays secs, euphorbes, cactus, etc. A mesure que les plateaux inclinaient leurs versants vers la vallée, ils devenaient plus humides, et la végétation plus sombre et plus épaisse. En descendant leur pente, le regard atteignait la vallée même, où, de loin, la rivière disparaissait entièrement sous l'amas des frondaisons et se signalait seulement par l'exubérance de vie végétale et animale qui l'entourait. Là, c'est un véritable ruban de forêt, touffu, mais sans largeur, qui serpente à travers les plateaux : c'est ce qu'on nomme si justement une *forêt-galerie*. Les arbres y font un dôme sombre où circule la fraîcheur et l'humidité : ils comportent des acacias de plusieurs espèces. Dans le lit même de la rivière, de grasses prairies alternent avec des *carex*, des *ricins* et des *papyrus*.

De l'aveu unanime, il fut reconnu que l'ensemble du tableau évoquait l'aspect d'un parc européen un peu négligé, de ces parcs dont nos sentimentaux aïeux du XVIIIe siècle, romantiques avant la lettre, empruntèrent le secret à l'Angleterre, et où un beau désordre dans les masses de verdure est un simple effet de l'art. La nature ici s'était montrée plus grande artiste encore.

Quant à la faune du pays, elle était abondante et variée et offrit un gibier de choix au fusil des chasseurs. On y distinguait surtout des *phacochères*, des *oryx* et des *kondous*, et aussi des cailles et des francolins : ce furent là les animaux les plus typiques qui figurèrent au tableau et dans les menus de la journée. Cependant les naturalistes avaient fait pour leurs expériences une abondante moisson d'*anophèlès*, les moustiques de la fièvre, qui abondaient dans la vallée. Et la journée du 16 juin put être marquée d'un caillou blanc par tout le personnel de la mission.

Après un séjour de vingt-quatre heures dans le pays de Moullou, M. du Bourg s'enquit d'un guide Galla pour le conduire au Ouabi Chébéli. Il s'en trouva un, qui consentit volontiers. Mais le lendemain, pris sans doute de nostalgie, il avait disparu. Le 20, la mission dut donc continuer sa route un peu à l'aveuglette dans la direction du Ouabi. Malgré le pays désertique, la chasse était fructueuse. A travers les plaines herbeuses, de grands troupeaux d'oryx paissaient, qui semblaient peu farouches. Ils ne fuyaient pas le chasseur, quand celui-ci avait bon vent;

et, étaient-ils dans le vent, ils s'éloignaient au trot et même au pas, comme par déférence plutôt que par peur, et continuaient de jouer entre eux et de lutter à coups de cornes.

Mais la région, bien que fertile, était maintenant dépeuplée. Pourquoi ? Mystère. Pour les Abyssins de la mission, ce vide absolu avait pour cause la lutte qui commençait entre le négous et le mullah : la région constituait une sorte de territoire-tampon que les partisans paisibles des deux adversaires avaient d'un commun accord abandonné. Et il fallut bien se contenter pour l'instant de cette explication. Plus tard, M. du Bourg y devait trouver d'autres causes, plus radicales et d'un ordre moins diplomatique.

Le 22 juin, un Abyssin rejoignit l'expédition : il était envoyé de Harar par le ras Makonnen et portait un volumineux courrier. Les journaux de Djibouti apprirent aux voyageurs que le dédjaz Birou avait été mandé à Addis-Ababa, accusé de conspiration contre Ménélik : il aurait laissé entendre à plusieurs reprises qu'il verrait sans déplaisir la couronne sur une autre tête que celle de l'empereur. Il avait donc été rejoindre dans les cachots de la capitale plus d'un grand dignitaire à qui les ambitions les plus hautes avaient été jadis permises. De tant de successeurs éventuels du négous, seul Makonnen subsiste sans *histoires*. Cela durera-t-il toujours ?

La lettre du ras à M. du Bourg était fort aimable. Celui-ci en fut d'autant plus content, qu'il n'avait pas été sans apprendre, en cours de route, qu'on avait essayé de le desservir auprès du maître de Harar : on avait voulu le représenter comme un ambitieux, cachant sous des apparences scientifiques l'intention de piller l'Ogaden. Or, l'Ogaden est un « territoire de chasse » réservé à l'Amhara, le Frendji n'y a rien à faire ! Makonnen adressait à M. du Bourg un nouveau guide dans une lettre ainsi conçue :

*Le ras Makonnen au vicomte du Bourg de Bozas.*

« Que Dieu vous conserve en bonne santé ! Comment vous portez-vous ?

» Le guide que je vous envoie agira selon vos ordres, et, si vous le » voulez, vous conduira au Ouabi. J'ai déjà envoyé une lettre à mes » hommes du Ouabi et je vous en donne d'autres ; j'ordonne » qu'on vous conduise et qu'on vous laisse passer où il vous plaira.

» J'envoie mon salut à vous et à vos compagnons. Portez-vous bien. » Au revoir. »

Cette lettre faisait allusion aux passe-ports que le ras donnait à M. du Bourg. L'un s'adressait à ses fonctionnaires :

*Le ras Makonnen, à tous les chefs de l'Ogaden et des pays gallas.*

» Le vicomte du Bourg de Bozas, Français du gouvernement, a » l'autorisation de l'empereur et de moi. Ne l'empêchez de passer » nulle part, à la simple présentation de cet ordre. Donnez-lui la meilleure

Faute de mouton nous mangerons du zèbre.

» hospitalité et tout ce qu'il demandera. Indiquez-lui le chemin autant » qu'il sera en votre pouvoir.

Fait à Harar, le 11 sanié »

L'autre était adressée à Hadj-Adam, chef de l'Ogaden, qui était aussi dans l'obédience de Ménélik.

*Le ras Makonnen à Hadj-Adam, chef de l'Ogaden.*

« Comment vous portez-vous? Moi, grâce à Dieu, je vais bien.

» Montrez aux Européens le chemin qui va au Ouabi, selon leur » volonté. Accompagnez-les le mieux que vous pourrez jusqu'à la limite » de votre gouvernement. Efforcez-vous d'exaucer leurs désirs.

Fait à Harar, le 12 sanié »

On ne pouvait être plus obligeant, et M. du Bourg remercia le ras aussitôt. Mais là où il n'y avait aucun habitant, les ordres de Makonnen perdaient toute efficacité. Or, depuis deux jours, les explorateurs marchaient dans le désert. Circonstance aggravante : au désert d'hommes le désert végétal tendait à s'ajouter. A mesure que l'on descendait vers le sud, les plateaux devenaient plus secs. Malgré l'autorité de Makonnen, le nouveau guide semblait ignorant de la contrée. Les provisions en eau s'épuisaient, et aucun point d'eau ne se montrait pour les reconstituer. Enfin, vers le soir du 22 juin, un homme apparut dans la steppe. M. du Bourg courut à lui. C'était un abysssin ; il eût préféré un galla. Il entama néanmoins la conversation : l'homme se nommait Lidjorkara, fils du *fitourari* (1) Ratta.

— Connais-tu le pays ? lui demande le vicomte.

— Oui.

— Le pays est-il encore galla ou somali ?

— Je ne sais pas.

— Sommes-nous dans la direction du Ouabi ?

— Je ne sais pas.

— Y a-t-il des éléphants dans la contrée ? Pourquoi est-elle désertée ?

— Je ne sais pas, je ne sais pas.

— Où trouverons-nous de l'eau ? Y en a-t-il dans les environs ?

— Oh ! il n'y en a pas avant deux journées de marche, là-bas, là-bas.

Là-dessus, un geste vague et l'homme se tait. Visiblement, il sait, mais ne veut rien dire. Pourquoi ? Parce qu'il se méfie, en bon abyssin. Il ne voit pas comment ses indications pourraient le compromettre, néanmoins il se méfie, à vide, pour ainsi dire. En vain lui ingurgite-t-on du champagne ; l'élixir Cliquot ne saurait lui délier la langue.

Alors une inspiration saisit M. du Bourg. Il lui montre les lettres qu'il vient de recevoir de Makonnen. Et voilà qu'aussitôt Lidjorkara, fils de Ratta, se met à parler avec une volubilité extraordinaire. Il n'ignore plus rien, répond à tout : oui, on est bien sur la route du Ouabi ; oui, l'eau est proche, à cinq minutes, au plus ; oui, les éléphants pullulent ; le grand Frendji en trouvera en troupeaux « comme des moutons ». Après son silence, c'est maintenant son verbiage qui est excessif. Les renseignements sont trop précis et trop rassurants pour être justes. Il semble qu'à ses yeux les désirs des protégés du puissant ras doivent être des réalités et que les décevoir serait leur faire offense. En fait, la mission

---

(1) Officier subalterne.

trouva de l'eau à une heure de marche. et les éléphants n'apparurent pas.

Dès le 13, l'aridité du pays augmente. On gagne le lit d'une petite rivière, qui porte le nom de Kabénéoua ; elle est à sec. C'est un *tug*, comme on dit en Somalie, une rivière transitoire, qui n'a de l'eau qu'en temps de pluie. Maintenant, même en creusant le sol, on en obtient peu. Le 24, M. du Bourg part sur les flancs de la colonne à la recherche de l'eau; le soir, il revient bredouille. Pourtant, sur bien des points, il a trouvé des traces du passage et même du séjour des hommes. Mais le pays est complètement désert aujourd'hui. De même, il semble, à la faune et aux restes de flore qui y subsistent, que la contrée fut naguère plus humide et plus riche. Ces circonstances, confirment les voyageurs dans l'hypothèse qu'ils formaient depuis plusieurs jours : la mission a pénétré dans la zône où sévit cette sécheresse, qui, depuis cinq ou six ans, désole l'Afrique Orientale.

Cette sécheresse, dont les anglais se plaignent dans l'Ibea, que Neumann, Erlanger et Boulatovitch signalent aux environs du lac Stephanie et du lac Rodolphe, dans le Borana et sur l'Omo inférieur, M. du Bourg la trouvait dès les premières étapes de son voyage, aux approches du Ouabi moyen, à quelques lieues de Harar. Un fait est désormais acquis : dans tout l'Ogaden occidental, les précipitations atmosphériques sont presques nulles, la steppe gagne de jour en jour sur le parc et sur la forêt, et, si cette période de sécheresse continue, peut-être le jour viendra-t-il où pour les géographes rien ne distinguera plus l'Ogaden occidental de l'Ogáden désertique de l'Est et de la Somalie proprement dite. C'est là certainement une des causes du dépeuplement de toute la région. M. du Bourg en devait bientôt constater une autre.

Le 24, le guide abyssin voulut conduire la caravane vers une montagne qui apparaissait vaguement au Sud. Il en ignorait le nom, mais l'avait visitée dans sa jeunesse.

« Là, disait-il, l'eau est abondante et permanente. Tu pourras en recueillir pour plusieurs jours. Tu pourras en même temps t'approvisionner de lait et de victuailles. Car toute la montagne est peuplée d'une population prospère ».

M. du Bourg piqua donc sur cette montagne. Des traces d'anciennes habitations se rencontraient à chaque pas, mais toutes étaient vides et délabrées. Aucun homme ne se montra. Quant à l'eau elle avait disparu comme l'homme. Force fut à la caravane de revenir à la rivière Kabénéoua et d'épuiser les quelques flaques qui en semaient le lit. On recueillit ainsi cinq cents litres d'une eau saumâtre dans des tonneaux et dans des *guerbas* de toile à voile. C'était du liquide pour deux jours. On avait des vivres frais pour cinq jours. M. du Bourg résolut de pousser rapidement vers le sud en profitant de ces dernières ressources. Peut-être atteindrait-on le Ouabi, ou tout au moins une région plus hospitalière. A deux jours de là, affirmait le guide, on trouverait certainement de l'eau au mont Fické.

Le 25, on marcha tout le jour dans la steppe, sous le soleil. L'herbe était rare et semée de quelques mimosas. On avait rationné l'eau ; bêtes

Le mont Fické ; au premier plan une termitière.

et hommes peinaient. Le 26 au matin, une montagne se profile à l'horizon. C'est le mont Fické, déclare le guide ; c'est la Terre Promise. De loin il apparaît comme un petit piton, complètement isolé dans la plaine, et dont le sommet, sectionné droit, à une forme strictement tabulaire. A huit heures, on coupait un lit de rivière à sec ; à dix heures, une autre rivière est signalée ; elle est sèche encore. Tout dans la région est aride, herbe et rares buissons ; la plaine, semée de cailloux volcaniques, évoque la Somalie. L'angoisse recommence : l'espoir va-t-il être déçu, comme le 24 ? Seul le guide garde sa belle confiance et marche comme un homme sur de lui.

Enfin à quatre heures du soir, la caravane atteint un petit ravin, où se trouve un puits. L'eau est là, abondante et claire. Bêtes et hommes se désaltèrent ; les mules et les chameaux barbotent dans une mare avec un visible plaisir. Tous ont besoin d'un long repos pour se refaire et M. du Bourg décide que la caravane séjournera deux jours ici.

Le lendemain, MM. Brumpt et d'Annelet firent une excursion au mont Fické ou Firké. Toute la région à l'entour est volcanique et aride. Le seul émissaire de la montagne, le Lamou, est un tug. L'ascension de la montagne est assez pénible, les sentiers sont encombrés de cailloux volcaniques qui roulent sous les pieds. La plate forme du sommet a environ 150 mètres de long sur 25 de large. Le point culminant est à 1.360 mètres. La montagne est toute entière de basalte. Elle apparut aux explorateurs comme un ancien volcan de l'époque tertiaire, érodé et taillé par la pluie et les vents.

Du haut de la montagne la vue était intéressante. Tandis qu'au nord deux cercles de collines apparaissaient, au sud le pays était d'une horizontalité et d'une aridité parfaites. Le sol, plat et grisâtre, était moucheté de plaques d'un jaune clair : c'était des amas de sable. La végétation était presque nulle et représentée par de rares mimosas, dont beaucoup étaient morts. C'était un paysage d'incendie, plus saharien que le Sahara même. Et pourtant ce pays fut naguère habité. A 5 ou 600 mètres de la base du mont Fické se dresse un marabout, témoin du séjour d'une population musulmane. La sécheresse est donc là encore relativement récente-peut-être passagère.

La journée du 28 se passa en chasse. Zèbres, kondous et oryx fournirent une ample provision de viande fraîche à la mission, qui put ainsi le lendemain reprendre la marche en avant. Le 29, on découvrait dans le lit de la rivière Lamou un nouveau puits plus considérable que le premier et témoignant du travail et des besoins d'une population plus nombreuse. Les restes de zéribas et de toucouls abondent. Mais toutes ces demeures désertes semblent avoir été pillées. Quelques-unes portent sur leurs murs la trace du feu, et de dépradations qui ne sont point le fait de la chaleur ni de la nature : il a fallu la main des hommes. Il apparut bien dès ce jour à M. du Bourg qu'un autre fléau, aussi déplorable, aussi récent que la sécheresse, a contribué, autant et plus qu'elle, au dépeuplement de la contrée, et ce fléau, c'est l'invasion abyssine. Le Somali a fui devant l'Amhara plus que devant le soleil, qui lui est familier. En somme l'Ogaden central est aussi sec que cette région. Pourtant des hommes le parcourent et, dans les rares vallées, y séjournent. Ici la vallée de la Lamou et le désert qui l'entourent sont également vides. Seule l'action destructive des Abyssins peut expliquer que pendant plus de dix jours de marche et sur cent-onze kilomètres de longueur la caravane n'ait pas trouvé un seul habitant (1).

L'opinion des voyageurs se confirma, quand, à partir du 30, on aborda un pays plus riche et pourtant également dépeuplé. Le 2 juillet, après avoir doublé le mont Hadjou, une ligne d'un vert continu signala à l'horizon la présence d'une rivière sans doute abondante. Partout se relèvent des traces d'éléphants; des arbres se présentent, dépouillés de leur écorce par les défenses. Enfin, la vallée est atteinte : c'est celle du Dakhatto. Elle est formée de fosses et de trous, qui se remplissent quand la pluie vient, et elle doit rouler assez d'eau après l'orage. Mais le lit de la rivière n'est pas continu. L'eau est jaunâtre, salie par les visites que lui font les éléphants, en somme peu appétissante. Mais le pays est vert; l'herbe drue alterne avec les acacias; le spectre de la soif a disparu. Le sol est généralement constitué par une argile rouge et fortement salée. Grande fut la surprise des explorateurs, quand ils virent des Somalis de l'escorte en ramasser et s'en repaître avec satisfaction. A leur goût elle est comestible.

Type de Galla-Annia.

Les toucouls abandonnées devenaient de plus en plus nombreuses. On était à la limite de la *zône d'influence* (!) des Abyssins, et les explorateurs s'attendaient à chaque instant à découvrir enfin des hommes. L'arrivée dans une région habitée devenait, en effet, de plus en plus urgente. La caravane était depuis plusieurs jours dépourvue de dourah, et

(1) C'est également dans cette région que fait son apparition la mouche Tsé-Tsé du pays somali, la *Glossina longipennis*; elle a dû contribuer pour une grande part à rendre cette région, qui est en somme une steppe assez riche, peu habitable.

l'on n'avait d'autres vivres frais que le produit de la chasse. Mais les Européens avaient grand mal à imposer cette nourriture aux hommes. Les musulmans ne voulaient pas manger les animaux tués par les Abyssins et réciproquement. A leur ordinaire, les Abyssins se montraient plus désagréables que les autres. Ils ne voulaient pas manger de zèbre, sous le prétexte que cet animal ressemblait à l'âne et que naguère, lors de la grande peste bovine, qui avait ruiné le bétail de l'Abyssinie, Ménélik avait défendu que l'on mangeât les chevaux et les ânes et menacé de la perte de la main quiconque emploirait comme viande de boucherie ces précieux auxiliaires de son armée. Les différences de confession faisaient que chaque groupe ethnique de la caravane constituait ses réserves de viande avec le gibier tué par les siens : Soudanais, Souahilis, Somalis avaient la leur. Seuls les Abyssins imprévoyants dévoraient leur ration sans souci du lendemain, puis venaient, quand ils avaient faim, assaillir M. du Bourg de leurs incessantes réclamations...

Enfin, le 3 juillet au matin, M. du Bourg, en chassant sur les flancs de la caravane, aperçut une troupe d'indigènes qui le regardaient curieusement et sans peur. Il s'avança vers eux avec joie. C'était enfin des hommes du pays. La traversée du désert avait duré quinze jours.

MARC GABILLÉ, — Chargement de la caravane.

IMI-SAGAK. — Cavaliers somalis venus pour saluer la mission.

## CHAPITRE IV

## Le pays du Ouabi Chébéli

(2 juillet — 6 août 1901)

Les Somalis. — Vers Bourka. — Un guide indigène. — A travers les tombeaux. — Une chasse rare. — Sagak : puits salés. — Les Darrott. — Le cancer et le voleur. — Silex préhistoriques. — L'oryx. — Anecdote typique. — Un mot d'un abyssin. — Pêches miraculeuses. — La tsé-tsé. — Une grève. — Le Ouabi Chébéli. — Au long du Ouabi. — La faim. — Marche pénible. — Un pays habité. — Les approches d'Imi.

Salut, amis.

— Salut au Frendji.

— Etes-vous Gallas ou Somalis ?

— Nous sommes Somalis, des tribus Amadi et Amar et nous chassons dans la contrée.

— Sommes-nous sur la route du Ouabi ?

— Oui. Bourka est à deux jours de marche (45 kilomètres environ).

— Y trouverons-nous de la dourah ?

— Vous y trouverez de la dourah et même du riz.

— Voulez-vous nous y conduire ?

— Nous le voulons.

Il y avait loin de ces réponses précises et aimables à la mauvaise volonté manifestée jadis par le fils de Ratta. Celui qui les adressait à M. du

Bourg était un grand Somali, au visage calme et intelligent, le chef de la troupe qu'il venait de rencontrer. Ces paroles le soulagèrent d'une grande inquiétude. Enfin on allait trouver un village important, où l'on pourrait se reposer et s'approvisionner en vivres et en bêtes de somme. Il était temps. Depuis Harar, on avait perdu quinze chameaux et les autres étaient dans un état pitoyable. Les chevaux étaient efflanqués et à bout de force. Seuls les mulets avaient mieux résisté. Mais, après trente-trois jours de marche dans une contrée aride, c'était encore les hommes qui aspiraient le plus après l'étape. Aussi firent-ils fête, sans distinction de race, aux Somalis porteurs de la bonne nouvelle.

Jeune fille somalie

Ces Somalis étaient de beaux hommes, maigres et élancés. Leurs cheveux, longs et frisés, étaient séparés par une raie au milieu de la tête et brûlés à la chaux. Ils portaient au cou des talismans carrés en cuir (*Kartass* en somali), et, au-dessus du biceps droit, un petit bracelet de cuir. La plupart étaient armés de lances et d'arcs ; leurs carquois contenaient des flèches analogues à celles que les explorateurs avaient vues dans les mains des Gallas de Moullou, pour chasser l'éléphant. Ils appartenaient à deux tribus Somalies, les Amadis et les Amars, et leur présence dans la contrée avait pour but la chasse des gros pachydermes.

Ceux-ci devaient abonder dans la région ; car à peine M. du Bourg avait-il fini de se renseigner auprès des Somalis, qu'une nouvelle troupe apparut aux explorateurs. Celle-là se composait d'Abyssins. Le jeune homme qui les conduisait se présenta au vicomte comme le fils d'Ato-Baapté, *nagadéras* (1) de Harar. Lui aussi venait chasser l'éléphant. Il avait voyagé en Europe, séjourné à Marseille, gardait un souvenir attendri de la Canebière et se rappelait quelques mots de français.

Comme chasseur et comme Français, M. du Bourg lui fit doublement accueil. Toute la journée on avait relevé des traces d'éléphants, et le vicomte bouillait du désir, que tous ses confrères en Saint-Hubert

SAGAK. — Abri de nomades somalis.

comprendront, de s'attaquer à ce gibier de choix. On causa donc chasse d'éléphants.

« Pour moi, disait le fils d'Ato-Baapté, je vise toujours la grosse bête au genou. Si ma balle casse l'os, l'éléphant tombe. Quand je chasse cette sorte de gibier, je n'emmène jamais avec moi qu'un mulet, un ou deux ânes et quelques chasseurs. Car les grandes caravanes effraient l'éléphant et le mettent en fuite ».

Fallait-il attribuer à cette tactique des éléphants la persistance qu'ils mettaient à se dérober à la vue et à la carabine des voyageurs ? Toujours

(1) Chef des marchands.

est-il que ceux-ci devaient attendre de longs jours avant de se mesurer avec la « grosse bête ».

Sur la région où l'on se trouvait, l'Abyssin n'était pas du même avis que les Somalis. Il prétendait que vers le sud et vers Bourka les explorateurs ne trouveraient rien, ni vivres ni bêtes de somme. Cela était en contradiction absolue avec les affirmations des nomades. L'un de ceux-ci, le plus intelligent et le plus hardi, Abdullaë, offrit de faire la preuve de ce qu'il avançait, et de guider la caravane jusqu'à Bourka et même au-delà, pendant neuf jours de marche le long du Ouabi Chébéli. On ne risquait rien à suivre ces hommes, puisque l'on avait le nombre et la force. Car, à la différence des Gallas pacifiques et timides, qui, sans fuir l'étranger, entrent malaisément en contact avec lui, ces Somalis si aimables étaient certainement capables des pires attaques contre qui ne saurait les repousser.

« N'oublions pas, rappelait M. d'Annelet, que c'est non loin, au confluent du Dakhatto et du Salout, qu'en 1883 fut assassiné l'explorateur Piétro Sacchoni. Des Somalis ont avoué dans la suite au prince Ghika que, s'ils l'ont tué, c'est qu'il avait une faible escorte. Ils n'auraient osé attaquer une caravane puissante. En Somalie, plus encore qu'en Europe, le régime de la paix armée est le premier article du code international. »

Dès le 4, la mission se met en marche, guidée par Abdullaë vers Bourka. On suivait la riche vallée du Dakhatto; l'eau abondait, la marche était facile et nos Européens avaient des loisirs. M. du Bourg voulut les utiliser à battre la savane pour trouver des éléphants. Il trouva de grands troupeaux d'oryx, de zèbres et de gazelles, mais d'éléphants point. La chasse, bien que fructueuse, avait manqué son but. Pour M. Brumpt, il fut plus malheureux encore. Plein d'un beau zèle scientifique, il voulait analyser le sang d'un porc-épic dont on avait relevé les traces pendant la journée. Aussi passa-t-il toute la nuit du 4 à l'affût. Mais le jeune savant ne rapporta de sa veillée que dix-neuf piqûres, larges de 5 à 6 centimètres et violacées, ayant l'aspect d'ecchymoses, et fort douloureuses. C'était des piqûres d'*argas*, que l'on appelle dans le pays « Kout-Koudas ». La présence de ces argas indique un pays sec et chaud, à caractère tropical : les sables du Dakhatto en sont la cause.

Le 5, sur l'avis d'Abdullaë, on quittait cette rivière, ses grandes mares et ses tamarins, pour piquer vers l'est à travers le plateau et retrouver les mimosas et les herbes brûlées de la brousse. Ce ne fut pas sans regret. L'après midi, la mission traversait un *tug*, alors à sec, que les cartes appellent Salout, mais qui, dans le pays, porte le nom d'Orahaout. Puis elle reprit la traversée du plateau. Le sol y est, à la surface, sablonneux et léger. En profondeur, apparaît une argile qui contient beaucoup de fossiles quaternaires, potamides et planortes. Le tout est, à l'extérieur comme à l'intérieur, d'une parfaite horizontalité. Aucune convulsion venue des entrailles de la terre, n'a plissé ces couches depuis qu'elles se sont déposées dans les mers de jadis. Un vent fort soulevait des nuages d'une poussière rougeâtre qui s'attachait aux explorateurs, pénétrait partout et rendait le travail difficile, même dans les tentes hermétiquement closes. On était bien, cette fois, dans l'Ogaden, dans la vraie steppe, en pleine Somalie.

Les explorateurs en eussent-ils douté que la forme des tombeaux, qui abondaient dans la région, les en eût assurés. Ces tombeaux affectaient deux formes différentes. Les uns étaient entourés d'un mur d'enceinte, fait de grosses pierres non cimentées et recouvertes de bois et de branchages. A l'intérieur, les monuments funèbres, orientés vers la Mecque, comportaient une dalle de forme allongée (en général 18 mètres carrés de surface et 0 m. 75 de hauteur). Mais, à mesure que la caravane s'enfonçait dans la vraie Somalie, ce type faisait place à un autre, plus caractéristique, le même que l'on rencontre dans tout l'Ogaden, en pays Issa et dans la Medjourtine. De forme circulaire, il consiste en un amas de grosses pierres, comme il a été dit plus haut, entassées avec ordre et sans ciment. Quelques-uns, ceux des chefs sans doute, ont de grandes dimensions. L'un, en particulier, rencontré dans la journée du 4, se signalait au loin par sa masse et par la couleur noire des pierres qui le composaient. La plate-forme, ronde, atteignait 20 mètres de diamètre et 3 mètres de hauteur. La circonférence en était limitée par des arbres, vifs ou morts, et par des aloès. Au-dessus, une seconde plate-forme, plus petite et plus haute (7 mètres de diamètre sur 5 mètres de haut) portait au centre un trou de 1 mètre de profondeur. Autour de cet édifice majestueux s'érigeaient d'autres tombes plus modestes, simples tas de grosses pierres, hauts d'un mètre et demi et surmontés de deux petites dalles parallèles qui en portaient transversalement une troisième. Aucun de ces tombeaux n'a de porte, au contraire des sépultures Issas.

Tous sont entourés d'arbres ou, pour le moins, de buissons. Il semble que le Somali, victime au cours de sa vie de la sécheresse, en veuille à jamais garantir ses morts. Pour la coutume qui lui fait ainsi entasser les pierres sur les cadavres, les explorateurs l'ont depuis longtemps expliquée par le désir de protéger toute dépouille humaine contre la dent des rôdeurs de la steppe, hyènes et chacals.

Le 6, la marche continue. Un incident rompit la monotonie de la route. Pour n'avoir plus l'attrait de l'imprévu, il n'en a pas moins une valeur instructive, par sa répétition même. Quelques abyssins, conduits par un grave personnage à la tête de patriarche du nom de Makonnen, viennent accabler M. du Bourg de leurs protestations discordantes : on les nourrit mal, on ne les paie pas, et, pour comble de cruauté, *on les fait lever trop matin !* A ces beaux discours la conclusion ordinaire : « Si le grand chef ne nous entend pas, nous partons. »

— Partez, répond le chef, qui les entend fort bien.

Il va sans dire qu'à ces mots tout se calme. Encore une fois la pétition collective, le *meeting* des Amharas a échoué. Pour celui qui l'a conduit, Makonnen, en vertu du code tacite qui régit la caravane, il est, malgré son grand nom, attaché et courbaché d'importance, puis il va rejoindre les siens en grommelant; mais tout condamné n'a-t-il pas un quart d'heure pour maudire son juge ?

A peine cette exécution avait-elle pris fin, que M. Golliez rentrait au camp, escorté par sa troupe en délire, hurlant des « *Addo tcheva* » (hurrahs abyssins) étourdissants. Les Européens, qui savent leur bible, ne peuvent s'empêcher de comparer cet enthousiasme à celui dont les Hébreux payèrent David de sa victoire sur les Philistins. « Saül, disaient-ils, en a tué mille, mais David en a tué dix-mille. » Et ici : « Du Bourg, le grand chasseur, en a tué cent et cent ; mais Golliez a tué... un chien ! » Mais quel chien ! Il valut à M. Golliez les félicitations, moins bruyantes mais plus autorisées, de tout le personnel scientifique : cet animal, chien sauvage catalogué sous le nom de *Wolf abyssinian*, est très répandu dans l'Afrique Orientale ; il est un des types caractéristiques de sa faune et les zoologues furent très reconnaissants à M. Golliez de leur offrir l'occasion de l'étudier.

Au reste, c'est le seul gibier original de la contrée, avec les oryx, les zèbres, et surtout les phacochères, bêtes hideuses et énormes, à la tête hérissée de cornes, au corps immense et sans proportions, aux mouvements lourds et gauches. Daniel affirme bien avoir vu un lion ; mais cet abyssin est doué d'une imagination active. On l'autorise à attacher un âne hors du camp la nuit suivante pour attirer le fauve et à rester en embuscade sur un arbre aussi longtemps qu'il lui plaira. Vers dix heures un vacarme épouvantable éveille le camp endormi : les chameaux, qui ruminaient paisiblement dans la nuit claire, se lèvent comme galvanisés et

SAGAK. — Dromadaires transportant de l'eau.

s'enfuient dans toutes les directions. Les mulets, plus calmes, donnent pourtant des signes d'inquiétude. Avec le courage et le sang-froid qui les caractérise, les Abyssins déchargent leur fusil dans la brousse, au hasard, et sans attendre les ordres. Si le lion était là, cette décharge inconsidérée l'a sûrement fait fuire et il est inutile d'essayer de le cerner. Les chameaux calmés se laissent ramener dans leur parc. Daniel resta toute la nuit dans son arbre : il en descendit bredouille, courbaturé, et en fut quitte pour faire l'étape du 7 dormant sur son mulet.

Le 7, les guides Somalis firent prendre à la caravane le chemin de la vallée de l'Orahaout, pour aller a Sagak, où, disaient-ils, on trouverait des vivres et des bêtes de somme. Le jour même, après une marche de 11 kilomètres dans la vallée, on atteignait ce point. Sagak, à dire vrai, n'est pas une bourgade : c'est un abreuvoir. Sur ce point de la vallée de l'Orahaout, même en temps sec les puits et les mares abondent, riches en eau. Les Somalis viennent de 15 lieues à la ronde y faire boire leurs troupeaux. Sagak est sur le territoire des Rer Amaden ; mais les Amars, les Rer Kochen et les Melengour (les meurtriers de Sacchoni) ont formé une sorte d'association, de « coopérative de consommation » comme diraient nos sociologues, pour l'utilisation de ces puits.

Quand M. du Bourg arriva en vue de Sagak, le point d'eau se signala de loin à lui par de grandes masses blanches. C'étaient des troupeaux de moutons qui buvaient. Des hommes surveillaient les bêtes. Le vicomte leur dépêcha ses guides Somalis pour les assurer de ses intentions pacifiques. Ces gens redoutent en effet les razzias abyssines, et à la seule vue d'une troupe importante, sans plus s'enquérir de sa nationalité, ils plient bagage et fuient au loin. Rassurés par leurs congénères, ils ne bougèrent pas et la baignade des animaux continua sous les yeux des explorateurs.

Le lit de la rivière, large en ce point de 50 mètres, était à un faible niveau. Fait de galets et de sable durci, il offrait un admirable abreuvoir aux bêtes. Les berges, formées d'une argile rougeâtre et fine mêlée aux excréments des bêtes qui viennent là depuis des siècles, offraient une pente mouvante et peu solide où souvent les moutons roulaient jusque dans l'eau. Pour les chameaux, ils s'abreuvaient à certains puits spéciaux creusés d'après ce même type que l'on retrouve aussi dans tout le Borana. Ce sont de grandes mares aux berges en forme de cuvette conique, d'un accès relativement facile. Là les chameaux venaient boire par compagnies. Tout se passait dans le plus grand ordre. Jamais les bêtes de tribus différentes ne se mêlaient. Elles restaient groupées, retenues seulement par un ou deux hommes, et attendaient paisiblement leur tour. Quand le troupeau précédent avait fini, on les lâchait et les voilà déboulant en grande hâte la pente, avec les mouvements gauches de leurs grands corps mal équarris et de leurs jambes raides aux sabots glissants. Quelques-uns, plus maladroits encore, glissaient sur le bord du puits et tombaient à l'eau ; on les en tirait avec des cordes, et, s'ils avaient un membre rompu, on les égorgeait incontinent pour la boucherie.

En certains endroits, quand l'eau du puits était trop profonde ou les pentes trop raides, les Somalis avaient construit sur le bord un petit abreuvoir en auge avec de la glaise et des pierres. Les hommes se plaçaient par échelons sur la paroi du puits et se passaient rapidement de l'un à l'autre l'eau dans les vases coniques en bois, en chantant la chanson de leur tribu ; et ils remplissaient sans cesse l'auge dont les chameaux, qui se succédaient sans interruption, faisaient un autre tonneau de Danaïdes.

La plupart des animaux étaient des femelles, dont certaines avaient le ventre énorme et la bosse démesurée. Celles-là étaient menées de préférence à certains puits, dont l'eau légèrement salée avait la réputation d'engraisser les bêtes. On les destinait à la boucherie. Toutes avaient le pelage fauve clair, le poil très fin, et une sorte de petite crinière noire sur la bosse.

Les explorateurs contemplèrent longtemps cette scène mouvante, ordonnée, silencieuse ou rythmée seulement par la mélopée lente des uns ou par les cris de *Elaya hé* (Bois vite !) dont les autres excitaient leurs bêtes. Tous ces Somalis, Rer Kochen, Amars, Rer Amaden et Melengour déclarèrent à M. du Bourg qu'ils formaient une seule confédération, celle des Darrott. Est-ce la vie en commun autour du puits, est-ce le passé historique et la race qui crée ce lien ? L'une et l'autre peut-être. Quoiqu'il en soit, la plupart ressemblaient aux Somalis rencontrés le 3 juillet : ils étaient grands, élancés, avaient le nez busqué, la physionomie intelligente, et représentaient en somme le type sémitoïde. Mais certains se rapprochaient du négroïde, avec un nez globuleux, sinon camard, une taille plus petite et plus trapue, la peau plus noire. Tous avaient les cheveux brûlés à la chaux, pour tuer les parasites, et divisés par une raie au milieu de la tête. Plusieurs étaient armés : ils portaient de petits boucliers ronds, en peau d'oryx ou de rhinocéros, que certains recouvraient d'une housse en *abou-djedid* (1), et des lances de forme

(1) Cotonnade blanche.

ordinaire, au manche de bois entouré de fils de laiton. Quelques-unes avaient la pointe raccourcie par l'usage et les polissages répétés. Leur poignard est court et large, leur sabre recourbé en yatagan. Les femmes, à la mode arabe, portent leurs enfants sur le dos, dans une manière de sac-baudrier de toile à fond de cuir souple.

Aucun de ces gens n'était intimidé par l'Européen pacifique. Ils entouraient les explorateurs, les contemplaient comme des bêtes curieuses et les accablaient de leurs *Salam* (salut !) les plus cordiaux. Quelques-

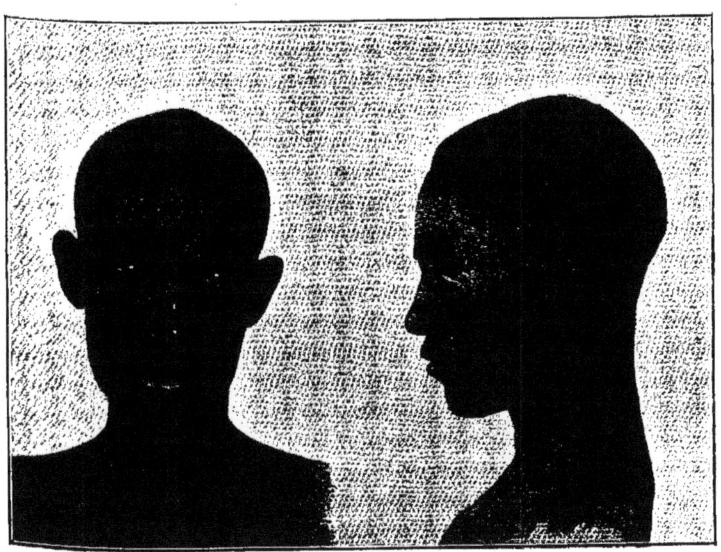

Mahmoud, Somali Darrott

uns offrirent à M. du Bourg un *backschich*, c'est-à-dire un présent d'aimable hospitalité : c'était du lait, ou encore des objets usuels que les voyageurs avaient pensé acheter pour enrichir leur collection ethnographique. Certains cavaliers, n'ayant sans doute que cela à donner, offrirent au vicomte le spectacle de leur plus belle fantasia : ils accomplissaient seuls ou en groupes des courses et des charges, en se démenant comme de beaux diables sur leur selle pour stimuler leurs chevaux. Cris aigus, gesticulations forcenées, rien ne manquait à cette exhibition qui rappelait en somme les fantasias algériennes. M. du Bourg les complimenta et les remercia par un backschich de dix thalers. En somme le premier contact avait donné d'excellents résultats et les explorateurs n'avaient que des louanges à adresser à ces Somalis. Cette bonne impression devait, comme on le verra, se modifier par la suite.

M. du Bourg séjourna six jours à Sagak pour laisser reposer sa troupe. Cependant il chassa beaucoup dans la contrée riche en oryx, en zèbres, en gérénouks et en phacochères. Au cours de ces chasses, avec M. d'Annelet, il eut l'occasion d'apprécier la résistance vraiment extraordinaire des oryx. Dans la journée du 11, il rencontre un de ces animaux : d'une balle il lui casse le membre antérieur gauche ; puis il lui en loge une seconde dans les côtes. La bête ne tombe pas, mais s'enfuit au galop. Nos deux chasseurs la poursuivent en vain pendant cinq ou six kilomètres. Flaques de sang et débris d'os jalonnent la piste qu'elle suit. A la fin, elle disparut sans que le vicomte et son compagnon eussent pu la joindre.

M. Brumpt de son côté partait souvent en chasse, mais ses investigations étaient d'un ordre plus scientifique. Le 12, il avait été assez heureux pour trouver, en remontant dans la vallée de l'Oarahout jusqu'à deux kilomètres en amont de Sagak, un atelier de taille de silex préhistorique. A côté un foyer d'une époque très reculée contenait un vase de terre cuite et quelques débris d'ossements. Ils attestaient le peuplement très ancien de la région et la présence d'hommes bien avant l'arrivée des hamites dans l'Afrique Orientale.

En outre, M. Brumpt avait comme à l'ordinaire installé dans la steppe son cabinet de consultation gratuite. Il était, naturellement, fort fréquenté : car pour le Somali l'occasion est rare de pouvoir consulter un sorcier frendji sur ses calamités physiques. S'il fallait dresser une carte nosologique de l'Afrique Orientale, Sagak n'y mériterait aucune mention spéciale : toutes les affections qu'y soigna le docteur étaient fort bénignes. Rhumatismes, ophtalmies, plaies de toute sorte, tout cela est courant dans la Somalie entière. Quant à la fièvre, elle semble inconnue ici. En somme, rien de bien important pour la science et M. Brumpt n'était pas payé de sa peine. Pourtant, le 9, un cas intéressant se présenta. Un cortège imposant pénétra dans le camp, demandant le docteur. Il entourait une sorte de palanquin porté à dos de chameau et des plus confortables. Un être malingre y siégeait, à la peau ratatinée et d'une maigreur de squelette. D'une voix grèle, il interpella M. Brumpt.

— Salam, grand sorcier.

— Salam, que me veux-tu ?

— Je veux que tu me guérisses d'un sort que l'on m'a jeté.

SAGAK. — Femmes somalies chargeant de l'eau.

— Qui t'a jeté ce sort ?

— Jadis, ma profession était de voler la nuit des chameaux dans les tribus que je rencontrais sur ma route. Une nuit je fus pris par des Somalis, chez qui j'exerçais mon métier. Ils m'attachèrent à un poteau pendant quatre jours et ils me laissèrent sans nourriture. Quand on me délia, mon estomac avait désappris le goût des aliments et, depuis, il se refuse à en supporter aucun. »

A l'investigation, il apparut plus simplement au docteur que le patient souffrait d'un cancer à l'estomac, maladie fort rare dans ces pays. Impuissant à guérir, il renvoya avec un médicament bénin et de bonnes paroles cette prétendue victime d'un accident du travail. La façon simple et sans pudeur dont le cancéreux avait exposé les circonstances auxquelles il attribuait sa maladie, montrait bien que ses compatriotes ne considèrent comme un crime que le vol commis par un Somali aux dépens de sa propre tribu. Quant à voler une tribu étrangère, c'est presqu'une action d'éclat. Si le volé, quand il punit, est dans son droit, le voleur, quand il vole, fait son devoir. Et c'est ainsi que ces mêmes Somalis qui, depuis huit jours, comblaient les Européens de leurs protestations d'amitié et de leurs backschich, n'hésitaient pas à voler dans le camp tout ce qu'ils pouvaient dissimuler sous leurs *tobs* (1) : on s'en aperçut au moment du départ, quand on refit les bagages. Machinalement, pour ainsi dire, par habitude, ils « chapardent », pour employer un mot dont nos zouaves de la période héroïque sont les inventeurs. Chaparder n'est pas voler, telle est la casuistique du désert, où les besoins sont multiples et la propriété mal définie.

Ils se plaignaient pourtant à grands cris quand les Abyssins de l'escorte les pillaient à leur tour. Le 11, ils vinrent protester en corps devant M. du Bourg : les Amharas, disaient-ils, les tondaient comme des moutons ; mais les Frendji étaient puissants ; aux Frendji, donc, de leur faire rendre justice. M. du Bourg tança vertement ses hommes, indemnisa les Somalis par le moyen de quelques thalers, et ceux-ci, enchantés, se mirent à pousser leurs « *moot ! moot !* », c'est-à-dire leurs vivats les plus discordants et les plus chaleureux en l'honneur de l'étranger magnanime qui les garantissait contre les hommes de Menelik. Quant aux Abyssins, leur chef les stupéfie : en somme, ils considèrent pour l'instant la caravane comme leur tribu, et ils ne conçoivent pas comment le chef de leur clan éphémère peut songer à leur interdire le pillage au dépens

---

(1) Pièce d'étoffe formant vêtement.

d'un autre clan. Déçus, et ne tirant pas de l'expédition le profit qu'ils escomptaient, certains demandent à partir. Ce sont, avec le suffisant Makonnen, les âniers Moucha et Albi, l'un maladroit et bavard, l'autre paresseux. M. du Bourg les congédie volontiers, en leur rappelant, mais bien pour l'acquit de sa conscience et sans l'espoir d'être compris, qu'il n'y a rien de commun entre une expédition scientifique et une razzia en Ogaden. Le 12, sous la conduite de Makonnen, qui pérore en lançant au vicomte des regardes torves, ils s'en vont vers le nord, vers Harar. Là, sans doute, ils chargeront les Européens auprès du ras et sauront introduire dans leur rapport d'espionnage tout le venin qu'ils ont amassé contre un chef qui interdit le pillage, voire même le simple vol.

Cependant la caravane était réconfortée par ces six jours de repos. On pouvait repartir et gagner une autre contrée où se trouveraient non plus seulement des provisions comme à Sagak, mais aussi des chameaux négociables. Car, chose étrange, en ce point où paissaient chaque jour des milliers de ces bêtes de somme, M. du Bourg n'en avait pu acheter aucune. En vain avait-il fait les offres les plus généreuses, en vain avait-il enduré les marchandages les plus longs, comme jadis à Djibouti : aucun n'avait abouti. Que ceux qui prétendent qu'on a du mal à traiter avec nos malins et rusés paysans de France, viennent en Somalie : ils verront là des marchandages, des discussions, de longues hésitations, comme n'en offrira jamais un marché de la Beauce. Une scène entre mille. Un Somali s'avance vers M. du Bourg traînant une bête après lui :

— Salam !

— Salam !

— On dit que tu achètes des chameaux ?

— J'en voudrais acheter.

— J'ai là un bel animal que je veux te vendre. (Le « bel animal » entre parenthèse, est assez gras, mais déjà vieux, paré d'une blessure à la bosse et d'un abcès au pied).

— Quel prix en veux-tu ? demande le vicomte, qui veut à tout prix engager les affaires et encourager les offres de marchandise.

— Me donneras-tu, si je te les demande, vingt tobs de coton blanc?

— Je te donnerai vingt tobs de coton blanc.

— Ou bien me donneras-tu vingt thalers ?

— Je te donnerai vingt thalers, bien que cela soit beaucoup pour une bête malade.

L'homme réfléchit, puis déclare qu'il préfèrerait quinze thalers et cinq tobs. On les lui accorde. Il réfléchit encore : c'est quinze tobs et cinq thalers qu'il veut maintenant. On les lui donnera. Finalement, il se ravise, déclare qu'il préfère garder son chameau, et il s'éloigne lentement, laissant M. du Bourg avec ses tobs et ses thalers, mais sans chameau.

Enfin, le matin du 13, jour fixé pour le départ, M. du Bourg, pendant qu'on pliait bagage, se rendit aux puits, résolu à traiter coûte

Zèbre du pays somali

que coûte. Il approche des puits : solitude complète. Aucun chameau autour des abreuvoirs. Il semble qu'une razzia abyssine ait passé là depuis la veille et fait le vide à la ronde. Ne sachant que penser de cette solitude, il retourne au camp. Là le mystère est éclairci. En faisant les paquets, on s'est aperçu des nombreux larcins dont les Somalis se sont rendus coupables au cours des journées précédentes. Même quelques chameaux se sont comme par miracle évanouis. Sentant bien que tout se découvrirait au jour du départ et craignant de justes représailles, ils se sont de tribu en tribu donné le mot d'ordre, et aucun ne reparaîtra plus jusqu'au départ de la caravane. Du moins, les guides Somalis l'affirment, et ils sont bons juges en l'espèce. Le vicomte donna donc l'ordre de quitter ce Sagak, où les Somalis après avoir tant gagné dans l'estime des explorateurs, venaient de tout perdre d'un seul coup.

Le jour même, après une marche de vingt-trois kilomètres, la caravane atteignit de nouveau le Dakhatto qui, dans cette région porte le nom de Bourka. Toute la journée du 14, elle suivit la vallée de cette rivière jusqu'à un point d'eau, un groupe de puits que les indigènes appellent Dalehallé et qui rappelle Sagak. Après deux jours de repos, le 17, elle gagne un autre point d'eau, Tugfidadaedi.. Dans cette région la rivière est assez riche, mais son cours est tantôt souterrain, tantôt découvert. Elle se creuse une vallée large et profonde entre des assises calcaires qui forment comme des murs parfois hauts de dix mètres. Elle est encore assez puissante pour miner la base de ses rives et y creuser des sortes de grottes naturelles, qui, en temps de sécheresse abritent de grandes flaques d'eau. En hauteur, les parois même de la berge sont percées de trous irréguliers, œuvre des crues puissantes. C'est un type admirable de calcaire fissuré, miné et prêt à s'effondrer sous l'attaque de l'érosion. Quand les explorateurs la parcoururent, les deux bords de la vallée étaient à sec; seul le milieu était sillonné par des ruisselets interrompus et par des mares. La marche était donc facile au pied des escarpements, sur le sable durci et craquelé. Seuls les pieds malhabiles des chameaux enfonçaient parfois et glissaient. Les berges étaient surmontées d'une galerie d'arbres où dominaient les tamarins. Plus touffus vers Dalehallé, plus clairsemés vers Tugfidadaedi, ils offraient partout un ombrage suffisant.

Sur tous les points d'eau, les Somalis affluaient au camp de la mission. Instruit par l'expérience, M. du Bourg faisait à tous bon accueil, mais avait l'œil sur ses bagages. Ces gens semblaient heureux de voir des Européens et surtout un sorcier riche en remèdes. Quelques chasseurs d'éléphants se trouvaient parmi eux. Ils portaient un équipement complet pour cette chasse spéciale, arc, flèches, carquois. Les ethnographes en prirent une description complète. La voici :

Arc (*ganso*) en bois de gop. Longueur : 1 m. 63. Trois courbures. La corde (*bagon*) à 2 ou 3 millimètres de diamètre.

Carquois (*guébouilla*), fait d'un seul morceau de bois de bor, longueur : 0 m. 60; largeur : 0 m. 10. Fermé à une extrémité par un morceau de cuir ; couvercle mobile à l'autre. Se porte au moyen d'une courroie sur l'épaule gauche.

Flèches, au nombre de sept ou huit. Longueur : 0 m. 45. Pour tirer, le chasseur prend l'arc de la main gauche, le pouce en dessous, la partie supérieure de l'engin étant inclinée à droite de façon à faire avec le sol un angle de 45°. Il saisit là flèche, puis tend la corde en tirant avec la deuxième phalange des trois premiers doigts de la main droite. La flèche se trouve alors entre l'index et le médium. Son autre extrêmité passe entre la base de l'index de la main gauche et le bois de l'arc sur la gauche. Quand l'arc est bandé, l'index de la main gauche reprend sa place le long des autres doigts. Le chasseur abaisse cette main gauche et le bois de l'arc qu'elle tient à la hauteur du creux de l'estomac, puis ramène brusquement la main droite et lâche la flèche sans viser.

Ces chasseurs prétendaient qu'éléphants et rhinocéros abondaient dans le pays. En fait, on releva de nombreuses traces d'éléphants sur le sable desséché de la vallée, mais aucun pachyderme ne fut signalé. En revanche, le 16, une lionne traversa le lit de la rivière, à cinquante mètres devant la colonne. Elle parut regarder avec intérêt la caravane, puis disparut lentement dans les buissons de la rive. Ni les chameaux, ni les mulets n'avaient manifesté la moindre frayeur. En vain les chasseurs la poursuivirent-ils sur le plateau, ils ne purent la rejoindre. Au reste la région doit être riche en fauves.

La nuit suivante, un lion enleva un mulet, le traîna hors du camp et l'abandonna après l'avoir tué. Les Abyssins déclarèrent gravement que le lion ne reviendrait pas le chercher « parce que la tête était couchée sur le côté gauche ». En esprits forts, M. Golliez et le docteur n'en voulaient rien croire et restèrent à l'affût en vue du cadavre pendant toute la nuit du 18. Le lion ne vint pas et les Abyssins exultèrent.

Pendant tout le temps qu'ils séjournèrent dans la vallée dite Bourka, les explorateurs durent se contenter d'un gibier plus modeste. Tout chasseur véritablement digne de ce nom sentira la tristesse qu'il y a à jeter sa poudre aux oryx et aux phacochères quand le lion et l'éléphant sont dans le voisinage. Du moins la quantité suppléa-t-elle à la qualité. La contrée était très riche en gibier, et, chose nouvelle, en poisson. Le 18, le fidèle boy du vicomte du Bourg, Jean Wasari, eut l'idée de jeter la ligne dans une grande mare, autour de laquelle la mission campait. Il retira bientôt deux magnifiques poissons, l'un connu au Zanguebar, sous le nom de *kanbare*, l'autre appelé par les Souahilis *hongoué*. Son succès attira les autres hommes ; ils confectionnèrent une manière d'épervier et en fort peu de temps firent une véritable pêche miraculeuse. La variété des types recueillis se ramenait à huit espèces principales, tandis que l'expédition de Donaldson Smith n'en a jamais trouvé que quatre dans les rivières du pays. C'était donc une bonne aubaine pour les savants.... et pour le cuisinier. Les premiers, après avoir examiné silures, perches, gardons et garbots, mirent dans le formol six représentants des six espèces les plus remarquables, et l'autre confectionna pour l'état-major une matelotte digne des bords de la Marne. Le soir, les hommes affirmèrent la satisfaction de leur estomac en organisant une petite fête.

A dire vrai, aux yeux du chef de la mission, quelques bons chameaux porteurs eussent bien mieux fait l'affaire que toute cette venaison et que tout ce poisson. Les Somalis de Dalehallé et de Tugfidadaedi s'étaient montrés aussi mauvais marchands que ceux de Sagak. Force fut au vicomte, sur le conseil de M. Golliez, de se résoudre, pour acquérir des animaux porteurs, à une sorte de procédé mixte, participant à la fois de l'achat et de la réquisition. M. Golliez, le jour même de la pêche miraculeuse, le 18, partit avec vingt-cinq hommes et le soir, il revenait avec vingt-trois chameaux de charge et deux chamelles de boucherie. En échange, il avait donné aux propriétaires de ces bêtes quinze chameaux blessés, dont quelques semaines de repos feraient d'excellents animaux, et deux cent cinquante thalers. C'était une somme énorme : néanmoins les hommes avaient crié au pillage. Puis, M. Golliez les menaçant de diminuer la somme, ils s'étaient ravisés et avaient escorté l'Européen de leurs hurrahs, protestant que seuls les Amharas étaient des pillards et que le Frendji était, lui, un parangon d'équité.

Le soir, les gardes du camp se rabattaient en hâte et annonçaient à M. du Bourg qu'un gros de Somalis s'avançait en armes pour reprendre les bêtes. Le vicomte envoya à leur rencontre une patrouille d'Abyssins et de Soudanais. Elle ne vit rien : les Somalis s'étaient ravisés, ou les gardes avaient mal vu. Mais avant le départ de la patrouille, un de ses membres avait eu un mot héroïque : « Maître, avait-t-il dit à M. du Bourg, si on les rencontre, faudra-t-il les tuer tous ? » C'est la méthode diplomatique des Abyssins à l'égard des Somalis : tuer d'abord, discuter ensuite.

Le 19, l'expédition repartait en descendant le lit de la Bourka, qui s'asséchait de plus en plus. Le 20, avant le jour, la sentinelle du camp vient avertir qu'elle a entendu barrir les éléphants et qu'ils doivent actuellement s'abreuver dans les mares de la rivière. Enfin !... après plus de sept semaines ils vont donc se montrer, ces mystérieux éléphants !... Aussitôt le vicomte s'élance, avec la troupe ordinaire de ses chasseurs et de ses rabatteurs, dans la direction de la Bourka. Un grand fracas de branches lui indique que le gibier approche. Bientôt tout le troupeau lui apparaît : l'un secoue lentement ses grandes oreilles en poussant de profonds soupirs de satisfaction ; il sort de l'eau et ruisselle

SAGAK. — Somalis venant abreuver leurs dromadaires.

encore. Un autre est occupé à dépouiller gravement un arbre de son écorce. D'autres sont encore à l'eau. Le vicomte approche toujours, masqué par les buissons. Il est tout proche, quand les éléphants flairent le danger. Leur trompe levée s'agite en tous sens, interrogeant le vent, qui par bonheur est favorable aux chasseurs. M. du Bourg est à huit mètres du premier pachyderme : il lui envoie deux balles au défaut de l'épaule, et, pendant que celui-ci se retourne en hurlant, il tire par deux fois sur le second éléphant, qui tombe, entraînant son confrère dans sa chute.

Au même moment, trois autres éléphants sortaient de l'eau et pointaient directement sur le chasseur, en poussant de terribles barrissements et en broyant tout sur leur passage. Mais les deux cadavres arrêtent leur élan et onze balles bien dirigées les étendent à terre. Un vieux mâle, l'ancêtre sans doute, apparaît à cet instant, furieux. Une balle l'atteint à l'œil, une autre au cœur. De tout le troupeau il restait seulement un jeune éléphant, que les hommes, non sans peine, capturèrent. La mission l'adopta. Le soir, en l'honneur des premiers éléphants tirés, un backschich fut donné à tous les hommes. Tout le camp fit bombance, et, tandis que les Européens sablaient le champagne, les indigènes faisaient fantasia : Abyssins et Soudanais rivalisaient dans les danses qu'encourageaient les cris aigus des autres et leurs chants nasillards.

Enchantés de cette chasse, les explorateurs résolurent de rester quelque temps dans la région. Jusqu'au 25 le temps fut consacré à la chasse. Il ne fut marqué que par quelques incidents, dont l'un faillit coûter la vie à M. d'Annelet. Le matin du 21, le boy du docteur voulut nettoyer le winchester de celui-ci alors qu'il était chargé. Le coup partit, dans la direction de M. d'Annelet qui se trouvait sous la tente. La balle fit éclater une cartouchière qui était derrière lui. Tout à l'entour fut haché et mis en pièces. M. d'Annelet ne reçut même pas une écorchure.

Le 23, quelques Soudanais et Abyssins demandèrent à présenter au chef de la mission une réclamation qui regardait l'intérêt commun. Le vicomte voulut bien les entendre. Lors de la razzia du 18, lui dirent-ils, certains Somalis avaient gardé des sommes d'argent que M. Golliez les avait chargés de remettre aux tribus à qui l'on avait pris quelques chameaux. Les Somalis accusés étaient précisément ceux qui servaient de chameliers à la mission depuis Djibouti. M. du Bourg fit appeler leur chef, afin qu'il se disculpât. Celui-ci protesta avec la dernière énergie.

« Les Soudanais et les Abyssins nous détestent, déclara-t-il ; ils sont jaloux des services que nous rendons. Certes les tribus à qui nous avons enlevé des chameaux se sont plaintes ; mais ceci ne prouve pas que nous ayons gardé l'indemnité pour nous. Le Somali se plaint toujours ».

La réplique en somme semblait assez juste. M. du Bourg renvoya l'homme sans conclure, déclarant qu'il poursuivrait l'enquête. Aussitôt tous les Somalis tiennent grand calame, puis se lèvent en corps et viennent rendre leurs fusils, déclarant qu'ils ne veulent plus rester sous les ordres de chefs qui les ont soupçonnés. En vain M. du Bourg leur fait-il entendre qu'il est très satisfait de leurs services, qu'il ne songe nullement à les renvoyer, mais qu'une accusation a été lancée et qu'elle nécessite une enquête. Ils ne veulent point comprendre, et le jour même tous partaient. Etait-ce un bel exemple de point d'honneur et d'esprits de corps ? Etait-ce la crainte de voir enfin découverte une faute réelle ? On ne le sut jamais.

Cependant, le 23, la tsé-tsé, (1) la terrible mouche africaine, était apparue dans le camp et avait causé la mort de deux chameaux. La tsé-tsé ! Ce nom terrible pour toutes les caravanes était cependant pour les explorateurs un signe certain d'espérance. Le Ouabi Chébéli ne devait plus être loin. Le 25, les explorateurs repartaient donc avec une ardeur nouvelle, et le 27, ils atteignaient enfin le fleuve.

Le grand fleuve auquel parvenait M. du Bourg, mérite une mention spéciale et une petite explication préliminaire. Le Ouabi Chébéli est un des fleuves les plus longs et les plus importants de l'Afrique Orientale. Il prend sa source dans les hauts pays montagneux qui se dressent au sud de Harar, à l'ouest de la région de Cheik-Houssein, à quelques lieues seulement de la dépression où sont logés les lacs qui unissent le pays de l'Aouache au pays de l'Omo inférieur. Après avoir reçu un certain nombre de rivières qui drainent cette région de bordure, il creuse une vallée déjà large et profonde dans une direction N-E selon la pente générale du terrain. A ses sources et dans son cours supérieur, c'est donc une rivière permanente, roulant rapidement des flots abondants. Comme toutes les grandes rivières de l'Afrique orientale, comme le Guasso Nyiro, comme le Djouba, comme le Daoua, le Ouebb et le Gannalé, le Ouabi Chébéli naît donc dans une région où le régime régulier des pluies tropicales n'est pas altéré. Mais bientôt sa pente le conduit dans une région plus sèche, l'Ogaden.

La région de l'Ogaden comme celle du Borana, qui plus à l'ouest

(1) La tsé-tsé du pays Somali est beaucoup plus grande que celle de l'Afrique australe; elle appartient à une espèce différente; c'est la *Glossina longipennis Corti*. Elle fréquente les endroits où le gibier se trouve en abondance.

Un tableau de chasse dans la vallée du Dakhatto.

s'étend au sud des hauts plateaux Gallas, est plate et presque sans pente. Sur le cours du Djouba inférieur, qui est voisin du Ouabi et dont les altitudes sont mieux repérées, la pente est à peine de 0,035/100 depuis Lugh jusqu'à la mer; sur le Ouabi elle doit être encore moins forte. Les fleuves de la région sont donc tous paresseux ; ils vont lentement, obéissant à la moindre pente. Or, sur le vaste plateau de l'Afrique orientale, d'une horizontalité presque parfaite, les connaissances actuelles nous permettent de supposer, sinon d'affirmer, que certaines dépressions en forme de cuvette s'esquissent de cette sorte que l'on retrouve sur tout le continent africain et dont le lac Tchad est le type. C'est une de ces dépressions, le Lorian, qui au centre du Borana reçoit le Guasso Nyiro ; c'en est une autre, probablement marquée par le lac Houka, qui permet au Ouebb, au Gannalé, au Daoua, de converger à quelques lieues de distance et de confluer tous dans le Djouba. Pour l'Ogaden, il semble offrir dans son centre une dépression de cette sorte; jadis elle put être occupée par des lacs qui se seraient évaporés, tout en laissant comme témoins ces mines de sel auxquelles viennent puiser les caravanes de l'Ouarsanguéli et de la Medjourtine.

C'est vers une dépression de ce genre que le Ouabi Chébéli semble se diriger dans son cours W.-E. Puis ayant atteint le centre de l'Ogaden, il tourne doucement vers le sud et se dirige comme à regret vers l'Océan Indien. Une loi paraît régler le cours de tous les fleuves de l'Afrique orientale : leur lenteur et leur indécision s'accroît régulièrement de l'ouest vers l'est. La Tana se jette directement et sans hésiter dans la mer. Déjà, plus à l'est, le Djouba, après avoir creusé d'innombrables méandres dans le plateau calcaire, tourne brusquement à l'ouest avant d'atteindre la mer et coule sur une distance de 40 kilomètres parallèlement à la côte avant de s'y frayer passage vers l'Océan. Pour le Ouabi Chébéli, plus paresseux encore, après avoir longé la côte de la même façon sur une longueur de plus de 250 kilomètres, il finit de s'épuiser dans une petite lagune à quelques lieues de la mer. Telle est la fin obscure de ce fleuve si riche à ses sources.

Il est en somme de découverte récente. C'est surtout l'italien Bottego (1), l'explorateur du Djouba, qui reconnut aussi le Ouabi Chébéli, mais dans sa partie inférieure depuis Imi jusqu'à la mer. Dans la Somalie,

(1) Cf. *Bottego*. — *Viaggi di scoperta nel cuore dell' Africa*. — *Il Giuba esplorato*. — Rome, in-8°, 1895. *Vannutelli e Citerni*. — *Secunda spedizione Bottego*. — Milan, in-8°, 1899.

plate et sèche, cette vallée du Ouabi inférieur trace une ligne verdoyante et fertile; sur ses bords une forêt-galerie s'allonge, large tout au plus d'un kilomètre, et se muant rapidement, à mesure que l'on s'éloigne du lit de la rivière, en parc et en steppe. De plus, en arrière de la partie du Ouabi qui est parallèle à la mer, se dresse un brusque ressaut de terrain qui atteint jusqu'à 140 mètres d'altitude : il condense l'humidité des vents marins et cause ainsi sur les bords du Ouabi la présence d'une ligne d'étangs, qui, entre le désert de la côte et le désert de l'intérieur, constitue

Le lit du Dakhatto

une bande fertile et habitée. Les populations du bas Ouabi sont donc composés d'agriculteurs sédentaires, les Addon, les Tunné, les Giddo. Certes, leurs procédés de culture sont rudimentaires : la semence jetée en tas dans des trous creusés au pic, la récolte faite par l'arrachage, tels sont leurs procédés. Ils ont même tenté d'une irrigation peu compliquée, ne se fiant pas aux pluies irrégulières. Malheureusement le plus souvent les maigres du Ouabi coïncident avec les périodes de sécheresse et les canaux d'irrigation manquent d'aliments au moment même où leur usage serait précieux. Ces peuples ont les mœurs douces. Une vie relativement opulente et toujours assurée leur a enlevé peu à peu cette âpreté que met au cœur du Somali nomade la nécessité d'une lutte perpétuelle contre la nature et contre les hommes.

On voit, d'après ce qui précède, que le Ouabi inférieur est assez bien connu. Il n'en va pas de même pour le Ouabi moyen, que la mission venait d'atteindre. L'objet de M. du Bourg était maintenant de reconnaître le Ouabi en longeant sa rive, depuis le Dakhatto jusqu'à Imi, but de l'étape.

Tandis qu'au confluent le Dakhatto était à sec, le Ouabi, large d'environ trente mètres, roulait à cette époque un volume d'eau considérable. Le courant y est rapide et la profondeur du lit variable. La végétation est fort belle ; comme sur le Ouabi inférieur, elle forme ici une forêt galerie. Les palmiers abondent. Certains lancent vers le ciel un tronc et des branches cylindriques et nus ; d'autres, au contraire, sont touffus et jonchés à leur pied de feuilles mortes. Des arbres élancés aux frondaisons grêles, semblables à celles des trembles, de grands mimosas sombres, des tamarins au feuillage léger et argenté, forment au-dessus de l'eau une voûte fraîche. Des deux côtés, la berge attaquée par les eaux et prête à crouler laisse les troncs s'incliner vers le fleuve et y baigner les masses entremêlées de leurs rameaux, où tous les tons du vert se jouent en un ensemble harmonieux. Le confluent des deux rivières, en angle aigu, est particulièrement riche en tamarins ; ils abritent une herbe fraîche et drue que chameaux et mulets se mirent à brouter avec délices.

La caravane séjourna trois jours sur ce point. Le 30 juillet, elle commença à descendre au long du Ouabi ; le même jour, une marche de vingt et un kilomètres la conduisait à l'embouchure d'un autre affluent du Ouabi, l'Elbakol. Le 31, repos. Le 1er août, la marche reprend. Une sorte de chemin de halage longe le fleuve, que surplombe presque la montagne proche ou le haut plateau. La faune pullule, variée : des troupeaux de waterbooks s'offrent au fusil des chasseurs ; dans les branches des palmiers, des compagnies de cynocéphales saluent la caravane de leurs aboiements inharmoniques. Deux tombeaux Somalis, à moitié disparus sous le sable, témoignent du passage des hommes. On relève aussi des traces de Gallas. Voici donc une région intéressante pour l'ethnographie : Somalis et Gallas y sont mêlés, on est à la limite des zones d'expansion des deux groupes, et ici, contrairement aux régions visitées jusqu'alors par la mission, les Gallas sont pasteurs et nomades.

Pour l'instant, Gallas ni Somalis n'apparaissent. Leur absence se fait cruellement sentir. On manque de viande fraîche et de dourah, et la chasse, pourtant abondante, ne suffit pas à la troupe. Les Abyssins à leur ordinaire murmurent, et les Souahilis eux-mêmes ; seuls les Soudanais ne bronchent pas : ils ont dû garder de la viande séchée en réserve. Daniel et ses compatriotes leur lancent des regards d'envie et grignottent lamentablement les fruits du palmier doum devant le chef, comme pour lui reprocher de les avoir, par esprit d'aventure et dans l'intérêt, ils ne savent de quelle science, réduits à une pareille condition. Pour comble de malheur, la route quitte le bord de la rivière, fait des lacets sur les flancs du plateau ; des petits ravins la coupent sans cesse : ce sont autant d'obstacles difficiles. Les hommes murmurent, déclarent les charges trop

TUGFIDADAÉDI. — M. Golliez et son éléphant.

lourdes et mal faites. L'absence des Somalis se fait cruellement sentir. Le 3 août, la route, encombrée de végétaux, devient impraticable. Au milieu de cette surabondance de vie végétale, les comestibles manquent. Pour la première fois en cette journée depuis leur départ, les voyageurs souffrirent de la faim.

Cinq chameaux étaient morts depuis le Dakhatto. Les charges réparties à nouveau entre les bêtes restantes devenaient décidément trop lourdes. M. du Bourg prit une résolution qui s'imposait. Suivre le Ouabi avec toute la caravane devenait impossible. Il se décida à constituer un dépôt des bagages les plus encombrants sous la garde de cinq hommes commandés par le soudanais Mirdjân. Le reste de la troupe piquerait à travers le plateau directement et le plus rapidement possible, pour atteindre Imi.

Toute la journée du 4 la caravane allégée marcha au travers du plateau ; elle parcourut 22 kilomètres. Aussitôt le Ouabi quitté, la région avait entièrement changé d'aspect. La vue s'étendait au loin sur un nombre infini de hauteurs en forme de tables ou de pitons, s'étageant à des plans différents. Toutes ces masses géométriques s'entassaient, semblaient se chevaucher les unes les autres, dominées, et comme écrasées par une masse énorme, le géant de la région, le Kaldech. Dans la vallée profonde et tortueuse, le Ouabi se signalait seulement du plateau par la pointe des osiers qui en émergeaient à peine. Dans cette vallée même, dépourvue maintenant de terre végétale, presqu'aucun arbre, peu de palmiers. Les stratifications des berges, parallèles, horizontales et dénudées, apparaissent nettement au loin, comme autant de courbes de niveau. On dirait, avec moins d'ampleur et de netteté, un cañon du Colorado. Mais c'est encore une oasis incomparable, à côté du plateau, fauve, tacheté seulement par des buissons rabougris et zébré de place en place par les ravineaux qui, en temps de pluie, écoulent les eaux vers la rivière.

Aucun habitant ne se montrait. Le 5, on s'écarta du Ouabi ; tous les ravins rencontrés étaient à sec. A la faim s'ajouta la soif. Il fallut redescendre vers le fleuve. On tua un chameau et une chamelle malades pour nourrir les hommes. Deux autres moururent d'épuisement. Seul le petit éléphant marchait, gaillard et insouciant, allaité par deux chamelles.

Le 6, le pays devient plus humide, de relief plus heurté. C'est la région des monts Doudguébi. Les affluents du Ouabi que l'on traverse, sont encore à sec, mais leurs vallées plus touffues. Enfin, le 7, des Abyssins descendus à l'eau vers le Ouabi affirment avoir entendu des voix humaines sur l'autre rive. En ce point, la vallée du fleuve s'élargit, laissant place entre l'eau et la berge pour une route boisée. La caravane s'y engage. Les hommes affirment que l'on approche d'Imi : il est temps. Bientôt des traces d'exploitation humaine apparaissent. A huit heures, on traverse une grande clairière où se dressent deux miradors, formés de gaules supportant un plancher à claire-voie. Ils devaient servir à monter la garde de champs de dourah, dont les tiges séchées couvrent encore le sol. Plus loin, on croise des toucouls abandonnées, des zéribas, qui ont dû abriter récemment des bestiaux. Enfin, sur l'autre rive, on aperçoit un chameau et des moutons qui paissent. Leur propriétaire, apeuré, surgit et les emmène.

A deux heures, une troupe d'hommes (des Djebertis, sut-on plus tard), venait au-devant des explorateurs. M. du Bourg de Bozas était en vue d'Imi. Il y avait soixante-dix jours qu'il avait quitté Harar. La seconde étape était franchie.

SAGAK. — Cavaliers somalis.

IMI. — Vue du Ouabi Chébéli.

# CHAPITRE V

## Chez les Djebertis : Imi

*(6 août — 12 septembre 1901)*

Le boy Yousouf.

RÉCEPTION CORDIALE : DANSES LOCALES. — IMI ET LES ENVIRONS. — DÉPART DE M. DU BOURG POUR BAALÉ. — LES DJEBERTIS. — LES EXCURSIONS DE M. D'ANNELET : KÉRANLÉ ET SEN MORETOU ; MONTS GODJA ET OUADI DAGAHBOUR. — RÉFECTION DU MATÉRIEL. — CONFECTION D'UN RADEAU. — UN CHOUM ABYSSIN. — M. DU BOURG ET LE DEDJAZ WOLDÉ GABRIEL. — DÉPART D'IMI.

Comme tous les habitants de la région, les hommes que M. du Bourg rencontrait le 6, étaient des Djebertis. L'un d'eux, à la physionomie intelligente, se détacha de la troupe et marcha au-devant du vicomte. Après les politesses d'usage, il lui proposa de le conduire à Imi, par un chemin facile. La « ville » n'était plus qu'à quelques minutes de marche. Il y trouverait des grains, des animaux porteurs et du bétail de boucherie. Au reste Hadji Abdoulaï (c'était son nom) affirmait que tous les habitants avaient les mœurs pacifiques, et que l'étranger était sûr auprès d'eux d'un bon accueil, pourvu qu'il ne vînt pas dans un esprit de rapine. Et, ce disant, il lançait un regard méfiant vers les Abyssins de l'escorte. M. du Bourg le rassura sur les intentions de tout son monde, et l'on se mit en marche vers la « ville ».

Le Ouabi avant Imi décrit une vaste boucle, où, selon la loi générale qui préside aux courbes et aux méandres des rivières, la rive convexe, sableuse et plate, s'enfonce lentement dans le fleuve, tandis que la rive concave est haute et sans cesse minée par le courant qui la fouille. Celle-ci est parsemée de bois et offre aux indigènes de grasses prairies pour les bestiaux. Sur cette berge le paysage devenait de plus en plus animé : les toucouls et les zéribas se faisaient nombreuses, et il devenait certain pour les explorateurs qu'ils étaient déjà dans Imi, sans que la moindre « ville » leur apparût. Imi, en effet, de même que toutes les agglomérations de la région, est ce que les naturels appellent une *Keria* ; nous dirions, nous, une commune rurale. Les habitations sont forts peu groupées, mais semées dans la campagne ; chaque toucoul est au milieu des champs que son propriétaire cultive, chaque zeriba au milieu des prairies que paissent les bêtes qu'elle abrite la nuit. Pour le bourg central, que les indigènes dénomment plus volontiers Iddi qu'Imi, il ne comporte que quelques huttes. C'est un marché plutôt qu'un séjour de sédentaires : il rappelle Gueldeïssa, moins la douane. Des caravanes y viennent de la côte.

Le 8 au soir, M. du Bourg installait son camp à un kilomètre de la ville, dans une zeriba abandonnée, qui de la berge haute surplombait le fleuve. Le lendemain matin, le camp était réveillé par un vacarme homérique. Tous les hommes sautent sur leurs armes. Mais Hadji Abdoulaï les rassure : ce sont, affirme-t-il, les habitants d'Imi qui viennent souhaiter bienvenue à leurs hôtes. En effet, une cinquantaine d'hommes et de femmes apparaît hurlant effroyablement, mais sur un ton amène, gesticulant horriblement, mais sur un mode affable. Salam de rigueur, échange de menus backschich (les petits cadeaux créent et entretiennent l'amitié), puis la majorité de la troupe s'assied en demi-cercle devant les Européens, tandis que les protagonistes demeurent debout. Et la fantasia commença. Au témoignage de Hadji Abdoulaï, fin connaisseur, ils offrirent les danses les plus renommées de la région. Les Européens contemplèrent avec la gravité convenable ces contorsions dont, à dire vrai, la signification souvent leur échappait.

Les bras horizontaux, le torse penché en avant, les danseurs sautaient d'un pied sur l'autre, en frappant violemment la terre et en poussant des cris aigus. Ils décrivaient ainsi de grands cercles, la face toujours tournée vers ceux en l'honneur de qui se faisaient ces belles choses. Hadji Abdoulaï déclara qu'ils mimaient ainsi les amours de l'autruche. Peu à peu leurs mouvements s'accéléraient jusqu'à ce qu'ils se précipitassent à terre pour embrasser les genoux et les pieds du vicomte. Puis commencèrent d'autres danses, d'un symbole plus évident et moins relevé. Par leur conception, sinon par leur exécution, elles rappelaient les rites les plus naturistes du culte orgiastique et leur exhibition mit en belle humeur

Quelques dromadaires de la mission dans le lit du Ouabi Chébéli.

les indigènes de l'escorte, qui, tant Soudanais qu'Abyssins, ne se tenaient plus d'aise. Par politesse, et pour ne pas désobliger leurs hôtes, les Européens applaudirent.

Alors, pour remercier et faire hommage à leur bon goût, les danseurs leur offrirent leur plus beau spectacle, et, pour ainsi dire, leur *clou*. Du moins nos voyageurs crurent-ils devoir interpréter ainsi le silence grave qui se fit dans toute l'assistance. Un seul homme se lève, et s'avance en mimant la danse de l'autruche, mais sur un rythme lent. La foule l'accompagne de ses cris, qu'émaillent par intervalle des notes graves poussées en chœur. Un autre homme se lève, qui prend le premier par la ceinture et imite consciencieusement tous ses gestes. Puis après quelques tours décrits de cette façon, ils vont s'asseoir paisiblement au milieu de l'enthousiasme. Pour les récompenser, M. du Bourg remit à tous de menues pacotilles. L'alliance était désormais conclue. Ici, comme dans nos vieilles civilisations, les deux puissances contractantes l'avaient scellée par une cérémonie de gala.

Pendant une semaine, la mission jouit d'un repos bien mérité dans le camp, qui décidément avait été heureusement choisi. M. du Bourg avait envoyé douze hommes et vinq-cinq chameaux à la recherche des bagages laissés en dépôt sous la garde du Somali Mirdjân. L'installation se faisait sans incident. Pourtant le 12 on eut une alerte. Pendant la matinée, les membres de la mission étaient occupés à rédiger un important courrier pour Harar, quand Daniel accourt vers eux, haletant : une troupe en armes s'avance d'Imi vers le camp. On entend au loin des hurrahs belliqueux. Qui peut avoir ainsi changé, et en quelques heures, les dispositions pacifiques des naturels ? M. du Bourg fait tout disposer pour la défense, et l'on attend.

Bientôt tout le tumulte cesse. Une patrouille, envoyée en reconnaissance, revient sans avoir vu personne. Les habitants d'Imi sont rentrés chez eux. Encore une fois c'est beaucoup de bruit pour rien. Dans la journée, on apprit la cause de cette alerte ; des enfants jouant sur l'autre rive avaient vu au-delà du fleuve des hommes du camp vaquant à leurs affaires. Ils les avaient pris pour de nouveaux étrangers et avaient donné l'alarme. Des nouveaux venus ? des Abyssins sans doute ! Et voilà les Djebertis partis en guerre contre les pillards chroniques de leur pays... Encore une fois les Européens avaient failli être les victimes expiatoires des mauvais traitements qu'infligent à toute la contrée les soldats du négous. M. du Bourg en profita pour recommander de nouveau la circonspection aux compatriotes de Daniel.

« Si, disait-il, depuis Djibouti nous n'avons eu aucun conflit avec personne, la cause en est dans notre honnêteté pacifique. La meilleure arme de l'explorateur, ce n'est pas le fusil, c'est la parole de paix appuyée par la simple vue du fusil ». Les Abyssins l'écoutaient. Le comprenaient-ils ?

En tout cas, rien ne vint plus troubler la bonne harmonie entre les Djebertis et les explorateurs. Comme à l'ordinaire, le docteur avait installé son cabinet de consultation gratuite. Les malades y affluaient et M. de Zeltner en profitait pour enrichir ses notes et ses collections ethnographiques. A la vue du compas de mensuration, les indigènes avaient d'abord manifesté quelque appréhension et quelque répugnance. Mais bientôt ils s'étaient persuadés que, malgré ses pointes, l'instrument n'était pas fait pour les piquer et que la douce manie, incompréhensible pour eux, du Frendji ne leur causerait aucune douleur. Rassurés et familiarisés, ils trouvaient l'opération fort drôle, et les patients, pendant qu'on les mensurait, faisaient à haute voix des réflexions qui provoquaient l'hilarité des spectateurs. Ils vendaient de bon cœur les objets usuels qu'on leur demandait pour la collection ethnographique. La plus belle acquisition fut une

IMI. — Une hécatombe. — Le vicomte du Bourg et 17 gazelles tuées dans une matinée.

lance empoisonnée pour la chasse à l'éléphant. Le poison (*ouabaï*) (1) est le même que celui des flèches déjà examinées à Sagak. Il est disposé sur la hampe proprement dite de la lance, près du fer. La douille inférieure est en forme de spatule.

Mais pour la vente de bêtes de somme ou de provisions, les Djebertis se montraient aussi récalcitrants que leurs compatriotes de Sagak. En huit jours, et aux prix de négociations que le lecteur a déjà appris à connaître,

(1) Il est extrait de la racine d'une espèce de laurier cerise ; M. Brumpt a fait souvent sur divers animaux des expériences avec ce poison fabriqué par les Gallas et les Somalis et peut garantir qu'il est de bonne qualité.

M. du Bourg parvint à acquérir... deux chameaux et une chèvre laitière. Alors le vicomte se résolut à envoyer des hommes acheter bêtes de somme et provisions à l'ouest, dans le pays de Gallas Aroussi. Il donnait, le 18, cette mission de confiance à trois Soudanais, sous les ordres de l'un des leurs, Ahmed, qu'il combla de *thalaris* (1) et de pacotille. Vexés, les Djebertis prétendaient que les Gallas ne pouvaient rien vendre sans l'autorisation des Abyssins. M. du Bourg leur répondit qu'il allait s'en rendre compte par lui-même.

Il était en effet de toute nécessité que M. du Bourg se rendit dans le pays aroussi, à Baalé (2), où se trouvait un dedjaz Abyssin, Woldé Gabriel. Le ras Makonnen lui avait remis des lettres pour lui, et la protection de Woldé Gabriel était indispensable pour les marches futures. Or Baalé, au dire des Djebertis, était seulement à cinq jours de marche d'Imi. Midjân était arrivé le 18 avec les bagages laissés en dépôt près du Ouabi : deux chameaux seulement manquaient ; sans doute ils étaient, au moins en partie, passés dans l'estomac de leurs gardiens. Toute la mission était au complet et en bon état. Son chef pouvait la quitter pendant quelques jours.

Il fut donc entendu que M. du Bourg partirait le 19 pour Baalé. Pendant son absence, M. Golliez devait procéder à la réfection des bagages, le docteur et M. de Zeltner feraient des recherches complètes sur l'ethnographie des Djebertis, et M. d'Annelet rayonnerait autour d'Imi, particulièrement dans les régions Nord et Est négligées par la mission. Le 18 au soir, on sablait le champagne en l'honneur du chef qui s'éloignait et le 19, il partait vers l'ouest, avec quelques hommes et sous la conduite d'un indigène. Nous le laisserons aller pour suivre M. Brumpt et M. de Zeltner dans leurs études sur les habitants de la région.

Quelle est l'histoire originelle des Djebertis? Les explorateurs ne purent le savoir. Ce sont, incontestablement, des Somalis plus ou moins purs. Il est donc probable que leur histoire est celle de toute leur race. Ils ont dû, jadis, être établis sur la côte septentrionale de la Somalie actuelle, dans l'Ouarsangueli et la Medjourtine, et avoir été entraînés au centre du pays par la grande invasion qu'au XVIe siècle Mohammed Granje conduisit à l'assaut des pays abyssins. Ils s'établirent dans le pays du moyen Ouabi, et il semble (du moins leur type peut le faire supposer) qu'ils se soient

(1) *Thalaris* est la façon dont les Abyssins prononcent le mot thaler. Le thaler est la monnaie adoptée en Abyssinie.

(2) C'est le nom du pays dont Guigner est la capitale.

peu à peu mêlés aux nègres bantous et aux Gallas qui avaient successivement occupé la région avant eux. On est là, en effet, à la limite des territoires d'expansion des Gallas et des Somalis : des Somalis sont montés à l'assaut des hauts pays du Harari et y sont demeurés; des Gallas sont restés en pleine Somalie, et s'y sont mêlés aux nouveaux habitants de la contrée (exemple : les Haouijas). Nulle part dans le pays la limite physique ne coïncide avec la limite ethnique. Les races y ont été déplacées, brassées, mêlées au cours des siècles ; elles ont pu y perdre leur originalité native. Au reste, pour les Djebertis, avant ces dix dernières années, ils étaient fort peu connus : dans son grand ouvrage sur l'ethnographie de l'Afrique Nord-Orientale, Paulitschke ne les cite même pas. Et les recherches, bien que profondes et scrupuleuses, des membres de la Mission française ne pouvaient, à elles seules, élucider ce problème de leur origine. On dut se borner à constater les faits présents, sans pouvoir en induire sûrement le passé.

Pour leur territoire d'expansion, la même incertitude demeure. Ils forment la transition entre le pays des Gallas Aroussi et l'Ogaden proprement dit. Mais où commencent-ils ? Où finissent-ils ? Il sembla à la mission, d'après les études faites soit sur place soit par M. d'Annelet au cours de ses expéditions, que leur première Kéria était Sourt, à 15 kilomètres au nord d'Imi, et leur dernière, à l'est, Kéranlé. Cependant, plus à l'est encore, dans Sen-Morétou, on trouve quelques familles de Djebertis à l'état d'îlots. En somme leurs villages forment une bande sinueuse le long du Ouabi dont ils ne s'écartent guère : la répugnance au nomadisme, une étroite spécialisation dans l'agriculture et dans l'élevage les y attachent.

Au reste, si dans l'ordre ethnique les Djebertis ont une certaine intégrité, dans l'ordre politique ils sont en rapport avec leurs voisins de l'est et de l'ouest. Dans chaque groupement Djeberti, on rencontre quelques familles somalis ou gallas, qui ont leur chef propre. Leurs relations commerciales avec l'Aroussi et l'Ogaden l'expliquent. Il est aussi possible que la terre Djeberti soit une sorte d'asile, où les *outlaws* des environs trouvent refuge. A l'égard des Abyssins les Djebertis sont virtuellement indépendants. Toutefois ils leur doivent une redevance, qu'ils acquittent en bétail ou en dourah. Ils ont l'autonomie et deux chefs indigènes : mais ceux-ci sont agréés par le négous et lui prêtent hommage. L'un commande la rive droite et s'appelle Osman Guebeur ; l'autre commande la rive gauche et s'appelle Abdi. Toute la terre appartient à ces chefs : ils la font cultiver par leurs subordonnés, leur laissant la moitié du profit en partage. Seuls les bestiaux sont propriété individuelle. C'est, en somme, le régime féodal. En haut, le suzerain lointain et éminent, le négous ; puis les seigneurs-vassaux ; puis les vilains-métayers. Pour affirmer son autorité, le négous a installé des choums à Chekifton et à Kéranlé, qui maintiennent l'ordre et lèvent l'impôt.

Comme en Ogaden, le fond de la psychologie du peuple en pays Djeberti, c'est la paresse. Mais, probablement par l'effet d'heureux croisements avec les caravaniers venus de la côte, l'instinct du lucre,

IMI. — Groupe de Djebertis.

assoupi chez la plupart des Somalis et des Gallas, s'est éveillé en eux : ils rappellent que le hamite n'est pas loin du pur sémite. Leur avidité se traduit souvent par la mauvaise foi dans les transactions ou par des prétentions exagérées. Mais aussi le Djeberti est travailleur et économe au point de mépriser la parure, dont l'amour est pourtant inné chez les primitifs. Un utilitarisme très franc leur fait préférer la cotonnade et les verroteries d'un prix réel aux miroirs, aux grelots et aux rubans, qui n'ont point cours sur leurs marchés.

Leur qualité déjà très ancienne de sédentaires leur fait aimer leur *ome*. Loin d'habiter, comme leurs voisins, des huttes primitives qui rappellent encore la tente, ils se construisent des maisons vastes et solides, qui dénotent un besoin de confort, voire de luxe. Les matériaux y sont de choix. Les parois circulaires sont faites de faisceaux de baguettes maintenues par des pieux solidement fixés. Le toit cônique est de chaume, absolument imperméable. Le sol, de terre battue et mêlée à la cendre sèche, rend les habitations saines, tempérées et exemptes d'humidité. Les portes des maisons comme des zéribas à bestiaux, sont fort étroites, faites au juste pour le passage d'un homme ou d'un animal. Ce serait, à les entendre, une précaution prise contre les lions. L'intérieur est de type uniforme : une cloison parallèle à la porte le divise en deux parts. La pièce d'entrée contient le foyer, les ustensiles du ménage, les provisions ; l'autre, les lits et les objets de valeur, armes, vêtements, parures. Toujours le côté gauche de cet appartement privé est séparé en partie par une cloison et forme alcôve. Le mobilier comporte des vases en terre du pays et des vases en bois importés des Aroussi, des tabourets à la surface légèrement incurvée et des lits solides.

Les Djebertis sont surtout agriculteurs et éleveurs. La chasse leur est une ressource très faible. Ils ont des lances empoisonnées pour les défendre des lions, mais s'en servent peu pour se procurer du gibier. Ils prennent pourtant des tourterelles au piège, voire au tir à l'arc, mais ce sport est surtout propre aux enfants. Les pièges sont d'une belle simplicité : ce sont des cages pyramidales, formées de minces baguettes. La porte en est étroite, à dessein. Le guetteur y met quelques grains de dourah, puis attend. Les oiseaux peu à peu y pénètrent. Quand ils sont en grand nombre, le guetteur se précipite en hurlant : effarement, bousculade ; avant que quatre oiseaux se soient sauvés, l'auberge est devenue prison... Pour la pêche, elle est absolument inconnue aux Djebertis, qui répugnent, par scrupule religieux, à manger le poisson.

Leur culture presqu'exclusive est celle de la dourah. Ils ignorent la charrue et se servent seulement de la houe. Elle est d'un type fort primitif : un simple fer triangulaire enfoncé dans une forte massue. A l'aide de cet instrument ils pratiquent des trous peu profonds dans la terre voisine du Ouabi, y déposent quelques grains et obtiennent ainsi deux récoltes à l'année. Ce sont, en somme, les procédés déjà connus sur le Ouabi inférieur. Pour moissonner, ils coupent simplement la tige et pilent les épis dans le même mortier qui leur sert à transformer le grain en farine. Le grain, jusqu'à la mouture, est conservé dans des silos où la moisissure et les insectes s'exercent. Pour la mouture ils ignorent la pierre meulière, comme ils ignorent la charrue. Ils tiennent donc plus des naturels de la côte de Bénadir que des Gallas du Harari, dont ils sont pourtant plus proches.

Les Djebertis élèvent du bétail, soit pour avoir du lait, dont ils se servent à l'état naturel ou sous forme de beurre et de fromage, soit pour troquer les peaux contre de la cotonnade et du sel qu'on leur apporte de l'Ogaden et de la côte. Pendant le séjour de la mission les bestiaux étaient peu nombreux ; les naturels disaient les avoir envoyés dans les tribus avoisinantes pour les abriter d'une razzia récente des Abyssins.

Boula et sa femme, Djebertis d'Imi

Là encore les méthodes sont fort primitives. Le seul soin qu'on leur donne est de les rentrer le soir, par crainte des lions. La nourriture insuffisante ne semble pas leur nuire, car ils sont vigoureux et sains. Leur chair, peu grasse, a très bon goût, et leur lait, peu abondant, est excellent.

L'industrie est encore en bas âge. Si l'on excepte la préparation des pots et la fabrication des vases de terre, laissée aux femmes, ils ne savent pas utiliser et manufacturer la matière brute. Avant l'introduction des cotonnades étrangères, certains Djebertis savaient tisser et filer ; ils l'ont oublié. La cotonnade est donc, avec le sel, le principal objet d'importation.

L'exportation se réduit à la dourah, aux peaux et à la gomme. L'unité monétaire dans les transactions commerciales est la coudée de cotonnade. Dans une pièce de trente yards, il y en a environ cinquante-quatre ; quatorze forment un *tob*. La dourah se change à poids égal contre du sel ; quatre plats de sel (environ 12 litres) valent un tob. La gomme vaut un tob les 6 litres. On donne six peaux de moutons pour un tob. Le cours des peaux de bœuf est variable. Tous les cuirs sont tannés par la macération entre des écorces de mimosa, dont la teneure en tannin est considérable. Elles ont une couleur rouge foncé, sont solides et sans souplesse.

Tels sont les Djebertis. En somme, leurs mœurs sont honnêtes et douces. Bien que presque tous portent un tapis de prière en cuir (*messalah*) sur l'épaule gauche et une gourde à ablutions (*obo*) en bandoulière, ils ne semblent pas farouches musulmans. Chaque kéria comporte toutefois une mosquée (*meskit*), faite d'un toit de branchages supporté par quelques pieux. Mais les Djebertis la considèrent plutôt comme un lieu de réunion publique, et les chrétiens y ont accès. L'ardeur religieuse qui poussa jadis Mohammed Granje à propager l'islam dans toute l'Afrique Orientale est éteinte ici. Au point de vue religieux les Djebertis ont une attitude fort rare chez les primitifs : l'indifférence.

Cependant, M. d'Annelet mettait à exécution selon les prescriptions de son chef son programme d'excursions dans les régions avoisinant Imi à l'est et au nord.

Il commença par l'est. Le 22 août, il quittait Imi avec l'intention de descendre la rive du Ouabi Chébéli jusqu'au confluent de l'un de ces tugs qui lui viennent du nord, le Ouabi Madesso. Dans cette direction, disaient les indigènes d'Imi, se trouvaient les kérias de Kéranlé et de Sen Moretou. L'explorateur emmenait avec lui cinq Abyssins, deux Soudanais et un Somali Haberaoual, soit huit hommes, plus deux bourricots chargés de couvertures, de pacotille et de provisions. A peine marchait-il depuis une heure que la renommée publique, représentée par quelques Djebertis venant de Kéranlé, lui apprenait qu'il y trouverait une troupe d'Abyssins servant d'escorte à un chef en inspection. En effet, après 22 kilomètres d'une marche difficile à travers une forêt touffue et presque vierge qu borde ici le Ouabi, la petite troupe arrivait en vue de Barré, kéria d'une trentaine de huttes installée dans une vaste clairière. C'est la première kéria du pays de Kéranlé du côté de l'ouest. La population y est Somalie : seuls quelques Djebertis y vivent de métiers industriels, de la vannerie ou de la forge. Les Abyssins campaient à Barré.

Le chef du détachement, chef naturel de la région pendant qu'il y séjournait, envoya à l'explorateur quelques hommes pour lui souhaiter la bienvenue. Chef et Abyssin, il était à ce double titre trop grand personnage pour se déranger lui-même. Arato — c'était là son nom — reçut M. d'Annelet dans une tonnelle grillagée, fort régulièrement construite, dont le toit épais abritait du soleil, tandis que les parois ajourées instituaient un courant d'air rafraîchissant. Il était entouré de ses soldats. L'entretien ménageait à M. d'Annelet une surprise : il crut devoir bien faire en l'informant du but de la mission et de ce qu'elle avait déjà fait ; or Arato lui remontra bien vite qu'il en savait là-dessus presqu'autant que lui-même. Les gens de Sagak l'avaient renseigné, et aussi d'autres, par la suite, de qui il ne voulut pas divulguer le secret. Même déserte, la steppe aurait-elle, comme nos murs civilisés, des yeux et des oreilles ? M. d'Annelet ne put que rendre, un peu vexé, hommage à l'habileté discrète de l'espionnage africain.

« Au reste, ajoutait Arato, votre conduite fut exemplaire et, si l'on excepte l'aventure de Dalehallé, votre marche sans accident. Vous n'avez rien pillé et le ras est content. »

Et dans le ton dont il prononçait ces paroles M. d'Annelet sentait bien une sorte d'étonnement admiratif, comme devant un phénomène inouï et mystérieux. Lui-même, le fonctionnaire du négous, n'était-il pas le protagoniste du pillage réglementé?

A côté d'Arato siégeait pendant l'entretien Mohammed Gallon, chef Somali rallié à la cause abyssine et gardant son ancienne autorité sur le pays sous la suzeraineté de Ménélik. C'est, en somme, le même mode de gouvernement qu'à Imi et que dans toute l'Ethiopie équatoriale. Mohammed Gallon avait le type somali très pur. Son visage intelligent et doux semblait comprendre l'irrésistible fatalité de la conquête abyssine et la nécessité de vivre dans les termes les plus faciles avec d'inévitables voisins. Bienveillant, il semblait très respecté dans le pays. Il s'entretint longtemps avec M. d'Annelet, sans dissimuler le plaisir qu'il éprouvait à causer avec un Frendji. Il l'interrogeait sur le chemin de fer de Djibouti, sur les points qu'il desservirait, sur l'état actuel des travaux. Et il lui fit avec bonne grâce et intelligence les honneurs de la keria.

Barré est divisé en deux parties et occupe dans la forêt deux clairières dont les explorateurs n'avaient d'abord reconnu qu'une seule. Les habitations y comportent deux types principaux. Le premier, le plus fréquent, est constitué par un mur circulaire en treillage, dont les jours sont comblés par de grandes herbes. Le toit est hémisphérique. Un treillage

IMI. — Une hutte de Somalis Djebertis.

analogue isole dans l'intérieur le lit de repos. Meubles et ustensiles sont semblables à ceux d'Imi. Le second type, plus rare, rappelle la toucoul abyssine. Le toit est cônique et fait de chaume. Les murs sont constitués par de gros pieux enfoncés dans le sol et unis latéralement par des branches. Les interstices sont bouchés par une espèce de torchis fait de paille et de terre. A côté de la maison, un toit perché sur quatre poteaux abrite la dourah. Autour est la zeriba des bestiaux.

Le 23, M. d'Annelet quittait Barré et continuait la descente des rives du Ouabi. La forêt, d'abord très dense et très peuplée, se mua bientôt en parc, puis en steppe herbeuse et sans arbres, jaune et brûlée par le soleil. La petite troupe, pendant toute la journée, y subit les décevantes illusions du mirage. Quarante kilomètres furent ainsi parcourus. Le lendemain, nouvelle marche de trente-six kilomètres à travers une région moins sèche, qui amena M. d'Annelet dans une véritable forêt-vierge. Elle forme une limite naturelle entre la région de Kéranlé et celle de Sen-Moretou. Le soir du 24, on campait en Sen-Moretou, dans la petite kéria de Rer-Reider. Les habitants ressemblent assez aux Somalis des pays environnants. Seule, leur dentition les en distingue, proéminente et composée de dents fort déchaussées par l'abus du *massouak*, petit bâton dont ils se frottent continuellement. Ils déclarèrent aimer les Frendjis, qui ne leur faisaient pas de mal. Certains avaient vu le prince Ghika et le colonel Swayne, qui ont exploré ces points du Ouabi. Ils en avaient conservé bon souvenir et gardaient toute leur haine pour les pillards Amharas. En somme, les mœurs de ces Somalis sédentaires rappellent beaucoup celles des Gallas, que le sol destine à la même vie pacifique. Ils sont dociles, et des maîtres qui verraient dans la colonisation une autre fin que le pillage pourraient certainement en tirer quelque chose.

Rer Reider et les régions environnantes, grâce à leur richesse relative, sont souvent visités par des caravanes commerçantes de la côte. M. d'Annelet y trouva des Haberaouals, qui firent fête au Somali qu'il avait avec lui ; il se trouva que l'un et les autres étaient de la même tribu. Cela mit le comble à leur joie enfantine, les backschich de lait, de viande et de dourah affluèrent au petit camp des explorateurs ; le chef de la caravane voulait même absolument offrir l'hospitalité dans sa hutte aux compagnons de son compatriote Yousouf. Après une visite préalable, M. d'Annelet se persuada que, malgré l'expérience acquise dans la brousse, ses sens avaient encore trop de délicatesse pour qu'il pût accepter.

La journée suivante conduisit M. d'Annelet jusqu'au Ouabi Madesso. Ce tug, au moment de rejoindre le Ouabi, tourne brusquement au sud-est et coule pendant un certain temps presque parallèlement au fleuve principal avant de s'y jeter. Au lieu d'aller le chercher à ce confluent lointain, l'explorateur résolut de couper droit vers le nord pour l'atteindre dans son cours médian. Il y parvint après une marche de onze kilomètres. Cette rivière ressemble en tous points au Dakhatto : le lit est sablonneux, large de cinquante mètres, avec des berges hautes de trois à six mètres. Quelques palmiers clairsemés, des tamarins, des mimosas et des euphorbes forment un assez maigre rideau. Malgré la chaleur, le sable y est humide, et l'eau sourd à peu de profondeur. Elle est généralement salée et le salpêtre subsiste par plaques, provenant d'anciennes flaques d'eau aujourd'hui évaporées. Quelques mares émaillent la vallée, qui trace de grands méandres comme un serpent grisâtre aux écailles luisantes sur le tapis fauve du sol.

M. Golliez derrière l'oreille de son éléphant.

Après avoir remonté le Ouabi Madesso sur une vingtaine de kilomètres, le 25 et le 26, M. d'Annelet rétrograda. Le but de la reconnaissance était atteint. Il coupa court vers le sud-ouest pour arriver le plus rapidement possible sur les bords du Ouabi Chébéli. Quarante kilomètres de marche à travers une steppe pauvre, hérissée de termitières, le conduisirent à Adaio, sur le Ouabi. Là, Yousouf rencontrait encore un compatriote Haberaoual, qui tint absolument à saluer M. d'Annelet, car, disait-il, il connaissait et estimait l'Europe. Il avait été chauffeur sur un paquebot des Messageries Maritimes, connaissait Port-Saïd, Colombo, Saïgon, tous noms qu'il écorchait d'ailleurs affreusement. Mais toute son admiration allait à Marseille, qui était pour lui la merveille. Ce témoignage naïf flatta le Français.

« Aujourd'hui, disait-il, grâce aux Frendjis, je suis riche. J'ai cinq ânes, trente chameaux, dix bœufs et deux cents moutons. »

Il pérore au milieu des gens d'Adaio qui l'écoutent. Tous sont pénétrés d'admiration pour ces Frendjis, détenteurs et donateurs de tant de biens. Au reste, eux aussi ont vu le colonel Swayne et le prince Ghika qu'ils appellent le Turki (1).

Le 27 et le 28, M. d'Annelet remontait le Ouabi vers Barré. A Madasakoro, petite kéria en aval de Barré, il rencontra une compagnie de forgerons ambulants, comme il y en a tant dans la Somalie, sorte de parias, restes probables des populations autochthones de jadis, vivant aujourd'hui de leur industrie qu'ils colportent de village en village chez des peuples qui n'ont encore pu s'accoutumer à travailler le fer. On les appelle des *Tomal*. A Madasakoro ils étaient établis en dehors de la kéria, dans une tonnelle protégée par un grand arbre. Ils confectionnaient à grand fracas lances, herminettes et couteaux. Leur forge se composait de deux pierres plates disposées de part et d'autre du foyer; deux soufflets, dont les tuyaux étaient figurés par deux cornes d'oryx alimentaient le feu. Comme instruments, des marteaux, des pinces plates et des poinçons. A genoux sur un tapis de cuir, le Tomal forge sur une enclume grossière, un gros morceau de fer fiché sur un bloc de bois.

IMI. — Huttes de Djebertis au milieu des tamarins.

Le même jour, dans une kéria voisine, à Aragua, M. d'Annelet se rencontrait avec un autre chef somali du nom de Mahmoun, qui avait à l'égard du négous la même position que Mahommed Gallon : il était l'élu de ses administrés, mais l'élection avait été ratifiée par Ménélik.

« — Je réponds devant lui de la tranquillité du pays, et je dois héberger ses soldats en tournée.

— Ces soldats ont-ils une conduite satisfaisante ?

— A peine arrivés ils inspectent toutes les cases et pillent ce qui

(1) Le prince Ghika est Roumain.

tombe sous leur main. En sorte que, malgré d'abondantes moissons, leurs fréquentes tournées rendent notre vie sordide.

— Le pays est riche. A quelle époque coupez-vous la dourah ?

— Au milieu de septembre, avant les pluies qui durent trois mois et qui font lever le grain nouveau ».

A ce point de la conversation, voilà que Mahmoun se précipite à terre sans plus rien entendre. C'est l'heure de la prière, et l'on est plus religieux

IMI. — Quand une chèvre somalie a nourri son jeune quelques minutes, elle consent à se laisser traire.

dans le Kéranlé qu'à Imi. Il se dépense sans compter en salamalecks et en invocations sonores. Partout dans la kéria ses sujets l'imitent. Allah a chez ces Somalis des serviteurs convaincus, bien que la vie sédentaire et abondante leur ait enlevé l'âpreté du fanatisme.

Le 29, M. d'Annelet repassait par Barré, qu'Arato et ses Abyssins venaient de quitter. Mohammed Gallon, que ne gênait plus cette présence redoutable, offrit à l'explorateur un festin splendide et une fantasia *di primo cartello*. Le 30 il rentrait à Imi. La région du Ouabi était reconnue.

Trois jours après, M. d'Annelet repartait pour explorer les massifs montagneux qui sont au nord d'Imi et auxquels on peut donner le nom collectif de monts Godja. Ces monts s'étendent dans le grand coude que décrit le Ouabi vers le sud-ouest et au sommet duquel se trouve Imi. L'explorateur emmenait cinq Abyssins et son boy Yousouf, dont la présence rendrait service dans le cas possible d'une nouvelle rencontre d'Haberaoual. Piquant droit au nord-est, à travers une savane herbeuse et pauvre, il arriva au bout de 28 kilomètres au Ouabi Guelmoui, affluent du Ouabi qui limite à l'est le massif. Cette rivière vient du nord, des monts Djigo. Comme les autres *tugs* de la contrée, elle est profondément creusée dans le plateau, dont les stratifications de calcaire rouge, rose et gris, strient horizontalement les berges nues. De jeunes Somalis jouent dans le lit desséché : loin de fuir, ils accourent vers l'explorateur et l'entourent d'un cercle curieux. Certains, qui font du feu, ne s'interrompent pas et M. d'Annelet les regarde opérer. Ils allument le feu avec deux petits bâtons, ignorant (heureux mortels!) les produits de notre régie : la centralisation de Ménélik n'a pas encore été jusque-là. Ils placent verticalement l'un des bâtonnets à l'extrémité ronde dans une encoche circulaire pratiquée à cet effet dans le second. Puis ils impriment au bâtonnet vertical un mouvement de rotation alternatif de droite à gauche, puis de gauche à droite. En moins d'une minute, un peu de cendre rouge tombe sur une poignée d'herbe sèche ; quelques souffles vigoureux achèvent bientôt d'allumer le brasier.

Dans le lit du Ouabi Guelmoui, M. d'Annelet revit les scènes d'abreuvoir de Sagak. Sa présence ne les troublait point. Encouragé par l'humeur paisible de ces populations, l'explorateur remonta le Ouabi dans la vallée même, ayant alors devant lui la masse montagneuse qu'il avait eue à sa gauche depuis le départ. Au loin, la masse du Kaldech faisait fond, énorme et géométrique. Devant ce trapèze parfait, les monts Guerbagoralé et Fidolé semblaient séparés par une dépression. Quittant le lit du Guelmoui, M. d'Annelet se dirigea vers ce passage tout indiqué pour pénétrer au cœur de la montagne. Toute la journée du 4 septembre, il marcha ainsi entre ces masses. Tandis que les monts Guerbagoralé et Fidolé dessinaient dans le ciel cru des pitons et de vives arêtes, au fond le Godja, barrant l'horizon de sa ligne droite maintenant rapprochée, cachait à l'explorateur l'arrière-plan du Kaldech. Le paysage était très africain : partout une savane peu riche, tournant rapidement à la steppe, semée de quelques mimosas et de termitières côniques. La faune est assez abondante, riche en oryx, en zèbres et en rhinocéros.

Le 6, enfin, on sortait des montagnes, et M. d'Annelet atteignit le

Ouabi Chébéli, bien en amont de la boucle qu'il décrit vers Imi, sur le point ou y conflue le Ouabi Dagahbour. Là, un nouveau Sagak en miniature. Sept ou huit puits sont percés vers l'eau qui affleure à un mètre de profondeur. Un Somali fait boire ses bêtes. M. d'Annelet s'approche et l'interroge. Il s'appelle Isaac, n'a jamais vu de Frendji et cause volontiers. Il est placide; pourtant il porte un sabre et un poignard qu'il montre avec fierté parce qu'il lui a déjà servi à tuer sept Gallas. Il est très heureux et ne veut pas travailler, car le travail fatigue.

IMI. — De Zeltner chargeant sa première gazelle.

« Pourquoi travailler, puisque j'ai tous les jours le lait dont je me nourris? Chaque mois je tue un chameau pour avoir de la viande. Un tob de laine me fait un vêtement pour plusieurs années. Je conduis mes bêtes là où il y a la pâture et l'eau, et je les regarde manger ou boire. Toi, tu as un tas d'argent aussi gros que le Kaldech ; mais je ne connais pas l'argent et je ne veux point en avoir, »

Ce disant, il souffle sur la paume de sa main en signe de mépris. Puis, pris d'amitié pour M. d'Annelet, il donne à son discours cette conclusion inattendue :

« Fais-toi Somali et vis avec moi : je te donnerai deux cents chameaux et tu me donneras un fusil. Tu es bon ; les mauvais sont les Abyssins qui nous pressurent. Je veux en tuer cent avant de mourir. »

Etrange mélange d'affabilité et de haine, de douceur et de cruauté ; mœurs du primitif, qui ne raisonne pas ses impressions et se laisse entraîner par elles aux actes extrêmes, aux pires comme aux meilleurs !

Avant de quitter M. d'Annelet, Isaac lui donne un renseignement dont les explorateurs ne purent jamais contrôler la justesse : pour lui beaucoup de chameaux atteints de l'*aïno* (1) peuvent guérir si on les soigne et si on leur donne un long repos. La fatigue, au contraire, accroît la virulence de la maladie. En somme, comme dirait notre faculté, de *l'état général* de la victime dépend l'issue de la blessure.

Quatre jours de marche rapide ramenèrent M. d'Annelet à Imi. Depuis le 4 septembre, M. Golliez avait terminé la réfection des bagages et il s'était préoccupé de les passer sur l'autre rive en vue des étapes futures dans le Borana. A partir du 18 août, le Ouabi avait beaucoup monté ; les eaux étaient abondantes et leur débit fort rapide. Il fallait donc pour le transport un appareil solide et capable de résister au courant. M. Golliez construisit un radeau. Il fit ajuster quelques troncs d'arbres en un cadre dont la rigidité fut assurée par deux traverses diagonales. Le flottement fut assuré par neuf tonneaux en fer absolument étanches. Maintenu par des boulons et par des cordes solides, l'appareil pouvait affronter les flots les plus durs. Cependant M. Golliez faisait tendre entre les deux rives un câble maintenu de chaque côté à une certaine hauteur par une chèvre. Une corde attachée au radeau et terminée par une poulie roulait sur le câble. Ainsi maintenu dans la largeur du fleuve et sans être désormais entraîné par la dérive, il allait d'une berge à l'autre, tiré par deux cordes frappées à son avant et à son arrière. Dès le 5, le système fonctionnait avec succès.

En trois jours, tous les bagages furent transbordés. Les animaux passèrent à la nage, attachés au radeau par le col. Seul le jeune éléphant se refusa longtemps à prendre place sur le radeau et à quitter le plancher... de ses ancêtres pour ce terrain mouvant. Enfin, fallacieusement attiré par un bol de lait et victime de sa gourmandise, il fut dûment garrotté comme un coupable, et traversa le fleuve, immobile et consterné, lançant aux échos de la rive, en manière de protestation, des barrissements encore grêles, mais déjà énergiques.

Ce transport avait eu pour témoin un *choum* abyssin, officier de

(1) Maladie causée par la tsé-tsé de la Somalie qui se nomme également aïno.

Woldé Gabriel, qui répondait au nom d'Ato-Djima. Son profil, pour lequel il n'avait rien à envier au Polichinelle lyonnais, sa tenue négligée et sale, certains stigmates qu'avait laissés sur son visage une maladie incurable et fort répandue dans l'Afrique Orientale, tout faisait de lui un personnage ridicule et repoussant. Les voyageurs le fuyaient à l'envi mais avec peine, car il était de caractère communicatif. Seul le docteur, chez qui l'amour de la science avait tué le dégoût, lui fit bon accueil pour se livrer sur sa personne à une étude de parasitologie. A ce titre Ato-Djima

RAHAITOU. — Greniers à céréales

pouvait lui être aussi précieux que le singe dont il se faisait escorter. Un Galla l'accompagnait, complètement abyssinisé, ce qui est rare. Il portait la chama des sujets de Ménélik. Sa soumission a été récompensée par un territoire dont on lui a donné la direction sur la rive gauche du Ouabi. Le lendemain, il revenait amenant de même un chef de la rive droite, qui était un Djeberti soumis. Ceci joint aux renseignements donnés par les habitants mêmes d'Imi et aux constatations faites par M. d'Annelet pendant les reconnaissances montre bien que la domination abyssine s'est décidément établie sous la forme féodale.

Le 7 septembre, M. du Bourg rentrait de sa mission diplomatique dans la contrée dite Baalé. Son voyage s'était accompli sans incidents.

Lentement il avait remonté l'Arguésa, affluent du Ouabi, chassant et quêtant partout les renseignements. Les territoires qu'il avait parcourus, comme ceux du Ouabi en aval d'Imi, offraient un mélange de forêts touffues et de savanes pauvres. En cinq jours il était arrivé dans le Baalé, où résidait le dedjaz Woldé-Gabriel, gouverneur des provinces du Ouabi Chébeli, directement soumis au ras Makonnen. Le dedjaz était un homme chenu, aux cheveux blancs, au visage flétri. Il reçut le vicomte dans une vaste toucoul, entouré d'une garde nombreuse, assisté de son épouse principale, une maîtresse femme, une femme forte, qui semblait autant et plus que son mari renseignée sur la qualité et sur les projets du voyageur.

Après les salutations et les rafraîchissements d'usage, M. du Bourg fit part au dedjaz de son intention d'explorer, en quittant Imi, les pays des Gallas Aroussi qui sont à l'ouest et font aussi partie de son obédience. Woldé-Gabriel écouta avec soin : ce fut sa femme qui répondit. Elle tenait les rênes du gouvernement comme aussi de son ménage.

— Tu trouveras, dit-elle, dans le pays Aroussi tout ce que tu voudras, bétail, miel, laitage et dourah.

— Pourrai-je en acheter ?

— Tu le pourras, et même, si l'on te refuse la vente, tu pourras prendre et réquisitionner à ta convenance.

Comme M. du Bourg lui faisait part de ses scrupules, protestant que cette méthode lui souriait peu, cette femme de tête lui laissa entendre que, là comme partout, les Abyssins exerçaient le droit de réquisition dans sa plénitude, et qu'un ami des Abyssins le pouvait revendiquer comme eux-mêmes. Flatté, mais perplexe, le vicomte remercia.

— Quelle route veux-tu suivre ?

— Je veux aller à Cheik-Mohamed.

— Il n'y a pas de village de ce nom dans le pays.

Etonnement de M. du Bourg, qui a vu Cheik-Mohamed sur toutes les cartes. Renseignements pris, il devient évident pour lui que la localité en question est dénommée dans la contrée Mordhausen.

— Il est bien entendu que toi, le chef, tu pourras t'égarer plus bas pour chasser. Mais ta troupe devra suivre le tracé convenu, sous peine de s'attirer notre hostilité.

C'est sur ces paroles que Woldé Gabriel, ou plutôt que sa femme lève la séance. Les derniers mots de l'entretien ont donc montré, une fois de plus, la crainte perpétuelle qu'éprouvent les Abyssins à l'égard des missions européennes : ils ont peur de trouver en elles des concurrentes pour le pillage, des partageuses de butin. Avant de quitter Baalé. M. du Bourg sut ce qu'étaient devenus Makonnen et les Somalis qui l'avaient abandonné dans le pays de Bourka. Les Somalis de Sagak les avaient faits prisonniers. Woldé Gabriel les avait délivrés et leur avait donné trente moutons pour qu'ils pussent regagner Harar, ce qu'ils avaient fait sans incident.

Le 13, troisième jour de la nouvelle année abyssine, que les Amharas de l'escorte avaient célébrée le 11 par des coups de feu et des flammes de bengale, la caravane abandonnait Imi et les Djebertis, et piquait vers l'ouest. On quittait définitivement le pays somali pour rentrer en pays galla, en Aroussi.

IMI. — Hutte de Somalis

Le vicomte du Bourg et le jeune Mérodi.

## CHAPITRE VI

### D'Imi à Goba

(12 septembre-17 octobre 1901)

La mission se scinde. — Expédition diplomatique de M. du Bourg. — Tombeaux gallas. — Vestiges humains de l'age de la pierre taillée. — Les monts Degagouro — Reconnaissance du Ouebb : la vraie nature tropicale. — M. du Bourg a Robabouta. — A travers la steppe : la soif. — Le Sahara a midi, la Sibérie a minuit. — Comme quoi Robabouta est a la fois une ville et un homme. — Réunion de toute la mission. — Le cours souterrain du Ouebb. — Robabouta : un galla irrédentiste. — Chants religieux coptes. — La saison des pluies. — A 2.600 mètres d'altitude. — Un fils de dedjaz. — Goba.

Dès sa sortie d'Imi, la mission se scinda. Le gros de la caravane, avec MM. d'Annelet, de Zeltner, Brumpt et Golliez, devait suivre l'itinéraire convenu entre le dedjaz Woldé Gabriel et M. du Bourg, c'est-à-dire gagner directement à travers la steppe, en longeant le versant méridional des monts Degagouro, la rivière Ouebb. Cette rivière, déjà reconnue en partie par Bottego (1), D. Smith (2) et Erlanger (3), marquait la limite du

(1) Cf. supra.

(2) *D. Smith. Trough Unknown African countries. The expedition from Somaliland to Lake Rudolf and Lamu.* Londres, in-8, 1897.

(3) Expéditions dont toutes les publications géographiques allemandes ont donné de nombreux compte-rendus.

territoire confié au dedjaz Woldé Gabriel : à l'ouest et sur la rive droite du fleuve, c'était un autre dedjaz du nom de Loulseguat. Arrivée sur le Ouebb, la mission attendait les ordres de son chef, qui prenait les devants, avec une petite troupe et sans les *impedimenta* qui ralentissent la marche d'une forte caravane. Il était, en effet, de toute nécessité que le chef de la mission s'assurât de l'accueil que celle-ci devait recevoir au delà du Ouebb. Potentats au petit pied, les dedjaz agissent en somme à leur guise dans leurs gouvernements immenses et loin du négous. Souvent la dissension sépare deux gouverneurs voisins. Les promesses de Woldé-Gabriel n'engageaient donc pas Loulseguat, ni même à la rigueur les lettres du ras Makonnen. Il était bon qu'une diplomatie diligente ouvrît la route à la mission. Aussi, le 13 septembre, le vicomte quittait-il ses compagnons de route. Il ne devait les revoir qu'au delà du Ouebb. Il marchait rapidement, sans inspecter la région, pour arriver au plus tôt là où le destinait son ambassade. Nous le quitterons pour l'instant et suivrons, avec la caravane, la route qu'elle parcourt à petites étapes.

Le 15, elle se mettait en marche. Pour porter les bagages et suppléer aux Somalis et aux Abyssins déserteurs, aux bêtes que la caravane avait semées sur sa route depuis Harar jusqu'à Imi, Woldé Gabriel avait envoyé des chameaux et des Gallas. Ces Gallas étaient des Aroussi. D'une taille au-dessous de la moyenne, ils avaient le corps grêle, osseux, fort peu musclé. Leur teint, plus brun, achevait de les distinguer des Somalis. Ils ne rappelaient en rien les Gallas du Harari : vêtus de tobs en lambeaux, armés de lances et de couteaux, ils semblaient farouches et inintelligents.

Le jour même, une marche de 10 kilomètres (ce qui était considérable pour un début) conduisait la caravane à Chekifton, petite keria voisine du Ouabi et habitée par les Gallas. Exception faite de ce détail ethnographique, elle rappelait en tous points les kerias de la rive gauche du fleuve. Les mœurs, sinon les races, y semblent identiques. Des tombeaux gallas, simples amas de cailloux noirs et blancs, rappellent en tous points les tombeaux somalis du Dakhatto et de Bourka. Mais des vestiges d'une population bien plus ancienne subsistent enfouis sous l'humus moderne. Les voyageurs découvrirent en effet des fragments d'une roche verte, d'apparence basaltique, portant les traces d'une taille grossière. Ils devaient faire d'identiques découvertes sur plusieurs points jusqu'au Ouebb. Nul doute qu'aux époques préhistoriques, à l'âge de la pierre taillée, l'humanité n'ait déjà eu des représentants sur cette terre.

Comme nos ancêtres d'Europe, ceux-là en étaient aux premiers balbutiements de la civilisation. Les uns, depuis, ont fait leur chemin ; les autres, s'ils n'ont pas piétiné, ont du moins avancé bien lentement. Qui en accuser, sinon la terre et la nature, bonne mère sous nos latitudes, marâtre dans les steppes africaines ?

La flore du pays formait une brousse claire et sans richesse. Rien d'original, sinon quelques *annénos* en forme d'oignons et de pains de sucre

M. Golliez relevant le point à l'aide du sextant.

et des *roua garnadja* (1), arbustes tortueux produisant une résine à l'odeur écœurante. C'était là tout, avec les mimosas et les aloès ordinaires à cette formation végétale qu'est la steppe. Un oued traversé dans la journée, le Ouabi Bomissa n'offrait qu'une mare d'eau saumâtre. Les montagnes, ces grands condensateurs naturels de l'humidité, s'éloignaient de plus en plus au nord. Tout, en somme, faisait prévoir une longue course à travers une région plate, sèche et désertique. Aussi les explorateurs voulaient-ils en abréger le plus la durée. Malgré les envois de Woldé-Gabriel, quelques

6

(1) Arbre à myrrhe.

chameaux de supplément y eussnet contribué, en permettant une répartition de charges plus légères et d'un transport plus facile. Dans ce but, fort de l'autorisation que le dedjaz avait donnée naguère au chef de la mission, le chef de caravane M. Golliez résolut d'envoyer un galla dans les environs de Chekifton pour réquisitionner, au nom de Ménélik, quelques bêtes de somme, dont les propriétaires seraient naturellement indemnisés. Mais à sa grande surprise le Galla refusa net : exécuter un tel ordre, disait-il, serait avancer l'heure de son trépas.

« Car Chekifton et les environs sont la propriété privée de la maîtresse (lisez : la terrible femme du dedjaz), et, si vous preniez le moindre objet sur ses terres, elle vous poursuivrait de sa colère. On peut prendre sur les terres soumises aux chefs Abyssins, non sur les terres qui sont leur bien propre. »

Edifié, M. Golliez alla réquisitionner plus loin, hors du douaire de la maîtresse redoutée. Après une marche de 36 kilomètres, pendant les journées du 18 et du 19, on atteignit le Ouabi Arguesa, en tous points semblable au Ouabi Bomissa. Cette marche fut seulement signalée par la mort du jeune éléphant, qui, depuis trois jours, souffrait du pays trop sec et de l'absence de dourah fraîche. Au reste, toute la caravane était épuisée. Malgré leur désir d'atteindre au plus vite le Ouebb, les explorateurs résolurent donc de se donner deux jours de repos dans la vallée du Ouabi Arguesa. M. d'Annelet en profita pour pousser ses reconnaissances plus au nord, vers les montagnes qui barraient l'horizon septentrional et qui sont les monts Degagouro. Ces monts se divisent en deux massifs distincts, l'un, à l'est, d'une altitude moyenne de 1.200 mètres, l'autre, à l'ouest, de 1.300 mètres. Entre les deux, un col se dessinait nettement, vers lequel M. d'Annelet se dirigea. L'ayant franchi, il se trouva sur les bords d'une rivière, la Laga Matchalla, qui longe le versant nord de la montagne en se dirigeant vers l'est. D'innombrables vallées torrentielles, alors à sec, descendent des sommets vers la rivière. Elles rendaient la marche pénible et lente à l'explorateur qui voulait parcourir le pied de ce versant de la montagne pour rejoindre la mission à son extrémité. Là, un second col sépare le massif occidental du Degagouro d'une troisième masse montagneuse, qui est le Kabenaoua. Sur ses pentes, un misérable village galla étage ses huttes : c'est Daoué. Toute la région environnante, rocheuse et caillouteuse, manque de fourrage. Aussi les femmes vont-elles chaque jour au loin glaner la pâture des bêtes. Celles-ci, des moutons à tête noire et des chèvres (on ne saurait nourrir ici le gros bétail), sont d'une maigreur pitoyable et qu'égale seule celles des habitants mêmes. Sordides dans des tobs rapiécés ou dans de sales vêtements de cuir, ils habitent de pauvres cahutes qui tombent en ruines. Une keria voisine, Abdi, présente le même spectacle. En somme, il y a loin de cette misère à l'opulence relative des Djebertis et des rives du Ouabi. La même loi qu'en Somalie se contrôle ici : si l'on quitte les bords immédiats du fleuve aux eaux permanentes, c'est la steppe que l'on rencontre, et avec elle la faim, la soif et la misère !

C'était en effet une autre Somalie que la mission parcourut après

L'arbre annéno des Gallas.

le 20 septembre. Aux mimosas et aux annénos s'ajoutaient maintenant les euphorbes candélabres, dont les tiges dénudées se dressaient contre un ciel implacable. Ce sont là les plantes *xérophytes* par excellence, comme disent les botanistes, les plantes les mieux organisées pour vivre dans la sécheresse, et leur présence en si grand nombre était un commentaire vivant de la contrée.

Les mêmes conditions physiques faisaient la vie humaine et les mœurs en tous points semblables. Ces Gallas, pasteurs demi-nomades, étaient méfiants comme les Somalis du désert, et plus farouches même.

Au lieu de la confiance souriante avec laquelle les Djebertis livraient leur crâne au compas de l'ethnographe, ceux-ci le faisaient avec épouvante, quand ils ne fuyaient pas apeurés. Ils regardaient volontiers les membres de l'expédition comme une bande de pillards. Il est vrai que les Abyssins de l'escorte faisaient leur possible pour justifier cette opinion : il n'était de cabane si pauvre qu'ils n'y pénétrassent pour y fureter et y jeter la terreur ; c'était alors des cris éperdus de « *Ingero* » (il n'y a rien) et des « *Hadara !* », sortes de protestations par lesquelles ils en appelaient au négous et au dedjaz. Dans ce cas les réclamations des indigènes étaient fortement motivées et, les Européens leur donnaient autant que possible satisfaction. Mais il arrivait souvent aussi qu'ils fuyaient ou s'alarmaient à tort, par pure sauvagerie. Le 22, un Soudanais, qui marchait seul en avant, eut fort à faire pour se débarrasser des criailleries d'une vieille femme, hideuse et vêtue de peau, persuadée que le brave garçon en voulait à ses horribles hardes et à sa pauvre cahute : elle en appelait au dedjaz, et, s'il le fallait, elle irait le dire à *Adéré* (Harar). Les membres de la mission eurent beaucoup de peine à la convaincre de leurs intentions pacifiques : elle regarda en grommelant passer la caravane, appelant sans doute sur elle les malédictions et les méfaits de tous les mauvais génies qui ne manquent pas de peupler la contrée.

Cette engeance est en effet fort superstitieuse. Ces Gallas de la steppe aroussi sont convertis à l'Islam ; mais ils sont restés attachés à une foule de croyances et de pratiques qu'ils tiennent de leurs ancêtres fétichistes. Les maigres arbres qui jalonnaient la route suivie par les explorateurs portaient presque tous de bizarres *ex-voto*, formés de quatre pattes de mouton liées en faisceau. Un porteur galla en expliqua la valeur et le sens : quand un malade consulte un sorcier, celui-ci lui demande un mouton. Il le mange, va en suspendre les pattes au loin et emporte, paraît-il, avec lui la maladie du donateur. Superstition, crainte sans motif, cruauté sans but, voilà ce que la steppe fait de ces Gallas que l'on voit doux et laborieux dans le Harari et dans l'Ethiopie méridionale.

En somme, la seule ressource du pays, c'est le sel. Le 24, la mission rencontrait une caravane de Gallas chargée de sel, qu'elle avait puisé dans le lit d'un tug renommé, l'Askier. Mais presque tous les tugs de la contrée contiennent des sources salées. Le sel, dans tout le pays comme dans l'Abyssinie proprement dite, est, plus que les thalers, la monnaie courante ; un sac de sel vaut douze sacs de dourah. Les caravanes vont le porter à Guigner ou à Addis-Ababa.

A la fin de la même journée, les hommes de l'avant-garde se mirent à pousser des cris de joie. La cause de cette allégresse était un palmier qui apparaissait au loin. Il signalait enfin une région plus humide. C'était en effet le Ouabi Goffa que la mission atteignait près de son confluent dans le Ouebb. La fin de l'étape se fit vite : tous étaient réconfortés par l'espoir de trouver enfin les limites de cette plaine aride que l'on traversait depuis dix jours. Le lendemain matin, la vallée même du Ouebb était atteinte. Largement entaillée dans la vaste table de grès qui formait le

Femmes des Gallas Aroussi nomades chargeant de l'eau.

soubassement du plateau, elle avait ses berges égayées par une palmeraie touffue, qui sous ses larges ombrages abritait mimosas, aloès et annénos. Le lit de la rivière, large de quarante mètres environ et où les eaux atteignaient cinquante centimètres de niveau, était couvert de cailloux blancs et noirs, qui faisaient agréablement oublier les vases du Ouabi Chébéli. La faune y semblait assez riche : waterbuks, gérénouks et dik-diks sur le plateau, cynoscéphales et petits singes dans la forêt-galerie, hippopotames et crocodiles dans le lit du fleuve. Ceux-ci étaient bien plus abondants et plus forts que dans le Ouabi à la même latitude. Pourquoi ? Ces animaux préfèrent-ils le fond de cailloux au fond de vase ? Les explorateurs durent se borner à constater le fait sans l'expliquer.

Cette arrivée sur les bords du Ouebb marquait nécessairement un temps d'arrêt dans la marche de la caravane. Il fallait laisser hommes et bêtes se reposer de la traversée de la steppe. Et puis on était à la limite des états de Woldé Gabriel : franchir ces quarante mètres d'eau, c'était pénétrer dans les états de Loulseguat. Les chameliers de Woldé-Gabriel abandonneraient alors la mission, et Loulseguat en enverrait-il d'autres ? Fallait-il franchir le Ouebb où simplement le remonter par la rive gauche ? Toutes questions que les Européens ne pouvaient résoudre sans savoir ce qu'il était advenu de la mission diplomatique de leur chef. Aussi le 25 un émissaire fut-il envoyé vers le nord-ouest pour tâcher de trouver le vicomte et lui demander ses ordres. En attendant l'on campa et l'on fit plus ample connaissance avec le Ouebb.

Ces journées et ces nuits passées dans la vallée du Ouebb furent parmi les plus grandioses et les plus délicieuses que nos voyageurs connurent en Afrique. A cette faible altitude et grâce au grand fleuve permanent qui féconde le fond de sa vallée, c'était enfin la véritable nature tropicale qu'ils avaient sous les yeux ; c'était le cadre complet que jadis leur imagination enfantine avait pu évoquer. La végétation puissante, exubérante et nonchalante des tropiques, les singes provocateurs et criards, les serpents aux souples anneaux, les oiseaux multicolores, joyaux animés et mobiles, les mouches vrombissant et tournoyant en poussière d'or, les crocodiles immobiles sur le sable comme des troncs d'arbres moussus émergeant de l'eau, l'hippopotame pesant, écrasant de sa masse informe les roseaux clairs et délicats ou montrant son muffle hideux parmi le vert tendre des plantes aquatiques, rien ne manquait à ce spectacle de vie grouillante, sans cesse renouvelé, qui se déroulait sous la voûte épaisse des branches enchevêtrées, dans le demi-jour où perçait parfois comme une flèche d'or quelque rayon de soleil. Que de fois, la nuit, les voyageurs, réveillés par la fraîcheur, s'oublièrent à contempler la campagne endormie ! La lumière froide et sèche de la lune semblait faire reculer l'horizon : la petite plage sablonneuse, qui marque le confluent du Ouebb et du Ouabi Goffa, paraissait immense. Le calme et le silence n'étaient troublés que par le murmure de l'eau sur le cailloutis et par le frisson des branches sous la brise nocturne.

Le 28 septembre, la réponse de M. du Bourg arrivait. Le vicomte venait d'entrer à Robabouta, village où il invitait ses collaborateurs à le rejoindre au plus vite, en passant autant que possible sur la rive gauche

MÉGAG. — Vue du canon du Ouebb.

du Ouebb. Le sultan du pays, vassal de Loulseguat et du négous, leur envoyait à cet effet des chameaux et des porteurs gallas. Le jour même la caravane levait le camp et s'enfonçait à travers la steppe vers le Nord-Ouest pour éviter les coudes que le Ouebb décrit dans cette partie de son cours. Pendant six jours la marche se continua monotone à travers une région désolée et semblable au pays Aroussi entre Imi et le Ouebb. La chaleur pendant le jour, était insupportable et le pays sec, au point qu'à plusieurs reprises la caravane eut à souffrir de la soif. En revanche les nuits claires étaient glacées C'était la température excessive des déserts. Pourtant les bouquets de bois semant la campagne indiquaient que le pays avait dû jadis être plus arrosé ; mais ces arbres étaient morts, et la forêt squelette tendait, comme de grands bras, ses troncs dénudés vers un ciel implacable. Seuls quelques arbres à gomme résistaient, avec des lichens et des mousses qui s'attachaient aux troncs et plaquaient de vert pâle leur écorce grisâtre. La sécheresse accidentelle, qui depuis quelques années désole la Somalie et le Borana, sévissait donc là aussi. De temps en temps la caravane rencontrait de pauvres kérias, où de maigres Gallas paissaient des troupeaux lamentables. Pour comble de détresse, une épizootie décimait actuellement leurs chèvres, après avoir jadis détruit leur gros bétail. Ils se nourrissaient de lanières de peau qu'ils attendrissaient dans l'eau chaude. Ils semblaient avoir atteint la limite de la décrépitude et du marasme. Dur empire de la terre sur l'homme : ces Gallas étaient les frères des Gallas de Harar. Un sol moins clément leur avait interdit le progrès, un accident de climat les condamnait maintenant à une disparition prochaine.

Le 4 octobre, la caravane retrouvait le Ouebb. Sa vallée, en ce point, était profondément taillée dans un plateau calcaire et formait un véritable cañon. Les deux bords du cañon étaient boisés : les arbres affectaient le plus souvent la forme de boules ou de parasols. Mais par endroits des falaises à pic, de 120 mètres de hauteur, montraient à nu les bancs de roches régulièrement stratifiés, érodés à leur pied par les eaux. Parfois, cette érosion était si active que le pied de la roche était complètement évidé, et que toute la masse surplombait. Au fond, la rivière roulait en méandres sinueux son eau limpide, où transparaissaient les cailloux blancs et noirs du lit. D'innombrables poissons dormaient étendus sur les plaques de calcaire qui par endroits y faisaient dalle. Sur les hautes falaises de la berge de gros blocs marrons et gris pointaient. Leur forme arrondie, leur couleur noircie, les trous dont ils étaient percés en maints endroits, les fissures verticales où se logeaient des familles de petits singes gris (1), les revêtements faisant saillie de place en place sur la masse ébréchée, leur donnaient l'aspect de vieux manoirs criblés par les boulets d'un long siège. C'est là l'œuvre des eaux, à une époque où les précipitations atmosphériques étaient abondantes et durables, à un autre âge de l'histoire de la terre.

De ce jour, la caravane rencontra un pays de plus en plus amène. Le plateau montait rapidement vers le nord : le 4, on campait à 950 mètres d'altitude ; le 5, à 1.200 ; le 6 à 1.660 mètres ; là on retrouvait la

Un phacochère.

*woina-degà* abyssine, que l'on n'avait plus connue depuis Harar. Les bouquets d'arbres (vivants ceux-là, et bien vivants), donnaient à la campagne l'aspect caractéristique du *parc*. Ce jour même, un envoyé de M. du Bourg atteignait la mission : le vicomte attendait toujours son monde à Robabouta. Le 7, la jonction se faisait, après 24 jours de séparation.

Le voyage de M. du Bourg s'était accompli rapidement et sans à coup, en douze jours, d'Imi à Robabouta, par Guigner. Un seul incident

(1) *Cercopithecus sabœus*.

l'avait marqué, mais avait failli coûter la vie au vicomte et à quelques hommes. Le 17, dans la région du Ouabi Bomissa, il s'était attaqué à une troupe d'éléphants. Par exception, cette bande de pachydermes se trouvait composée d'individus féroces, qui, au dire des gens du pays, avaient coutume d'arrêter au passage les caravanes. Malgré ces avertissements M. du Bourg était parti en chasse. Il les rencontra, leur envoya trois balles, mais ne put que les blesser. Aussitôt les formidables bêtes se mirent à charger furieusement dans toutes les directions, roulant leurs petits yeux sanglants, faisant trembler le sol sous leurs pieds, trompe haute et défenses au vent. Le vicomte n'eut que le temps de se garer ; sa présence d'esprit le sauva ; par contre son guide fut grièvement blessé. Les sauvages pachydermes poursuivirent leur galop dans la direction d'une proche kéria, et ce fut miracle s'ils ne renversèrent personne. M. du Bourg n'en entendit plus parler.

Le 22, il atteignait Guigner, où il pensait trouver le dedjaz Loulseguat. Mais le dedjaz était parti depuis quelques jours pour Addis-Ababa, laissant le commandement de son territoire au cagnaz-match Apté. Celui-ci se trouvait alors à Guigner. M. du Bourg lui demanda audience. C'était un homme d'une quarantaine d'années, au parler bref et à la physionomie ingrate. Vêtu, comme tous les Abyssins, d'un burnous brun grossier, il ne rachetait pas la simplicité de son costume par la distinction de ses manières. Il montrait un excessif orgueil de commander actuellement le gouvernement de Loulseguat, un des plus riches territoires de l'empire, bien plus riche que celui de Woldé Gabriel, presqu'aussi riche que le Sidama où commandait le dedjaz Baltché, un des bras droits de Ménélik.

Il demanda avec arrogance ses lettres de crédit à M. du Bourg. Celui-ci lui montra une lettre du ras Makonnen. Il avait laissé les autres, et surtout le laisser-passer de Ménélik, à ses compagnons, pour qu'aucune difficulté n'entravât la marche de la caravane. Apté parut mettre en doute la réponse du Français, qui sentait singulièrement s'échauffer ses oreilles. Il s'étonna de ne pas voir dans les mains de M. du Bourg une autorisation du dedjaz Loulseguat : à quoi notre voyageur lui répondit fort judicieusement qu'il ne pouvait l'avoir puisqu'il venait justement la chercher à Guigner. Après quelques observations incohérentes et emphatiques sur la marche que devait suivre la mission, il prit enfin congé de M. du Bourg, juste à temps pour que la légitime irritation du vicomte ne mît à mal sa morgue de fonctionnaire.

Ajoutons que son maître Loulseguat se montra bien plus obligeant, et qu'à un courrier que lui dépêcha M. du Bourg et qui le rattrapa sur la route de la capitale il répondit par une missive donnant au Français pleine liberté d'agir à sa guise dans tout le ressort de son gouvernement.

Le 26, M. du Bourg arrivait *à* Robabouta et *chez* Robabouta, car c'est là le nom d'un sultan galla et, tout ensemble, de sa capitale. Celle-ci s'appelle en réalité Goro Boubbé ; mais les naturels lui donnent ordinairement le nom de leur chef, qui est très populaire. Il fit grande impression sur le voyageur français et mérite une mention spéciale.

Robabouta, ou Roba ben Bouta, est fils d'un héros galla. Il habitait jadis Baalé et était grand chef des Gallas Aroussi, quand les Abyssins conquirent le pays. D'abord il se refusa à garder sa souveraineté sous leur protectorat. Puis il comprit la décadence actuelle de ses frères et combien une guerre leur serait fatale. Par civisme il se résigna donc à prêter hommage à Ménélik. Il promit de payer l'impôt et obtint pour son pays l'exemption de pillage. Mais il n'a pas renoncé à reprendre la lutte. Il s'est fait musulman, comprenant la force de cohésion que donne à un peuple le fanatisme islamique, — et il attend...

Il règle dans le pays le paiement de l'impôt : le négous fixe la somme, et lui la répartit entre ses sujets. Les Abyssins jusqu'à ce jour ne se sont pas occupés de la répartition. Voilà cinq ans qu'il fournit annuellement au négous cent bœufs, mille chèvres, cent dents d'éléphant et neuf cents thalers, sans compter le miel et l'abou-djedid. Heureusement le pays est riche, riche de ses produits naturels et du commerce des peaux et du sel qu'il pratique avec la côte.

Au physique, il a le type Harari pur de toute influence abyssine. La figure large, les lèvres peu épaisses, le nez fin, le visage encadré d'un collier de barbe grise, il peut avoir 55 ans. La tête est couverte d'un petit turban d'adou-djedid ; il porte un grand burnous noir bordé d'une bande rouge avec un capuchon galonné d'or. Dessous, paraît une chemise verte rayée de rose, à la turque, avec manches serrées à petits boutons. Ses femmes sont nombreuses, ses enfants innombrables. Sa fortune est d'une estimation difficile. Lui-même prétend l'ignorer. Est-il en cela véridique ou craint-il d'éveiller l'âpre envie des Abyssins ? En tout cas ceux-ci le savent riche, mais ils le savent encore plus puissant, d'une puissance à la fois matérielle et morale, car il tient tous les hommes et l'opinion de tout le pays. Il n'a qu'un signe à faire et tous les Gallas du Ouebb à Goba se lèveraient.

Or contre qui se lèveraient-ils sinon contre les Abyssins ? Les Gallas ne font plus la guerre à leurs frères ennemis, les Somalis. Car presque

ROBABOUTA. — Marabout galla aroussi.

tous sont maintenant musulmans, et les Somalis sont soumis aux Européens comme les Gallas aux Abyssins. Si l'une ou l'autre branche de la race hamitique partait aujourd'hui en guerre, chacune le ferait contre son oppresseur. Mais elle le ferait spontanément et d'un mouvement unanime. Alors Robabouta deviendrait un héros.

« Mes Gallas me sont tout dévoués, confesse-t-il non sans orgueil à M. du Bourg. Va dans tout le pays, là où le soleil se lève et là où il se couche, dans les montagnes du nord et dans les steppes du sud, et tu verras mes guerriers de demain. S'ils veulent te prêter un serment sacré, ils te le prêteront *Ba Robabouta* (par Robabouta), et non point *Ba Ménélik* (par Ménélik). Je suis le vassal du négous, mais je le suis librement, par raison, et Ménélik ne peut me traiter comme un *choum*. Parfois pourtant j'avoue que la soumission me paraît intolérable. »

Et pourtant, il attend...

« Je voudrais, pour tenter l'aventure, avoir des alliés parmi les Frendjis. J'ai proposé l'alliance à celui qui est passé ici avant toi, à *M. Baron* (le baron Erlanger). Mais il n'a pas voulu. Du moins m'a-t-il donné ce papier précieux ».

Il le tend à M. du Bourg : c'est un certificat d'Erlanger constatant qu'il a reçu un excellent accueil du chef, que celui-ci est généreux, éclairé, ami des Européens. Le vicomte consent à lui signer un certificat identique. Ainsi le vieux Galla se constitue, inconsciemment, une collection d'autographes qui auraient leur prix dans notre pays. Elles en ont un autre à ses yeux. Aussi remercie-t-il le Français par une surabondance de confidences.

« Même si les Frendjis voulaient m'appuyer, l'heure n'aurait pas sonné de la revanche. Car les Frendjis sont loin, ils ont des intérêts ailleurs : ils pourraient oublier Robabouta. Il nous faut compter surtout sur nous-mêmes et le Galla ne sait plus se battre. L'heure n'est pas venue, mais elle viendra ; peut être nos enfants verront-ils le départ de l'oppresseur. »

Sur ces nobles paroles l'entente s'était faite entre le sultan et M. du Bourg. Il avait mis à sa disposition ses cases, ses biens et ses hommes, croyant que ce n'était pas assez payer le certificat aux beaux cachets de cire rouge qui l'émerveillait. Et il fit à la mission le même accueil qu'à son chef. La caravane campa à Robabouta du 8 au 11 octobre. Le docteur et M. de Zeltner en profitèrent pour aller explorer une des curiosités de la contrée, déjà décrite par l'explorateur Donaldson Smith : le cours souterrain du Ouebb ; car le Ouebb a sa *perte*, tout comme notre Tarn ou telle autre rivière de nos Causses.

Cette perte du Ouebb a lieu naturellement en terrain calcaire; le calcaire, qui se fissure et se fend aisément, est la seule roche qui permette aux rivières cette fantaisie. Avant de s'enfoncer sous terre, le Ouebb coule dans un cañon étroit, Colorado en miniature, quand tout à coup une colline lui barre le chemin. Au lieu de la contourner l'eau courageusement l'a attaquée, forée peu à peu comme avec une vrille, et s'est creusé ainsi vers l'intérieur une porte monumentale et caractéristique. Une série de pilastres trapus, parties plus dures du calcaire, que l'eau a respectées, soutient une sorte d'entablement sous lequel l'eau s'engouffre. Cette porte à dix mètres de hauteur. On peut pénétrer dans l'intérieur de la montagne et y suivre, à travers de splendides grottes naturelles, le cours de la rivière.

Ces grottes sont pour les habitants un sanctuaire. Elles sont pour tous les Gallas de la contrée un lieu de pélerinage et de sacrifices. On y adore la mémoire de Cheik Houssein, saint personnage célèbre parmi tous les Gallas et mêmes parmi les Abyssins, et dont la tombe est non loin de Guigner. Dans les grottes du Ouebb on accomplit des sacrifices réguliers d'animaux, liés à l'ancienne religion fétichiste des Gallas, leur vraie religion encore aujourd'hui, malgré l'islamisation superficielle. Dès l'entrée des grottes, dans un couloir en pente douce qui y conduit, se trouve une niche, où sont suspendus à une perche les ceintures, les colliers, les bagues et les bracelets, dont les femmes du pays ont fait offrande pour obtenir du saint qu'il leur donnât des enfants.

Ayant descendu le couloir, les explorateurs arrivèrent dans une grande salle basse, au plafond plat, absolument régulière, et qui, par un autre couloir où coulait le Ouebb, communiquait avec la porte à pilastres de l'entrée. Un demi-jour étrange et mystérieux laissait deviner dans la pénombre d'énormes masses de colonnades. L'eau noire du Ouebb coulait avec fracas, se brisant contre certains de ces piliers énormes et allait se perdre dans une seconde salle plus vaste, où d'énormes amas de cailloux, de galets et de blocs arrondis, témoignaient du travail antique et formidable du fleuve. La coupole parfaitement ovoïde, striée de raies horizontales et parallèles au courant, avait ainsi été évidée, rabotée et polie au temps où le fleuve plus riche occupait toute la salle. Aujourd'hui, cantonné dans un coin, il ne l'emplissait plus que de son fracas.

Sur la plage de galets, qu'il laissait à nu, une roche isolée se dressait. C'est, dans l'imagination populaire, un jeune Galla qui fut jadis ainsi pétrifié et transformé en roche par les génies pour s'être rendu coupable de mensonge. Cette punition, sévère mais juste, ne paraît pas avoir produit sur les Gallas l'effet moralisateur qu'on eût pu en attendre. Mais, au reste,

Entrée du cours souterrain du Ouébi. — Grottes de Logh.

la femme de Loth devenue statue de sel a-t-elle guéri de la curiosité la plus charmante moitié de la descendance d'Adam ?

A partir de ce point les eaux du fleuve s'engouffrent dans un couloir qu'elles emplissent jusqu'au faîte. Les explorateurs même en rampant ne purent donc s'y engager. Ils visitèrent encore toute une série de grottes jadis creusées par le fleuve dans la colline et aujourd'hui parfaitement sèches. Parfois des roches éboulées encombraient les couloirs qui s'entrecroisaient en un véritable labyrinthe. Nos voyageurs s'y fussent certainement perdus sans le guide galla qui les accompagnait. Sortis enfin des grottes, ils allèrent contempler le Ouebb à sa sortie. Il sort de la colline par une arche géante de trente à trente-cinq mètres de haut, en mugissant, et, enfin délivré, s'étale à l'air libre en méandres capricieux. Telles sont ces fameuses grottes du Ouebb, dont nos civilisations avancées feraient un centre d'attraction pour les touristes en mal de pittoresque, et dont ces êtres ingénus ont simplement fait un sanctuaire. Nos descendants verront-ils un jour des trains d'excursions organisés vers la perte du Ouebb à Robabouta ? Tout arrive ; en tout cas, ce serait là une conséquence que le sultan n'a pas prévue de l'alliance tant souhaitée avec les Européens pratiques qui débitent de la beauté et vendent de l'enthousiasme.

Le 11 octobre, après de touchants adieux, les Européens quittaient Robabouta pour se diriger vers Goba, où M. du Bourg espérait trouver le dedjaz Loulseguat. Le 11, la caravane, en remontant le Ouabi Mana, atteignait Abbé, le 12, Kadjoua, toutes deux kerias sans importance. La seconde était occupée par une garnison abyssine dont le *choum* se rendit coupable à la fois d'impolitesse à l'égard de M. du Bourg et de lèse-majesté à l'égard du négous. Le vicomte lui avait envoyé en avant l'abyssin Daniel pour lui communiquer les lettres du négous accréditant la mission dans le pays. Mais Tessama (c'est le nom du *choum*) l'avait fait appréhender, enfermer dans une paillotte et garder à vue. En vain avait-il prononcé des plus énergiques *Bâ Ménélik* et montré les lettres impériales : Tessama n'avait voulu rien entendre. Il ne le relâcha qu'au bout de quelques heures et sans daigner l'écouter. Malgré cela, il vint au-devant de M. du Bourg, qui, on le conçoit, le reçut fort froidement. Il demanda alors pardon d'une façon très humble : il n'était, disait-il, qu'un tout petit enfant (il avait pour le moins cinquante ans !) et M. du Bourg était son père. Le jeune explorateur lui pardonna après l'avoir sévèrement admonesté et avoir exigé de lui qu'il fît des excuses à Daniel. Enchanté, l'autre envoya à M. du Bourg un backschich opulent, un bœuf entier, des moutons, du lait, des fromages, du miel et des galettes, le tout entouré de protestations de dévouement qui ne finissaient plus. Mais M. du Bourg avait pu juger de l'accueil que reçoivent auprès de certains fonctionnaires abyssins les simples particuliers, à l'accueil que lui, protégé du négous, avait reçu tout d'abord.

Pour comble de gracieuseté et pour faire oublier complètement son incartade, Tessama envoya aux explorateurs des prêtres abyssins qui leur donnèrent en audition leurs chants religieux les plus réputés. Leur ton était moins nasillard que celui des Gallas laïcs; ils s'accompagnaient sur un vaste tam-tam, porté par un sacristain qui exécutait une sorte de danse en se dandinant devant les chantres. Pour rythmer davantage leur musique, les prêtres agitaient eux-mêmes des sistres en cuivre grossièrement forgé. Pendant une demi-heure ils chantèrent ainsi les cantiques de Moïse, sur un mode qui rappelle le plain chant, mais d'une allure plus rapide. Puis ils se retirèrent gravement, en pontifes.

Le 14, il plut de midi à six heures. La saison des pluies commençait. Sous l'eau, qui tombait en rafale orageuse, la caravane quitta Kadjoua et monta les fortes pentes du plateau. Le soir on était à 2.660 mètres. Les bêtes glissaient sur les rampes où l'eau roulait à gros bouillons; les hommes étaient mouillés et glacés par le vent. A cette altitude la température était assez basse, et les explorateurs, qui quinze jours auparavant mouraient de soif, grelottaient maintenant sous l'ondée. Le lendemain, pluie nouvelle en orage pendant trois heures, et froid intense. Le 16, de même. La caravane se hâtait vers Goba, où elle s'abriterait pendant la saison pluvieuse.

Enfin, au soir de ce jour, on atteint une petite keria du nom d'Illasa. Une bonne nouvelle y attend les explorateurs : ils ne sont plus qu'à quelques kilomètres de Goba. A Illasa réside le fils du dedjaz Loulseguat, Lidj-Aïlé. Il vient à la rencontre de M. du Bourg. C'est un tout jeune homme : son front est bombé, sous des cheveux ébouriffés; son nez est grand et busqué, aux narines mobiles, sa bouche aux lèvres minces et bien dessinées, son menton rond et saillant, ses joues pleines, lui donnent un type féminin et un profil que l'on nomme vulgairement bourbonnien. Il a d'ailleurs dans toutes ses manières une aisance et une dignité qui dénotent un fils de dedjaz. Après quelques instants d'un entretien banal, comme il sied entre gens du monde qui savent vivre, il se retire, non sans recommander à M. du Bourg de lui envoyer un cuisinier, car il en manque et veut bien traiter ses hôtes.

Le soir, Lidj-Aïlé reçut les Européens dans sa case située sur une éminence, comme il convient à la demeure d'un chef. L'enceinte était ornée de queues d'éléphants, trophées personnels, car, malgré son jeune âge, Lidj-Aïlé a déjà tué ou contribué à tuer soixante-quatorze éléphants. Sa toucoul est ronde, d'un diamètre de quinze mètres et d'une hauteur de sept. Le toit conique, fait de chaume, solide, est soutenu par dix piliers de bois grossièrement taillés.

A peine Lidj-Aïlé a-t-il reçu ses hôtes qu'il donne l'ordre de faire entrer le cheval de M. du Bourg et de lui attribuer une place au banquet.

Femme abyssine décoiffée.

Ce cheval est orné d'un harnais, don du ras Makonnen au vicomte, et c'est là ce qui lui vaut cet honneur. En vain M. du Bourg objecte-t-il la piètre qualité du cheval : quel gagnant du Grand Prix eut jamais tel honneur ?

— N'importe, répond Lidj-Aïlé; c'est le donateur du harnais que j'honore et non point la bête.

Ainsi fut fait. Et le repas commença. Les Européens firent leurs délices d'une omelette, la première qu'ils mangeaient depuis Harar. Certes l'assaisonnement laissait un peu à désirer; elle n'en eut pas moins les honneurs de la fête. Le docteur indisposé ne s'était pas rendu au banquet. Somptueux, Lidj-Aïlé lui envoya, pour son petit dîner de malade, un poulet et six œufs. Cet accueil faisait bien augurer de la réception qui attendait M. du Bourg à Goba.

Le 17, au matin, on se mit en marche vers la ville. La campagne, submergée par endroits et partout fort verte, était couverte de troupeaux de chevaux, de bœufs et de moutons. De place en place des bourgades, composées de quelques toucouls bien groupées, s'abritaient derrière des rideaux d'euphorbes. Les champs cultivés alternaient avec les prairies d'herbe drue et haute. En certains points de vastes cimetières attestaient une population nombreuse.

Bientôt une troupe, ayant deux hommes à sa tête, apparut. Ces deux hommes étaient deux *cagnazmatch* : Ato Apté, représentant le dedjaz Loulseguat absent, et Ato Taganié, commandant les troupes, qui venaient souhaiter aux Français la bienvenue dans leur bonne ville de Goba. La troisième étape était heureusement terminée.

Aux abords de la cuisine. — Dépècement d'un mouton.

Vue générale de Goba.

# CHAPITRE VII

## Deux mois chez les Gallas : Goba

(17 octobre-7 décembre 1901)

Femme abyssine décoiffée.

UN CHEF MALINTENTIONNÉ. — UN ABYSSIN REMARQUABLE : LE CAGNAZMATCH TAGANIÉ. — PRÊTRES ABYSSINS. — THÉOLOGIE ABYSSINE. — LA GROTTE OU *ouacha* DE GOBA : DES CATACOMBES. — M. GOLLIEZ VICTIME D'UN ACCIDENT. — UN CHASSEUR D'ÉLÉPHANTS. — EXPÉDITION DE CHASSE DE M. DU BOURG SUR LE GANNALÉ. — HÉROÏSME DU BOY JEAN. — LA MORT D'UN PILLARD. — UNE CHASSE MOUVEMENTÉE. — « ADDO CHEVA ! » — RETOUR DE L'EXPÉDITION : ENTRÉE TRIOMPHALE AU CAMP. — NOUVELLE DE LA MISSION DUCHESNE-FOURNETS ET DU DEDJAZ LÉONTIEFF. — JUSTICE ABYSSINE. — LE CAFÉ. — PRÉPARATIFS DE DÉPART.

Apté était une vieille connaissance de M. du Bourg. Les deux hommes s'étaient déjà vus et appréciés à Guigner. Le cagnazmatch se montra aussi rogue et prétentieux que lors de la première rencontre, exigeant que le chef de la mission lui montrât aussitôt les lettres de créance qu'il n'avait pas sur lui à Guigner. Le vicomte les lui étala incontinent. La lettre de Ménélik fut lue à haute voix devant tous les assistants découverts. Puis on lut au désagréable fonctionnaire toutes les lettres de Makonnen, et enfin, pour lui fermer définitivement la bouche, on lui exhiba le passeport de Loulseguat. Il voulut bien se déclarer satisfait, invita la caravane à le suivre vers Goba, et même, fait insigne, il refusa absolument de marcher devant M. du Bourg.

Son compagnon, le cagnazmatch Taganié, commandant des troupes, qui lui était, en l'absence de Loulseguat, subordonné, n'avait rien dit. Mais son attitude ne pouvait tromper les Européens : il leur était nettement favorable et désapprouvait tacitement son chef provisoire, qui d'ailleurs semblait le considérer comme moins que rien.

Apté ne voulut pas attendre au lendemain pour faire aux Européens une réception solennelle dans le Guébi ou Palais du Gouvernement, dont il était le maître en l'absence du dedjaz. Le Guébi était sur le faîte de la colline où s'étageait la ville, la demeure d'Apté était un peu au-dessous, celle de Taganié plus bas encore. L'altitude marquait ici la préséance et le relief géographique avait été appelé à la rescousse du protocole. Pour gagner le Guébi, nos voyageurs, laissant en bas la caravane, eurent donc à traverser tout Goba. C'est une grande agglomération de huttes très serrées, où s'accumule une population dense. Des sentiers les séparent, dont les pluies ont fait souvent de boueuses fondrières. Tout indique ici la richesse et la surabondance des produits agricoles. Les bois épais font à la colline une ceinture opulente, au delà de laquelle prairies et champs cultivés s'étendent à perte de vue.

La réception dans le Guébi fut froide, solennelle et ennuyeuse, comme on devait l'attendre d'un tel hôte. Son *dourgo* ou *dergo* (c'est ainsi que l'on appelle le backschich de bienvenue dans le pays) était déplorablement maigre, si l'on considérait l'importance du donateur. Dès le lendemain de leur arrivée, il venait rendre visite aux Européens, bouleversait les bagages de M. du Bourg et, y ayant vu du papier à lettres, émit la prétention qu'on lui en vendît beaucoup (il ne regarderait pas à la dépense !), ce qui lui attira du vicomte cette verte réplique qu'il n'était pas un *négadis*, un colporteur. Il se retira outré ; mais, n'osant montrer sa mauvaise humeur à ses puissants hôtes, il la passa sur ses deux suivants, les accusant de forfaits imaginaires et leur promettant la malédiction du négous ; maître et serviteurs partirent en hurlant, l'un de colère, les autres parce que le chef les avait « blasphémés ». En toute occasion, Apté se montrait xénophobe et prêt à désobliger les voyageurs. M. du Bourg demande l'autorisation de chasser l'éléphant sur le territoire de Loulseguat : il le fait attendre plusieurs jours, puis autorise le vicomte seul ; mais il ne lui donnera pas de guides ni de rabatteurs. En revanche, il promet guides et rabatteurs aux autres membres de la mission à qui la chasse est interdite. Il émet ensuite la prétention qu'aucun Européen ne sorte du camp pendant les absences de M du Bourg. Un autre jour, il lui conseille insidieusement d'aller établir sa troupe sur les bords du lac Zouaï, dans une région basse et marécageuse, sous le prétexte que l'air de Goba est trop vif pour une troupe épuisée : apparemment l'air des marais lui serait plus salutaire !... Il semblait s'ingénier pour paraître désagréable.

Tout autre était Taganié. A peine eût-on pu lui reprocher de trop montrer le désir ingénu qui le tenait de faire bonne impression. Dourgo splendide, festins répétés, sourires aimables et renseignements intéressants, il n'épargna rien. Et vraiment les explorateurs trouvaient un véritable charme dans la conversation de ce sémite instruit et fin. Il ne cachait pas son hostilité à l'égard d'Apté, qui ne daignait jamais lui tendre la main et abusait à tout propos de la supériorité que lui donnait une hiérarchie d'ailleurs fort imprécise.

— Pourtant je lui obéis, disait-il à M. du Bourg, et je fais mon service pour le bien de l'Empereur. Mais j'ai pour moi ma conscience, et Dieu sait de quel côté se trouvent le bon droit et la justice.

Il révéla aux Français qu'Apté était responsable de la mauvaise réception que leur avait faite Tessama. Il avait volontairement négligé d'avertir les choums de la présence d'une mission française et amie sur son territoire ; en sorte que Tessama, en bon fonctionnaire qui n'a pas reçu d'ordre, avait d'abord considéré la troupe comme une bande de pillards non autorisés.

Un jour, pendant un repas qu'offrit aux Français Ato-Mamo, neveu du négous, qui voyageait dans le pays, repas auquel assistait Taganié, la conversation tomba sur les choses d'Europe, et, comme dans un vulgaire intérieur de nos latitudes, au dessert on parla politique. Taganié se montra fort bien informé. Il connaissait la grandeur relative des Etats européens. Un, surtout, lui faisait peur : l'Angleterre.

— Actuellement, elle est occupée ailleurs (on était à l'époque de la guerre du Transvaal) ; et c'est pourquoi elle ne regarde pas de notre côté. Mais le jour où elle en aura fini là-bas par la défaite ou par la victoire, peut-être bien songera-t-elle à nous et aux Somalis.

— Et la France, Taganié ?

— J'aime la France, et nous l'aimons ici, parce qu'elle n'a pas les mains rapaces, et qu'elle ne songe pas à conquérir nos champs et nos montagnes. Le chemin de fer qu'elle construit est pour notre bien mutuel; elle ne songe pas à mettre dans les wagons des soldats et des canons, mais des cotonnades et ces petites machines que vous savez si bien fabriquer (lisez : « articles de Paris »). Et voilà pourquoi j'aime la France pacifique. J'aime aussi le pays de Léontieff (la Russie) : son

Les monts Hona et Ariga vus de Chédom.

négous, dit-on, veut la paix, *et, s'il fait la guerre, il ne la fera jamais chez nous.* »

Voilà, maintenant, la définition de la Russie puissance asiatique ! C'est une véritable conférence sur la politique internationale que fait le cagnazmatch dans son langage précis bien que peu abstrait. Quant aux Allemands, il sait qu'ils agissent là-bas vers le sud, dans ce que nous appelons l'Afrique Orientale allemande. Il ne connaît pas au juste le nom des Etats européens : on lui révèle l'existence du Montenegro et de la principauté de Monaco. Il a entendu dire que certaines gens vivaient dans un pays très froid, aux jours très longs et aux nuits interminables :

il veut sans doute dire les régions polaires. Il s'inquiète de la couleur de leur teint et de leurs cheveux.

« Et les Italiens, Taganié ?

— Les Italiens avaient une mauvaise cause. Dieu, par notre négous, les a punis. Car par notre seule force nous ne les aurions pas vaincus. Les Frendjis (les Européens) sont plus puissants que nous et mieux armés, malgré notre grand progrès. Mais nous avons plus confiance en Dieu que dans les soldats, les fusils et les cartouches. Et nous regardons l'avenir d'un œil assuré.

— Et quand Ménélik mourra ? »

... Taganié garde un instant le silence. Son regard intelligent semble sonder l'avenir...

« Quand Dieu rappelera Ménélik auprès de lui, peut-être un grand trouble se produira-t-il. Car il y aura beaucoup de compétiteurs pour sa succession. Mais nous ne pouvons rien contre ce qui est tout. »

La conversation se termina sur cette affirmation d'un fatalisme véritablement musulman, partie de la bouche d'un chrétien copte.

Mais, si Taganié était bien informé sur l'état présent et sur l'avenir de son pays,il ne connaissait rien de son passé.Il ignorait jusqu'au nom des Portugais, qui avaient jadis colonisé l'Erythrée et une partie de l'Abyssinie. Pour les Gallas, il les méprisait fort et leur attribuait la plus basse origine. Il ne voulut jamais reconnaître que leur race (pourtant hamitique) pût être originaire des pays au-delà de la mer Rouge. Il avait pour eux, fétichistes ou musulmans, la haine d'un copte fanatique.

C'est que tous ces hommes sont profondément religieux. Ils vénèrent grandement leurs prêtres. Ceux que M. du Bourg vit à Goba étaient pourtant d'aspect encore moins respectable que ceux qui lui avaient donné une aubade chez Tessama. Le 20 octobre, le surlendemain de l'arrivée à Goba, la même cérémonie se renouvela. Six prêtres et onze musiciens vinrent chanter pour le vicomte. Leur saleté et leurs vêtements sordides allaient bien à leur physionomie repoussante. Le grand prêtre, aux lèvres lippues et aux yeux chassieux, semblait un homme ivre. Au milieu d'un demi-cercle formé par ses subordonnés, il dodelinait de la tête en se dandinant lourdement. Tous chantaient leurs chants habituels en dansant sur place et en rythmant leur mélopée avec leurs sistres. Le grand prêtre distribuait parfois des coups de canne aux exécutants qui péchaient par distraction ou par mauvaise tenue. Ayant reçu leur backschich, ils remercièrent et portèrent ailleurs leurs contorsions et leur cacophonie. Voilà les hommes que les Abyssins révèrent parce qu'ils sont les ministres d'une religion ardemment confessée ! Un jour Taganié fit un petit cours de théologie aux explorateurs, qu'il termina par des exhortations pratiques :

« Quand un malheur nous frappe, n'accusons point Dieu, mais remercions-le, car c'est une occasion qu'il nous donne d'éprouver notre âme et de racheter nos péchés. »

Là-dessus arrive Apté, qui continue sur le même ton. Pour une fois, les deux chefs sont d'accord !

« Jeûnez, dit Apté, jeûnez, vous surtout qui voyagez et vous exposez à de multiples dangers. Car la mort, qui vous guette à chaque pas, vous trouverait en état de péché mortel. »

A quoi M. du Bourg lui répond, fort judicieusement, que le pontife des catholiques a libéralement dispensé du jeûne les voyageurs.

Le 21 octobre, tandis que M. du Bourg était parti à la chasse et que M. d'Annelet rédigeait ses notes personnelles, le docteur et M. de Zeltner partirent en excursion pour visiter une grotte ou *ouacha* qui se trouvait non loin de Goba, sur le bord d'un ruisseau appelé Mitcha. Au contraire des grottes que les explorateurs avait visitées sur le Ouebb, celle-ci n'était pas tout entière naturelle, mais bien dûe pour la plus grande part au travail des hommes. On pénétrait d'abord par un couloir en pente dans une série de salles artificielles, creusées par la main humaine dans un tuf friable qui composait le sous-sol. La première salle, longue de sept mètres et large de quatre, avait son plafond soutenu par un pilier central haut de trois mètres. Par une marche, on pénétrait dans une seconde salle plus vaste, qui s'ouvrait elle-même sur une troisième salle fermée et sans issue. Mais dans la seconde salle se trouvait un trou, qui, par un couloir souterrain, conduisait dans une nouvelle série de pièces plus étroites et plus basses, lesquelles, d'ailleurs, communiquaient aussi avec l'extérieur par une mince ouverture. De la même salle partait encore un autre couloir, qui s'enfonçait dans l'intérieur du sol, faisait un grand coude et se terminait enfin en cul de sac, auprès d'une petite niche rappelant celles où l'on loge les statues de saints.

Tout ceci était creusé par l'homme. Au contraire, par un couloir partant de la première salle, on communiquait dans une grande grotte, vaste, à elle seule, comme les trois premières salles, et ouvrant, elle aussi, sur un couloir contenant une petite cellule et qui semblait s'enfoncer fort avant dans le sol. Mais il était encombré par des roches éboulées, et les voyageurs ne purent y pénétrer. Un Abyssin qui les guidait leur affirma que jadis le dedjaz Afas y avait marché trois jours sans en trouver la fin.

GOBA. — Monastère troglodyte abandonné.

Ces grottes ont une histoire. Les Abyssins prétendent qu'elles abritaient jadis une église et qu'on y a trouvé une croix. Il semble, si ces grottes ont un passé religieux, qu'elles aient plutôt été l'asile d'anachorètes venus d'Egypte au premier siècle de notre ère, alors que les Abyssins ne s'étendaient pas jusque-là, et que ces anachorètes périrent au moment de la grande invasion musulmane du xvie siècle. Une autre tradition locale, mais qui ne paraît pas digne de foi, rapporte qu'autrefois les Gallas du pays pratiquaient le christianisme, sous le règne du roi Atié Fasil, dont la maison ou le tombeau a laissé des vestiges au sommet du mont Fasila, qui domine la vallée de la Mitcha. Les premiers apôtres des Gallas auraient alors construit ces cellules souterraines en manière de catacombes. Plus tard, les guerres, le schisme copte et surtout l'isolement, pendant tout le temps que les Turcs furent maîtres de la Méditerranée et de l'Afrique septentrionale, auraient fait oublier ce poste avancé du christianisme. Tout cela n'est pas absolument sûr. Peut-être sont-ce là simplement des demeures habitées par des Troglodytes, comme on en trouve dans tous les pays aux temps obscurs de la préhistoire.

Le séjour des explorateurs à Goba s'écoulait ainsi paisiblement, quand un accident terrible vint y mettre une note tragique. M. Golliez, dans l'intention de réparer un appareil de photographie, limait une capsule de fulminate de mercure, quand celle-ci fit explosion. Le bruit fut formidable. Tous les explorateurs accoururent. Leur malheureux compagnon, près de s'évanouir, était en proie à des douleurs atroces : sa figure était en sang, criblée de grains de poudre, l'œil gauche attaqué en trois endroits. La première phalange du pouce et les deux premières phalanges de la main gauche avaient été emportées ; plus tard il fallut amputer la dernière phalange de l'index menacée de gangrène. M. Golliez supporta le pansement douloureux avec un courage stoïque. Au soir, malgré de vives souffrances, il était calme et sans fièvre. Tous les Abyssins du pays et les deux cagnazmatch vinrent prendre des nouvelles et s'inquiéter de la santé du malheureux voyageur. Apté lui-même semblait apitoyé. Pour les hommes de la mission, leur attitude montra qu'ils partageaient la tristesse de leurs chefs.

Ceci prouvait qu'en somme il y avait des braves gens même parmi ces Abyssins, si déplaisants au premier abord. Au reste, par leur douceur et par le souci qu'ils ont de n'affirmer que des prétentions justes, les explorateurs ont su se gagner une sympathie générale. Ce qui n'empêche ces sempiternels voleurs de tenter à l'occasion quelque fraude. Un jour, un Abyssin de l'escorte en poursuivant un bœuf échappé blessa d'une balle à la cuisse une vache qui paissait non loin. Le propriétaire vient protester à grands cris auprès de M. du Bourg et réclame trente thalers.

— Trente thalers ! s'exclame le vicomte, c'est plus du double de sa valeur.

— C'est, répond l'homme, que ma bête a eu la peste bovine.

Ayant eu cette terrible maladie, qui a décimé tant de troupeaux dans la région, et n'en étant point morte, elle est désormais immunisée et d'un

CHÉDOM. — Aspect des montagnes à l'attitude de 3.000 mètres ; à gauche arbre kosso.

prix plus considérable. Mais il n'empêche que l'Abyssin l'a de beaucoup surfaite et qu'il a essayé de faire payer à la bonne foi du vicomte la maladresse de son homme.

Un autre jour un chasseur, un Abyssin du Tigré, qui a accompagné M. du Bourg à la chasse et en a reçu de ce fait quatre thalers, se présente au camp : il vient rendre l'argent de son salaire.

— J'ai réfléchi, dit-il ; si Apté savait que j'ai accepté de l'argent, il me le prendrait et me mettrait en prison.

En vain le vicomte lui proteste-t-il qu'il le soutiendra. L'homme refuse, veut à toute force restituer les thalers. Quel est ce mystère ? L'Abyssin à l'ordinaire ne rejette pas ce qu'on lui donne ; souvent même il prend ce qu'on ne lui donne pas.

— Et puis, dit M. du Bourg, tout travail mérite un salaire.

— Eh bien ! déclare l'Abyssin après un long silence, Apté ne dira rien, si au lieu d'argent tu me donnes ce revolver.

Et il montre une arme qui dans le pays vaut le double de la somme donnée. Le mystère s'éclaircit : l'apparente abnégation dissimulait au contraire chez l'homme un regain de prétention et de convoitise. M. Golliez, informé de l'incident, affirme au chef de la mission que tous les gens du Tigré sont ainsi, — et même ceux du Choa. Voilà qui promet de l'agrément pour les étapes futures !

Pour profiter de l'autorisation de chasser que lui avait donnée Apté, M. du Bourg prépara une grande expédition vers le sud. Il devait aller jusqu'au Gannalé, affluent du Djouba qui conflue avec le Ouebb dans la région du lac Huka. Les bords du Gannalé et de ses affluents étaient en effet (du moins on l'affirmait à Goba) le pays de prédilection des éléphants. Les grands chefs Abyssins en avaient fait leur territoire de chasse ; on y venait même du Tigré. Le vicomte partit le 2 novembre ; il devait rester absent trois semaines. Pour relater cette expédition, aussi intéressante par les péripéties que par la contribution qu'elle apporta à la connaissance de la contrée, nous ne saurions mieux faire que de donner la parole à l'explorateur et citer un extrait de son journal de route.

« *2 novembre*. — Nous partons à l'aube, ma caravane comprend six porteurs de fusils, douze Abyssins et Daniel. J'emporte notre petite mitrailleuse, pour en essayer l'usage contre les troupeaux d'éléphants. Dix ânes portent les bagages et de la nourriture pour vingt jours, car la région du Gannalé est, me dit-on, inhabitée ; seuls les chasseurs en constituent la population éphémère. Comme toujours, la caravane met quelque temps à s'ébranler : les hommes adressent des adieux interminables aux amis qu'ils se sont faits ici dans les deux sexes.

Je prends d'abord la route de Chédôm. Je trouve en chemin le *zabagua* ou gardien des portes Tigré-Haylo, chargé par Apté de veiller sur ma sécurité personnelle. Nous longeons le pied des monts Oboro, à travers une forêt où dominent le kosso et les bambous. La route est accidentée, traverse plusieurs gorges où mugissent des torrents d'eau fraîche. Enfin je débouche dans la vallée qui constitue ce que l'on appelle proprement le pays de Chedôm. Elle est de toutes parts entourée de murailles basaltiques à pic, dont le gris sombre fait ressortir les teintes vives du vallon.

Un chef galla, Boussi, que je rencontre et qui m'accompagne un instant, sachant que j'allais à la chasse aux éléphants, me donne la bénédiction galla. Je me soumets au rite : il m'enduit le front d'un peu de sang d'une chèvre que l'on vient d'égorger, me met sur l'occiput un peu de graisse des intestins et une lanière de peau autour du poignet. Puis il me donne un dourgo abondant et m'héberge. Nous nous quittons enchantés l'un de l'autre.

3 *novembre*. — Rien de remarquable, sinon que Tigré-Haylo fait passer ma caravane par des routes impossibles, sous le prétexte que c'est là le vrai chemin, mais en réalité afin de me conduire dans sa demeure, de m'offrir le dourgo et de recevoir un backschich.

4 *novembre*. — Au départ nous gravissons le pic de Fratoré (2.400 mètres), puis la descente commence à travers des forêts de hauts bambous, qui disparaissent à 2.000 mètres. A 1.900 mètres, commence la forêt dite tropicale, aux essences innombrables : palmiers phœnix et mimosas parasols en sont les plus beaux ornements, avec certaines plantes grasses qui atteignent 1 m. 50 de haut : les indigènes l'appellent *amdaoulla* et s'en servent pour une sorte de jeu analogue à notre jeu de *tech* ; ils en frappent la tige avec un bâton.

La végétation est splendidement touffue : sous la voûte des grands arbres, un fouillis d'arbustes et de lianes forme un réseau inextricable. Nous nous débrouillons avec peine dans ce filet d'un nouveau genre. Le grand Pan doit nous considérer comme sa pêche ; mais le poisson a des dents solides : je veux dire les sabres d'abatis. Nous sortons enfin de cette forêt ensorcelée.

Nous arrivons plus bas dans des plantations appartenant au dedjaz Loulseguat : citronniers, bananiers et tabac. Nous sommes ici à 1.680 mètres ; le climat est fort différent de celui de Goba, la température beaucoup plus élevée : + 31° à l'ombre. Les huttes se composent simplement d'un toit de paille posé sur quatre piquets : les habitants n'ont pas ici à se garantir contre le froid. De la montagne la vue s'étend sur la savane, vers le sud, jusqu'au Gannalé qui est à vingt-cinq lieues.

5 *novembre*. — Marche, toute la journée, dans la forêt sauvage, en profitant des sentiers frayés par les éléphants. Cynoscéphales et *cobobes* nous saluent du haut des citronniers sauvages dont ils mangent les fruits. Vingt-trois kilomètres parcourus.

6 *novembre*. — Les traces d'éléphants se multiplient. Nous sommes maintenant à 1.400 mètres d'altitude. Tigré-Haylo chevauche à mes côtés, bavard intarissable. J'interromps son débit pour lui demander pourquoi il s'est harnaché en guerre : il porte, en effet, toutes ses armes et un

CHÉDOM. — Hutte de Gallas Aroussi montagnards.

bouclier d'argent. C'est, me répond-il, pour être prêt en cas de rixe avec les autres chasseurs ; car il arrive souvent que deux partis se battent autour d'un éléphant de qui chacun revendique le cadavre. Rencontré la rivière Doa, large de vingt mètres, haute de cinquante centimètres, au courant rapide, aux eaux permanentes. La rivière coule dans une vallée large d'un kilomètre.

*7 novembre*. — Dix-huit kilomètres parcourus sans incident vers le sud, dans la savane.

*8 novembre*. — Un troupeau de buffles m'est signalé dès l'aurore. Je suis pendant une heure leur piste, que je perds dans un fourré inextricable. Mon boy Jean tombe dans une crevasse dissimulée sous le feuillage et profonde de quatre mètres. Dans sa chûte il se fracture le quatrième métacarpien de la main gauche et s'endommage le genou : le soir un épanchement de synovie se déclare. Malgré la douleur, il se refuse à quitter son service et m'accompagne pendant la chasse, diligent à me charger et à me passer mon fusil. J'admire le dévouement et le courage de ce brave garçon, le seul de mes serviteurs sur qui je puisse réellement compter.

Toute la journée, j'ai marché à travers un paysage ravissant. Des incendies ont pratiqué dans la forêt des clairières où l'herbe s'épanouit vers la lumière sans être étouffée par l'épais manteau des frondaisons. De belles fleurs jaunes diaprent le tapis vert. Sincèrement, et sans snobisme, je me crois par instant au Bois de Boulogne... conduisant ma caravane vers le Jardin d'Acclimatation !

Je traverse la rivière Iadotti, affluent probable du Doumalé, et je campe le soir près du ruisseau Elgolé, que les indigènes disent fiévreux : je n'y ai pourtant trouvé aucun anophélès. Près du camp est une tombe illustre : le frère du dedjaz Aspho y repose. A la tête d'une troupe d'Abyssins il venait razzier les Gallas ; arrivé chez un chef galla, du nom d'Oualabo, il veut tout prendre chez lui et lui demande de lui amener ses femmes.

— Chef, répond le malin Galla, elles ne sont pas assez belles pour oser paraître devant tes yeux.

— Alors je veux chasser. Conduis-moi là où sont les éléphants.

— Chef, ils sont trop féroces pour que j'ose te mettre en leur présence.

Là-dessus le choum abyssin soufflète le chef galla et lui réitère l'ordre de le conduire à la chasse. Oualabo, le cœur plein d'amertume, le conduisit vers un endroit connu de lui, gîte d'un solitaire redoutable. Au premier coup de fusil, toute la suite s'enfuit, et le choum, resté seul, fut piétiné et enseveli par l'éléphant sous un énorme amas de branchages. Juste punition de sa cruauté et de son imprudence : si un tel sort devait frapper tous les chefs abyssins qui razzient, on n'aurait pas à prévoir de nombreuses compétitions au trône de Ménélik.

*9 Novembre.* — Reçu la visite d'un chef galla du nom de Robba. Il me comble de cadeaux et ne demande qu'à causer. J'en profite.

— Connais-tu les blancs?

Goutou Ousso, Galla roussi Anomade du Gannalé.

— Je n'en avais vu aucun avant toi. Mais je savais leur existence et qu'un grand chef blanc devait venir nous visiter.

— Comment te représentais-tu les blancs?

— Je les croyais grands trois fois comme nous, avec des yeux immenses et des cornes, des cheveux blancs et l'air très vieux. On m'avait dit aussi qu'ils pouvaient souffler du feu par la bouche. Mais je vois bien que l'on m'avait trompé. Je suis content de voir que vous êtes semblables aux autres hommes. Mais est-il vrai que vous soyez sortis de la mer et que vous couriez sur l'eau avec la rapidité du diable?

— Nos parents nous ont appris à bâtir sur l'eau des maisons qui marchent avec des machines. Mais nous sommes des hommes comme vous, nous vivons sur la terre, et nous n'utilisons les bateaux que pour voyager. Crois-tu mon pays très loin ?

— Je croyais que les blancs n'avait pas de pays et que leur patrie était partout où est la mer.

— As-tu tué des éléphants dans ta vie ?

— Jadis, j'en ai tué un avec ma lance, du haut d'un arbre. Autrefois les Gallas en tuaient beaucoup. Mais depuis que les Abyssins sont venus, la maladie s'est mise parmi les bœufs et la calamité parmi les hommes ; nous sommes anéantis et nous ne chassons plus.

*10 novembre*. — Le pays que nous traversons devient de plus en plus sec. Collines mamelonnées, arides et hérissées de termitières, voilà le spectacle que nous avons eu pendant tout le jour.

*11 novembre*. — Enfin, nous voilà sur le territoire de chasse proprement dit, auprès d'un village appelé Didimto comme la rivière qui l'arrose. Ce matin j'ai vu une compagnie d'éléphants. Palpitant je vais les tirer quand une décharge précipitée et intempestive de Daniel et de Tigré-Haylo les met en fuite. Je sacre comme un païen : mais Daniel et Tigré-Haylo sont enchantés d'avoir fait du bruit.

*12 novembre*.— Je fais connaissance avec les innombrables chasseurs abyssins qui encombrent le pays. Dans un rayon de 30 kilomètres de Didimto au Gannalé, ils sont plus de cent cinquante. Il y a quelques jours, ils ont tué un bel animal ; ils ont tiré trois cent vingts coups de fusil pour cela. Ils en sont tout glorieux. Je quitte la région pour en trouver une où il y aura autant d'éléphants... et moins d'Abyssins.

*13 novembre*. — J'ai franchi les hauteurs qui séparent Didimto du Gannalé et je suis maintenant près de la vallée du fleuve. Elle est vaste et belle, en tous points semblable à ce que la description de Bottego me faisait supposer. Le matin, j'entends un bruit de branches brisées ; ce sont des éléphants qui passent non loin de mon petit camp. Ni Daniel ni Tigré-Haylo ne sont là : je n'ai donc point à craindre de décharge intempestive. Aussi je prends tout mon temps. Je retrouve les traces et je les suis. J'arrive en vue de trois grands éléphants. Mais ils s'enfuient sans que je puisse les rattraper. Bientôt ce n'est plus trois, mais pour le moins cinquante éléphants qui sont à ma portée. Mais le bois où je me trouve est très touffu et les malignes bêtes s'y dissimulent et semblent se jouer de moi. Je les entends et je ne puis les voir. Je continue pourtant de marcher, un peu à l'aveuglette. Tout à coup, je butte presque contre une énorme masse grise, qui barre le sentier où je suis. C'est un gros éléphant, qui se met à galoper dans ma direction : je n'ai que le temps de me jeter sur le côté pour ne pas être piétiné. La bête passe. Elle est déjà à trente mètres. Je lui envoie une balle : elle est touchée, car elle se retourne en hurlant. Comme soulevé des quatre pieds, l'énorme

GOBA. — Abyssin ayant tué un éléphant ; il est coiffé d'une peau de lion ; à droite son trophée.

pachyderme galope sur moi. Je reste au milieu du sentier, et, quand il est à dix mètres, je lui envoie une balle en plein front. Blessé mortellement, il tombe sur les genoux. Mais il a la force de se relever et de disparaître, pour mourir dans la forêt. J'ai recherché son corps en vain.

*14 novembre.* — Je regagne Didimto. Pendant que je marche à travers bois, j'entends des piétinements d'éléphants, mais je ne puis en voir. En somme, mon excursion vers le Gannalé m'a permis de constater la présence de nombreux éléphants et de n'en tuer qu'un : encore l'ai-je perdu. Quand je rentre à Didimto, j'apprends que Daniel, sans bouger, a eu la chance de tuer un superbe mâle. Voilà bien la morale de la chasse !... Toute la journée les fusils abyssins ont fait rage dans la savane : je me crois aux petites manœuvres. Daniel et ses hommes ont fusillé un pachyderme de cent cinquante cartouches ; chacun des hommes s'est assigné un jour ; le 14 novembre était le jour de Daniel ; c'est donc à lui que fut attribué l'animal abattu en commun.

*15 novembre.* — Repos.

*16 novembre.* — Rien. Les Abyssins tuent un éléphant et chantent toute la nuit.

*17 novembre.* — J'ai tué un superbe éléphant, une femelle. C'est en mon honneur, cette nuit, que les Abyssins ont chanté. Leur cacophonie n'en fut pas moins atroce.

*18, 19, 20 novembre.* — Journées d'inaction et de pluie.

*21 novembre.* — Tigré-Haylo me signale au loin des éléphants ; nous y courons ; ce sont des buffles que nous trouvons. Enthousiasmé par l'aspect de tant de viande de boucherie et par l'espoir d'homériques ripailles, mon compagnon tire avant d'être à portée et tout le troupeau s'enfuit. Décidément, tous ces Abyssins se comportent à la chasse comme le collégien qui jette aux moineaux la poudre de son premier permis.

*22 novembre.* — Tué cinq éléphants. Le cinquième a été revendiqué par un groupe d'Abyssins qui l'avaient touché avant moi, mais d'une balle dans le gras de l'arrière-train. Néanmoins l'usage du pays veut que la bête leur appartienne. Je m'incline.

*23 novembre.* — J'ai décidé de faire avant de quitter le pays une excursion vers la rivière Ouelmal, qui coule non loin. Après une marche pénible, j'arrive sur la rivière, qui est en ce point encaissée entre des falaises hautes de 120 mètres et roule des eaux abondantes et rapides. Je la traverse à la nage ; puis je donne à mes hommes l'ordre de m'envoyer par la même voie mon mulet. Mais la bête est saisie, entraînée par le courant, roulée avec une rapidité effrayante vers une cascade qui gronde à 150 mètres en aval. De l'écume sa tête émerge parfois, ou ses pattes. Avant la cascade un rocher affleure. J'y cours et je suis assez heureux pour lancer à la bête un lasso et nous la tirons de l'eau, mi-noyée, mi-étranglée. Je renonce à faire traverser l'Ouelmal à ma caravane.

Je prends la route du retour. »

Quand M. du Bourg revint à Goba, précédant de deux jours sa caravane, il retrouva la mission en bon état. M. Golliez allait beaucoup mieux. Le docteur avait profité de ces vingt-cinq jours pour explorer le pays de Chedôm et faire la carte topographique de toute la contrée. Au bas de la montagne de Chedôm, il avait trouvé des cultures de café. Le café dans tout le pays pousse à l'état sauvage. C'était donc le commencement de cette grande région du café, qui s'étend jusqu'aux confins occidentaux des provinces équatoriales d'Abyssinie et dont le débouché naturel

Saddo Také, Galla Aroussi de Chédom.

est Harar. Les explorateurs devaient, par la suite, faire une connaissance plus ample avec cette plante précieuse.

Le 12 novembre, un important courrier venant de Djibouti avait donné à chacun des nouvelles des êtres chers laissés là-bas. En même temps une lettre de Djibouti signalait à la mission d'autres explorations. M. Duchesne-Fournets, après la traversée de l'Afar, venait d'arriver à Addis-Ababa ; deux autres missions françaises y avaient touché depuis le début de l'année : décidément les Français tiennent la première place dans cette pénétration scientifique et désintéressée que subit l'empire de Ménélik. La même lettre disait que le dedjaz Leontieff, et explorateur russe devenu officier de Ménélik, avait rompu avec lui et qu'il se préparait à gagner la côte. Notre ambassadeur auprès du négous, M. Lagarde, était pour l'instant à Paris, où il n'avait pas manqué de parler de nos explorateurs. Ces nouvelles qui mettaient les Européens au courant des choses de leur pays et qui leur montraient qu'on ne les y oubliait pas, leur furent douces et réconfortantes.

Apté et Taganié avaient fait un accueil fort gracieux au vicomte. Ils lui déclarèrent qu'ils lui ménageaient les honneurs d'une entrée triomphale, le jour où sa caravane de chasse arriverait à Goba.

« — Je n'y suis pas forcé,déclarait Apté, mais je le fais librement pour honorer un chef conciliant dans la fermeté et aimable dans la puissance.»

Et certes, ce n'était pas un des moindres mérites du vicomte que d'avoir apprivoisé — disons : dompté — cette bête féroce.

Enfin la caravane arrive le 27 novembre. Sur l'invitation d'Apté, M. du Bourg l'alla rejoindre dans la campagne. La plupart des hommes avaient revêtu leurs plus beaux atours. On se mit en ordre pour l'entrée triomphale. En tête étaient cinq hommes, qui portaient les queues des éléphants tués au cours de l'expédition. Puis venait à cheval M. du Bourg entouré de tous les Européens ; tous étaient en blanc ; le vicomte était drapé dans une chama à bande rouge (tel le manteau consulaire des Romains), et son cheval était paré du harnais, don de Makonnen. Enfin les chasseurs suivaient, graves comme des paladins revenant de Terre-Sainte, caracolant le fusil sur la cuisse : Daniel, la tête ceinte d'un turban vert et jaune, se distinguait par son grand air et sa joie débordante ; ce brave garçon, très bavard, exubérant et solennel, vivait là les meilleures heures de sa vie.

A 500 mètres en avant de Goba, se tenaient Apté et Taganié, ayant derrière eux une troupe d'hommes armés et, pour le moins, la moitié de la ville. La jonction des deux troupes se fit : les deux cagnazmatchs encadrèrent le vicomte, et le cortège reprit sa marche. Des deux côtés de la route, les cavaliers Abyssins se livraient à une fantasia folle, en hurlant le hurrah de leur pays : *Addo Cheva !* — « Addo Cheva », répondaient à l'envi les assistants. « Addo Cheva », criaient docilement les pacifiques Gallas, admirant, malgré eux, ce déploiement de forces, et oubliant, pour une heure, que c'est à leurs dépens, que s'en fait ordinairement l'emploi.

Enfin toute la troupe pénètre au camp de la mission. Les grands chefs et les personnages d'importance prennent place dans la grande tente. Et un festin somptueux autant que désordonné (ces deux conditions sont également requises par la nature des hôtes du vicomte) commence, sans qu'on puisse prévoir à l'appétit des convives s'il prendra jamais fin : les eaux-de-vie d'Europe, kummel et cognac, y voisinent avec le tesch indigène ; les plats civilisés y fraternisent avec la viande crue ; et le tout s'engouffre dans l'estomac des chefs et de leurs administrés, cependant que deux chanteurs célèbrent, dans une mélopée criarde, les exploits de M. du Bourg, sans oublier Daniel, Ato Daniel, comme ils disent (Ato est un préfixe honorifique et flatteur dont on pare les noms des chefs), qui

CHÉDOM. — Aspect des montagnes à 3.000 mètres d'altitude.

fut, à les entendre, le Patrocle bronzé de l'Achille français. Sage et sceptique, M. du Bourg laisse dire sans broncher. Mais Daniel prend tout pour argent comptant, et le brave garçon pense éclater sous la double pression de l'orgueil et de la nourriture si gloutonnement ingurgitée.

Les chefs et leur escorte étaient partis depuis longtemps que les indigènes de la mission criaient encore leurs « Addo Cheva », buvant et mangeant sous les étoiles. Enfin les derniers chants s'éteignirent, tout se tut, et la nuit tropicale, la nuit profonde et lumineuse, régna seule sur la campagne endormie.....

GOBA. — Le vicomte du Bourg et son expédition revenant du Gannalé.

# CHAPITRE VIII

## Les Gallas

Le conflit des races dans l'Afrique Orientale. — Origine des Gallas. La légende de l'origine gauloise. L'invasion hamite : Mohamed Granje. — Les Abyssins au xix$^e$ siècle. — Gallas assujettis. — Le type galla : sa beauté. — Traits de mœurs : le mariage et la mort chez les Gallas. — Une franc-maçonnerie. — Conversation avec un chef galla. — L'avenir de la race

Les Gallas!... mot qui longtemps évoqua l'inconnu pour les géographes, nom d'un peuple encore plein de mystère pour la science moderne et au milieu duquel M. du Bourg vivait depuis plus de trois mois. Bien des relations d'explorateurs, bien des ouvrages théoriques parus dans ces dernières années ont contribué à nous faire soupçonner la nature des Gallas, leurs mœurs, leur caractère, leurs usages et leur passé. Il n'est pas jusqu'aux missionnaires, chargés d'évangéliser ces fétichistes et ces musulmans, qui, bien placés pour tout voir, n'aient fait souvent œuvre de savants en même temps que d'apôtres. Mais la souplesse de ce peuple est telle, la variété des formes qu'il revêt selon les lieux si admirable, que le vicomte se rendit bientôt compte qu'il y avait encore une ample moisson scientifique à glaner parmi ces hommes, et c'est là une des raisons qui le fit séjourner pendant deux mois à Goba.

Sous sa direction, les membres de la mission se livrèrent à des recherches selon un plan rationnel de questions, dont la première regardait naturellement l'origine des Gallas. L'Afrique Orientale comporte en effet des races diverses. Depuis son départ de Djibouti, M. du Bourg avait été en contact avec des Sémites, les Abyssins, — avec des Hamites, les Somalis et les Danakil, — avec des nègres, les Djebertis. Toutes ces races sont en conflit dans toute la région, mal délimitées, et sans cesse entraînées dans un mouvement de flux et de reflux qui traverse les tribus primitives, les bouleverse et atténue peu à peu les caractères ethniques de chaque peuple, pour les fondre en un tout uniforme. A laquelle de ces races appartiennent les Gallas? Et forment-ils une race spéciale?

Le Père Léon des Avanchers (1), qui a vu les Gallas du Choa, c'est-à-dire d'une région habitée en majorité par des Abyssins, déclare que les Gallas y ont le type sémite et qu'ils sont par conséquent les frères des Abyssins. L'ethnographe Hartmann (2), qui considère plus spécialement les Gallas des régions méridionales, où ils se trouvent en contact avec les Bantous de l'Ukamba, avec des nègres, leur trouve là le type négroïde et les affirme par conséquent frères de ces Bantous. Est-ce tout? Non, car l'ethnographe Paulitschke (3) prétend que les Gallas ont un type qui les distingue de tous leurs voisins et qu'on ne saurait les confondre avec les Abyssins ou avec les nègres non plus qu'avec les Somalis. Non, car des explorateurs plus récents et exempts d'idées préconçues surviennent pour remarquer qu'il n'y a pas de type galla *ne varietur*, mais que la physionomie comme les mœurs des Gallas varient selon les races avec lesquelles ceux-ci furent en contact : vers les régions abyssines, ils ont le teint légèrement coloré et les traits fins des Sémites; au sud, ils ont le teint plus foncé et les traits plus gros des nègres. Enfin M. du Bourg avait sans cesse remarqué pendant son voyage de semblables différences : quoi de commun entre les Gallas, paisibles agriculteurs du Harari, et les Gallas, misérables pasteurs des bords du Ouabi? entre les Gallas nomades et farouches vus entre Imi et Goba, et les Gallas soumis et travailleurs de toute la contrée de Goba? Certains explorateurs vantent l'aménité du Galla et M. du Bourg avait en effet remarqué cette aménité chez les Gallas du Harari. Mais, par ailleurs, au nord et au sud du Ouabi, il avait vu des Gallas s'enfuir à son approche, lui refuser toute indication, toute nourriture, et dans la région de Goba il semblait bien que la dupli-

(1) Cf. *Bulletin de la Société de Géographie de Paris*, 1859, I, p. 164 sq.
(2) Cf. *Hartmann. — Les peuples de l'Afrique*, p. 24.
(3) Cf. *Paulitschke. — Ethnographie Nord-Ost Afrikas*, t. I, *passim*.

cité des Abyssins s'était peu à peu infiltrée au cœur des populations indigènes. Aussi le vicomte se persuada-t-il que depuis longtemps l'unité ethnique des Gallas n'existe plus et que, si l'on veut connaître leur origine, il faut se fier, non point à leur angle facial ou à leurs mœurs, mais bien à leur histoire.

Or cette histoire nous dit que les Gallas ne sont point d'origine négroïde, ni sémitique, ni surtout gauloise, comme le prétend une légende, mais, comme les Somalis et les Danakil, de souche hamitique.

Avant le XVIe siècle, l'Afrique Orientale était partagée par trois grandes races : les Sémites Abyssins au nord, les Hamites au nord-est et sur la côte de la Mer Rouge, et enfin, au centre, occupant la majeure partie de la contrée, des nègres. Déjà les Abyssins, descendus des hauts sommets de l'Ethiopie, s'étaient répandus vers le sud et vers l'est, mêlés aux nègres autochthones, et les avaient en partie soumis. Ils prétendaient faire remonter leur empire à Cusch, petit-fils de Noé, et à un prince du nom de Ménélik, fils d'une reine de Saba et de Salomon. Le christianisme fut introduit dans l'empire au IVe siècle ; au VIe, ils connurent les Pandectes et les Institutes de Justinien ; en 1439, le clergé éthiopien était représenté au Concile de Florence ou nous le trouvons discutant pour l'unification de la foi. Le « royaume du prêtre Jean », comme on disait, était célèbre dans le monde et sa renommée brillait d'un vif éclat. Tout à coup, au milieu du XVIe siècle, ce fut la nuit.

Les Hamites à cette époque se convertirent en masse à l'islam ; non les Gallas, qui se trouvaient dans l'intérieur de l'Ogaden, mais les Somalis et les Danakil, qui, sur le bord de la Mer Rouge, se trouvaient en contact avec les Arabes. Les Somalis devinrent musulmans fanatiques et l'Islam fut, ici comme partout, un puissant mobile de migration conquérante et de propagande par les armes. Ils se mirent en mouvement, d'une poussée ardente, universelle, multiple dans ses directions. A leur tête était une sorte de Mahdi, Mohamed Granje, Somali selon les uns, selon les autres Arabe établi en pays somal. Il attaqua l'empire Abyssin. Selon les lieux l'attaque eut des fortunes diverses. A l'ouest Mohamed se heurta à la grande muraille de l'Abyssinie. Il ne put l'escalader, et, après un succès éphémère, il fut repoussé de cette forteresse naturelle des Abyssins, battu et tué. Mais au sud et à l'est, les Somalis triomphèrent. A travers les steppes de l'Ogaden, ils s'étendirent jusqu'au cap Gardafui et jusqu'à la côte de Bénadir ; les nègres furent refoulés au sud, vers l'Ukamba, et les Gallas, poussés par les Somalis, occupèrent tous leurs anciens territoires, le pays du Ouabi, le Borana, puis, remontant vers le nord, ils inondèrent, comme une marée lente et irrésistible, les points avancés des régions proprement Abyssines, le pays de Harar et le Choa.

Ce fut alors la belle époque des Gallas. Si l'on excepte l'Ogaden et l'extrême pointe de l'Afrique, laissée aux Somalis, tout le reste se couvre de petits royaumes gallas ; dans les régions mêmes où les Gallas n'avaient pas pénétré, des tyrans gallas s'établirent. L'un d'eux, converti à l'islam, Gouangoul, étendit au XVII^e siècle sa suprématie sur une grande

GOBA. — Ato Mamo et sa femme ; des esclaves tiennent un voile pour conjurer les mauvais sorts.

partie de l'Ethiopie. Ses descendants (dernier coup porté à l'ancienne puissance abyssine) se firent chrétiens et jouèrent désormais le rôle de maires du palais dans les édifices croulants où se maintenait un fantôme d'empereur.

C'est alors qu'au cours du XIX^e siècle, on assiste à ce que l'on peut appeler « le retour des Abyssins ». En Abyssinie, l'ancienne famille régnante du Choa, qui se réclamait de David et de Salomon, avait conservé bien des partisans : elle avait pour elle la force de la tradition et le crédit que l'opinion accorde toujours aux princes malheureux. Elle régnait encore en Choa, mais en vassale. Des intrigues de palais menèrent la chûte du souverain galla au profit du roi de Choa, Sahale

Sélam. Sous sa direction, les Abyssins commencèrent à se répandre vers le sud et vers l'est, entretenant commerce avec la côte, recevant des armes à feu et des produits manufacturés de l'Europe et de l'Inde. Après le règne de l'usurpateur Théodoros, le mouvement a repris et atteint son point extrême avec Ménélik II. Celui-ci a su parfaitement mettre en œuvre l'organisation politique qu'il trouvait là, moderne et civilisée en surface, mais conservant un tréfonds de barbarie et d'âpreté conquérante. Il s'en servit comme d'un levier pour soulever l'Abyssinie et la pousser à la conquête de l'Afrique Orientale. Ce que fut cette conquête, M. du Bourg et ses compagnons l'avaient vu de reste. Ils en avaient contemplé les méthodes rudes et les pratiques sauvages. Ils avaient compris combien les Gallas, ces conquérants de jadis, pacifiés par des siècles de vie sédentaire et tranquille, étaient incapables de résister par les armes.

Mais ce que M. du Bourg comprit encore mieux, ce furent les différences que présentent aujourd'hui entre elles les différentes tribus gallas, selon que, depuis le XVIe siècle, elles ont vécu en plaine ou en montagne, dans la steppe aride ou dans les champs fertiles, en contact avec les Abyssins ou avec les Somalis. Il eut conscience que peu à peu certaines mœurs étaient devenues spéciales à certaines tribus et qu'en somme aujourd'hui une étude sociale des Gallas doit toujours avoir un fondement territorial et géographique. Les remarques qu'il fit sur les Gallas, il a donc bien soin de spécifier lui-même dans ses notes qu'elles valent pour les Gallas de Goba et de la région et seraient peut-être fausses des Gallas du sud ou de l'Ethiopie proprement dite.

Les premières remarques de l'explorateur concernent le mariage chez les Gallas. Nous ne pouvons mieux faire que lui laisser la parole.

« — Assister à un mariage galla n'est pas aussi aisé qu'on le pourrait croire. Les Gallas sont au plus haut point jaloux de garder le secret de leurs coutumes; les dévoiler devant un étranger leur apparaît comme un sacrilège. Aussi échouai-je radicalement dans les premiers essais que je tentai pour assister à un mariage. Mais hélas! sous les tropiques comme sous nos latitudes, l'argent parle une langue irrésistible, et comment le reprocher à ces pauvres gens, qui s'efforcent de recouvrer par tous les moyens une faible part de ce que leur ont fait perdre les déprédations abyssines? Toujours est-il que, par quelques sacrifices pécuniaires et au prix de nombreux calames, j'arrivai enfin à vaincre les résistances d'un père de famille qui allait marier son fils. Mais je crus bon d'appliquer le principe de nos vieux baladins de jadis : « On ne paie qu'en sortant! »

Je voulais en avoir pour mon argent, et non point qu'on m'escamotât la pièce, le prix de ma place une fois payé. Je convins donc que les thalers promis ne seraient donnés qu'après la cérémonie, à laquelle j'assisterais intégralement.

On me présenta le couple futur : fiancé et fiancée étaient de beaux spécimens de cette race galla qui, à l'état presque pur, comme elle me semble être à Goba, constitue un des types les plus parfaits de l'espèce humaine. La peau presque claire, la taille svelte sans être grêle, l'ensemble robuste et élégant, les jambes longues, les attaches assez fines, les traits délicats, la chevelure un peu crépue mais bien plantée, tout en eux marque les représentants d'une race supérieure.

Le mariage galla présente un intérêt réel, par les solennités auxquelles il donne lieu et par les symboles que l'on sent cachés sous chacune d'elles. Il se divise tout naturellement en trois actes.

*Premier acte.* — Le futur, qui désire s'unir à l'objet de sa flamme, prévient le père. Celui-ci reçoit cette communication avec la gravité d'un père noble de notre vieux répertoire. On discute la question des cadeaux : le prétendant doit en effet gratifier le père de la jeune fille de présents proportionnés à son avoir. Grave question d'intérêts, qui nécessite parfois de longues heures de discussion. Cependant, tout comme dans les comédies de Labiche, la jeune fille attend dans la pièce à côté. Ces cadeaux consistent le plus souvent en quelques pièces d'abou-djedid. Quand le prétendant est magnifique et qu'il veut témoigner d'une ardeur non pareille, il ajoute quelques thalers. Puis on discute de la somme que recevra chacune des parties contractantes au cas où l'autre se récuserait par la suite. Tout est convenu. Alors le père annonce à l'heureux prétendant qu'il fera part de sa demande au chef de la tribu, consentant en dernier ressort.

Voilà le chef prévenu et favorable, ainsi que les principaux personnages et que les prêtres. Tous se rendent chez le prétendant. En un discours fort digne, le chef fait entendre au jeune homme que ce n'est pas le père qui lui donne sa fille, mais bien toute la tribu. Cet acquiescement collectif garantit donc à l'avenir son union de toute tentative malveillante d'un compatriote ou d'un étranger. Si sa femme s'enfuit, toute la tribu s'emploiera à la lui ramener. Si sa femme se conduit mal, c'est à la tribu qu'il doit adresser ses réclamations. Comme la première, cette formalité est accompagnée d'un échange de cadeaux entre le prétendant d'une part, le chef et les notables de l'autre.

Désormais la fiancée est le bien du fiancé. Il peut la prendre par la

La plaine de Goba et ses genévriers. — A droite le campement de la mission.

force. Il réunit ses amis ; tous s'arment de lances et de poignards et, le soir, se rendent au domicile de la fiancée. Danses, fantasia, coups de fusils, symbole d'un temps lointain où peut-être le mariage était en réalité une œuvre de violence et où l'homme conquérait sa femme par la force. Symbole qu'en tout cas l'on retrouve dans toutes les civilisations primitives, aussi bien dans celles qui naquirent dans les brumes boréales, que dans celles qui sont écloses au souffle de la Méditerranée ou sous les feux des tropiques. Entouré de ses compagnons en armes, le jeune homme enlève donc sa fiancée et la transporte dans sa case au milieu des cris de joie de toute la population. Ici, derechef, danses, fantasia, coups de fusil. Les amis apportent de petits cadeaux. La fiancée s'enferme dans la case de son fiancé. Elle y va demeurer plusieurs jours sans qu'aucun nouvel événement se produise.

*Deuxième acte.* — Acte bref, secret. Dans le huis clos, en présence de quelques parents, des matrones assermentées procèdent à une opération préalable que rend nécessaire l'usage de la fibulation, que les Gallas pratiquent sur toutes leurs filles. Cependant les invités mangent, boivent, chantent et dansent.

*Troisième acte.* — Encore quelques jours se passent. Puis la cérémonie du mariage proprement dit se déroule. Toute la tribu se dérange et vient jusqu'à la maison du marié, en long cortège. En tête viennent les marabouts et les vieillards ; sur les côtés, les jeunes hommes sautent en brandissant leurs armes. Puis viennent les vieilles femmes, les femmes mariées portant leurs enfants derrière leur dos, enfin les jeunes filles. Tous chantent ; dans chaque groupe, des coryphées entament les couplets et toute la masse reprend au refrain. Tous apportent des cadeaux, chèvres, beurre, lait. La colonne s'arrête à une certaine distance de la cabane du fiancé. Les guerriers alors s'avancent seuls. Ils simulent un combat : ils forment un cercle ; les combattants les plus réputés s'avancent au milieu et esquissent entre eux une lutte au poignard avec une grande frénésie. Il me semble bien que cette lutte représente les combats de l'amour et les rivalités qu'il suscite. Après cette belle scène, on les introduit dans la zériba de la cabane.

Alors, c'est au tour des jeunes filles de s'avancer. Cinq ou six d'entre elles vont à la fiancée et l'entourent. Cependant une des plus jeunes exécute une danse à laquelle se mêlent bientôt celles qui entouraient la fiancée. Toutes dansent devant elles, semblant l'inviter à se joindre à de si joyeux ébats. Mais elle les regarde d'un œil indifférent. Symbole, sans aucun doute, de la réserve que doit observer une chaste promise.

Cependant les danses s'animent, quelques jeunes gens viennent se mêler aux jeunes filles. On les accueille sans enthousiasme : il faut quelque temps pour se faire accepter. Alors un jeune homme se détache du groupe et va se mettre à l'écart, en chantant. Il s'agenouille. Aussitôt une jeune fille se détache également du groupe et vient s'agenouiller devant lui. Puis c'est le tour d'un nouveau garçon, puis d'une nouvelle fille, et ainsi de suite jusqu'à ce que tous soient agenouillés et forment

Birmadji Djemmaa, Galla Aroussi de Goba.

deux longues files de filles et de garçons se faisant face. Les hommes entonnent alors, sur un rythme très lent, un chant d'amour aux déclarations purement platoniques. Les jeunes filles demeurent insensibles. Alors les hommes accélèrent le rythme : ils chantent maintenant leurs richesses, l'abondance de leurs bœufs, de leurs ânes et de leurs chèvres, l'endurance de leurs chameaux, la richesse en eau des terres qu'ils possèdent. Les jeunes filles demeurent insensibles. Alors les hommes font entendre des sons gutturaux et sauvages, hurlent, aboient, beuglent, rugissent, mugissent, bêlent, piaillent, faisant entendre tous les bruits de la création. Cela symbolise, à ce que me dit un ancien, l'amour qui tient les hommes, aveugle en eux tout autre sentiment, toute autre pensée, et les rend semblables à des bêtes. En même temps, ils jettent leur tête à droite et à gauche, par des mouvements violents, saccadés et de plus en plus rapides. Pauvres têtes qui tournent ! n'êtes-vous pas, en effet, l'image exacte de ce que fait de nous la passion ? En tout cas, les jeunes filles semblent attendries ; elles aussi se mettent peu à peu à crier à l'unisson et à agiter fortement leurs petites têtes. C'est alors une cacophonie indicible, un tableau vertigineux et ahurissant. Il semble que chaque couple comprenne deux adversaires, rivalisant de cris et de gestes, et dont l'un cherche à épuiser l'autre. La scène dure jusqu'à extinction des forces. Les femmes en général résistent mieux que les hommes. Celles-ci me semblèrent enragées. A la fin, une femme resta seule. La lutte était terminée, elle avait duré bien après le coucher du soleil. Cependant la jeune épouse s'était retirée avec son mari.

Je demandais à un vieillard la signification des scènes auxquelles je venais d'assister, car, de moi-même, j'avais déjà compris quelques symboles.

— Les luttes entre jeunes hommes, me dit-il, signifient les conflits que fait naître l'amour et les combats qui en sont souvent la conséquence. L'indifférence préalable des jeunes filles, et notamment de la fiancée, enseigne la réserve qui doit être l'apanage de la virginité.

Les premiers appels platoniques et l'énumération des richesses indiquent que tout cela ne suffit point pour mériter l'attachement de la femme ; il y faut ajouter la frénésie de la passion.

— Et, dis-moi, pourquoi dans la lutte entre les hommes et les femmes, celles-ci l'emportent-elles toujours ?

— Oh ! Frendji, c'est que, dans les questions de passion et de sentiment, les femmes seront toujours victorieuses. Elles sont nos maitresses sur le terrain de l'amour. .

Encouragé par de si touchantes confidences, je deviens indiscret :

— Les femmes Gallas sont-elles, en général, fidèles ?

— Pas toujours, il faut le dire. Néanmoins, nos familles sont très unies.

C'est, en effet, ce que j'ai moi-même remarqué. Le fils, en particulier, a, en général, un véritable culte pour sa mère. Le père ne vient qu'en second lieu, et loin. Un Père catholique me disait, à ce propos, que les Gallas, à qui l'on enseigne les commandements de Dieu, sont invinciblement poussés à transposer les mots, et à dire « tes *mère* et père honoreras... ». Faut-il voir là un reste de ce régime primitif que les sociologues ont appelé le *matriarcat* et où la mère était, au lieu et place du père, le véritable chef de la famille? Je ne pense pas. Mais il fallait noter cette place prépondérante que tient la mère dans la tendresse de ses enfants. La douleur d'un fils, aux funérailles de sa mère, est navrante... »

Après la vie, la mort. Ecoutons M. du Bourg, nous parler des funérailles chez les Gallas.

« La même solidarité que montre toute la tribu dans le mariage, elle le montre aussi dans la calamité. Dès qu'un homme est gravement malade, non seulement ses parents et ses proches, mais tous les gens de la tribu viennent le soigner : les uns le mouchent, les autres lui portent une potion ; il en est qui poussent l'abnégation jusqu'à lui tendre la main pour qu'il y crache. Puis arrivent les médecins. Ce sont naturellement de lamentables empiriques, contre qui s'indigna souvent notre cher Brumpt. Mais il faut reconnaître que certains d'entre eux ont une certaine habileté pour faire les massages, pour appliquer les pointes de feu et pour ouvrir les abcès.

Cependant, malgré ce concours universel et ces soins plus ou moins éclairés, mais toujours diligents, le malade vient d'expirer. Alors les parents se lamentent, pleurent, sanglotent, se frappent et se jettent à terre. Les gens de la tribu sont obligés souvent d'intervenir pour empêcher qu'ils ne se blessent. Le défunt est conservé très peu de temps dans la maison mortuaire, deux ou trois heures seulement; puis il est conduit au cimetière. Les malfaiteurs, et aussi les gens morts de maladies spéciales et contagieuses comme la petite vérole, sont enterrés à part. Les petits enfants sont enterrés dans la cour, dans le jardin ou parfois dans le sol même de la maison. On place le mort sur une civière faite d'une peau étendue sur des branchages. On l'y place, les genoux repliés et le corps penché en avant dans l'attitude de la prière. Avant la levée du corps, si le mort était un personnage d'importance, les hérauts de la tribu sont venus faire son éloge, vantant ses hauts faits et même lui attribuant une gloire imaginaire. Puis le corège se met en marche. Les parents ne vont pas au cimetière ; seuls les amis et tous les autres personnages de la tribu accompagnent le corps ; tous sont tenus d'apporter quatre gourdes d'eau sur le point où l'on doit creuser la terre, de façon à l'amollir; chacun doit contribuer de ses bras au creusement de la fosse. Les Pères catholiques eux-mêmes, sous peine de devenir tout à fait impopulaires doivent envoyer leurs catéchumènes avec les outils qu'ils possèdent. On creuse ainsi une fosse profonde de 1 m. 50 ; dans une des parois de la fosse on creuse une niche tapissée de pierres et cimentée, et c'est dans cette niche que l'on installe le cadavre ; puis la

Groupe de Gallas Aroussi de Chédom.

niche est murée et cimentée, de façon que le cadavre ne soit point en contact avec la terre. Il est tourné vers la Mecque, accroupi et les genoux repliés. Pendant les formalités assez longues de l'enfouissement, les marabouts lisent le Koran et disent des prières.

Le deuil dure environ quatre semaines. Pendant tout ce temps les parents du mort ne peuvent se livrer à aucune occupation ; ce sont les gens de la tribu qui nettoient la hutte, apportent et préparent la nourriture, traient les vaches, vaquent en somme à tous les soins de la maisonnée. Dans ces circonstances, comme dans celles du mariage, la tribu apparaît donc bien comme une grande famille, dont les éléments ne sont pas encore dissociés. Aussi, à chaque anniversaire du décès, les parents donnent-ils un grand repas, auquel ils ne participent pas eux-mêmes, mais qu'ils servent à tous les membres de la tribu. Puis l'on va porter des graines de dourah sur la tombe dans l'intention de nourrir le mort. Car le mort des Gallas, tout comme le mort des Egyptiens et des Grecs de l'antiquité, a besoin de nourriture dans sa tombe. L'universalité et la pérénnité de certains usages à travers l'espace et à travers le temps sont vraiment admirables !

Chaque fois qu'un Galla passe devant un tombeau, il ne manque pas de casser une branche et de l'y déposer, de même que le Somali dans son désert sans verdure dépose un caillou. Ainsi le mort reçoit un hommage quotidien et permanent, même de ceux qui ne l'ont pas connu, en témoignage du lien qui unit les générations du passé, du présent et de l'avenir dans ces populations fidèles à leurs traditions et à leurs ancêtres.

J'ai déjà mentionné à maintes reprises la fraternité qui, à mon avis, est un des traits les plus caractéristiques des mœurs des Gallas. Cette fraternité peut s'appliquer hors de la tribu, ou plutôt elle peut faire admettre dans le sein de la tribu un individu qui en était primitivement exclu. Un étranger, même un blanc, peut ainsi entrer dans une tribu galla, « devenir Galla », comme ils disent. Il faut, cela va sans dire, être bien connu des membres de la tribu et avoir longtemps habité parmi eux. Puis on fait une demande d'admission à un Galla avec qui on est particulièrement lié; celui-ci transmet la demande au chef de la tribu, en l'appuyant de considérants favorables. Alors une réunion solennelle des notables a lieu, devant laquelle comparaît le postulant. Le chef invite des coadjuteurs à tirer leurs couteaux. On amène un bouc noir et blanc. Le parrain du postulant réitère sa demande, répète les motifs pour lesquels il croit bon que la tribu y accède, et atteste enfin que son filleul a fait les cadeaux d'usage. Il ajoute qu'il est connu et que jamais pendant son séjour parmi les Gallas sa conduite ne fut répréhensible. Alors, après un semblant de délibération, le chef déclare à l'étranger qu'il est accepté :

— Désormais, lui dit-il, tu seras traité par nous comme un membre de notre tribu. Observe, en échange, à notre égard la fidélité et les devoirs d'assistance auxquels sont tenus les frères d'un même groupe.

Ces paroles sont prononcées sur un ton grave et solennel, tandis que tous les assistants brandissent leurs poignards et les agitent au-dessus de leur tête. Le bouc est égorgé et tous communient dans son sang. La peau est découpée : on y taille autant de lanières qu'il y a d'assistants, y compris le postulant. Chacun s'en fait une amulette qu'il suspend à son cou ou à son bras : désormais l'étranger est pour la vie membre de la tribu.

Voilà une affiliation qui a bien des rapports avec l'admission dans toute franc-maçonnerie, si l'on excepte l'égorgement du bouc. Levée des poignards, prestation mutuelle de serments graves et éternels, engagements de solidarité en toutes circonstances, sont autant de points communs. Ajoutez encore que le nouveau frère n'est pas obligé d'abjurer son ancienne religion : il peut même, s'il lui convient, continuer à la pratiquer, il ne sera pas inquiété pour cela. Les principes du pacte semblent être charité et tolérance.

Au reste, comment le Galla voudrait-il faire des néophytes alors que lui-même y tient si peu ? Le Galla de Goba est musulman ; mais sa conversion à l'islam remonte tout au plus à douze années et n'est encore, pour ainsi dire, qu'à fleur de conscience. Il y a loin de cet islamisme purement formel et le plus souvent contracté dans un but d'opposition politique aux Abyssins coptes, à l'islamisme farouche, sectaire et propagandiste des Somalis. Le Mullah qui fait parler en ce moment de lui dans l'Ogaden trouvera bien des adeptes en Somalie ; il en rencontrera fort peu en pays galla, où la guerre sous l'étendard vert du Croissant ne serait admise que si elle devait déterminer le recul définitif du négous. Une preuve de la légèreté de leurs convictions : alors que les Somalis, en vrais musulmans, résistent comme un bloc aux essais de conversion, les Gallas sont les meilleures et les plus faciles recrues pour les Pères des missions catholiques. Ils n'ont point ici à lutter contre le Koran, dont la morale facile et la doctrine paresseuse ont su captiver les peuples indolents de l'Afrique.

En fait, j'ai pu m'en rendre compte à bien des signes, les Gallas, musulmans officiels, sont dans le fonds de leur conscience fétichistes, — tout comme leurs ancêtres. A quoi tiennent-ils ? A l'accomplissement de pratiques superstitieuses, aux croyances qu'ils ont en certaines puissances mystérieuses, bienfaisantes ou malfaisantes, répandues dans toute la nature, aux sorts, aux sornettes, aux amulettes.

Une conversation que j'eus un jour avec un chef galla soumis à Apté est fort instructive à ce sujet. Je lui parlais de chasse et lui demandais (c'était les premiers temps où je me trouvais à Goba) s'il y avait beaucoup de gibier à plume dans la contrée.

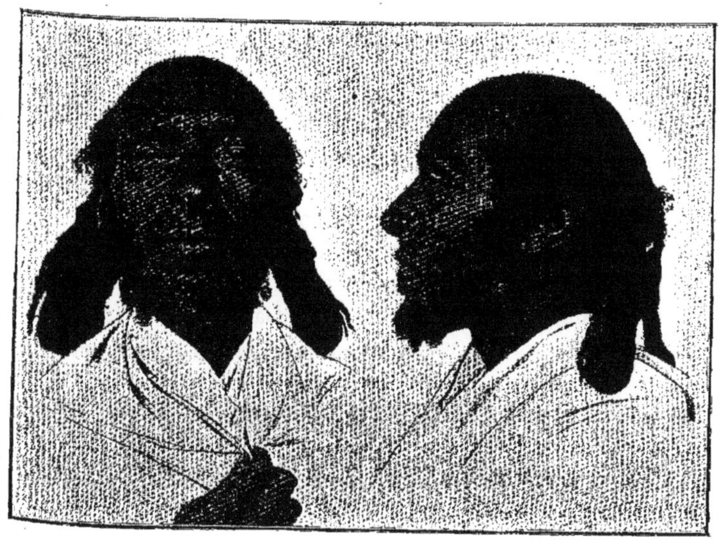

Boussi Bouza, chef Galla Aroussi, de Chédom.

Il y a, me répondit-il, beaucoup d'oiseaux; mais pour la plupart nous ne les tuons pas, car ce serait un sacrilège. »

Voilà la vieille idée de l'objet intangible, du *tabou*, chère à nos sociologues.

— D'ailleurs, il n'y a pas que les oiseaux qui soient sacrés. Eux d'ailleurs sont des puissances favorables. Mais il y a des animaux méchants, auxquels il ne faut pas toucher, sous peine des pires calamités. Si, par exemple, tu rencontres un serpent, écarte-toi sans l'écraser ou sans lui envoyer une balle, — à moins que tu ne cherches le malheur.

— Je n'y manquerai point. Est-ce là tout?

— Il y a encore les lézards. Si tu en rencontres un contre un mur, loin de le frapper ou de le faire fuir, offre-lui du beurre au bout d'un bâton, et tu seras heureux.

— Mais, dis-moi, si la divinité habite le corps des bêtes, ne s'installe-t-elle jamais dans le corps des hommes ?

— Oui, et alors l'homme est possédé. Quand un tel malheur frappe un de nos semblables, pendant trois jours nous battons du tambour à sa porte, puis nous le rouons de coups, pour chasser l'esprit. Alors on lance un morceau de viande crue en l'air : il faut qu'un oiseau de proie l'attrape au vol ou qu'il soit mangé dans la nuit par une hyène. Si le morceau de viande est resté sur place jusqu'au lendemain matin, c'est que l'esprit n'est point parti. Alors, de nouveau, nous rouons l'homme de coups et nous jetons un nouveau morceau de viande. Il n'y a pas d'exemple qu'au bout de quelques jours de cette cérémonie la viande ne soit enfin mangée. Alors, l'homme est guéri.

— Et c'est la hyène, sûrement, qui a mangé la viande ?

— Naturellement ! qui veux-tu que ce soit ?

Et le brave homme de s'indigner de mon incrédulité.

— Tels sont, conclut M. du Bourg, les Gallas de Goba et de toute la contrée. Au physique de beaux hommes, des gars solides et même élégants. Si l'on considère ceux qui, établis depuis longtemps en pays fertile, y ont pris les mœurs de l'agriculteur sédentaire, ce sont de paisibles travailleurs. Ils ont bien des caractères qui en font un type moral presqu'unique sur le continent africain : l'habitude et le goût du travail, l'esprit d'assistance, la fidélité à la parole donnée, la discipline en vue d'une tâche commune.

C'est donc là une race qui pourrait faire de grandes choses, et qui, dirigée par des initiatives intelligentes, devrait opérer aux meilleures conditions l'exploitation de la terre, par endroits si fertile, qu'elle habite. La question de la main-d'œuvre, partout posée en Afrique par l'apathie du nègre et l'inaptitude de l'Européen, serait écartée ici, grâce à ce peuple travailleur et adapté.

Malheureusement quelques fléaux actuellement le ruinent. La peste bovine a depuis quelques années décimé bien des troupeaux. La sécheresse, montant de la Somalie et du Borana, a étendu sa désolation sur bien des contrées jadis florissantes. Enfin, et surtout, l'étrange méthode des conquérants abyssins, qui semblent avoir le pillage pour toute règle d'administration, a mis partout le comble à la misère et à la lassitude. Il faut souhaiter aux Gallas un avenir meilleur. Le présent ne leur donne pas ce qu'ils méritent. »

Lac Aro Robi. — Hippopotame tué.

# CHAPITRE IX

## Vers le Choa

(7-28 décembre 1901)

Scission de la mission : les adieux de M. de Zeltner. — Le mandat de M. Golliez. — Nouvelles de la mission Erlanger. — Le froid. — Caravanes gallas. — Ladjo : émigration momentanée. — La chasse au lion et les populations. — Un fonctionnaire qui ne veut pas se compromettre. — Un type de chef galla. — Le tabac. — Histoire d'héritage. — Les appels au Négous. — « Ba Ménélik ! » La question des animaux porteurs : mulet ou chameau ? — Tchangué. — L'Aouache : changement de paysage. — La falaise du Choa. — Un commerçant arabe. — Addis-Ababa : fin de la première étape.

M. du Bourg et ses compagnons étaient depuis deux mois dans le pays de Goba. Tous les documents que les savants pouvaient recueillir dans le pays avaient été classés, étiquetés, emballés et expédiés vers la France. D'autre part le congé d'un an accordé à M. Burthe d'Annelet était bien près de sa fin : l'armée le rappelait, et il désirait passer par Addis-Ababa avant de retourner en France. Enfin M. du Bourg lui-même sentait la nécessité de se rendre dans la capitale de Ménélik pour se rencontrer avec le monarque et négocier avec lui les conditions de sa future expédition dans les provinces équatoriales de l'Abyssinie. Il résolut donc de partir le 7 décembre pour Addis-Ababa avec la moitié de sa troupe et le moins possible de bagages. Le reste de la mission, les hommes fatigués et les bagages, devaient sous le commandement de M. Golliez rester encore quelque temps à Goba, puis se diriger à petites étapes vers le pays Oualamo où la jonction se ferait avec le vicomte revenant du Choa.

Mais il y avait un membre de la mission de qui, à leur grand regret, les explorateurs devaient définitivement se séparer : c'était M. de Zeltner. Malade à son arrivée à Goba, il avait vu le mal empirer pendant son séjour, sans qu'il pût désormais espérer de guérir en voyage. Il lui fallait un long repos dans la patrie, qu'il allait regagner par les voies les plus rapides. M. du Bourg perdait donc ce collaborateur modeste et savant, ardent au travail et d'une gaité courageuse, près du moment où ces qualités devaient lui être le plus précieuses. Ce n'est pas en vain que pendant huit mois on a parcouru côte à côte des pays inconnus, souffert de la faim, de la soif et des hommes, éprouvé les joies de la découverte scientifique : cela crée entre les compagnons un lien plus fort que des années de relations mondaines et dix saisons de chasse à courre. Aussi les adieux furent-ils émus, presque silencieux ; l'un partait malade, les autres s'enfonçaient dans l'inconnu : pour tous c'était l'avenir incertain. On se dit « Au revoir ! » de part et d'autre, mais chacun au dedans de soi pensait que, malgré l'espoir formulé de rencontres futures, cet « Au revoir ! » était peut-être un « Adieu ! »

Le 7 décembre donc les Européens partaient de Goba, y laissant M. de Zeltner, M. Golliez, et les deux cagnazmatchs rivaux. Le départ se fit avec la difficulté ordinaire : charges trop lourdes ou mal sanglées, bêtes rétives, rien ne manqua des mille épisodes préliminaires auxquels M. du Bourg commençait à se résigner, L'embarras s'augmentait ici de la présence d'une foule d'amis des deux sexes que les indigènes de la mission s'étaient faits à Goba et dont un grand nombre devaient les suivre jusqu'à la capitale du négous. Il faut citer spécialement la dénommée Amété Gorghuys, personne grasse et bouffie, plus large que haute, qui courageusement devait en se dandinant faire toute la route avec l'avant-garde. Souvent son courage fut un motif de honte pour la paresse naturelle de Daniel et de ses compatriotes. La caravane figurait assez bien une tribu de nomades en déplacement, mais une tribu présentant cette double anomalie d'être armée à l'européenne et d'offrir comme une synthèse de presque toutes les races africaines.

Le jour même, M. Brumpt se séparait de ses deux compagnons : il devait gagner la capitale du négous par Guigner, et nous le retrouverons à Addis-Ababa.

Sous la conduite d'un guide galla fourni par Apté, M. du Bourg et ses hommes parcouraient le premier jour sept kilomètres et vingt-et-un le second. Tout autour de Goba et dans un rayon d'une telle étendue le pays était cultivé : quelques champs de blé et de nombreux champs d'orge rappelaient les campagnes d'Europe. Dans les plaines, les toucouls s'éparpillaient, rondes sous leurs toits de chaume, toutes flanquées d'une annexe, sorte de grand récipient couvert d'un toit de paille, qui renfermait la provision de grains. La région était très accidentée : à l'est de la route, qui allait vers le Nord, le double piton des monts Aorati ; à l'ouest, un grand massif, très boisé, l'Ourgoma. Dans la dépression même que suivait la route les vallonnements abondaient ; les bosquets de genévriers, de frênes et d'euphorbes, d'*embous* semblables à des chataigniers, de *nouscritch* aux fleurs violettes, complétaient un spectacle agréable, fait pour la joie des yeux. La variété du paysage empêchait de compter les kilomètres, et dès le 9 la caravane atteignait le Ouebb, qui n'est pas ici très loin de ses sources et qui a tout au plus dix mètres de largeur.

Ce jour-là des gens du pays donnèrent à M. du Bourg des nouvelles de la mission Erlanger. Après avoir séjourné dans la contrée, la caravane de l'explorateur allemand, au lieu de remonter comme celle du vicomte vers le Nord, était descendue vers le Sud. Il avait traversé le Borana pour atteindre Kismayou, où il s'était rembarqué pour l'Europe. Les naturels semblaient fort bien renseignés sur les effectifs du baron Erlanger : d'après eux, il avait cent vingt Somalis et cinquante-cinq Abyssins, exactement ; il avait tué pendant son voyage dans le Borana ni plus ni moins que sept girafes. Pour tout ils fournissaient ainsi des chiffres précis, trop précis pour être vrais : l'un donnait le nombre et tous répétaient affirmativement. Il faut se défier de toutes les données à apparence exacte que fournissent ces sauvages ; chez des gens en qui l'esprit scientifique et le souci de la véracité ne sont pas encore nés, la précision des détails est le plus souvent la marque du mensonge.

La nuit du 9 décembre, la température descendit au-dessous de 0°. A sept heures du matin, le thermomètre marquait 2°, l'herbe était couverte de gelée blanche et l'eau portait à sa surface une mince pellicule de glace. Les Abyssins et les Gallas supportaient bien le froid ; mais les Soudanais et les Souahilis en souffraient. La saison, et surtout l'altitude, causaient cette température rigoureuse. Or le 9, après le passage du Ouebb, la caravane monta encore. C'était un tout autre pays que la région de Goba. La route serpentait, âpre et rocailleuse, entre de hautes montagnes, grises et nues: les monts Doadimo à l'est, les monts Kotera à l'ouest. Au soir, on traversa un véritable col, où l'on rencontra de nombreuses caravanes qui venaient du Sidamo et marchaient allégrement dans l'air salubre. La nuit fut encore plus froide que la précédente: le lendemain matin, la couche de glace qui recouvrait les eaux tranquilles avait atteint sept millimètres.

Le 10, après une marche de 8 kilomètres, M. du Bourg entrait dans Ladjo, qui est à soixante-sept kilomètres de Goba. Elle marqua jadis la seconde étape des Abyssins dans leur marche conquérante vers le pays du sud. Tchangué était la première. Juchée sur un éperon avancé de la montagne, ceinte de prairies vertes et de bois sombres, éclatante de blancheur, la ville se présentait bien. Elle commandait visiblement toute la région alentour. Mais, à mesure que les explorateurs avançaient dans le petit chemin montant par lequel la ville est sur une seule face accessible, leur surprise croissait: nulle animation aux environs de la ville; point de ces allées et venues de soldats et de marchands comme ils en avaient déjà vu à l'entrée de toutes les villes Abyssines et même à Imi. Partout un silence quasi sépulcral; la ville elle-même semble un tombeau.

Enfin un petit homme se montre entouré d'une faible escorte. C'est un chef, mais un humble chef, un *balamboras*. Il considère la caravane avec étonnement, car il n'a jamais vu de Frendjis, et d'ailleurs ceux-ci ne lui sont pas annoncés. Apté, ici encore, a négligé d'avertir son sous-ordre. Les scènes de jadis avec Tessama vont-elles se renouveler? Non point, car Waldé Sahlassié est un petit chef dépourvu de la morgue abyssine. Il s'incline devant M. du Bourg, il se prosternerait si on le laissait faire. Il s'excuse de venir à la rencontre des nobles voyageurs avec une si faible escorte. Mais la ville, jadis capitale de la contrée et résidence du dedjaz, avant que les Abyssins se fussent étendus jusqu'à Goba, est aujourd'hui presque dépeuplée : les habitants ont émigré vers Addis-Ababa ou vers Goba. Le soir, il s'excusera de n'apporter qu'un faible dourgo : mais c'est qu'il n'est qu'un bas fonctionnaire, un *gardien de porte*, et n'est pas payé; son seul droit est de lever sa subsistance en nature sur le bien des habitants.

— Je n'ai pas eu de chance, confie-t-il à M. du Bourg. Lors de la grande conquête, certains de mes semblables, qui n'ont pas fait plus que moi, ont reçu des territoires et des gouvernements ; et moi, j'attends toujours.

Pourtant, il n'est pas en disgrâce : mais il est de cette classe de fonctionnaires de qui on dit, dans nos administrations européennes, qu'ils n'ont pas su se faire connaître. Que leur manque-t-il ? L'esprit d'intrigue ? La chance ? Comme ses semblables d'Europe, le petit fonctionnaire abyssin l'ignore ; et, comme ses semblables d'Europe, il ne cesse d'espérer dans le grand chef pour sortir un jour de l'ombre.

La caravane installée dans un campement fort heureusement choisi par Waldé Sahlassié, M. du Bourg et ses compagnons allèrent déjeuner chez le balamboras. Entourée d'une triple enceinte, l'habitation était

Facké Aligui, Galla Aroussi des environs de Goba.

propre et bien rangée. Un prêtre copte s'y trouvait ; à l'entrée des européens, il détourna la tête avec dégoût et refusa, par la suite, de s'asseoir à la même table qu'eux, sous prétexte que, n'étant point coptes, ils ne pouvaient manquer d'être musulmans !... Sans plus accorder d'attention à cet ignorant personnage, les explorateurs firent honneur au maigre ordinaire (eau miellée et pain au berberi) de l'aimable chef. La conversation tomba bientôt sur la chasse. Waldé Sahlassié affirmait que les lions abondaient dans la contrée : il expliquait même, par la crainte qu'on en avait, ces palissades qui entouraient sa maison, comme aussi toutes les huttes de Ladjo. Mais ces lions si dangereux et si nombreux, qui faisaient chaque année de véritables hécatombes de chevaux et de bétail, étaient, au dire du chef, introuvables : le baron Erlanger les avait en vain poursuivis pendant trois jours; un *fitourari* abyssin, Aloula, venu spécialement dans le pays pour les chasser, était reparti bredouille après trente jours de battue continuelle.

Piqués, M. du Bourg et M. d'Annelet se mirent dès le lendemain en chasse, fouillant les ravins boisés qui environnent Ladjo. Mais ils n'y virent même pas la trace des lions. Ils s'avancèrent ainsi jusqu'au village de Haché, ils y trouvèrent une population fort clairsemée et assez misérable, vivant dans des maisons entourées là encore de hautes palissades.

— Y a-t-il des lions ici ? demanda le vicomte.

— Beaucoup, lui fut-il répondu. Il n'est pas de jour qu'ils ne tuent des bêtes et poursuivent des hommes.

— En avez-vous tué ?

— Nous ne les chassons jamais, car les lions mieux que les hommes vengent leurs morts.

Ces lions seraient-ils des monstres mythiques ? Il semble en tout cas qu'ils aient depuis longtemps abandonné un pays encore terrorisé par leurs antiques méfaits. Le 12, M. du Bourg quittait Ladjo et le bon petit chef, sans avoir tiré d'autre gibier que deux singes *colobes*.

Quelques kilomètres au nord de Ladjo, la montagne cesse. C'est le plateau maintenant qui s'étend au loin sans ondulations, sans arbres, uni et monotone comme un lac. L'herbe est brûlée, les huttes rares. Pourtant de nombreux troupeaux de bœufs s'en nourrissent. Ils annoncent une population plus nombreuse que celle qui occupe le plateau proprement dit : c'est la population qui s'est logée dans la vallée du Ouabi Chébéli. Le 12 décembre en effet, après une marche de 12 kilomètres, la caravane atteignait ce beau fleuve, qu'elle avait perdu de vue depuis Imi. Ici il est bien plus rapproché de ses sources; sa largeur est néanmoins de 30 mètres. Les villages y sont nombreux, les maisons s'y entassent dans une étroite enceinte, faite de terre et de bouse de vache. Par endroits, cette enceinte est interrompue par des huttes, qui font saillie à l'extérieur : les unes sont en bambous, les autres en lattes réunies par de la paille : toutes sont sales et sordides. Tel était Chélada, que la mission traversa le 12, tel Taméla, où elle séjourna le 13, et dont le chef, Aoudo, fit les honneurs comme s'il révélait à M. du Bourg une merveille. Ce chef est un Galla vassal du négous à qui il paie tribut ; l'organisation est donc ici analogue à celle d'Imi.

Tous les habitants étaient Gallas, mais fort différents de ceux de Goba. Ils n'avaient jamais vu de Frendjis et les considéraient avec surprise et non sans terreur. Leur aspect n'évoquait pas la richesse et pourtant leurs troupeaux étaient encore nombreux bien qu'actuellement décimés par la peste bovine. Les hommes, fort peu vêtus, avaient la chevelure longue et enduite de beurre. Pour les femmes, elles étaient vêtues de jupons de cuir, mais on peut dire que leur principal vêtement étaient leurs parures, tant celles-ci étaient nombreuses. Petits colliers semés dans la chevelure, boucles d'oreilles très longues, lourds colliers au cou, énormes bracelets au poignet, en forme de rectangle, bracelets aux jambes et serpentins de cuivre et de laiton entourant les doigts des pieds, rien ne leur manquait pour en faire de vivantes et déambulantes châsses de pacotille. Une vieille femme, que tous respectaient, devait, semblait-il, sa *respectability* aux vingt-trois bracelets qu'elle portait à chaque bras. D'autres avaient attaché aux mèches de leur chevelure des culots de cartouches. M. d'Annelet fit d'une d'entre elles la femme la plus heureuse et l'objet de la plus terrible envie, en lui concédant quelques-unes de ces petites clefs de métal qui servent à ouvrir les boîtes de sardines et autres conserves. Elle les ajouta avec joie à toute la ferraille, sonnettes, pendeloques, gris-gris et amulettes, qui ornait son col. Depuis le début de leur voyage, les explorateurs n'avaient point vu de tels amateurs de parures et de verroterie.

Le 14 et le 15, la marche continua à travers la plaine. On avait laissé le Ouabi au sud, mais c'était toujours la même contrée plate, dont la monotonie ne s'interrompait parfois que grâce à des groupes de tombeaux ou à de maigres villages : Eddo, Hetcho, Gangarra ; tous étaient habités par des Gallas, dont les chefs indigènes relevaient du négous. Vers le soir du 15 les montagnes se montrèrent de nouveau à l'horizon. C'était vraisemblablement le commencement des massifs qui surplombent au sud la dépression où coule l'Aouache et font un pendant méridional à la haute muraille septentrionale du Choa. La route s'engagea bientôt dans un col élevé (2.800 mètres), qui séparait le mont Ankolo du mont Kaka. Le chemin montait rudement : le soir du 15, les bêtes étaient épuisées. Mais le pays plus accidenté, plus varié et semé de petits bois, avait offert de plus grandes ressources aux chasseurs. Toute la journée M. du Bourg et M. d'Annelet avaient chassé sur les flancs de la colonne. Ils s'étaient même si bien plu à leur sport que le soir ils étaient fort loin de la caravane et durent coucher à Gangarra. Ce fut une nouvelle occasion pour M. du Bourg d'apprécier la malpropreté des installations gallas. Moins sage que M. d'Annelet, qui s'était fait prudemment monter une tente, il voulut coucher dans une maison du pays ; quelques minutes après, il en était chassé par une légion de parasites. Il s'en consola en se remémorant la magnifique chasse que cette contrée lui avait offerte. Un gibier caractéristique, entre autres, était le *red buck*, animal de la taille d'un petit chevreuil, au poil long et rude, aux cornes droites, espacées et légèrement recourbées à la pointe vers l'avant. Il vit par couples de deux ou par hardes de quatre.

Le 17, la caravane, qui avait retrouvé ses chefs, continuait sa route

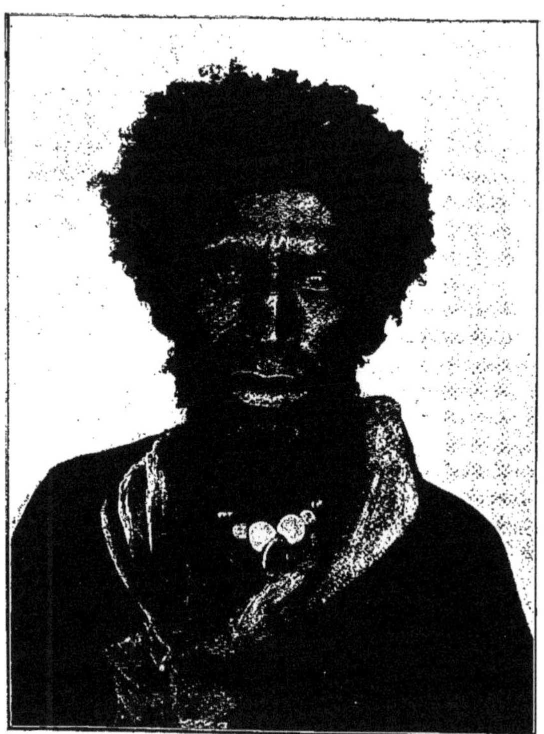

Tchirri Damiro, Galla Aroussi de Goba.

vers Tchangué, à travers un pays accidenté, coupé fréquemment de petits ruisseaux, et très peuplé. La végétation luxuriante comportait surtout de grands arbres, aux feuilles longues et luisantes, les *lambous*, et les *kossos* aux grappes lie de vin tranchant sur la masse claire des frondaisons. Le massif du Galama faisait un fond majestueux à ce riant décor. Mais on approchait de la capitale abyssine, et les explorateurs devaient bientôt s'en apercevoir. Dans ce paysage amène sévissaient des fonctionnaires rogues et désagréables. Le soir du 17, à l'entrée du petit village de Koucha, où M. du Bourg voulait camper, un petit choum, du nom d'Ato Kasso, reçut fort mal les Européens. Il accusait le guide qui conduisait la caravane depuis Goba, Ato Debalgué, d'avoir réquisitionné des mulets sans permission, d'avoir frappé des Gallas, pillé des huttes; il arguait que la caravane n'avait pas le droit de vivre aux dépens des pays qu'elle traversait. En vain M. du Bourg lui montra-t-il les lettres du ras Makonnen et du dedjaz Loulseguat, qui l'y autorisaient. Il les méprisa, et, se drapant dans sa chama en guenilles :

« Nous autres, ici, déclara-t-il, nous ne dépendons ni de Makonnen, ni de Loulseguat : nous relevons directement de Ménélik, c'est devant lui que l'affaire sera portée. »

Une telle conclusion était indifférente à M. du Bourg, confiant d'avoir toujours raison auprès du négous. Mais il n'en allait pas de même pour Ato Debalgué. Le pauvre homme tremblait : les hommes de tous les environs du Choa, disait-il, sont ainsi; Gallas comme Abyssins en appellent sans cesse à Ménélik, qui, par désir de popularité, leur donne toujours satisfaction.

Est-ce pour cette raison ou pour une autre? Toujours est-il que les Gallas, que les Européens rencontrèrent le 18 et le 19, étaient fort peu obligeants. Le 18, Ato Débalgué demande sa route à un Galla avec une politesse très suffisante. Il refuse. Aussitôt la dispute éclate, et bientôt le malheureux guide est entouré d'une bande hurlante, qui veut lui faire un mauvais parti. Les femmes se distinguent par leur nombre et leur acharnement ; ces mégères poussent des « Hadara » et des « Youyous » retentissants, en brandissant des bâtons pleins de menaces ; des hommes agitent des lances. Les Européens n'avaient pas trouvé un tel accueil en pleine Somalie. L'arrivée du grand chef blanc, sa parole calme et énergique, mettent difficilement fin au tumulte, à ce que Daniel, qui fait des progrès dans notre belle langue, appelle le « barouf ». Tous ces naturels pointilleux se retirent, en murmurant qu'ils en appelleront à Ménélik.

Le lendemain, nouveau tumulte. Quelle en est la cause? Mystère. Des champs de tabac se trouvaient au bord de la route, et les hommes de l'escorte en ont fait une petite provision. D'autre part, un guide galla, engagé la veille, a été quelque peu brutalisé par Ato Debalgué. Est-ce le larcin ou le sévice (qui sont pourtant dans les mœurs abyssines), qui a soulevé ainsi la population? Mystère. Mais des youyous féminins ont soudain retenti, trente hommes armés de lances ont surgi de terre, suivis de leurs épouses, qui agitent des pilons. M. du Bourg apaise tout le monde par une distribution de thalers. Mais les Abyssins de l'escorte sont mécontents : transiger avec le Galla, c'est diminuer le prestige de l'Amhara, c'est encourager celui-là à la révolte contre celui-ci. Or le pays, bien que plus anciennement conquis que la région du Ouabi, n'est pas sûr. Ménélik a dû laisser aux Gallas leurs chefs et à certains même une autonomie presque complète.

A Digalo, un village (une *ganda*, comme on dit dans le pays) de quelques centaines d'habitants, le chef, Abbadido, était un vieux guerrier de la lutte pour l'indépendance; il avait eu ses deux fils tués par les Abyssins. Ceux-ci lui avaient pourtant conservé son pouvoir. Plus loin, ce n'était plus un chef galla vassal que les explorateurs rencontraient, c'était, à quelques lieues d'Addis Ababa, *un chef galla indépendant !* C'est le pays du fitourari Tessama ; il est situé entre Albasso et Tchangué. Tessama l'hérita jadis d'un chef galla, qui l'avait pris en affection. Celui-là, bien qu'Abyssin, refusa de payer l'impôt à Ménélik dès qu'il fut en possession de son héritage. Aujourd'hui, il prétend ne relever d'aucun dedjaz. Son administration excellente et paternelle attire vers ses états tous les Gallas que les dedjaz voisins persécutent : ici, ils paient un impôt fort minime et ne risquent pas d'être pillés à chaque instant par les choums qui passent.

« Mes hommes, déclarait Tessama à M. du Bourg, ne reconnaissent ni les prétentions du dedjaz Loulseguat, ni même l'autorité du négous. Loulseguat a porté l'affaire devant Ménélik. Sans doute celui-ci décidera-t-il contre moi ; mais, si son esprit est prompt, sa justice est lente. Nous avons quelques années devant nous. Après, on verra. Mais pourquoi veux-tu que mon peuple m'abandonne ? Regarde leur état et celui de nos voisins. Compare et tu comprendras. »

En effet, tout dans cette enclave indépendante, dans cette Monaco (sans la roulette) ou cette Andorre équatoriale, respire la prospérité. Autour des paillottes solides et propres paissent de grands troupeaux de bœufs et de chevaux superbes. De grands champs d'orge s'étendent entre les pâturages. Les Gallas du pays dispensent largement leurs richesses à l'étranger qui a leur faveur.

« As-tu été satisfait de ton dourgo ? demande Tessama à M. du Bourg.

— Certes, répond le vicomte (et de fait ce dourgo était superbe).

— Eh bien ! à ta place, un choum abyssin n'eût rien obtenu, parce qu'il aurait voulu s'imposer par la force. Vois-tu, chez nous, on obtient plus par les calames que par les armes. Le sans-gêne des soldats qui violent les demeures et chapardent, nous met hors de nous. Les Abyssins méprisent le Galla. Qu'en résulte-t-il? C'est que le Galla ne veut plus rien faire pour eux que par la contrainte. Un choum arrive, donne un ordre et, pour être obéi, brutalise le Galla ; puis il s'en va. Un autre choum survient, qui donne un ordre contraire, et, pour être obéi, le brutalise encore. Le Galla ne sait plus que faire, il se réfugie dans l'inaction et dans l'apathie, n'agit plus que sous le coup de la

Ouséno Oghé, Galla Aroussi de Goba.

menace; ou bien, pour la moindre affaire, il s'en va réclamer à Addis-Ababa, auprès du négous. D'une race active nos maîtres ont fait une masse inerte et chicanière. Voilà pourquoi mes sujets me préfèrent à Ménélik, qui pourtant n'est pas responsable. Voilà pourquoi ils ne veulent plus traiter la moindre affaire avec les Abyssins. Je t'ai prêté des porteurs : à la frontière de mon petit état, ils te quitteront spontanément. N'essaie pas de les retenir : ils ne veulent plus aller *chez les Abyssins*.»

Sages paroles d'un politique qui a pénétré les défauts de l'administration abyssine, et qui a fait comprendre à M. du Bourg ses récentes mésaventures dans un pays où l'on n'obtient plus rien qu'en réclamant sans cesse et où l'on ne donne plus rien qu'après avoir été battu.

Le 19 décembre, sur les bords de la Kalata, après une marche de vingt-huit kilomètres, il en eut un nouvel exemple frappant. Les Gallas d'une ganda fournirent en rechignant un dourgo fort mesquin. Ils se refusèrent à vendre la moindre bête de somme, ou même à en louer jusqu'à la localité voisine. On leur demande du lait : ils répondent qu'ils n'ont pas de lait, n'ayant pas de vaches. Or, toute la journée, les explorateurs ont traversé de grasses prairies où vaches et chèvres paissaient de compagnie. En somme ils ne veulent rien donner, et la caravane dut subsister de sept gazelles que les chasseurs avaient tuées dans la journée. A quoi sert Ato Débalgué? A quoi sert d'avoir avec soi un chef abyssin à bouclier d'argent et à boucles d'or, nanti de deux « warakats » d'Apté stipulant que l'on devra tout fournir à la caravane, même le miel, le mets le plus recherché ?

Cette négligence des habitants à remplir les devoirs de l'hospitalité n'empêcha pas les Abyssins de la mission d'organiser pour le soir une grande fête. C'était, en effet, le quarantième jour après l'exploit d'Ato Daniel, après le jour mémorable où celui-ci, sans se déranger, a tué un éléphant; et, même dans le désert, même au milieu des ennemis, il faudrait qu'un tel jour fût fêté. Daniel reçoit de M. du Bourg un mouton et va le manger avec Ato Debalgué. Les hommes font fantasia. Les Européens eux-mêmes ont en cet honneur corsé leur menu. Nous le citons pour mémoire :

MENU DU 19 DÉCEMBRE 1901

RAGOUT DE RED-BUCK AUX LÉGUMES

FILET DE BUSH-BUCK PIQUÉ AU LARD D'HIPPOPOTAME

FRANCOLIN FROID

SALADE

COMPOTE DE PETITES PRUNES (1)

Le tout préparé par le cuisinier Jean Wasari, le boy de M. du Bourg, à l'exception de la salade, que Jean et les Abyssins se refusent à toucher sous le prétexte qu'elle « fait mourir les bourricots ». Ils disent cela sans malice.

Cependant les difficultés qu'ils élevaient au début pour se nourrir ont disparu. La dure nécessité a fait leur éducation. Les Abyssins mangent maintenant la viande des animaux tués par des catholiques, bien que les pratiquants rigoureux les déclarent alors « musulmans ». Ils

(1) En abyssin : konachim.

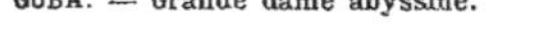

GOBA. — Grande dame abyssine.

ont plus longtemps récalcitré avant d'accepter les bêtes tuées par les musulmans, mais leur avidité gloutonne a enfin triomphé de tous les scrupules. Pour les musulmans, l'accoutumance fut moins rapide. Les Soudanais ont mis près de cinq mois à se résigner à manger du zèbre, mais ils sont friands d'hippopotame, viande à laquelle ils n'avaient jamais goûté auparavant. Les Souahilis, faciles en cela comme en tout, mangent tous les animaux et s'accommodent d'un gibier quelconque tué par n'importe quel chasseur. Pour les Somalis, on a pu leur faire manger du zèbre, mais ils répugnent encore aux gazelles et aux antilopes non égorgées par eux. L'hippopotame n'a de grâce qu'auprès des esprits forts. Mais certains d'entre eux, arrivés récemment de Harar, observent une orthodoxie rigoureuse : c'est qu'ils ont avec eux un Somali, que le boy Jean appelle « monsieur le curé » et qui leur fait la leçon. Trois mois plus tard, cependant, les leçons plus fortes de la nécessité les avaient amenés à la même transigeance que les autres.

Le 20, la caravane continuait sa route vers Tchangué ; le pays semblait désert ; mais c'est que les Gallas de la contrée redoutent, non sans raison, la proximité des grandes voies. Certaines rampes étaient rudes à monter, même pour les mulets et les ânes. Pourtant ces vaillants animaux rendaient de bien meilleurs services que les chameaux, depuis que la caravane se trouvait en pays montagneux. Si le chameau présente de grands avantages dans les régions désertiques, où l'eau est rare et où le pays plat permet de fortes charges, il rend peu de service dans la montagne, où son pied glisse et où sa forte membrure n'est plus en rapport avec les charges minimes qui lui sont permises. L'âne et le mulet, au contraire, sobres, résistants, habitués aux fortes pentes, sont les vrais montagnards. L'âne porte 50 kilogs environ, le mulet 70 et le chameau 100.

Le soir, Tchangué était signalée. Pour entrer dans la ville, Ato Débalgué et son compagnon Daniel se livraient à une toilette compliquée. Ato Débalgué en particulier était splendide : il avait revêtu un caleçon rayé, une chama d'une étincelante blancheur, et hérissé en boule son épaisse chevelure. Bientôt la ville apparut. Elle fut jadis la première étape des Abyssins poussant leur conquête vers le pays des Aroussi. Construite comme Ladjo sur un éperon montagneux, dominant la rivière Robi, affluent de la Kalata, elle est aujourd'hui encore relativement très étendue : elle compte 250 huttes habitées ; mais combien d'autres sont inhabitées, délabrées, écroulées. Là encore la domination abyssine a porté la mort : les habitants ont émigré soit au nord, en pays abyssin, soit au sud, chez les Aroussi. Néanmoins elle est pour les Amharas une place inexpugnable. Accessible seulement vers le sud-est, elle est, de ce côté, garantie par une palissade et par un fossé de deux mètres de profondeur et de un mètre de large. Le fitourari de la ville était absent. L'*afgari* (1) reçut bien les explorateurs ; mais la ville était pauvre et il semblait préférable à M. du Bourg de marcher le plus rapidement vers Addis-Ababa. On ne fit donc qu'une station d'une journée, le 21 décembre, fête abyssine de Saint-Michel, que pour rien au monde les Abyssins n'auraient négligée. Ablutions et toilettes, chants religieux et prières, bombance et fantasia, rien ne manqua. Les « Addo Cheva » et les « Gaday-Gaday » (2) troublèrent longtemps le silence nocturne. Enfin ils s'endormirent la conscience tranquille et le lendemain on repartait vers l'Aouache.

Après avoir traversé un petit territoire indépendant, dont le chef, du nom d'Alamo, est autonome à la condition de payer un tribut au négous, la mission arrivait sur le rebord du plateau, en vue de l'Aouache. Les explorateurs dominaient une grande plaine fauve, traversée en son milieu par un large ruban vert sombre : c'était la ligne de forêts et de prairies qui accompagnait le cours du fleuve Aouache. Le plateau finissait brusquement au-dessus de cette plaine par une falaise coupée de ravins et de fondrières. Cette falaise était composée de deux gradins, rocheux et sablonneux, mais où s'étageaient péniblement quelques cultures en terrasses. La descente fut pénible, même pour les mulets et pour les ânes. Enfin la caravane se trouva sans accidents dans la plaine. Le terrain y est plat, l'herbe maigre. A cette altitude très faible, entre les hauts sommets que l'on venait de quitter et ceux du Choa, qui condensent de part et d'autre les vapeurs atmosphériques et *accaparent* presque toutes les pluies, le pays qu'arrose l'Aouache est fort pauvre en humidité céleste ; seule la rivière est un agent de fertilité sur ses bords. Or c'est la proximité de la rivière qui peuple un pays relativement stérile : les groupes de huttes sont nombreux dans la plaine et les champs de maigre dourah leur font une ceinture presqu'opulente. Après une marche de vingt kilomètres on atteignait enfin le fleuve, près d'une *ganda* du nom d'Ouloga. Il avait sur ce point 50 mètres de largeur : entre des berges hautes de 4 à 6 mètres il traînait mollement son eau bourbeuse et sale. Sur les bords, d'épais buissons de mimosas laissaient à peine la place à quelques sentiers glissants où se relevait la trace énorme des hippopotames.

(1) Officier subalterne.

(2) Autre espèce de hurrah abyssin.

Le terrain, naturellement détrempé par les eaux du sous-sol, fut encore arrosé le 23 et le 24 par une pluie diluvienne, qui dura plusieurs heures. Dans cette boüe liquide la marche de la caravane fut retardée pendant toute la journée du 24. Les Européens en profitèrent pour chasser l'hippopotame.

Les Gallas de la contrée leur furent pour cela d'un grand secours. Ils sont eux-mêmes passés maîtres dans la chasse de cet amphibie. Ils s'embusquent la nuit à 2 mètres du sol dans les arbres qui bordent les chemins. Quand la bête passe, descendant boire au fleuve, ils la tuent net d'un coup de lance porté au bon endroit. Puis, de la même lance, ils la dépècent et font bombance sur place, car ils sont friands de cet animal tout comme de simples Soudanais. Guidé par les Gallas, M. du Bourg s'éloigna pendant deux jours de la caravane, se dirigeant vers le lac Aro Robi (« Robi » signifie hippopotame, y a-t-il là une étymologie ?) où les gros amphibies se trouvaient en nombre, au dire des habitants. En cours de route, il put constater que l'Aouache n'atteignait pas la largeur qu'il offre à Ouloga. En certains points il avait tout au plus 10 mètres. Enfin on arrive au lac, belle pièce d'eau de 40 hectares, où se mire une haute montagne. Tous les hommes se préparent à la chasse. Seul le boy du vicomte, Jean Wasari, pourtant si dévoué à son maître, se refuse à prendre part à cette chasse, sous le prétexte que l'hippopotame est un poisson et « qu'il ne fait pas camarade avec poisson » Etrange raisonnement, qui l'empêche de tuer les bêtes qu'il déteste ! on le laisse et la chasse commence.

Les Gallas s'étaient répandus sur la rive en se cachant dans les roseaux. Puis ils se mirent à appeler sur une modulation spéciale les hippopotames : « Robi ! Robi ! » Bientôt un muffle apparut, puis deux, puis plusieurs, et la carabine de M. du Bourg retentit... Dans la journée le vicomte tua huit hippopotames. Les Gallas exultaient, car le grand chef blanc leur abandonnait généreusement la viande, ne gardant que la mâchoire comme trophée. En 22 minutes exactement ils nettoyèrent si bien le plus gros d'entre eux de sa chair et de sa graisse que le squelette seul restait. Ils avaient tout mangé crû. Aussi n'en finissaient-ils pas au retour de chanter aux échos les louanges du bon chasseur qui leur avait procuré de telles ripailles et de si belles ventrées.

Au camp, M. du Bourg retrouva M. d'Annelet, qui, de son côté, avait tué trois pachydermes. Le plus gros animal tué dans cette double expédition atteignait 3 m. 46 du muffle à la naissance de la queue.

Cependant on s'éloignait de l'Aouache dans la direction du Choa. La falaise de Tchangué apparaissait maintenant à l'horizon comme une muraille continue. L'éloignement avait fait disparaître les saillies et les rentrants, les gradins et les sentiers. Au delà de la rivière, ce n'était plus les Gallas Aroussi, mais les Gallas Ada. Ces Gallas étaient d'un abord généralement facile ; ils accouraient vers les voyageurs pour leur demander des « daouas », des remèdes. Au reste, quand le médecin n'avait pas le remède nécessaire, il leur donnait de l'eau ou des boulettes de mie de pain, sans même qu'il fût nécessaire, selon la vieille plaisanterie de nos étudiants en médecine, de les baptiser *aqua simplex* ou *mica panis*. Le malade avalait le médicament improvisé, et, par un remarquable phénomène d'auto suggestion, se déclarait aussitôt guéri.

Le 26, on atteignait les bords de la Modjo, rivière large de 8 à 10 mètres, ombragée de beaux mimosas et de hauts arbres en boule. Abondante ici près de ses sources, qui sont dans le Choa, elle se termine dans le sable avant de confluer avec l'Aouache. Dans cette région une mission catholique s'est installée pour évangéliser les Gallas. Sur les bords de la rivière on a creusé dans un grand mimosa un tabernacle : les prêtres viennent y officier à certaines fêtes et les enfants du pays y reçoivent le baptême. Ce point de la Modjo est Loumi. Daniel le salua de cris de joie, car, disait-il, on n'était plus qu'à 12 lieues d'Addis-Ababa. La pente devenait fort rude à gravir. Mais c'est en vain que l'on chercherait ici une falaise montagneuse dominant à pic la plaine ou un contraste absolu entre la végétation luxuriante des hauteurs et la steppe, comme dans la région de l'Afar. Ici le Choa se présentait comme une région volcanique, semée de quelques lacs de cratère dont le plus étendu est le lac Bichoftou (25 hectares), mais nue et déboisée. Le 28 décembre, après une marche de 30 kilomètres, les approches d'Addis-Ababa étaient enfin signalées. Ce jour était un samedi. Pour ne pas attendre tout un dimanche aux portes de la ville, M. du Bourg fit hâter la marche. Le soir nos Européens tombaient dans les bras de MM. Roux et Trouillet, qu'ils n'avaient point revus depuis Harar.

Après sept mois de marche et d'aventures, la première partie de la traversée de l'Afrique était terminée.

HARAR. — Le comte de la Guibourgère à la tête de ses soldats chankallas.

# CHAPITRE X

## Addis-Ababa

(28 décembre 1901. — 4 mars 1902)

Entrée dans la capitale. — Ménélik. — Réceptions : M. Ilg. — Arrivée solennelle du ras Makonnen. — Affaires de douane. — Ménélik et la mitrailleuse. — Le Noel abyssin : le guébeur. — La salle du trône. M. de la Guibourgère. — L'institution du liebacha. — Le grand marché du samedi. Note sur le commerce a Addis-Ababa. — Un dyptique abyssin. — Un passe port pour le paradis.

L'entrée de M. du Bourg de Bozas se fit au milieu des Français d'Addis-Ababa, accourus au devant de leur compatriote pour le féliciter de l'issue heureuse de son long et périlleux voyage. Avoir parcouru une grande partie de l'Afrique Orientale, coudoyé les tribus farouches des Somalis, affronté les fonctionnaires chicaniers de Sa Majesté abyssine, sans avoir eu ici à tirer le moindre coup de fusil, sans s'être heurté là au moindre conflit diplomatique, c'était un résultat admirable, tout à l'honneur du vicomte, de sa fermeté, de son courage et de sa sagesse, et dont le félicitèrent ses compatriotes, bons connaisseurs du pays et des pièges qu'il offre à l'explorateur.

Et, puisque nous sommes au milieu du voyage qui est le sujet de ce livre, il est temps de montrer ce que la méthode de notre explorateur comportait d'excellent et d'efficace. Il y revient à plusieurs reprises dans son journal de voyage, et non sans raison. « M'inspirant des conseils de tous les explorateurs qui ont fait œuvre utile en Afrique, j'ai conjecturé dès mon départ et j'ai vérifié sur les lieux que *le principal auxiliaire de l'explorateur africain, c'est la force, mais à la condition qu'il en fasse usage le plus rarement possible et qu'il s'en serve seulement pour appuyer la diplomatie et les négociations par lesquelles il doit assurer au préalable chaque pas qu'il fait en avant.* » Nous l'avons vu appliquer déjà à maintes reprises ces sages préceptes, où le courage ne se confond pas avec la folle témérité. Nous l'avons vu négocier avec les Somalis de Sagak et d'Imi avant de séjourner chez eux, assurer le libre passage de sa caravane sur les territoires de Woldé Gabriel et de Loulseguat par des ambassades dont il se chargea lui-même auprès de ces personnages ou de leurs mandataires. Nous l'avons vu apaiser avec une sage fermeté tous les conflits que l'âpreté de ses aides Abyssins faisait naître malgré tout. Le résultat de cette tactique, moins brillante peut-être que celle qui consiste à mener une exploration comme une conquête en pays ennemi, moins riche en faits d'armes inutiles, mais plus féconde, plus favorable aux acquisitions de la science et au bon renom de la France, plus courageuse en un mot, avait été un voyage extraordinairement paisible et riche en révélations. Un négociant Français d'Addis-Ababa, M. Trouillet, nous semble être dans l'exacte vérité quand il déclarait au vicomte du Bourg lui aussi, que pour son coup d'essai, il avait fait un coup de maître, et qu'il avait montré toutes les qualités des grands explorateurs, des Livingstone, des Brazza, des Foureau, des Marchand : le sang-froid, le courage, la modération, le dévoûment à la science.

« Et à ma patrie », avait achevé Robert du Bourg de Bozas.

Cette conversation avait lieu le 29 décembre chez M. Trouillet, à l'issue d'un repas où cet homme aimable avait réuni les explorateurs et quelques membres de la colonie française. Quelle joie et quelle douce satisfaction donne le commerce d'aimables compatriotes à l'issue d'un voyage où l'on n'a connu pendant de longs jours qu'une race étrangère, souvent hostile, toujours méfiante ! Le plaisir que l'on éprouve à se pouvoir confier sans restriction à des cœurs et à des esprits dont on est sûr d'être compris, fait que l'on en revient presqu'aux expansions insouciantes de l'enfance. Qu'eussent dit les cérémonieux cagnazmatchs de Goba, s'ils avaient vu le grand chef frendji, celui-là même qui au retour du Gannalé avait fait une entrée si pompeuse dans la ville, jouer tout simplement et fort gaîment dans le jardin de M. Trouillet aux palets, aux flèches, à la grenouille, et autres jeux innocents, et faire le soir sa partie de poker comme au cercle de la rue Royale ? Mais ce retour à la vie banale et européenne devait être sans lendemain. Dès le 30 décembre, après cette détente, il fallait redevenir le chef de mission, liquider le passé, préparer l'avenir et entrer en rapports avec sa majesté Ménélik II, empereur d'Abyssinie.

A 8 heures du matin, M. du Bourg, qui avait été présenté la veille par M. Roux à M. Ilg, premier ministre du négous, se rendit en tenue de cérémonie auprès de celui-ci. M. Ilg devait le conduire au *Guébi*, c'est-à-dire au palais impérial. Ce palais était d'un style quelconque, vaguement oriental. Pendant plus d'une heure, le vicomte fit antichambre dans un petit pavillon, ayant pour seule distraction de contempler et de méditer les psaumes de David, inscrits sur le mur. De nombreux fonctionnaires, en burnous noir et en chemise de soie verte, allaient et venaient, affairés, échangeant des paroles à voix basse ; d'autres, s'accoudant à une estrade qui était là, formaient des groupe de désœuvrés, causant haut et riant aux éclats. N'eût été le teint et le costume des acteurs, l'exotisme du décor, M. du Bourg se fût cru à une représentation de telle scène de courtisans que l'on trouve dans le « Roi s'amuse ». Enfin quelqu'un vint à lui : c'était un personnage important à en juger par le silence qui se fit à son approche et aux marques de déférence que tous lui prodiguaient. Sa tête de vieille femme ridée, au nez incontestablement sémitique, n'était pourtant pas sans intelligence ni grandeur. Il se drapait dans un burnous de soie noire, qui laissait voir l'inévitable chemise verte. Il alla d'un air fort aimable à M. du Bourg et se nomma : c'était le dedjaz Loulseguat. L'entretien fut cordail et le vicomte s'aperçut bientôt qu'à l'exemple de la plupart des hauts fonctionnaires abyssins le dedjaz passait beaucoup plus de temps à la cour du négous que dans son gouvernement. Il confia d'ailleurs à M. du Bourg que pour l'instant ses affaires allaient fort bien au Guebi ; il remplissait les fonctions d'une sorte d'introducteur des ambassadeurs ; c'est même à cela qu'il devait sa pratique des Européens et son urbanité. Il parla beaucoup à M. du Bourg de Ménélik et des méthodes les meilleures à procurer ou conserver sa faveur. Le vicomte profita de la tournure que prenait la conversation pour s'enquérir du dedjaz Birou, une vieille connaissance, au sujet duquel les bruits les plus fâcheux avaient couru.

« Il a conspiré, répondit Loulseguat et il a été précipité dans un cachot. Mais, depuis, la magnanimité de notre maître l'en a tiré et lui a rendu ses titres, sinon son crédit à la cour. »

Ainsi grandissent et tombent les puissants autour de Ménélik. Hier, c'était Birou qui disputait la faveur du maître à Makonnen, aujourd'hui c'est Loulseguat. Et demain?... Loulseguat ignorait tout de son gouvernement : ce fut notre voyageur qui l'initia aux mystères de Chedôm et du Gannalé. Puis il lui raconta ses chasses.

Le récit fut interrompu par l'arrivée de M. Ilg, qui venait chercher le vicomte pour l'amener devant Sa Majesté. Celle-ci siégeait sous une vaste tente à fond bleu ciel semé de lys d'or. Il était assis à la turque sur une petite estrade recouverte d'un tapis européen, entre deux coussins d'un rouge violent. Vêtu d'un burnous de soie noire, d'une chemise rayée, d'un pantalon bouffant et de chaussettes bleues et vertes, il avait la tête entourée d'un *chach* de mousseline. Cette tête, à la barbe clairsemée où brillaient quelques poils blancs, aux yeux un peu rougis, mais vifs et souriants, aux traits rudes sans vulgarité, donnait l'impression de la bienveillance et de l'intelligence. M. du Bourg se sentait ému en abordant pour la première fois cet homme qui a su s'élever par ses seules forces à la suprême puissance, qui a su faire de l'Abyssinie un empire redoutable, et qui lutte seul, ou presque seul, encore aujourd'hui contre ses vassaux xénophobes, travaillant sans relâche à extirper ou à paralyser la haine qu'ils portent aux étrangers, heureux de montrer son pays aux Européens et de leur ménager partout un bon accueil.

Autour de lui se tenaient de nombreux dignitaires : le vicomte y remarqua Birou, à un rang inférieur et l'air maussade; Loulseguat, au contraire, rayonnait à la droite du maître. A la vue de M. du Bourg, Ménélik sourit, lui tendit la main et l'invita à s'asseoir. Le chef de la mission française commença par remercier Ménélik de tout ce qu'il avait fait pour faciliter la marche des explorateurs dans son empire.

— Grâce à Votre Majesté, lui dit-il, nous avons pu accomplir en sécurité notre œuvre de science.

Puis sur la demande du négous il lui exposa brièvement son voyage : Harar, Moullou, le Dakhatto, Sagak, le Ouabi, Imi, le Ouebb, Goba, le Gannalé, il fit revivre devant les yeux du négous tous les épisodes de sa gigantesque randonnée. Il crut bon de taire les petits mécomptes que lui avait valus la mauvaise volonté d'Ato-Apté, mais se félicita du bon accueil qu'il avait reçu partout et notamment dans les états du dedjaz Loulseguat. Un regard reconnaissant de celui-ci montra au vicomte qu'il avait bien manœuvré et qu'il comptait désormais un allié puissant auprès de l'empereur. Celui-ci s'était fort diverti au récit de M. du Bourg : l'épisode des milliers de chameaux venant quotidiennement s'abreuver aux puits de Sagak l'avait surtout amusé. Il s'égaya fort aussi quand le vicomte lui confirma avec humour ce que plusieurs explorateurs lui avaient déjà dit, à savoir que certaines hautes contrées de son empire dans le Harari et dans les environs de Goba rappelaient à s'y méprendre la Suisse, le pays d'origine de son premier ministre, M. Ilg. Il regarda celui-ci en riant :

— Je ne m'étonne plus, lui dit-il, que tu me sois si fidèle. La terre fait plus pour cela que le souverain : en me servant, tu penses servir ta première patrie.

— Sire, répondit M. Ilg, c'est votre bonté qui a su m'en créer ici une seconde.

Lidj Aïlé Mariam, noble abyssin d'Ankober.

Enfin M. du Bourg montra à Ménélik la carte des contrées parcourues, qu'il avait tracée de concert avec M. d'Annelet et le docteur. Le négous la contempla longuement : peut-être s'étonnait-il, en son esprit de demi-civilisé, qu'un étranger eût pu faire en quelques mois ce que lui ne saurait jamais faire dans sa toute-puissance. En tout cas les remerciements qu'il adressa de ce chef à M. du Bourg n'allaient pas sans une pointe d'émotion qui faisait trembler sa voix.

— Et maintenant, continua-t-il, que comptes-tu faire ?

— Sire, répondit le vicomte, si Votre Majesté veut bien me continuer sa confiance, après avoir pris ici le repos dont nous avons grand besoin, nous repartirons vers le sud, et nous traverserons vos provinces équatoriales jusqu'aux pays de l'Omo et du lac Rodolphe pour marcher de là vers le Nil.

— L'entreprise est digne de toi et je tiendrai conseil pour te donner toute facilité dans l'accomplissement de ta nouvelle tâche. Au reste, elle te sera aisée dans un pays où, grâce à nous, les routes sont maintenant sûres et tranquilles. Partout règne la paix du négous, partout on reçoit bien les Frendjis qui ont ma faveur.

M. du Bourg dissimula en s'inclinant un sourire sceptique : Ménélik n'échappait pas à l'optimisme de tous les gouvernements en fonction. Etait-ce par feinte diplomatique, était-ce par ignorance, qu'il taisait les rapines de ses soldats, l'arrogance de ses lieutenants, l'hostilité sourde des Abyssins contre l'Européen et des peuples soumis contre les Abyssins ? Peu importait pour l'instant à M. du Bourg : le tout était d'avoir obtenu des promesses d'autorisation pour l'expédition future. Il sortit donc du palais impérial fort satisfait des résultats de son entrevue.

A peine était-il rentré chez lui, que la musique impériale venait lui offrir une aubade et exécuter en son honneur les morceaux les plus brillants de son répertoire, Au grand étonnement de M. du Bourg, elle commença par jouer avec beaucoup de correction la *Marseillaise*. Notre hymne national est en train de devenir celui de l'Abyssinie : en toute occasion et pour toutes les fêtes c'est la *Marseillaise* que l'on joue. Après cela, retentirent les notes graves et religieuses de l'hymne russe, puis, sans transition, les flons-flons sautillants de plusieurs morceaux de cirque bons à faire tourner les chevaux de l'arène. Satisfaits de leur virtuosité et du backschich que le vicomte leur octroya, trombones, pistons et trompes se retirèrent, pour laisser la place à une autre musique impériale, mais indigène celle-là par ses instruments comme par son répertoire. Sur de longues flûtes en bambous, les artistes exécutent des modulations fort savantes et vont jusqu'à imiter le son des cloches sonnant à toute volée. Cependant deux d'entre eux, tout en continuant de jouer, esquissent des pas de danse ; puis l'un monte à califourchon sur l'autre et le renverse, sans cesser de tirer des sons de son instrument ; les autres s'accroupissent et jouent en sautillant comme des grenouilles. Tant de mélodie et d'acrobatie leur valut trois thalers de backschich et ils partirent en chantant la générosité du Frendji. Ces deux musiques, déclare M. du Bourg dans son journal, l'une civilisée, l'autre barbare, sont tout un symbole. Ne représentent-elles pas mieux que tout le reste l'état de cet empire civilisé à la surface, en moins d'une génération, par la volonté d'un homme, mais demeuré barbare en profondeur, par l'inertie de la masse, et pour de longues années peut-être ?

Mais le surlendemain 1er janvier, on se fût cru dans une ville d'Europe : car à Addis-Ababa aussi sévit l'usage des réceptions officielles. A la première heure, M. du Bourg avait reçu la visite de M. Ilg, venant le saluer et lui porter les vœux de l'empereur. Sortant pour rendre au ministre sa politesse, M. du Bourg vit les rues d'Addis-Ababa sillonnées d'Européens en costume de cérémonie qui allaient se congratuler les uns

Gembjia, jeune fille galla du Choa.

les autres. Tous les colons français en particulier, avaient tenu, en l'absence de M. Lagarde, à venir saluer notre consul M. Roux. M. du Bourg éprouva en cette circonstance combien cette formalité revêt un caractère nouveau à des milliers de lieues de la grande patrie : au lieu d'être ici la corvée officielle, dont on se débarrasse à la hâte comme d'une tâche fastidieuse, c'est simplement une occasion de se compter et de se grouper dans l'amour commun de la patrie.

Chez M. Ilg, qui recevait en grand costume, chamarré de dorures et de décorations où se distinguait la Légion d'honneur, M. du Bourg vit défiler toutes les colonies étrangères, le consul russe, M. Orlof, et M. Colli, gérant les affaires de la légation italienne en l'absence de son chef,

M. Ciccodicolla. L'ambassadeur anglais, colonel Harrington, était également absent. Mais le plus curieux était la colonie arménienne. Guidés par leur doyen, vieillard à la longue barbe blanche, tous maigres, le teint verdâtre et l'aspect maladif, ils se présentaient dans des tenues extraordinaires et semblaient avoir collectionné tout le bric à brac d'un chiffonnier Européen : les uns, sans faux-col, entouraient leur cou d'une cravate noire ; d'autres avaient leur maigre torse revêtu d'un maillot de cycliste. Ils s'avançaient ainsi en une longue et pitoyable théorie.

Ce 1er janvier Européen devait avoir quelques jours après son pendant abyssin. Noël est une grande fête en Abyssinie (1) ; Ménélik a l'habitude en cette occasion de grouper autour de lui le plus grand nombre de ses vassaux. Le 3 janvier arrivait le ras Makonnen. On lui fit une entrée triomphale. M. du Bourg et son compagnon se rendirent sur la route de Harar pour y assister. Le ras arrivait à la tête d'une escorte de 1.500 hommes. Monté sur une belle mule jaune, entouré de chefs aux burnous de soie, le fusil au poing, et de la masse de ses soldats, il s'avançait dans un appareil imposant. Ménélik avait envoyé à sa rencontre sa musique européenne et ses meilleures troupes... commandées par M. de La Guibourgère, définitivement reconcilié avec le négous et tout glorieux derrière un bouclier lamé d'or sur fond de velours bleu que lui avait donné Ménélik le matin même. « Arab Pacha », comme on l'appelait ici, commandait trois compagnies, dont deux étaient habillées à la moderne, d'étoffe *kakhi*. Il s'avançait fort noblement à leur tête, semblant indiquer par son attitude qu'il avait pour sa part oublié les dissentiments qui jadis avaient pu le séparer du ras. Quand il fut à bonne distance, il fit un signe et la musique entonna la Marseillaise. Les sons cuivrés attirèrent sur elle l'attention du vicomte. Quel ne fut pas son étonnement en constatant que les musiciens, ainsi que toute une compagnie d'hommes d'armes, portaient des masques, comme pour le carnaval : nez démesurés, têtes de chien et de coq, chapeaux de polichinelles, casquettes comme il en apparaît le soir sur nos boulevards extérieurs, surmontaient soldats et musiciens ; d'aucuns portaient même perruque. Cette mascarade ajoutait au caractère étrange et un peu sauvage de la scène. La foule était accourue en masse faire accueil à son ras favori, l'air retentissait d' « Addo Cheva » enthousiastes poussés par dix mille poitrines et nos voyageurs, noyés dans la foule, regardaient le spectacle mouvant, un peu abasourdis par le bruit et

(1) Les Abyssins schismatiques célèbrent la fête de Noël le 7 janvier.

par les cris rauques et exotiques qui se mêlaient dans l'air aux accords de notre chant national que la musique jouait imperturbablement.

Près des portes de la ville, M. Ilg se tenait, représentant l'empereur. A sa vue, Makonnen mit pied à terre et les deux hommes se saluèrent fort cordialement; puis, en conversant, ils rentrèrent tous deux dans la ville. Mais celle-ci ne reprit pas son aspect ordinaire avant la nuit : longtemps encore elle retentit de cris de joie et de coups de feu. C'était comme un prologue des réjouissances de Noël, comme une première fête nationale.

Le Noël abyssin avait lieu le surlendemain, le 7 janvier. A cette occasion, Ménélik offrait un banquet à son peuple.

« Ne manquez pas d'assister à la fête, avait recommandé M. Trouillet à M. du Bourg. C'est une des plus belles cérémonies abyssines, une des plus caractéristiques et des plus aptes à renseigner l'ethnographe sur les mœurs du pays. »

Au reste, le vicomte avait reçu pour lui et pour son compagnon une invitation à assister au banquet, ou *guébeur*. Il ne manqua pas de s'y rendre, et nous laissons la parole à son journal de voyage pour la description de la fête.

« *7 janvier*. — Nous nous rendons au Guébi pour assister au guébeur que l'empereur offre à son bon peuple. Jadis la cérémonie se passait en familiale simplicité : le peuple mangeait bruyamment, pendant que l'empereur s'entretenait avec les Européens. Mais aujourd'hui l'ère est venue du cérémonial et du protocole. Aux mets abyssins ont succédé sur la table impériale les plats accommodés à l'européenne, sauf quelques exceptions, et toute la solennité, qui dure une journée entière, est réglée à l'avance par les fonctionnaires du palais. Il y a trois repas distincts : celui de l'Empereur que partagent les grands chefs et le corps diplomatique, — celui des autres Européens, — enfin celui du peuple.

La cérémonie se passe dans l'*adérache*, sorte de grand hall, qui, de loin, donne l'impression de docks, et où, naguère, le commandant Marchand fit manœuvrer ses hommes devant l'empereur. Il a environ soixante mètres de longueur, sur trente de largeur et quinze de hauteur. Tout autour du bâtiment, auquel on accède par des ruelles, grouille une foule bruyante, qui attend le moment d'entrer. Je m'y fraye difficilement un passage, malgré le respect que l'on me manifeste à l'ordinaire. Des musiciens, çà et là, jettent dans l'air des sons discordants ou frappent comme des sourds sur des tambourins. Quelle cacophonie ! et que doit penser le petit Jésus abyssin ?...

Je pénètre enfin dans l'adérache. L'impression qu'il donne à l'intérieur n'est point faite pour effacer celle que j'ai ressentie au dehors. C'est bien un grand hall, qui pourrait sans crime contre l'art être utilisé comme magasin. Deux séries de colonnes partagent l'édifice en trois nefs : celle du centre est de beaucoup la plus large. Au fond de cette nef centrale, séparés du reste par une espèce de portique, sont le trône et la table impériale. A gauche de ces objets sacrés sont les deux tables du corps diplomatique et de la colonie européenne, à droite, celles des grands et des petits chefs. Les murs sont couverts de papiers de couleurs, qui varient avec les panneaux : ici, des étoiles d'or sur un fond bleu, là, des lions noirs sur un fond rouge, plus loin, des fleurs blanches sur un fond rose. Des peintures à la chaux, œuvres d'Indiens, décorent certains panneaux et les colonnes. Les fenêtres, généralement ogivales, laissent passer peu de jour : elles sont d'ailleurs pour la plupart garnies de vitraux de couleur. Aussi comprend-on la présence d'énormes lampes à pétrole, qui éclairent la nef centrale. Les bas côtés comportent des lampes plus modestes, qui ont la forme de nos réverbères.

La foule a déjà pénétré en grande partie : c'est un grouillement inexprimable, aux teintes neutres, où ressortent les chamas éclatantes et les chemises de soie des distributeurs de victuailles. Je m'avance à travers la foule, moins bruyante ici qu'à l'extérieur, vers le trône. Superbe, par ses dimensions et sa richesse, c'est un cadeau du président Félix Faure. La renommée veut qu'il ait coûté 40.000 thalers. Il forme un carré d'environ 4 m. 50 de côté. De solides colonnes dorées, couvertes d'étoffes rouges et vertes (ce sont là les couleurs éthiopiennes), supportent un dais très lourd. Le négous est assis, suivant sa coutume, à la turque, au milieu d'un amas de coussins et d'étoffes éclatantes. Devant lui, la petite table couverte d'une nappe supporte un bouquet de fleurs. Les ras, vêtus de burnous noirs et de chamas à bandes vertes, mangent à droite. De temps en temps, l'un d'eux se lève pour venir faire sa cour et causer avec le négous. Le plus empressé est, de beaucoup, le ras Makonnen. Seul, parmi les grands chefs, Loulseguat pourrait rivaliser d'obséquiosité avec lui. Au contraire, Birou se dérange peu souvent et mange en silence.

A côté des ras, je remarque des personnages qui semblent encore plus honorés. Il y en a de tous les âges. Je m'enquiers : ce sont les *wag-choums*. Il sont tous de race royale, mais ont abdiqué toutes leurs prétentions en faveur de la descendance de Salomon. Ils ont le pas sur les ras, le droit exclusif de s'asseoir devant l'empereur, et des terres dont ils touchent les revenus. Mais ils n'ont aucun pouvoir politique, aucune influence sur les affaires de l'empire. Ajoutez à cela une nuée de pages qui font le service : ce sont les fils de grands personnages élevés à la cour, ou de chefs tués à la guerre et de qui le négous a assumé la tutelle.

Je vais saluer Ménélik, qui d'un geste m'invite à prendre place à la table des Européens, derrière celle du corps diplomatique. J'y trouve plusieurs français, MM. Savouré, Comboul, de la Guibourgère, Trouillet, etc. De la table diplomatique, M. Roux m'envoie un gai salut. Je m'attable et je regarde. Suis-je bien en Abyssinie? Le service est fait entièrement à l'européenne : la table, fort bien servie, est garnie de fleurs.

Le dressage seul a coûté plus de peine que l'organisation de tout le reste du banquet : c'est que Ménélik tient à laisser une bonne impression aux Européens. Aussi a-t-il donné des ordres sévères à l'Arménien qui joue auprès de lui le triple rôle de cuisinier, de jardinier et... de médecin. Voici le menu qu'il nous a servi :

SOUPE AU RIZ
CARRÉS DE BŒUF AUX POMMES DE TERRE
« DORO-DABO »
COTELETTES AUX RADIS
HARICOTS VERTS A LA VIANDE DE MOUTON
OMELETTE A L'OIGNON
« TEBS »
MACARONI AU JUS DE VIANDE
SALADE

De la salade! Que dirait mon boy Jean? que c'est la profanation des mœurs ancestrales et la fin de l'Abyssinie!... Comme boisson, du café, de l'araki, un tesch fort alcoolisé, du Bordeaux passable et du mauvais Champagne. On remarquera que seuls deux plats abyssins figurent au menu ; encore est-ce parce qu'ils ont l'ordinaire faveur des Européens séjournant en Abyssinie. Le « doro-dabo » est une sorte de pain de poulet très pimenté. Les « tebs » sont des morceaux de bœuf grillés et saupoudrés de fiel de bœuf séché. L'empereur nous a gracieusement fait mander qu'il nous était loisible de fumer.

Mais Ménélik a terminé son repas. C'est maintenant au tour des soldats et de la foule. Tous se précipitent pour avoir leur part du festin, et les prêtres ne sont pas les moins avides. La distribution se fait en bon ordre : la foule est introduite par un côté et sort par l'autre ; des *balderabas* (introducteurs) règlent entrées et sorties à coups de baguette. On donne à chaque convive une galette et un couteau, avec lequel il va se tailler une part dans les énormes quartiers de bœuf qui sont non loin. D'autres domestiques distribuent de grandes cornes, pouvant contenir deux litres ; les convives vont les remplir à de grandes urnes de tesch, qu'approvisionnent sans cesse des tuyaux partant d'un grand réservoir situé à l'extérieur.

Cependant la musique impériale est entrée et joue la Marseillaise. Les flûtes lui succèdent, puis des clairons qui jouent la « Casquette du

Tadjaout, femme abyssine du Godjam.

père Bugeaud », enfin des trompes qui produisent une musique digne de nos mail-coach. Le vacarme est épouvantable, l'animation à son comble, la chaleur étouffante. On distribuera dans la journée plus de quinze mille galettes et la viande de soixante bœufs....

Je me retire enfin. Ménélik, qui est ici depuis huit heures du matin, y restera jusqu'au soir, présidant aux agapes de son peuple et recevant les hommages de ses lieutenants. Tous semblent porter une affection sans borne à leur « Djan Hoy ». Mais qu'on ne s'y trompe pas : cela est pure cérémonie. Ces hommes, à qui il cause doucement, gaîment, Ménélik les sait sans cesse prêts à la révolte et il ne les tient que par son énergie et sa vigilance. Ne raconte-t-on pas que dernièrement le dedjaz Agostafari, du Tigré, ayant prononcé des paroles compromettantes fut mandé par l'empereur, qui le reçut en souriant, l'admit à sa table, puis, au dessert, lui fit mettre les fers et lui offrit le gîte dans les cachots impériaux. Parmi tous ces courtisans empressés et obséquieux, quel est le conspirateur de ce soir et le condamné de demain ?.... »

Combien de disgrâces en effet, depuis que notre voyageur écrivait ces lignes prophétiques !

Déjà M. du Bourg préparait doucement son expédition future. Des colis lui arrivaient de France : un jour il était à la douane pour en retirer quelques-uns, quand un mouvement inusité se produisit parmi les employés. C'était Ménélik qui venait à la douane, entouré des ras Waldé Gorghuys et Makonnen, pour inspecter une mitrailleuse qu'on lui envoyait d'Europe. Sa Majesté aime toujours regarder le fonctionnement des armes : il exigea que l'on démontât l'engin complètement, s'amusa lui-même à faire fonctionner un ressort à boudin, consulta M. du Bourg, lui demanda si l'on faisait mieux actuellement en Europe, et sur une affirmation rassurante de celui-ci, se retira satisfait. En partant, il renouvela à l'explorateur la promesse qu'il lui avait déjà faite de lui donner toutes les autorisations pour son expédition future.

« Je t'ai donné ma parole, et la parole de Ménélik ne se perd pas, — bien que, ajouta-t-il en riant, de nombreux objets se perdent à Addis-Ababa. »

M. du Bourg était payé pour le savoir. Il n'était pas de jour qu'un objet ne disparût de sa demeure. Et il était perdu sans rémission, enfoui à tout jamais... dans la poche, sans aucun doute, de l'un de ses fidèles serviteurs. Les disparitions et les vols sont tellement abondants en Abyssinie que le peuple, peu confiant dans le gouvernement, s'en remet à la superstition pour les retrouver. De là vient l'institution du *liebacha*. Les liebachas sont des personnages sacrés, dont la mission sur cette terre est de trouver les objets perdus ou volés : ils sont les Saint-Antoine de l'Abyssinie, Saint-Antoine éphémères et humains. Il y a deux liebachas à Addis-Ababa, sans compter les apprentis. Ayant « perdu » un revolver, M. du Bourg fit venir un de ces derniers pour le voir opérer. Le liebacha vint avec un de ses jeunes aides. Tous deux couchèrent dans la maison de M. du Bourg, formalité indispensable. Le lendemain matin le liebacha administra à son aide un breuvage d'herbes macérées dans du lait qui le devait rendre clairvoyant. Aussitôt le jeune homme se mit à fureter, puis, arrivé à l'endroit où se trouvait naguère le revolver, il fit le simulacre de prendre un objet, puis sortit de la maison d'un bon pas.

« Suivons-le, déclara le liebacha, il va refaire toute la route qu'a suivie le voleur. »

Ainsi fit M. du Bourg; après bien des détours le jeune illuminé arriva au marché et s'arrêta.

— Ton voleur, déclare le liebacha à M. du Bourg, est ici.

— Grand merci du renseignement. Mais il y a là pour le moins mille personnes. Laquelle recèle mon revolver?

Ceci n'était plus de la compétence du liebacha : il avait conduit le volé dans le lieu où se trouvait le voleur, il n'avait plus qu'à recevoir son salaire et à partir, laissant notre voyageur fort édifié.

« Rassurez-vous, lui dit au retour M. Trouillet; vous en êtes encore quitte à bon compte. Soyez heureux en songeant à l'aventure de M. X... personnage russe au service du négous. Celui-ci lui avait confié une somme d'argent pour l'exécution de travaux quelconques. Quelques jours après, M. X... se présente à Ménélik : la somme a disparu dans la nuit. On fait aussitôt venir un liebacha, qui, après l'accomplissement des rites ordinaires, déclara que le voleur était... M. X... lui-même. Jugez du scandale! »

Pourtant M. du Bourg se persuada que les liebachas pouvaient rendre des services. D'abord, couchant dans la maison du vol, faisant causer le personnel, s'enquérant des domestiques renvoyés, de ceux qui ont une mauvaise réputation, ils peuvent ainsi mener une enquête qui, sans fantasmagorie, leur indique la piste du coupable. Et puis, la crainte superstitieuse qu'ils inspirent à la grande majorité des Abyssins a empêché bien des vols. L'empereur l'a compris et il n'a pas semblé à M. du Bourg, malgré les affirmations de M. Michel dans son beau livre « Vers Fachoda », que Ménélik ait jamais songé à supprimer cette institution.

Les usages antiques de l'Abyssinie témoignent d'une vieille civilisation, dont le fond subsiste sous le mince vernis de modernisme que Ménélik lui a donné. Vieille civilisation, en effet, et dont le représentant de la Russie, M. Orlof, montra un curieux specimen à M. du Bourg. C'était un dyptique, dont un panneau représentait la Vierge portant l'Enfant sur ses genoux. Elle est de face et ouvre de grands yeux blancs. Sur l'autre panneau est peint Jésus en croix ; deux hommes lui percent le flanc : tout, dans leur costume comme dans leur type, dénonce des Portugais. Il est remarquable que sur cette peinture tous les personnages antipathiques sont représentés de profil. Une assez belle figure d'homme pleurant le Christ est particulièrement à noter. Le fond, avec une lune très rouge et un ciel très bleu semé d'étoiles et de comètes, est d'une exécution enfantine. Ce chef-d'œuvre abyssin doit être vieux d'une soixantaine d'années.

Les collections de M. Orlof étaient très riches et faisaient les délices de M. du Bourg : les vieux missels y voisinaient avec les poignards antiques. Mais le plus curieux était une bande de parchemin, large de dix centimètres et longue de trois mètres, qui n'était rien moins qu'un passeport pour le paradis. Il portait des vœux manuscrits adressés à saint Paul et à un certain nombre d'autres saints et était destiné à la tombe du mort que l'on devait ainsi recommander à Dieu. C'est là, parait-il, une recette jugée fort efficace en Abyssinie. Les prêtres coptes vendent ces parchemins très cher.

— Où avez-vous trouvé toutes ces richesses sacrées? demanda M. du Bourg à M. Orlof.

— Non point à Addis-Ababa, où les églises, comme tout le reste de la ville, sont neuves, mais à Entotto et dans les vieilles capitales de l'Abyssinie. Il y a là des trésors archéologiques et des monuments aussi curieux que peu connus. Allez donc les voir.

M. du Bourg se promit bien d'aller visiter ces vestiges du passé. Pour l'instant, il devait, sur l'invitation de Ménélik lui-même, se rendre à la nouvelle ville qu'il bâtissait, Addis-Alem. (1) La visite avait été fixée au 12, parce que le 11 était un samedi et que c'est là le jour du grand marché, où personne ne quitte la ville.

Ce marché, M. du Bourg l'avait déjà vu deux fois. Il était considérable et bien ordonné. Les marchandises y étaient classées par catégories : abou-djedid, coton, graines diverses, objets forgés, selles et brides, etc., etc., dans un coin, des paquets de courbaches, l'instrument de punition par excellence des Abyssins. A côté de cela, les denrées ordinaires de tout grand marché abyssin, céréales, café, tabac, etc. sans compter les bêtes de somme, M. du Bourg remarqua le nombre extraordinaire des orfèvres : ils vendaient des croix en argent, des colliers, des boucles et des chaînes, et surtout des amulettes. Les bijoux faits d'un vil métal, pourvu qu'ils fussent dorés, étaient préférés aux bijoux en argent. Le travail en était

---

(1) Le mot *addis* que l'on trouve dans Addis-Ababa, Addis-Alem, Addis-Harar, etc., signifie *nouveau*.

d'ailleurs grossier et peu original ; c'était des modèles arabes ou hindous, que les artisans abyssins avaient maladroitement recopiés.

Le plus curieux était le marché aux chevaux. Il rappela à M. du Bourg les marchés de la Hongrie : des Abyssins et des Gallas, pour séduire les clients, faisaient galoper leurs bêtes par-dessus les caniveaux et les fondrières de la place, en les criblant de coups de courbache et en se démenant comme de beaux diables. Certaines bêtes, des rosses dont le propriétaire voulait se débarrasser à tout prix, et qui galopaient ainsi depuis le matin, semblaient à bout.

Voici quelques prix que le vicomte nota au cours de sa promenade :

Ivoire . . . . 125 thalers les 16 kg.800 (une *frazela*).
(Le thaler valait alors 4 barres de sel ou 2 fr. 50).
Civette. . . . 2 thalers les 28 grammes (une *okiette*).
Or. . . . . . 35 thalers les 28 grammes.
Abou-djedid . 90 thalers les 20 pièces (une *corredja*).
Blé. . . . . . 1 thaler les 75 kgs (20 *kounas*). (1)
Orge. . . . . 1 thaler les 90 kgs (24 *kounas*).
Moutons . . . 2 à 4 thalers selon la grosseur.
Bœufs . . . . 15 à 25 thalers.
Café . . . . . 3 thalers la frazela.

Les transactions se font avec une lenteur désespérante. Depuis deux heures, M. du Bourg circulait dans le marché, quand il remarqua qu'un Abyssin qu'il connaissait un peu n'avait pas, pendant tout ce temps, changé de place.

— Que fais-tu là ? lui demanda-t-il.

— Je « guette » un bœuf.

— Pourquoi ne le marchandes-tu pas ?

— Il est trop tôt ; il faut que le marchand se *désespère*, pour que j'obtienne un bon prix.

— Et si ton bœuf se vend avant que tu le marchandes ?

— Eh bien ! j'en guetterai un autre...

(1) La *kouna* vaut 3 kil. 750 environ.

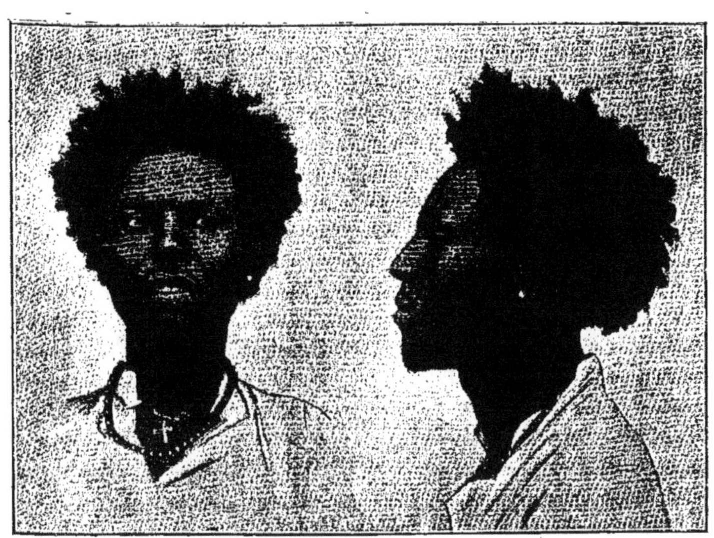

Tayé, Abyssin du Tigré.

# CHAPITRE XI

## Addis-Ababa

*(Suite)*

EXCURSION A ADDIS-ALEM. — LA REPPRESENTANZZA ITALIENNE. — LE NÉGOUS A ADDIS-ALEM. — LA QUESTION DU BOIS EN ABYSSINIE. — PROCESSION DE TABLEAUX SACRÉS : LA CÉRÉMONIE DU TEMKATT. — CHEZ MAKONNEN. — EXCURSION A ENTOTTO. — M. ILG : ANECDOTES SUR MÉNÉLIK. — L'ÉGLISE PORTUGAISE. — ARRIVÉE DE M. BRUMPT : RÉCIT DE SON VOYAGE. — LES PLANS DE L'EXPÉDITION FUTURE. — L'ANNIVERSAIRE D'ADOUA. — ADIEUX A MÉNÉLIK ET A M. ILG. — M. DU BOURG SE SÉPARE DE M. D'ANNELET. — EN ROUTE VERS LE LAC RODOLPHE.

Le 12 janvier, M. du Bourg se mettait en route avec M. d'Annelet, pour Addis-Alem, l'excursion qu'il avait projetée sur la double invitation de M. Colli et du négous. Addis-Alem est la ville de l'avenir dans le Choa, de même qu'Addis-Ababa est la ville du présent, Entotto et Ankober celles du passé.

La route se fit rapidement et joyeusement, dans une région qui, à mesure que l'on s'éloignait d'Addis-Ababa, perdait son caractère de monotonie et de dénudation, pour devenir plus accidentée, plus boisée, plus pittoresque. Avec ses vallées aux pentes rapides, ses bombements basaltiques, semés de grasses prairies et de riches forêts, cette région apparut au vicomte comme le véritable Choa, le Choa légendaire, frais et gras, dont tous les premiers explorateurs de l'Abyssinie, et particulièrement Borelli (1), se sont plu à peindre l'aménité, en contraste avec l'aridité de l'Afar qui est à ses pieds. M. du Bourg se demandait si la présence des forêts dans cette région et leur absence dans les environs d'Addis-Ababa, résultaient d'un phénomène naturel ou du déboisement systématique auquel se livrent volontiers les Abyssins. Une enquête discrète parmi les hommes de son escorte l'assura que la seconde hypothèse était la bonne : il fut un temps, assez proche encore, où les environs d'Addis-Ababa comportaient des forêts ; et donc, un temps viendra, peut-être peu éloigné, où Addis-Alem perdra sa ceinture de frondaisons, et sera, elle aussi, entourée d'une couronne de cîmes chauves et dénudées.

En attendant, le site était frais et agréable, et M. du Bourg ne put que féliciter M. Colli, en l'absence de M. Ciccodicolla, d'avoir songé à y édifier la nouvelle résidence des représentants italiens, la *Reppresentanzza*, comme ils disent. Quand le vicomte le visita, le nouvel édifice était presque achevé : se dressant sur une hauteur dont les pentes avaient été transformées en une belle pelouse, solide, massif et somptueux, il présentait toutes les commodités du confort de nos régions, adaptées aux nécessités de la vie abyssine. Encore, à ces altitudes, le climat est-il si près du nôtre que ces modifications étaient fort peu de choses. Salon officiel, salle à manger de gala, appartements particuliers, bureaux, infirmerie et communs, M. du Bourg visita tout, jusqu'au tennis. Il trouva partout l'installation fort agréable, et en félicita M. Colli.

— Mais, ajouta-t-il, ce dont je vous complimenterai avant tout, c'est d'avoir donné le bon exemple à nos hôtes, les Abyssins, en faisant toutes vos constructions en pierre.

Tous les murs, en effet, épais d'un mètre (sûre précaution contre la chaleur), étaient en blocs de pierre tendre et taillée, reliés par une sorte de mortier de terre faisant ciment. Plus tard, le tout devait être recouvert de peintures à la chaux.

— Hélas, Monsieur, répondit M. Colli, je crains bien que, sur ce point, notre exemple ne soit inutile. Les Abyssins sont d'enragés consommateurs de bois. Ils mettent une sorte d'amour-propre national à faire emploi de cette matière pour toutes leurs constructions. Cela les

(1) *Borelli. L'Ethiopie méridionale,* Paris, 1890, gr. in-8°.

distingue des Gallas et des Somalis, qui se servent de paille, de branchages, de terre et de torchis. Au reste, nomades encore dans leur sédentarisme, ils aiment à changer la place de leurs villes et de leurs capitales; ils ne construisent pas pour l'éternité, et le bois, mieux que la pierre, convient à leurs mœurs : il est abondant et d'un prix modique; au contraire, dans cette contrée basaltique, la véritable pierre à bâtir est rare et chère. Ici, toutefois, elle est particulièrement abondante. Pourtant les dépenses que nous prévoyons dépassent 300.000 francs.

M. Colli avait prononcé ces derniers mots non sans orgueil, et M. du Bourg se rendit bientôt compte que les Italiens mettaient dans cette construction somptueuse un espoir politique, voulant ainsi montrer aux Abyssins leur capacité de faire grand et de dépenser beaucoup, même après Adoua.

— Mais, disait le vicomte, en certains points, l'argile abonde. Ne saurait-on leur apprendre à faire des briques et à éviter ainsi de grandes dépenses sans détruire leurs forêts et ruiner leur pays.

— L'Abyssin, répondit M. Colli, malgré la réputation de révolutionnaire et de civilisateur que lui donne son chef, est avant tout respectueux de la tradition. Il restera fidèle à la ruineuse pratique du déboisement, comme il s'attache à toutes les coutumes religieuses et familiales de ses ancêtres. Voyez Ménélik lui-même : son *guébi* d'Addis-Ababa est en bois. Il en fait construire ici un nouveau : il est de bois encore, pour la plus grande partie.

Ce nouveau guébi, M. du Bourg devait le visiter deux jours après, le 14 janvier, en compagnie de l'empereur. Celui-ci arriva en effet le matin d'Addis-Ababa. Sa tête, recouverte à son ordinaire d'une gaze blanche, était surmontée d'un chapeau de feutre gris à larges bords. Il portait un pantalon et une chemise blanche, très simple, et un grand burnous de soie noire. Il s'appuyait sur une longue canne à poignée d'argent, qui rappela à M. du Bourg celles des marquis de Louis XIV. M. du Bourg saisit l'occasion de le photographier : Sa Majesté se prêta à l'opération en homme qui en a depuis longtemps l'habitude et n'est point sans y trouver quelque plaisir. Puis il tendit la main à M. du Bourg et l'invita à le suivre dans l'inspection qu'il voulait faire des travaux. Celui-ci ne put s'empêcher de remarquer, pendant toute la visite, la manière superficielle et quasi-enfantine, dont le négous regarde les choses : il s'arrête au premier détail qui le frappe, détail parfois futile, et la plupart du temps les traits essentiels lui échappent. Car, malgré son intelligence, il n'a pas en lui les qualités héréditaires que donnent à une race de longs siècles de civilisation. Il manque d'idées générales, note excellemment notre voyageur, et de cette faculté d'abstraction qui nous fait trouver à nous le fond des choses. Sa vue, pourtant rapide et perspicace, n'en parcourt encore que la surface.

On visita donc le guébi provisoire et les fondations du guébi futur. Le guébi provisoire, entouré de palissades en bois, est une vaste toucoul aux murs en bois, surmontée d'une charpente couverte de chaume. Il parut à M. du Bourg sale et mal tenu. Les poutres et les madriers, mal équarris, étaient peints en bleu et en rouge. Au milieu de la pièce était un vaste brasero de terre cuite ; le plus beau meuble était un lit anglais en cuivre doré, aux couvertures horriblement bariolées et aux rideaux blancs suspendus à des piquets en guise d'écran.

Le nouveau guébi, doit, ô merveille ! avoir des fondations et de gros murs *en pierre*. C'est qu'il est fait sur les plans de M. Fallex, ingénieur suisse. Les murailles, qui à cette époque commençaient seulement de sortir de terre, étaient épaisses de plus d'un mètre. Murailles étranges d'ailleurs, composées de deux petits murs parallèles entre lesquels les ouvriers entassaient pierres et matériaux de toute sorte pour faire le remplissage. On conçoit que ces masses surajoutées, loin de donner de la solidité, devaient, dans un temps plus ou moins long, amener l'écartement des deux murs parallèles. Cette énorme construction devait être carrée, flanquée de quatre tours et fort massive. Mais, si le gros œuvre était en pierre, tout le reste était en bois. M. du Bourg voyait de toutes parts des Gallas porter de grosses poutres et d'énormes madriers aux ateliers où des ouvriers hindous les sculptaient. Certaines de ces sculptures, faites dans le genévrier et le thuya, semblèrent au vicomte assez fines. Mais ce qui retint surtout son attention, ce fut l'énorme dépense de forces humaines qui se faisait là sans compter. A certains jours, on employait jusqu'à 20.000 ouvriers. Ce sont des Gallas, qui, d'après la loi de la conquête, sont corvéables à merci. Tous travaillent en silence, résignés. M. du Bourg se croyait transporté au temps de la féodalité, que la constitution politique du pays rappelle sur tant de points, et même à l'époque plus lointaine où des milliers de vies égyptiennes s'épuisaient à édifier les monuments gigantesques de la gloire des pharaons.

Le 15 janvier, M. du Bourg revenait à Addis-Ababa. Il ne voulait pas manquer, en effet, une fête caractéristique du pays, qui devait avoir lieu trois jours après : le *Temkatt*. C'est le renouvellement annuel de la cérémonie du baptême. Comme les anciens, les Abyssins sentent le besoin de se purifier chaque année : la rémission de la faute originelle, qui leur fut donnée à leur naissance, ne suffit pas pour les maintenir dans l'état de pureté ; chaque année, au jour de la Circoncision, ils reçoivent à nouveau le baptême. A Addis-Ababa cette purification se pratiquait comme au temps de Jean-Baptiste : les habitants venaient sur les bords de la rivière Kébana et se purifiaient en se plongeant dans l'eau sous la bénédiction des prêtres.

La veille, à quatre heures du soir, M. du Bourg voit passer devant la maison du consulat une foule considérable escortant en grande pompe

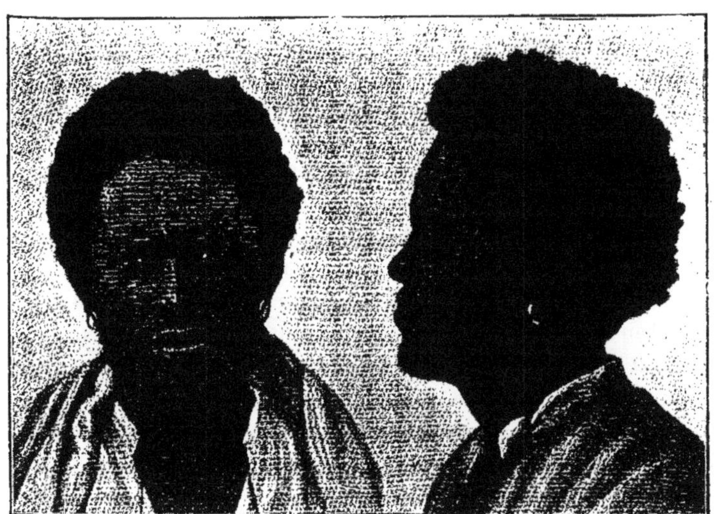

Ato Tchérinet, Abyssin du Tigré.

des objets pour lesquels elle semble éprouver une grande vénération. Ce sont les *tabots*, les tableaux sacrés de toutes les églises, que l'on porte ainsi vers le lieu de la purification. Notre voyageur et M. d'Annelet emboîtent aussitôt le pas à la procession. Les prêtres portant de grands manteaux aux couleurs crues, mauve, violet, rouge, vert, sont chamarrés de dorures. Ils ont sur la tête des couronnes et des tiares énormes et étincelantes. Mais tout cela, déclare M. d'Annelet, donne l'impression du « toc » et d'un luxe de bazar. Peu importe aux Abyssins qui font volontiers mentir le proverbe et imaginent sans difficulté que tout ce qui brille est or. Les prêtres s'abritent sous des ombrelles bariolées et les tableaux eux-mêmes sont surmontés de dais en velours grenat et vert. Le vacarme est intense : coups de fusil, tintements multiples de cloches et de clochettes, tambourins frappés à tour de bras, you-yous des femmes, hurlements variés des hommes, rien ne manque à la cacophonie. M. du Bourg éprouve une certaine peine à se persuader qu'il assiste à une fête religieuse et que l'espèce de danse du scalp qu'il contemple au milieu du hourvari, se fait en l'honneur du même Dieu, qui, dans nos cathédrales, reçoit l'encens discret, les gestes lents des prêtres et le son grave des orgues.

On arrive à la Kébana. Des tentes se dressent là, en aussi grand nombre qu'il y a d'églises. Il y a la tente de Meryem (Marie, Notre-Dame), de Gorghuys (Saint-Georges), Sahlassié (le Sauveur), Rouquel (Saint-Raphaël), Mikhaël (Saint-Michel), Gabriel et bien d'autres. On installe les tableaux dans la tente qui leur est destinée ; puis prêtres et hommes du peuple s'installent sur la rive pour passer la nuit, sous les étoiles. Demain, à la première heure, on procédera au baptême. Une nuit en plein air n'avait plus pour nos voyageurs le charme de la nouveauté : ils s'en retournèrent donc coucher à Addis-Ababa, se promettant de revenir à l'aube, avec le négous, qui, lui aussi, couchait dans son guébi.

Le lendemain matin, M. du Bourg se trouvait déjà sur la route de la Kébana, quand le cortège impérial le rattrapa. Le négous était entouré de ras et de dedjaz, Makonnen, Tessama, Waldé Gorghuys, Loulseguat, Birou etc. Makonnen se distinguait de ses voisins par la simplicité voulue de son costume. Tous les représentants des puissances sont là et la musique européenne, et les flûtes indigènes, et les soldats aux masques grotesques que le vicomte avait déjà remarqués lors de l'entrée de Makonnen. Les soldats de M. de la Guibourgère, en khaki, marchaient au premier rang de l'escorte et leur chef caracola gracieusement en passant devant M. du Bourg, qui s'était placé sur le bord de la route en spectateur.

Dès l'arrivée de l'empereur, la cérémonie commence. L'*Abouna* (1) Pietros donne la bénédiction et encense l'empereur, puis la foule. Les prêtres alors se mettent à asperger la cour et le peuple, qui défilent. La plupart descendent dans le lit de la rivière. La mule elle-même de Ménélik doit accomplir cette cérémonie. Les représentants Européens sont abondamment aspergés : M. Colli, en particulier, est trempé. L'empereur, purifié, va s'asseoir sur un tertre ; les tabots, purifiés eux aussi, sont rangés autour de lui. Alors commencent les danses sacrées de

(1) Patriarche.

tous les prêtres, groupés par église. Une foule, dépassant 25.000 personnes, se presse autour des danseurs : les *afgaris* ont bien de la peine à maintenir le cercle à coups de trique. Les danses consistent en mouvements lents et onduleux que les danseurs exécutent sur la pointe des pieds et les jambes légèrement fléchies. Cependant d'autres prêtres encensent sans interruption.

Ainsi finit cette cérémonie, la plus importante de l'année pour un peuple qui est demeuré essentiellement religieux. La religion a toujours été assidûment pratiquée par ce peuple, et lui qui donne si peu de soin ordinairement à ses constructions, a toujours fait une exception en faveur des édifices religieux. C'est l'idée qu'adopta définitivement M. du Bourg, après une excursion qu'il fit le 26 janvier à Entotto, en compagnie de M. Trouillet. Ce qu'il y vit de plus curieux, c'est l'église de Meryem. Une église abyssine ne rappelle que fort vaguement nos églises catholiques. Elle contient plusieurs édifices différents, dont certains ne sont accessibles qu'aux prêtres : en cela du moins elle rappelle les temples de l'antiquité égyptienne, chaldéenne ou judaïque ; comme le temple de Jérusalem, elle comporte une sorte de saint des saints, où les prêtres seuls ont accès. L'église de Meryem, par exemple, est circulaire ; après avoir franchi une première enceinte, on accède par un pavillon carré dans une seconde enceinte ; puis une terrasse se dresse, haute de un mètre, sur laquelle est édifiée l'église. A part est un petit hangar où se trouve la cloche, avec son toit de chaume, il ne rappelle en rien les hauts clochers de nos cathédrales. L'église proprement dite est un monument massif et carré, entouré de deux parvis circulaires. Les fidèles n'ont accès que dans les deux parvis, le carré central est réservé aux prêtres. Les murs en sont couverts de peintures, qu'un rideau protège contre les injures de l'air. Ce sont des peintures abyssines, aux tons criards. On y voit certains portraits de saints, mais la plupart traitent des sujets terribles : on ne voit que diables et démons, cavaliers tuant des mécréants, bourreaux torturant des infidèles, le sang jaillit et ruisselle partout. Le Dieu des Abyssins semble un Dieu terrible et sanguinaire, qui châtie rudement au lieu de convaincre, de pardonner, et qui n'admet que la propagande par la force.

« On comprend mieux, disait M. du Bourg à M. Trouillet, après avoir vu ces tableaux, la croisade rude et conquérante que les sujets de Ménélik mènent depuis quinze ans contre les Gallas, qui ont le tort de n'être point coptes. Les Abyssins sont en quelque manière des missionnaires sanglants. »

A côté de ces peintures sacrées, s'en trouvaient d'autres d'un caractère politique. Ce n'était pas sans quelque intention de diviniser ou tout au moins de sanctifier les maîtres du pays que le portrait de Ménélik voisinait avec celui du Christ au jour de la Cène et que le ras Makonnen se dressait à côté des quatre évangélistes. En sorte que cette église d'Entotto exprime toutes les idées politiques de l'Abyssinie moderne : vénération du pouvoir, conquête et propagande.

« Si maintenant, disait le lendemain M. Roux à M. du Bourg, vous voulez voir l'Abyssinie religieuse d'autrefois, il vous faut visiter la vieille église que nous appelons l'église portugaise. Elle est creusée dans le roc, probablement antique et fort peu connue. »

Malgré le nombre considérable des explorateurs européens qui ont séjourné à Addis-Ababa, bien peu de relations la mentionnent. M. du Bourg est un des premiers voyageurs qui l'aient visitée en détail. L'église se trouve assez près de la ville, dans un site sauvage. Notre voyageur y trouve un vieux Galla, qui demeure non loin et qui veut bien lui servir de guide. Il habite depuis sa naissance la contrée et son témoignagne est trop précieux pour que notre voyageur le néglige. La conversation, donc, s'engage :

— As-tu vu construire l'église ? demande M. du Bourg.

— Comment l'aurais-je pu malgré ma vieillesse ? L'église, m'ont dit mes parents, fut édifiée sous Atié Sérakou, roi de Choa. Depuis, cinq générations, pour le moins, se sont écoulées.

— Fut-elle construite par les Abyssins ?

— Cela est impossible.

— Pourquoi ?

— Tu verras, Frendji, que l'église est creusée dans le roc. Or, les Abyssins savent piocher la terre, mais non point entamer le rocher.

On s'arrête. M. du Bourg n'avait rien vu, et cependant il était à l'entrée de l'église : c'est, qu'en effet, elle est souterraine et ne se signale pas au loin. Est-ce à ce détail qu'il faut attribuer le silence de la plupart des explorateurs à l'égard de ce document si intéressant de la vieille Abyssinie ? Les ruines, enfouies sous la terre, ont été dégagées par les soins de Ménélik. On y trouve un Abyssin, qui soutient, lui, que l'église a été faite par ses compatriotes ; bien mieux, il précise : par un moine qui est allé en Europe et qui en a rapporté le plan.

Serions-nous en présence d'une pâle copie des catacombes ? se demandent nos voyageurs.

Mais le vieux Galla tient à son idée ; lui aussi précise : ce sont des

CHEIK-HOUSSEIN. — Vue d'ensemble du marabout.

Portugais qui ont construit l'Eglise, des Portugais qui se cachaient des Abyssins. Et le soin que le constructeur a mis à dissimuler l'édifice semble lui donner raison. Non seulement le plafond est au ras du sol, mais la façade et l'entrée sont absolument masquées. C'est une église de persécutés.

On pénètre dans l'église : elle a l'aspect d'un édifice catholique, sur un côté se trouve une auge en pierre, qui est habituellement alimentée par une petite source; c'est la première fois, affirme le Galla, qu'il n'y voit point d'eau. Cette auge ressemble étrangement à un baptistère. L'autel a disparu ; mais on voit facilement où il devait se trouver : le fond, en effet, est évidé en forme de niche. Enfin, de l'autre côté, faisant pendant au baptistère, est pratiquée dans le mur une petite niche que nos explorateurs reconnurent à l'unanimité pour un confessionnal. Ils en arrivèrent donc bien vite à se persuader que l'église avait été un temple catholique. Un autre fait confirma M. du Bourg dans cette conclusion.

«Remarquez, disait-il à M. Annelet, le travail de la pierre dans tout l'édifice : cintres, piliers et moulures y sont artistement taillés; le temps et les Abyssins les ont assez respectés pour que nous puissions nous en rendre compte. Or, nous l'avons assez contrôlé, les Abyssins de nos jours ne sont pas experts dans le travail de la pierre, à plus forte raison devait-il leur être étranger à l'époque très ancienne qui vit certainement édifier ce monument. Nous sommes donc devant l'œuvre de coreligionnaires. Sur ces pierres est inscrite l'histoire du catholicisme, jadis florissant dans ces contrées.»

Auprès de « l'église portugaise », et comme pour marquer le contraste entre celle-ci et les églises abyssines, les sujets de Ménélik ont élevé assez récemment l'église de Mikhaël. Elle est édifiée en plein air, ronde de forme, et construite en bois, trois qualités qui la distinguent absolument de l'église portugaise. C'est comme un aveu d'incompétence produit par les Abyssins eux-mêmes.

Cependant le temps passait vite : il y avait plus d'un mois déjà que nos voyageurs étaient à Addis-Ababa. Dans l'intervalle de ses excursions dans la ville et au dehors, M. du Bourg avait peu à peu préparé ses plans pour l'expédition future, les avait soumis à Ménélik et avait obtenu de lui les autorisations qu'il désirait. Il avait naturellement dû supporter les longues discussions qui dans ce pays sont nécessaires pour conclure la moindre affaire, même avec l'homme le plus bienveillant et le mieux disposé. Au cours de ces négociations, il avait fait plus ample connaissance avec le négous et avec son premier ministre. Ces deux figures sont trop importantes et dominent de trop haut l'histoire contemporaine de l'Abyssinie pour que nous hésitions à citer les pages du journal de M. du Bourg qui les concernent et qu'il intitule lui-même :

*Pour ajouter quelques traits aux descriptions courantes en Europe de S. M. Ménélik et de son premier ministre, M. Ilg.*

« Pendant tout le temps de mon séjour à Addis-Ababa, je n'ai eu qu'à me féliciter de M. Ilg. Il est en Abyssinie depuis 24 ans. Ménélik, en ce temps roi du Choa, avait demandé à l'Europe quelques ouvriers mécaniciens. Il s'était adressé au consul français d'Aden. La France ne profita pas de l'occasion qu'on lui offrait de pourvoir quelques compatriotes et d'accroître son influence dans l'Afrique Orientale. Ce furent des Suisses que l'on envoya à Ankober, et leur chef était M. Ilg. Le roi lui demanda de lui monter des usines : M. Ilg lui démontra qu'en l'état des choses c'était une entreprise impossible. Il lui demanda alors de lui fabriquer des milliers de fusils : M. Ilg lui démontra qu'instituer une fabrique d'armes n'était pas une petite affaire. Il calma en somme ses impatiences et l'amena peu à peu à cette idée qu'une civilisation ne s'édifie pas en un jour, mais qu'elle est une œuvre de persévérance, de labeur et de longue haleine. Persuadé, Ménélik résolut d'entreprendre cette œuvre et offrit bientôt à M. Ilg d'être son bras droit dans l'entreprise.

Dans les grandeurs, M. Ilg est demeuré un bon bourgeois helvétique. Il dissimule une finesse certaine sous une bonhomie qui se manifeste à l'égard des étrangers par une hospitalité franche et cordiale. Je me rappellerai toujours les repas auxquels il me convia à la table de Mme Ilg, et où la choucroute nationale formait le plat de résistance d'une cuisine bourgeoise telle qu'on en peut trouver chez un bourgmestre de la Suisse allemande. Il me fournit les renseignements les plus circonstanciés sur l'histoire de l'Abyssinie, sur les mœurs de la nation et surtout sur Ménélik.

Ménélik, quoi qu'on en ait dit, est bien le maître de l'Abyssinie. Son pouvoir ne rappelle en rien celui d'un roi fainéant; il gouverne un empire féodal, mais dont il est le Charlemagne. Ce qui le distingue dans ses rapports avec ses ras comme avec les représentants des états étrangers, c'est une amabilité qui sait toujours rester souveraine et majestueuse, et c'est surtout un imperturbable sang-froid. Au moment du conflit italo-abyssin, le négociateur italien, Antonelli, mécontent de l'attitude de Ménélik à l'égard de l'article 17 du traité d'Ucciali, crut bon de menacer le négous.

— Majesté, lui dit-il, ce que je vous propose est à prendre ou à laisser ; à votre gré, c'est la paix ou la guerre.

— Fais, répond Ménélik, comme il te plaira, la paix ou la guerre, peu nous importe.

— Eh bien ! répond l'Italien, que la froideur du négous exaspère, c'est la guerre. Je pars.

— Tu ne peux pas partir à pied ; je vais te faire donner un bon mulet.

Et il fit comme il disait. Il lui envoya une mule magnifique. Antonelli, furieux, déclare qu'il ne veut rien devoir à Ménélik et donne 50 thalers à l'homme qui lui avait amené la mule pour les remettre au négous. Ménélik ne changea pas de visage devant l'affront. Il dit simplement au porteur :

— Comme pourboire, c'est beaucoup. Mais comme prix d'une mule impériale, c'est vraiment trop peu. Tu as mal compris ; c'est décidément un pourboire. Garde-le.

Jadis le président Grévy, à une époque où dans notre pays on était peu au courant des choses d'Abyssinie, voulut faire un présent à Ménélik et lui envoya des objets choisis comme pour un roi nègre du centre de l'Afrique : un vieux fusil à piston et une boîte à musique. Ménélik ne sourit pas, ne s'emporta pas. Mais il dit à notre représentant :

— Tu remercieras le Président d'avoir gracieusement songé que j'étais grand-père : voilà de merveilleux jouets pour mon petit-fils.

Puis tout en continuant la conversation avec notre représentant un peu interloqué, et sous couleur de lui faire visiter le Guébi, il l'amena doucement devant une vitrine où s'étalaient un grand nombre de fusils modernes de tous les modèles et des canons se chargeant par la culasse :

— Voici, dit-il, mes jouets à moi.

Notre compatriote comprit et en référa à son gouvernement.

— Sa Majesté viendra-t-elle jamais en Europe et en France ? ai-je demandé à M. Ilg.

— Elle en a grande envie et je l'y exhorte. En 1900, au moment de votre Exposition, le voyage était impossible. Peut-être plus tard n'y aura-t-il plus rien qui l'empêche. En tout cas, jamais le négous ne se pliera aux formalités minutieuses du protocole. On ne pourra le traiter comme un souverain Européen. Il aime ses coudées franches et les actes spontanés.

Bien peu d'Européens m'affirma M. Ilg, connaissent son maître, même parmi ceux qui ont écrit des livres sur lui. Pour moi, il m'a semblé que Ménélik avait beaucoup appris de notre civilisation, mais qu'il était un peu comme ces autodidactes, qui ont tout appris par eux-mêmes et sans direction. Il y a forcément des manques dans leur éducation trop hâtive. Il est le souverain très intelligent et à demi-civilisé d'un peuple nullement civilisé et fort peu intelligent. »

Le 18 janvier, M. Brumpt arrivait à son tour dans la capitale de l'Abyssinie. Il avait fait un excellent voyage, très intéressant sur tout son parcours. A partir de Goba, il avait d'abord traversé la grande plaine, dite Baalé, qui s'incline insensiblement de Goba vers Guigner et reconnu le confluent de la Tougana et du Ouebb, point où le fleuve coulait rapidement sur un fond de basalte, dans une vallée très resserrée. Le 12 décembre, il arrivait à Guigner. Il y trouva le dedjaz Woldé Gabriel malade et lui donna ses soins. Puis il reconnut le cours d'un affluent du Ouebb, le Denek, qui sillonne une région couverte d'une abondante végétation d'herbes aromatiques.

Franchissant ensuite le Ouebb, il coupait, à Soddom, l'itinéraire rapidement suivi par la mission entre Imi et Goba. De retour à Guigner le 23 décembre, il en repartait le 26, traversait à nouveau la plaine Baalé, et arrivait a Cheik-Mohamed, marabout isolé construit par les Arabes de Cheik-Houssein et fréquenté seulement pendant le mois d'avril, époque du pèlerinage.

De là il gagna Cheik-Houssein, par une route différente de celle que suivit le voyageur américain Donaldson Smith ; elle traverse trois cours d'eau qui descendent des monts Arablidje et Abdinas et qui contribuent à former le Daré. Le 29, il toucha Cheik-Houssein. Le marabout du célèbre cheik, illustre dans tout le pays, se détachait en blanc sur le fond gris des nombreuses huttes qui l'entourent. Le prêtre gardien du marabout, un certain nombre d'écoliers gallas et même somalis, venus là pour étudier, et quelques familles de pasteurs, vivaient seuls à ce moment là dans ces habitations, qui bientôt devaient regorger de pèlerins et de malades.

De là, M. Brumpt gagna les monts Daro, qui forment une partie de la rive gauche du Ouabi, d'abord à travers un plateau pierreux, puis, à partir du village d'Ira, à travers une plaine ondulée et plus verdoyante. Toute cette région était déserte, malgré sa fécondité relative.

Le 8 janvier 1902, il atteignait Tchafanané, sur la route de Harar à à Addis-Ababa ; laissant à droite cette route, il explora les monts Dancé, qui séparent les réseaux de l'Aouache et du Ouabi. Cette chaîne élevée, couverte de superbes forêts de genévriers géants, finissait brusquement sur une grande plaine brûlée, qui s'étend jusqu'aux contreforts de la forteresse abyssine. Après avoir traversé l'Aouache au gué de Kalata, visité plusieurs villages de Gallas Aroussi et suivi le cours de l'Aouache pendant vingt-cinq kilomètres, le docteur l'avait abandonné pour inspecter, le 17 janvier, le lac Orakilolé, lac cratériforme, traverser la Modjo, affluent de l'Aouache, et arriver à Addis-Ababa le 18 janvier 1902 après un long et heureux voyage.

Tout le mois de février se passa à préparer lentement l'expédition. C'est alors que M. du Bourg engagea comme secrétaire M. Didier, dont il

CHEIK-HOUSSEIN. — Le marabout et les tombeaux qui l'entourent.

n'eut qu'à se louer par la suite. Le vicomte avait décidé que l'on partirait en mars. Le premier jour de ce mois un grand événement se produisit: la célébration du sixième anniversaire de la bataille d'Adoua, de la grande victoire qu'en 1895 Ménélik a remportée sur les Italiens. Mais cette fête ne devait rien comporter d'injurieux pour les vaincus d'Adoua ni pour aucun Européen. Ce devait être simplement une grande solennité religieuse, où l'Abyssinie et son chef prieraient pour tous les soldats morts dans la bataille, tant Italiens qu'Abyssins.

Comme pour le guébeur de Noël, de nombreux chefs étaient venus de tous les points de l'Abyssinie. Mais l'empereur devait aussi être assisté des représentants de toutes les puissances étrangères, parmi lesquels on remarquait M. Lagarde, rentré de France depuis deux semaines. La cérémonie devait avoir lieu dans l'église de Gorghuys, qui se trouve un peu en dehors de la ville. Le matin du 1er mars, le négous se rend en procession triomphale vers l'église. Il s'abrite sous un immense parasol rouge. Sa tête est couronnée d'une épaisse crinière de lion ; il porte une veste de velours rouge couverte d'épaisses broderies d'or et un pantalon bariolé. Autour de lui, les chefs lui font une escorte nombreuse et éclatante ; tous, comme le souverain, ont le fusil au poing. Derrière, suit la masse de la foule, qui semble plus recueillie qu'à l'ordinaire. Le spectacle est grandiose.

La marche se continue ainsi jusqu'à l'église où l'on chante, où l'on danse, où l'on prie pour le repos des morts. Le lendemain eût lieu un grand guébeur comme au jour de Noël ! Il y eût de franches lippées et plus d'un Abyssin noya pour un jour sa raison dans le tesch. Malgré cela pendant toute la fête, M. du Bourg ne put distinguer la moindre note discordante, la moindre injure à l'adresse de l'Europe. Le second jour, étant en compagnie de M. Colli et de quelques autres Italiens, il rencontra un groupe de guerriers qui avaient fait honneur au guébeur et titubaient légèrement. Ils regardèrent les Européens et les laissèrent passer sans rien dire. On sentait que tous les chefs avaient fait à leurs hommes une leçon sévère et qu'en ce jour funèbre et glorieux on devait seulement penser aux morts des deux partis, non à la victoire remportée par l'un sur l'autre.

Enfin, le 4 mars, après avoir présenté ses adieux à Ménélik, à M. Ilg et à toute la colonie européenne, après avoir reçu de M. Lagarde les dernières recommandations du gouvernement français, M. du Bourg se résolut au départ.

Il y en avait encore un dont il devait se séparer : c'était M. Burthe d'Annelet, c'était celui qui jusqu'à ce jour lui avait servi de second et qui devait aller reprendre son service en France. La séparation fut ce qu'elle devait être entre deux hommes qui, au cours d'une année de communes aventures, avaient appris à se connaître : M. d'Annelet accompagna longtemps M. du Bourg sur la route du sud, en silence. Et puis on se dit l'adieu définitif. Dix minutes après M. du Bourg, pensif, se retournait ; celui qu'il quittait avait disparu. C'était le second compagnon dont la nécessité le privait, le second qui ne devait plus le revoir...

...Lentement, la caravane s'enfonçait vers le sud...

Gens du Gouragué portant à Ménélik leur impôt en nature.

## CHAPITRE XII

### Dans la brousse : Gouragué et Sidamo

(4-22 mars 1902)

Retour a l'Aouache. — Le Gouragué. — Un paysage d'Auvergne : l'Éthiopie et les phénomènes volcaniques. — Ascension des monts du Gouragué : le « graben » de l'Afrique orientale. — Ethnographie du Gouragué. — Rencontre d'Oualamo. — Le cagnazmatch Badelou. — Angatcha et le pays de Kambata. — A la porte du Sidamo. — Gardés a vue. — Conflits. — Fermeté de M. du Bourg. — Deux grands chefs en compétition. — Nouvelles de M. Golliez. — Homicide par ivresse. — Négociations avec le dedjaz Baltcha, son amabilité. — La loi générale du fonctionnarisme abyssin..... et des autres.

C'était vraiment une nouvelle expédition que commençait le 4 mars M. du Bourg de Bozas. Le plan en était simple. En quittant Addis-Ababa, le vicomte avait l'intention de descendre vers le sud, par les montagnes du Gouragué et du Sidamo. Ayant leur faîte à 3.000 mètres d'altitude, ces montagnes dominent en général de 600 à 1.000 mètres les lacs qui unissent par une ligne d'eau presque discontinue le lac Stéphanie à la vallée de l'Aouache.

Entre les montagnes qui à l'est entourent Harar et se prolongent au sud par les monts des Badditous et des Amars au-dessus de la plaine du Borana, et les monts de l'Ethiopie, qui depuis l'Abyssinie s'étendent jusqu'au lac Rodolphe, existe une grande dépression longitudinale. Il semble qu'entre les deux massifs, jadis unis, un cataclysme ait brusquement creusé ce fossé par une double ligne de failles parallèles. Cette dépression peut différer d'altitude selon les points : ici elle a 400 mètres, là 1.500 ; mais partout elle se distingue nettement des montagnes qui la surplombent de part et d'autre. C'est là ce que les géographes allemands et particulièrement le géologue Suess, qui le premier a distingué ce phénomène, appellent le *Graben*, la « fosse » de l'Afrique Orientale.

Cette fosse était une gouttière naturelle où devait se concentrer, se canaliser la plus grande masse des eaux de la région. A l'époque où l'humidité fut certainement plus abondante dans cette partie de l'Afrique, il en dut être ainsi. Alors de grands lacs, aussi longs sans doute que le lac Rodolphe, analogues par leur nature au lac Tanganyka, s'étaient peut-être logés dans cette dépression. Aujourd'hui, la sécheresse a commencé là aussi son œuvre. Il n'y a plus dans la fosse qu'une série de lacs assez restreints, s'amoindrissant encore de jour en jour, témoins probables des grandes étendues d'eau de jadis. Ces lacs sont de découverte récente ; à peine a-t-on pu les dénombrer, et ils sont encore mal connus. Ce sont, du nord au sud, les lacs Zouaï, Challa, Lamyna et Korre, Abassa, Pagade ou Abbay, Tchamo, ce dernier communiquant avec le lac Stéphanie qui termine la série.

C'était cette dépression que M. du Bourg voulait explorer, et particulièrement les deux plus grands, les deux moins connus de ces lacs, les lacs Abassa et Abbay. Mais il ne lui fallait pas songer à conduire toute sa caravane dans le *Graben* ; comme toutes les dépressions qui s'étendent entre les hautes montagnes, celle-ci est sèche et aride ; les montagnes condensant à leur profit toute l'humidité atmosphérique, retiennent exclusivement les populations. Et voilà pourquoi notre explorateur résolut fort judicieusement de suivre la route qui longe à mi-hauteur, à 2.000 mètres d'altitude, en pays fertiles, le Gouragué et le Sidamo, qu'il explorerait par la même occasion. De là, avec un petit nombre d'hommes, il descendrait plusieurs fois, aussi souvent qu'il lui plairait, vers la dépression, pour reconnaître les lacs.

Telle était la première partie des plans de M. du Bourg, le premier article de son programme ; et voilà pourquoi en sortant d'Addis-Ababa, la caravane piqua vers le sud. C'était aussi une caravane nouvelle. M. du Bourg comptait bientôt la renforcer des éléments qu'il avait laissés à Goba sous les ordres de M. Golliez. En quittant la capitale, il lui avait envoyé un exprès lui recommandant de se diriger vers le nord-ouest pour faire sa jonction avec sa propre caravane. Mais celle-ci avait, par les circonstances, perdu deux de ses chefs, et, par la volonté de M. du Bourg, renouvelé une partie de son personnel indigène. Notre voyageur avait remercié tous les hommes dont il avait eu à se plaindre au cours de son premier voyage et il avait recruté ses nouveaux éléments sur l'indication de ses compatriotes d'Addis-Ababa. La nouvelle caravane, qui quittait la capitale, se dénombrait ainsi :

3 Européens : MM. du Bourg, Brumpt et Didier,
1 Abyssin servant d'interprète : Daniel,
1 Arabe, faisant fonction de cuisinier,
5 Souahilis, faisant fonction de boys,
6 Somalis,
1 Soudanais,
41 Abyssins et Gallas abyssinisés.

La plupart des Soudanais et des Somalis avaient été laissés à M. Golliez; on devait les retrouver. Le grand nombre des Abyssins engagés se justifiait parce que toute la première partie du nouveau voyage devait s'accomplir en pays abyssin. Ces nouvelles recrues étaient commandées par un homme très intelligent, qui semblait exercer sur eux une grande influence : son nom était Naser.

Après les hommes, les bêtes : la caravane comprenait :

8 chevaux,
20 mulets,
110 ânes.

Les chameaux avaient été définitivement supprimés, car, pour de longs mois, M. du Bourg ne devait pas quitter la montagne.

La première journée, le 5, M. du Bourg fit faire à sa caravane 9 kilomètres : c'était la marche préliminaire, nécessaire à toute mise en route. Le lendemain, 20 kilomètres furent parcourus. La route se maintenait à 2.000 mètres et plus, dans un pays plat, inculte et sans autre végétation qu'un peu de mauvaise herbe. C'était d'une monotonie attristante.

« Qui eût dit, s'écriait M. du Bourg, que j'aurais jamais regretté la demi-steppe du Ouabi : là, au moins, il y avait des mimosas ».

Seuls quelques ravins zébraient de lignes sombres et humides cette aridité jaunâtre. Le pays était naturellement peu habité ; mais la route était très fréquentée. Pendant ces deux journées, le vicomte, qui chassait sur les flancs de la colonne, ne cessa de répondre aux « Touma »

(Bonjour !) de nombreux Gallas qui se dirigeaient vers la capitale. Grands et cuivrés, ils avaient la beauté de bronzes antiques, et les quelques haillons dont se revêtait leur misère ne réussissaient pas à les déparer. Ils étaient pour la plupart les serfs des grands chefs du sud, qui portaient à Addis-Ababa l'ivoire recueilli par leurs maîtres ou les dîmes que ceux-ci devaient au négous. L'explorateur se sentait encore aux environs de la grande ville ; il précipitait la marche de sa troupe, impatient de se trouver dans l'inconnu.

Paillotte gouragué.

Les nouveaux hommes qu'il avait engagés à Addis-Ababa présentaient un ensemble satisfaisant. Le chef des Abyssins, surtout, le *caporal* Naser, paraissait à M. du Bourg une excellente acquisition. Aussi sa surprise fut-elle grande quand dans la journée du 7, au moment où l'on campait après une étape de 17 kilomètres, il entendit de sa tente une rumeur dans tout le camp. Il sortit, appréhendant une mutinerie des nouvelles recrues. Quelques hommes s'avançaient vers lui, ayant toute l'apparence d'une délégation. Il s'étonna de voir à leur tête Naser en personne.

« Maître, lui dit celui-ci, nous ne pouvons rester avec toi ; il nous en coûterait notre part de paradis.

— Tant que cela ! s'exclame l'explorateur. Qu'ai-je fait pour vous menacer d'un aussi grave danger ?

— On veut nous faire manger les gazelles »

C'était deux bêtes que M. du Bourg avait tuées le matin même à la chasse. Or le vicomte n'était rien moins que copte et la viande tuée par ce mauvais chrétien ne pouvait satisfaire l'estomac d'un pieux Abyssin. Hélas ! l'esprit de l'homme est oublieux ! Un peu de bonheur lui fait perdre de vue les pires misères : notre voyageur ne se rappelait plus les difficultés

Femmes gouragué faisant la farine de sorgho.

auxquelles l'avait exposé en Somalie le formalisme des premiers Abyssins engagés. Seule, la faim dans la steppe avait eu raison de leur intransigeance et les avait familiarisés avec un sacrilège que réclamaient à grands cris leurs entrailles. Ceux-là n'avaient pas encore subi l'épreuve et leurs scrupules étaient entiers. Pourtant, c'était là la seule viande fraîche que l'on eût pour l'instant et il ne fallait pas dès le début indisposer ces hommes... M. du Bourg eut une inspiration de génie :

« Daniel, s'écria-t-il, égorge ces deux gazelles.

— Mais, maître, elles sont déjà mortes.

— Il n'importe ; tu es un bon copte ; c'est le couteau d'un copte qui va répandre leur sang ».

Ainsi fut fait, et les Abyssins rassurés purent satisfaire leur gloutonnerie sans tourmenter leur conscience.

« Attendez, mes amis, grommelait M. du Bourg, attendez les steppes du lac Rodolphe, et je jure bien que vous mangerez les bêtes tuées par moi et même par un musulman ! »

On avait franchi ce jour-là l'Aouache, près de ses sources. La rivière en ce point n'est large que de 10 mètres et peut fort bien se traverser : on n'a de l'eau qu'à mi-cuisse. La caravane se trouvait maintenant dans le pays des Soddo-Gallas. Elle se dirigeait vers de hautes montagnes, grisâtres et recouvertes d'une maigre végétation, et qui barraient au sud l'horizon. C'était, affirmait Daniel, la limite entre les pays des Gallas et du Gouragué. Ce pays des Soddo-Gallas était assez pauvre : seules quelques huttes jalonnaient les croupes basses et stériles, entourées de bouquets d'arbres. La seule culture que M. du Bourg trouva dans le pays, était la *musa* (en abyssin : kouaba) dont les feuilles produisent des fibres aptes à faire des cordes solides, et d'où les habitants tirent leur nourriture et leur boisson : de la pulpe, ils font une sorte de pain à l'odeur repoussante ; de la sève, une boisson fermentée aussi désagréable au goût qu'à l'odorat. Sur une étendue de 24 kilomètres, M. du Bourg ne releva pas plus d'une dizaine de fort petits champs de tieff, de blé et d'orge.

Le 9 mars, les hautes montagnes du sud avaient été franchies par des cols faciles : on était en Gouragué. Le paysage était tout autre que chez les Soddo-Gallas. Des croupes basaltiques très vertes, de gras pâturages et de l'herbe tendre, de fraîches rivières coulant en cascades dans des gorges profondes et boisées, si nombreuses qu'en une seule journée, sur un espace de 12 kilomètres, la caravane n'en franchit pas moins de six, — de la verdure, de la fraîcheur, du pittoresque, — une petite Suisse, — voilà comment le Gouragué se présenta aux regards charmés de nos voyageurs.

« Nous sommes loin des paysages brûlés et des monts chauves d'Addis-Ababa, » constatait avec joie M. du Bourg.

Hélas ! en s'éloignant d'Addis-Ababa, il s'éloignait aussi du négous ; et le vicomte devait l'éprouver le jour même. Au milieu de l'étape, M. du Bourg, qui précédait de 2 kilomètres environ la caravane avec M. Didier, entre dans le village de Maroko. Nos voyageurs passent devant un choum, qui, accroupi à la porte de sa toucoul, les regarda paisiblement sans même se déranger pour leur souhaiter la bienvenue. Nullement émus de ce manque de prévenance, ils continuèrent de chevaucher. Une demi-heure après un homme les rejoignait au galop : le choum, disait-il, interdisait le passage à la caravane, sous le prétexte qu'elle n'avait pas d'autorisation, de *warakat*. Le vicomte revient sur ses pas ; le choum le reçoit avec une superbe que n'aurait pas un dedjaz ; ce minuscule fonctionnaire prétend tout arrêter, tant qu'il n'aura pas vu les warakats. Or tous les papiers sont à l'arrière-garde avec M. Brumpt. A grand'peine M. du Bourg obtient que la caravane continuera sa route, lui-même demeurant prisonnier jusqu'à l'arrivée des autorisations. Enfin M. Brumpt arrive :

Pâturage du Gouragué.

on exhibe au choum le passeport du négous, qui est lu à haute voix devant tous les assistants découverts. Après cette cérémonie :

« C'est bon, dit le choum avec morgue, tu peux partir. »

Et M. du Bourg, M. Brumpt et M. Didier se retirent, sans même saluer ce ridicule personnage, qui les a par sa conduite une fois de plus assurés que la suffisance des fonctionnaires est bien souvent en raison inverse de leur importance réelle.

« Faudra-t-il donc, s'écriait le soir même M. Brumpt, que de ce pays si pittoresque nous n'emportions que de pénibles souvenirs ! »

Il disait cela en exhibant pitoyablement ses mains toutes dégoûtantes d'un beurre rance et nauséabond, qu'il avait gagné à vouloir, victime de la science, opérer des mensurations sur les têtes fraîchement cosmétiquées de quelques femmes du pays.

Et pourtant le paysage était vraiment merveilleux. Aux croupes herbeuses et boisées, coupées de vallées riantes, succéda dans la journée du 10 un paysage plus sévère, plus sauvage, mais d'une grande beauté. Les montagnes tronconiques, aux pentes dénudées et rappelant par instant les paysages que le télescope nous montre dans la lune, dénotaient un sol volcanique. Au reste les fragments de laves et de trachytes que nos voyageurs relevaient à chaque pas ne pouvaient laisser place au doute. Ces laves, décomposées peu à peu par les eaux dans les parties basses et planes, fournissaient un excellent humus et donnaient lieu à de belles prairies, qui contrastaient avec la nudité des cimes.

« Ce n'est plus la Suisse, maintenant, disait M. du Bourg, c'est l'Auvergne. »

Et, de fait, cette partie du Gouragué évoquait à s'y méprendre tel site du Cantal. Seuls, les habitants longs, secs et peu barbus, ne rappelaient nullement la silhouette massive et ramassée, la charpente trapue et poilue des Arvernes.

Les monts avaient gardé en certains points des signes certains de leur ancienne apparence cratériforme. Ils étaient des témoins irrécusables de l'époque où de gigantesques volcans, aujourd'hui disparus sous l'érosion lente et sûre des eaux, crachèrent leurs laves, épandirent leurs nappes de trachyte et de basalte sur toute l'Éthiopie, sur les monts du Harari et jusqu'aux confins du pays somal. A l'ouest, les montagnes dépassaient 3.000 mètres. Le docteur résolut d'en faire l'ascension avec M. Didier, espérant avoir de là-haut une vue splendide, à l'est, sur la dépression ; à l'ouest, sur la mystérieuse Éthiopie. L'ascension fut pénible, à travers les kossos, les teds, les bambous et les bruyères. Du moins l'espoir des ascensionnistes ne fut-il qu'en partie déçu. A l'est, la vue des explorateurs pouvait parcourir toute la dépression et s'étendait même jusqu'aux montagnes du Harari qui la limitaient de l'autre côté. Une large flaque d'eau, miroitant au soleil, marquait le centre du Graben; la forme irrégulière et contournée de ses bords la fit reconnaître pour le lac Zouaï. Auprès, on distinguait un lac beaucoup plus petit, que l'explorateur Vanderheym a signalé le premier sous le nom de lac Maroko; il porte aussi le nom de lac Hogga. Ce lac est entouré de sources thermales qui, sur la steppe fauve, se marquent au loin par la tache verte des oasis qu'elles suscitent.

Mais du côté de l'Éthiopie nos voyageurs ne virent rien sinon des montagnes plus hautes que les cimes où ils se trouvaient (3.250 mètres). C'est là une désillusion très fréquente dans ces régions montagneuses. Le Kaffa mystérieux se cache ainsi au centre de l'Éthiopie dans un triple et quadruple cercle de cimes toujours plus hautes et nos voyageurs n'étaient encore qu'à la bordure. Aussi regagnèrent-ils les hauteurs moyennes où la caravane avait continué de marcher, en n'ayant accompli que la moitié de leur programme. Tout au moins avaient-ils pu constater que ces monts du Gouragué sont peuplés jusqu'à une très grande hauteur.

Porteurs kambata sur la route d'Addis-Ababa

Bien mieux : la pureté de la race semble s'être seulement maintenue dans les hautes altitudes. Voici, en effet, la note ethnographique que nous relevons dans le Journal de M. du Bourg :

« *14 mars.* — Me voici presqu'à la limite du Gouragué. Des nombreuses mensurations que j'ai faites avec M. Brumpt pendant ces journées de marche, il résulte qu'il y a un peuple, peut-être une race gouragué, fort différente des Gallas par la langue et par le type. Cette race est pure sur les hauts sommets ; au-dessous de 2.000 mètres, dans les régions plus accessibles et sillonnées de routes, elle est mêlée d'éléments gallas. Les individus ont en général la peau cuivrée en clair, les cheveux ondulés sans être crépus, les os de la face saillants. Ils portent peu d'ornements. Tous se disent musulmans, bien que la plupart ignorent jusqu'aux premiers préceptes du Coran et aux principes fondamentaux de l'Islam. J'ai pu recueillir un petit vocabulaire de la langue gouragué : elle n'a que des rapports très éloignés avec le galla des Soddo et des Sidamo. »

Le 16 mars, M. du Bourg passait au village d'Alaba, groupement sans importance, mais où il rencontra un officier abyssin très obligeant, le cagnazmatch Badelou, qui lui offrit un backschich très abondant et toutes les autorisations nécessaires pour circuler librement dans son ressort. Et, comme M. du Bourg le remerciait :

« Tu seras peut-être, lui dit-il, moins heureux dans le sud. Chez les Sidamo, tu trouveras des hommes peu hospitaliers et cruels. Méfie-toi. »

Le 17, on était dans le Kambata, sorte de région de transition entre le Gouragué et le Sidamo ; une katama (1) très considérable, qui ne contient pas moins de 700 paillotes, y sert de marché entre les deux peuples : c'est Angatcha. Ce marché les unit. Voici maintenant qui les sépare : pendant 15 kilomètres de marche, au cours de cette journée, M. du Bourg eut à traverser un véritable désert. A 2.000 mètres d'altitude le pays souffrait d'une sécheresse analogue à celle de l'Ogaden. Une végétation steppiforme et buissonneuse d'où se dressaient les silhouettes plus hautes de quelques mimosas, de quelques ficus et de quelques oliviers sauvages, témoignait du manque d'eau. La population devenait de plus en plus rare ; enfin elle disparut tout à fait. « C'est là, dit le guide à M. du Bourg, ce que les naturels appellent le désert de Cassé » : il forme comme un état-tampon entre le Gouragué et ce mystérieux Sidamo, que le cagnazmatch Badelou avait annoncé à M. du Bourg en des termes impressionnants.

Le 18, la marche continua à 2.000 mètres. En bas, à l'est, une nouvelle flaque d'eau, plus grande et de forme plus régulière, miroitait : c'était le lac Abassa, encore peu connu des explorateurs. M. du Bourg éprouvait un grand désir de laisser la caravane continuer sa route et de descendre dans la dépression pour reconnaître le lac mystérieux. Mais on était à l'entrée des Sidamo. L'inhospitalité probable de ces populations obligeait moralement le chef à rester là en cas de conflits. Force lui fut donc de renoncer à l'excursion et d'en confier le soin à M. Brumpt, qui partit le 19 au matin. Comme on va le voir, le vicomte, en demeurant, avait été bien inspiré.

---

(1) Le terme de *katama* a, en abyssin, le même sens que celui de kéria en somali. Il désigne une agglomération de huttes.

Groupe de Gouragué d'Oulbarag.

Le 19 donc, la mission aborde le pays sidamo ; pays fort peuplé : huttes rondes, très nombreuses, champs de sorgho bien entretenus, tout dénote la richesse et la prospérité. Vers deux heures, on arrive en vue de Chabadino, résidence du choum Ato Méramaté, remplaçant le grazmatch (1) absent. M. du Bourg prend soin d'accrocher à sa poitrine la décoration abyssine dont Ménélik le gratifia naguère ; puis, en grande pompe, escorté de M. Didier, de Daniel et d'une troupe armée, il s'avance au devant du choum. Celui-ci le toise d'un regard insolent et soupçonneux. Notre voyageur, peu habitué à subir de tels regards, sent ses oreilles s'échauffer terriblement. Il se souvient toutefois de la nécessité où il est d'éviter tout conflit, et, après un salut muet, présente au choum le passeport de Ménélik. Celui-ci le parcourt d'un air maussade, puis laisse tomber ces mots :

« C'est bien ; tu peux passer.

— Mais je ne veux point passer ; je veux camper ici quelque temps pour reconnaître le pays et attendre mon lieutenant (M. Brumpt), qui est au lac Abassa. »

Un silence.

« Soit, répondit enfin Ato Méramaté, tu séjourneras. »

Il a dit ces derniers mots, semble-t-il, avec défi et menace. Le vicomte n'y prend pas garde tout d'abord, et se retire en admirant lui-même sa patience.

« Je ne me reconnais plus, disait-il en riant à M. Didier. Voyez comme le sentiment de la responsabilité change un homme. Il y a un an, libre de tout souci, et n'ayant pas à répondre du succès d'une exploration, je crois bien que j'aurais souffleté ce ridicule et minuscule fonctionnaire. »

Sans plus songer à l'incident, il fit dresser les tentes de l'expédition et parquer les bêtes. Le soir tombait quand l'opération fut terminée. Le choum vint faire au vicomte une visite dont on ne pouvait dire si elle était une démarche de politesse ou une perquisition. Il se retira. On préparait le repas du soir, quand un homme accourut tout ému vers M. du Bourg : allant chercher de l'eau à un puits tout proche, il s'était heurté à une troupe de soldats qui lui avaient interdit le passage. Le fait était grave. Le vicomte sortit et constata que le camp était entouré de 14 tentes remplies d'hommes armés. M. du Bourg et sa caravane étaient prisonniers...

Que faire ? Rompre par la violence et à coups de feu le cercle dont on prétendait l'entourer ? Cela eût été facile pour l'explorateur. Mais qui

(1) Officier subalterne.

eût pu prévoir les conséquences d'un tel acte pour l'expédition ? Et puis M. du Bourg avait jusque là surmonté toutes les difficultés sans violence : il mettait une certaine coquetterie à éviter toute effusion de sang.

« Couchons-nous tranquillement, déclara-t-il ; la nuit porte conseil. Peut-être le choum comprendra-t-il la maladresse de sa conduite. »

Malgré l'impatience de ses hommes, et quoi qu'il lui en coûtât, il ordonna donc le couvre-feu. Le lendemain les tentes et les soldats entouraient encore le camp... Poussé à bout, M. du Bourg prend son fusil, monte à cheval, et s'avance comme pour partir en chasse. Les hommes du choum le laissent passer ; mais deux d'entre eux se détachent du groupe et le suivent. Pendant deux heures, le vicomte les traîna à sa suite : une résistance violente l'eût mille fois moins irrité que cette surveillance occulte. Il rentre furieux et mande le choum. Celui-ci arrive enfin !

« Pourquoi me fais-tu entourer comme un prisonnier ? Pourquoi me fais-tu espionner comme un suspect ?

— Je ne fais ni l'un ni l'autre.

— Alors que font ces hommes et ces tentes qui entourent mon camp depuis hier ?

— C'est au contraire une garde du corps que je t'ai donnée pour te garantir des pillards.

— Je saurai me défendre moi-même. Renvoie tes hommes. »

Mais le choum n'en fait rien. Voulant épuiser toutes les chances de solution pacifique, M. du Bourg résolut, avant d'en venir aux mains, d'en référer au chef du choum, au dedjaz Baltcha, pour qui il avait une lettre de recommandation de Ménélik. Il lui écrivit ce qui suit :

*Le vicomte du Bourg de Bozas, chef de mission, au dedjazmatch Baltcha.*

« Bonjour. Comment allez-vous ? Je vous salue. Je suis actuellement à Chabadino, allant au-devant de la partie de ma caravane que j'avais laissée à Goba. Comme mes hommes et mes bêtes sont fatiguées, je prends du repos. Le porteur de cette lettre vous expliquera pourquoi j'ai besoin de votre prompte intervention. Je joins à ma lettre celle de Sa Majesté qui m'accrédite auprès de vous. Je vous salue

V^te R. du BOURG DE BOZAS. »

Les deux lettres furent confiées à Daniel, avec ordre de bien exposer au destinataire la conduite indigne d'Ato Méramaté. Il se croisa en sortant du camp avec M. Brumpt, qui revenait du lac Abassa. Le docteur était enchanté de son excursion : il avait visité non seulement le lac

Intérieur du village d'Oulbarag, en Gouragué.

Abassa proprement dit, mais une petite étendue d'eau voisine, non encore marquée sur les cartes, et que les indigènes appellent le lac Oïtou. Les deux étendues d'eau lui avaient paru en légère regression, les bords étant encombrés de troncs d'arbres qui avaient dû jadis être immergés. Il confirmait que ce n'était pas des lacs cratériformes, mais des dépressions tectoniques où l'eau de la région s'était concentrée. Cette région à son avis méritait une plus ample exploration.

« Nous y retournerons donc, mais quand la liberté nous sera rendue, » lui dit le vicomte.

Et il apprit au docteur stupéfait qu'il était prisonnier : il avait pu entrer dans le camp, il n'en pouvait plus sortir, sinon sous bonne escorte.

« Au reste, rassurez-vous. J'espère que bientôt cette comédie cessera, sans que nous ayons besoin de la porter jusqu'au tragique. En attendant, agissons comme en pays ami ; nous aurons ainsi, quoiqu'il arrive, le beau rôle. »

Alors le docteur se mit à convoquer les malades au camp, et ceux-ci affluèrent en masse. On en profitait pour les mensurer et les passer au compas ethnographique. Tous se laissaient faire de bonne grâce et s'étonnaient que le vicomte songeât à payer d'une cartouche une formalité aussi peu importante. Mais c'était des cartouches bien placées : le soir, M. du Bourg était sûr d'avoir la majorité de la population pour lui. Lancées par le canon des fusils Lebel, ces cartouches auraient-elles produit un aussi beau résultat ?

Le soir du 21 mars, à 5 heures, coup de théâtre : tentes et gardiens disparaissent comme par enchantement. Qu'est-ce à dire ? M. du Bourg suppose que Daniel a atteint le dedjaz Baltcha et que celui-ci a envoyé des ordres sévères à son choum. Ou bien celui-ci a-t-il réfléchi et s'est-il rendu compte de ce que le docteur appelle sa « gaffe » ? — Le fait est que toute liberté est rendue à la mission. Elle n'en profita pas tout de suite, et le 22 mars comme le 21, en liberté comme en captivité, les Européens continuèrent à soigner et à mensurer les indigènes. Ce jour-là même deux blessés assez intéressants vinrent trouver M. Brumpt. Tous deux avaient été blessés par la même balle.

« C'est le tesch, dit l'un deux, qui est le coupable. Vingt de nos camarades étaient allés chasser l'éléphant. L'un deux tua une grosse bête.

— Combien avaient-ils tiré de balles pour cela ? demanda le docteur par simple curiosité.

— Oh, Frendji, pas plus de trois cents (*sic.*). Nous fêtions donc son triomphe en buvant beaucoup de tesch. Notre ami, que la joie grisait, et aussi le tesch, voulut nous montrer comment il avait tué l'éléphant. Il a pris son fusil, a tiré, — et c'est nous qui, pour cette fois, avons été les éléphants. Le tesch est mauvais : il trouble la tête et fausse le coup d'œil. Mais les Français, eux, ne boivent pas.

— Tu sais que je suis Français ?

— Oui, tu n'es pas de la même nation que le baron (le baron Erlanger, qui était passé en Sidamo l'année précédente).

— A quoi as-tu vu que j'étais Français ?

— A ton casque, sûrement. »

Or c'était un casque de fabrication anglaise...

Le même jour une lettre arrivait de M. Golliez. Il était avec sa caravane à Djafaro, où il attendait les ordres de M. du Bourg. Djafaro est sur les confins des Aroussi et des Sidamo, des états de Loulseguat et de Baltcha. « Si vous voyez Baltcha, recommandait M. Golliez, ne lui dites pas trop de bien de Loulseguat. Car les deux chefs sont brouillés à mort : Loulseguat a jadis conquis le Sidamo, et c'est aujourd'hui Baltcha qui détient ces territoires fertiles. De là la haine mutuelle des deux chefs. »

Enchanté de savoir que tout allait bien dans la troupe de M. Golliez, le vicomte résolut de partir à sa rencontre aussitôt qu'il aurait reçu des nouvelles de Baltcha. Or Daniel rentra au camp le soir du 22 mars. Il avait vu le dedjaz qui l'avait entretenu fort aimablement et lui avait remis une lettre pour M. du Bourg. Baltcha s'y déclarait tout dévoué aux étrangers et absolument irresponsable de la grossièreté maladroite qu'avait commise son choum.

« Vois-tu, maître, disait Daniel à M. du Bourg, en Abyssinie ce sont les petits choums, les moins hauts placés, qui sont souvent les moins obligeants, les plus orgueilleux, les plus mauvais, les plus redoutables. »

C'était le mot que méritait cette aventure, mot de la fin, d'une portée bien plus générale que ne pensait le brave Daniel : ne trouverait-il pas son application dans les bureaucraties du monde entier ?

Flore désertique du plateau galla.

# CHAPITRE XIII

## Autour des lacs de l'Afrique Orientale

(22 mars-20 avril 1901)

Au devant de M. Golliez ; enfin réunis. — Le dedjaz Baltcha. — Le marché de Chabadino. — Malades peu reconnaissants. — Les Gallas Aroussi : ils se distinguent des Sidamo. — Les lacs Abassa et Challa. — Départ pour Abarra. — Vestiges archéologiques : de la pierre batie en pays abyssin ! — Abarra : le dedjaz, la ville, le marché. — Une grève. — Marche pénible. — Le lac Abbay. — Mort de Naser. — La flore de Kolla. — Séjour au bord du lac.

Le 23 mars au matin M. du Bourg, ayant avec lui M. Brumpt et ses hommes, partait au-devant de M. Golliez. Il laissait à Chabadino M. Didier avec 15 hommes pour garder le matériel. Il était peu probable que le choum de Chabadino revînt maintenant à ses anciennes erreurs et cette garde de 15 hommes était désormais suffisante pour assurer la surveillance des bagages. En revenant de Djafaro, qui est en pays Aroussi et au-delà de la dépression, M. du Bourg se proposait d'inspecter le lac Abassa, dont le docteur disait merveilles.

Pendant deux jours la troupe marcha sous la pluie, dans un pays détrempé et sillonné de fondrières. Enfin, le 25 mars au matin, sur une hauteur rectiligne qui barre l'horizon, nos voyageurs aperçoivent une sorte de petit village sur lequel flotte le drapeau français. Un homme vêtu à l'Européenne, sort bientôt d'une tente, braque sa jumelle, les aperçoit et dévale rapidement la pente à leur rencontre. C'est M. Golliez : il est bientôt dans leurs bras. Séparés depuis quatre mois, après l'émotion et les effusions préliminaires, que de choses ils ont à se dire ! M. Golliez est bien portant, ainsi, affirme-t-il, que tous les hommes de sa caravane. M. de Zeltner, après s'être reposé encore pendant un mois, l'a quitté au début de janvier pour gagner la côte et la mère-patrie. Pour lui, après être resté deux mois à Goba, procédant lentement à la réfection des bagages, il s'est dirigé sur Djafaro, où il campe depuis plus d'un mois. Il est resté ici, parce que Djafaro marque la limite entre les états de Loulseguat et ceux de Baltcha, et qu'il n'avait pas l'autorisation de mettre le pied sur les terres de ce dernier.

M. du Bourg et le docteur pénétrèrent dans le camp : avec ses ressources de vieux routier et les loisirs qu'il avait eus, M. Golliez en avait fait une petite merveille. Placé sur une éminence, dans une excellente situation pour servir à la fois d'observatoire et de forteresse, il était entouré d'une enceinte de bambous. Au centre était la tente du chef; autour de lui, les bagages ; enfin, contre la palissade, les hommes s'étaient bâti de petites huttes de branchages et de frondaisons qui faisaient du camp un véritable petit village.

« Ajoutez, disait en souriant M. Golliez, que vous êtes actuellement sur un des accidents de terrain les plus importants pour la géographie physique de l'Afrique Orientale.

— Quoi ! Cette taupinière, ce modeste dos de terrain ?...

— Est tout simplement la ligne de partage des eaux entre le réseau du Ouabi Chébéli et celui du Gannalé.

— Voilà, fit remarquer M. du Bourg, un nouveau démenti à la science précaire des géographes de jadis, qui ne pouvaient admettre une ligne de partage des eaux que sous la forme et avec les dimensions d'une chaîne de montagnes hautes et continues. Nous avons dû à cette conception erronée de magnifiques cartes, où entre chaque fleuve ils avaient tracé *a priori* de superbes montagnes, roides et inflexibles, qu'ils figuraient sous la forme de longues arêtes de poisson. Ils n'auraient jamais voulu admettre, mon cher Golliez, que cette modeste éminence départageât les eaux de deux grands fleuves. »

Mais l'explorateur ne se trouvait pas seulement sur une limite physique : c'était encore une frontière politique et ethnographique. Ici gouvernait Loulseguat, là gouvernait Baltcha, les deux dedjaz rivaux, et M. du Bourg pouvait encore voir l'emplacement des camps qu'avaient en 1900 dressés les deux adversaires, alors qu'ils allaient en venir aux mains. Un courrier de l'empereur arrivant le jour même désigné pour la bataille les avait heureusement arrêtés. Le conflit eût pu être fort grave, car les indigènes de chaque race appuyaient leurs chefs respectifs, voulant profiter de leurs dissensions pour venger d'anciens griefs. Rien en effet n'est plus différent que le peuple sidamo et le peuple aroussi. Après une inspection de deux jours, M. du Bourg pouvait rédiger la note ethnographique suivante :

« Les deux races gallas, Aroussi et Sidamo, s'ignorent ou se détestent. Les croisements sont rares et les conflits fréquents. Cette opposition est très ancienne et inscrite dans la physiologie et dans les mœurs des deux peuples. Il n'est pas jusqu'à la forme des habitations qui ne diffère : la hutte aroussi est en forme de bourriche, oblongue et faite de paille ; la hutte sidamo est ronde, à la mode abyssine ; elle est construite en bambou. Le type des Aroussi de Djafaro est plus beau que celui des Sidamo : ils sont grands, élancés ; leur buste, large des épaules et mince à la taille, est en forme de trapèze; leur visage est régulier et fin, leur peau claire : ils sont un beau spécimen de la race hamitique.

Pourtant la domination abyssine a modifié en quelque manière les rapports de ces deux races. Un certain nombre d'Aroussi, malgré la haine qu'ils portent aux Sidamo, sont passés sur leur territoire, parce que là gouverne Baltcha, administrateur plus doux et plus habile que Loulseguat, et qui pour avoir de plus nombreux soldats à l'occasion sait les attirer par la faiblesse de ses impôts. Depuis que Loulseguat est le maître du pays, le marché de Djafaro, qui concentre les échanges de tout le pays aroussi, a donc un peu perdu de son importance. Mais la population est encore très dense et sa prospérité indiscutable. »

Le 28 mars on quittait Djafaro pour revenir à Chabadino. Pendant que la caravane alourdie par tout le bagage de M. Golliez, poursuivait lentement sa marche, M. du Bourg et le docteur firent un *raid* rapide dans la région du lac Abassa et du lac Challa. Rien ne parut plus différent à M. du Bourg que ces deux lacs. Il trouva les rives du lac Abassa couvertes d'une claire forêt et d'une végétation luxuriante. Certaines régions, plus rapprochées du lac et trop humides pour admettre la forêt, formaient d'excellents pâturages où paissaient de grands troupeaux. Sur d'autres points plus secs poussait le sorgho, et surtout la céréale par excellence des régions chaudes et humides : le maïs. La population était nombreuse. M. du Bourg eut tout d'abord quelque difficulté à se la rendre favorable : hommes, femmes et enfants fuyaient à son approche. Enfin, il peut accoster, dans un village nommé Daka, un vieux chef : il lui dit le but de sa mission, sa nationalité. Aussitôt le Galla de donner des ordres ; la population accourt ; tous manifestent à M. du Bourg, par des signes non équivoques, la plus tendre amitié.

« Nous avions pris ta troupe, lui dit le vieux chef, pour une tournée d'Abyssins *levant les impôts !* Mais, puisque tu es un Frendji, sois le bienvenu.

— Tu aimes beaucoup les Frendji ?

— Ne sommes-nous pas frères par les origines ? »

Que veut dire le vieux Galla ? Faisait-il allusion à des légendes locales ? Se fondait-il sur des renseignements à lui fournis par des Européens ignorant les dernières données de l'ethnographie ? Le vicomte ne put résoudre ce problème.

Le lendemain M. Brumpt continue seul la route vers le lac Challa. Il y arriva après avoir visité de nombreuses sources thermales, dont la température dépasse 40°. L'eau en est potable, mais fade. Enfin, le lac est atteint. Ici, changement complet de spectacle. Au lieu des arbres et des populations qui animaient les bords du lac Abassa, le désert. Dans un rayon d'un kilomètre tout à l'entour du lac, la végétation cesse brusquement ; un anneau de sable blanchâtre entoure l'eau, qui elle-même ne nourrit aucun végétal. La description que Donaldson Smith donne du lac Rodolphe revient à l'esprit du docteur : là-bas aussi les rives sont arides, le sol blanchâtre et nu. Or, le lac Rodolphe est une masse d'eau salée, et c'est le sel qui interdit toute végétation sur les bords.

« Aux mêmes phénomènes les mêmes causes. » Il s'avance jusqu'au lac, prend quelques gouttes d'eau dans le creux de la main : cette eau est salée. Et voilà pourquoi arbres et hommes ont fui ces rivages maudits pour aller se concentrer sur les rives bénies du lac Abassa.

Le 29 mars au soir tout le monde était réuni à Chabadino. M. Didier avait passé ces quelques jours à prendre des notes sur le marché de Chabadino et à soigner les malades que lui laissait M. Brumpt. Sur le marché il avait constaté, en comparant les prix courants avec ceux d'Addis-Ababa, la cherté et la rareté des céréales, orge, tieff et sorgho (il n'avait presque pas vu de blé), l'abondance et le bas prix des bestiaux. Chez les malades son noviciat s'était effarouché de ne rencontrer aucune reconnaissance pour celui qui guérissait ou allégeait leurs infirmités :

« On dirait, par ma foi, qu'ils considèrent comme le strict devoir de l'Européen de les soigner et de les guérir !

— Vous avez, mon cher, lui répondit le docteur Brumpt, fort bien défini l'opinion de tous les sauvages à l'égard des *sorciers* blancs. Guérir est, paraît-il, leur fonction naturelle, comme celle du fauve est de dévorer. On va à l'un, on tue l'autre, sans en vouloir à celui-ci, sans remercier celui-là.

— Je rends hommage au désintéressement de votre science. Mais

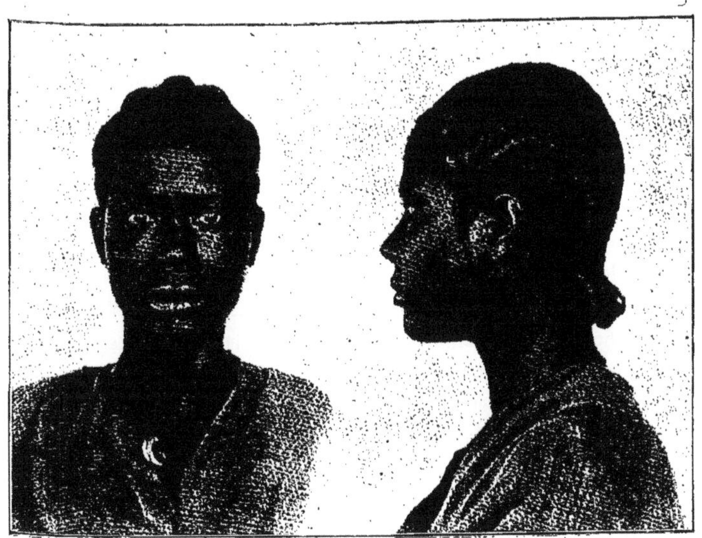

Ouletto Mariam, femme du Gouragué.

j'avoue que, plus d'une fois pendant votre absence, l'envie m'a pris d'envoyer au diable bistouri, compresses, médecines et malades. »

L'excellent M. Didier se calomniait. Il avait rempli fort consciencieusement ses fonctions d'intérimaire et le docteur s'en aperçut, quand il reprit, comme il disait, « sa clientèle. »

La caravane resta jusqu'au 5 avril à Chabadino. Malgré les ordres du dedjaz Baltcha, malgré l'empressement que mettait la population à suivre les consultations du docteur, on sentait cette population foncièrement hostile. Plusieurs fois, pendant la nuit, la prairie prit feu, comme spontanément, autour du camp des explorateurs, et ces nuits-là (étrange hasard !) le village était si profondément endormi que les hommes de

M. du Bourg devaient compter sur leurs seules ressources pour éteindre l'incendie. Plusieurs fois aussi, des conflits s'élevèrent entre gens du pays et hommes de la mission, et il fallut tout le sang-froid du chef français pour les terminer avant qu'ils ne s'envenimassent.

Enfin aucun accident grave ne s'était produit quand, le 5 avril, M. du Bourg résolut de continuer sa marche vers le sud, pour reconnaître le lac Abbay et rencontrer le dedjaz Baltcha. La mise en route fut pénible. Maintenant que tous ses éléments étaient réunis, la caravane présentait en effet un ensemble imposant : 140 charges, 127 ânes, 69 grosses bêtes de somme ou de selle, chevaux et mulets; enfin 97 hommes : 4 Arabes, 12 Souahilis, 10 Soudanais, 32 Somalis, 39 Abyssins et Gallas abyssinisés, sans compter les Européens. Telle serait la composition de la troupe jusqu'au Nil, exception faite des bêtes, et même hélas ! des hommes qui devaient tomber en route.

L'intention de M. du Bourg était tout d'abord de se diriger vers Abarra, ville neuve, construite récemment par Baltcha, et où celui-ci séjournait alors. On s'avançait à travers une contrée assez semblable aux régions du Sidamo déjà parcourues ; toujours des montagnes tabulaires, séparées par des vallées profondes, aux pentes raides et glissantes, où plusieurs fois il fallut édifier des terrassements pour permettre le passage des bêtes ; — toujours la même fraîcheur, la même fertilité ; — toujours la même abondance de population, riche et active. La caravane traversa plusieurs marchés, qui parurent à M. du Bourg très vivants : Sicha, Guerbitcho, Dandi, tels sont les noms des katamas abyssines que l'explorateur repéra durant ces journées. Cette prospérité du pays est-elle l'œuvre des Abyssins ? M. du Bourg se le demandait avec un certain scepticisme. Il posa la question à un guide, qui, par ordre de Baltcha, conduisait la mission depuis Chabadino : le *bacha* (1) Négoussié. En bon Abyssin, l'autre répondit par l'affirmative.

« Avant la conquête abyssine, déclara-t-il, tout ce pays était désert et pauvre. C'est nous qui avons bâti Abarra que tu vas connaître et tous les marchés que tu as vus. Auparavant, les populations de la contrée ne savaient pas édifier des villes ».

Les Abyssins passés maîtres en architecture ! Voilà qui était nouveau et extraordinaire. Comme pour donner un démenti immédiat au chauvinisme de Négoussié, les ruines se présentaient au même instant sur le passage de M. du Bourg. Ces ruines comportaient aux yeux de notre voyageur un caractère remarquable : elles étaient en pierre. C'était

(1) *Bacha* : Sorte d'officier subalterne.

quelques colonnes de pierre taillée qui gisaient çà et là, couvertes d'une mousse qui en attestait l'antiquité. Au reste M. du Bourg avait trop récemment quitté les masures de bois du Choa pour attribuer ces vestiges architecturaux à des artistes abyssins.

« Et cela, Négoussié, demanda-t-il, est-ce là aussi votre œuvre ?

— Non, Frendji, car les Abyssins ne savent pas tailler la pierre, — mais, ajoute-t-il fièrement, les indigènes du pays l'ignorent aussi. Ces colonnes sont uniques dans toute la contrée : c'est là que jadis le conquérant

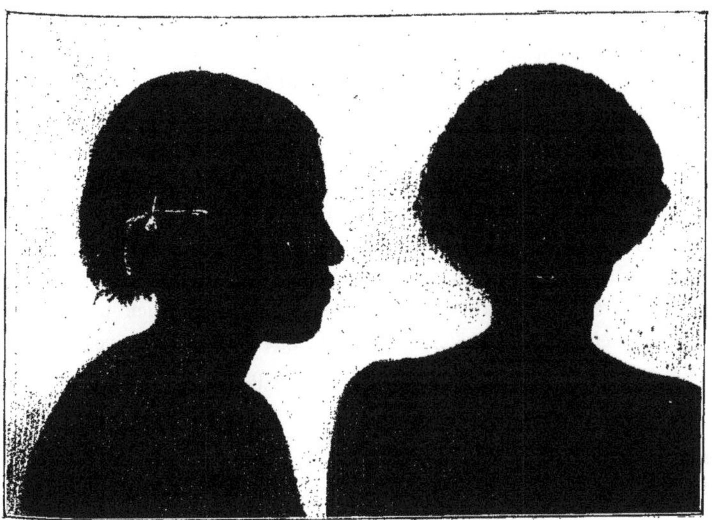

Femme gouragué d'Oulbarag.

Mohammed Granje attacha son cheval, quand il prétendait abattre la religion de Christ sous l'étendard vert de son prophète. Tu n'en trouveras point d'autre dans le pays ».

Or, pendant toute l'étape du 7 avril, la caravane rencontra mainte fois de semblables vestiges. M. du Bourg jugea inutile d'accabler l'archéologue en défaut, qui d'ailleurs se tenait coi. Il restait avéré que les populations indigènes avaient jadis édifié ici des colonnes en pierre, d'une signification inconnue, et qu'au contraire des Abyssins, elles savaient bâtir pour la durée. Il parut également invraisemblable à M. du Bourg que les conquérants fussent les créateurs de la prospérité et de l'animation qui régnaient dans tout le pays. Partout ces croupes humides et verdoyantes, riches de toutes les graminées et de tous les arbres de la *dega* abyssine, avaient dû attirer les populations. La preuve en était que, parmi les convoyeurs qui sillonnaient sans cesse la route, les explorateurs distinguaient, à côté des Abyssins transplantés, une majorité de Sidamo de type pur. Ils attestaient une antique population, attachée depuis longtemps au sol et non point des émigrants qui, au cours de leurs déplacements successifs, auraient peu à peu perdu leur originalité.

« Pourtant, déclarait M. du Bourg à M. Brumpt qui lui faisait ces remarques, soyons justes et rendons à Ménélik et à ses auxiliaires ce qui leur appartient. D'après ce que nous savons de lui, ce Baltcha, surtout, qui gouverne ici, me semble sortir de l'ordinaire et il doit avoir sa part dans l'œuvre dont nous voyons aujourd'hui le résultat ».

Le vicomte allait pouvoir bientôt contrôler la justesse de ses dires, car, le 9 avril, après une rude montée de 9 kilomètres, la caravane arrivait en vue d'Abarra, qui se trouve juchée à 2.980 m. d'altitude au-dessus de la dépression qu'elle domine et commande. Les paillotes étaient un peu éparpillées sur le haut de la montagne et dominées par une construction de grande taille, perdue dans les nuages qui couronnaient la cime : c'était la demeure de Baltcha. Les explorateurs virent très bien un groupe de cavaliers et de fantassins se détacher du guébi et dévaler avec une rapidité et dans un pêle-mêle indescriptibles les pentes de la montagne à leur rencontre. Arrivés à trente pas de la caravane, ils s'arrêtèrent brusquement ; cavaliers et fantassins se séparèrent en deux troupes et présentèrent les armes. Un homme seul s'avança : c'était le grazmatch Waldé Tadik que le dedjaz avait délégué pour souhaiter la bienvenue à l'explorateur français. Après les compliments d'usage, la marche reprit vers le guébi que l'on destinait aux Européens. La caravane devait camper aux portes de la ville. On sentait que Baltcha avait voulu bien faire les choses. Tout était réglé pour honorer M. du Bourg. Escorté de ses collaborateurs et suivi à distance par le grazmatch et son état-major, il s'avançait lentement dans les rues de la ville, entre deux files de cavaliers l'arme sur le genoux ; trois cents fantassins ouvraient la marche et un escadron de cavaliers la fermait. La foule se pressait sur le passage de la cavalcade, et son attitude respectueuse était un sûr témoignage des sentiments du dedjaz à l'égard de l'expédition.

Après avoir remis de l'ordre dans leur toilette, M. du Bourg et ses compagnons sortirent du guébi où on les logeait, et, sous la conduite de Waldé Tadik, se dirigèrent vers la demeure du dedjaz.

Baltcha est d'humble origine. Il fut recueilli lors de la conquête du

Gouragué par Makonnen, qui le confia à Ménélik. Elevé à la cour du négous, il fut remarqué de celui-ci pour son intelligence et son autorité. Ménélik en fit son *badjiroud* (1) : dans ces fonctions, il vit beaucoup d'Européens et prit contact avec les mœurs de notre pays. Il occupait cette charge lors de la bataille d'Adoua, où sa conduite fut particulièrement brillante : elle lui valut le rang de dedjaz et une des plus riches provinces de l'empire, le Sidamo. Il est de ceux dont on dit dans l'entourage du négous qu'ils ont l'étoffe d'un ras. On dit aussi que dans le fond de son cœur il déteste les Européens, en patriote. Mais il est, néanmoins, à la tête du parti de ces jeunes aristocrates éthiopiens qui inclinent vers le progrès et vers les idées européennes pour les assimiler à leur pays, le fortifier et le protéger plus longtemps contre l'invasion des Frendji, qu'ils jugent à la longue inévitable.

Ce n'était donc pas un personnage vulgaire devant qui M. du Bourg et ses compagnons furent introduits. Comme tous les chefs abyssins qu'ils avaient visités jusqu'alors, celui-ci était accroupi sur des coussins et entouré de sa cour. Mais ici le nombre et l'attitude des officiers, le silence qui régnait dans tout le guébi, l'ordre et le cérémonial qui présidèrent au moindre détail de la réception, indiquaient un chef écouté et obéi. Baltcha était de taille moyenne. Sous sa chama richement brodée et sous son burnous de soie il paraissait assez svelte. Son visage absolument rasé, aux lèvres minces, au nez busqué, aux yeux brillants, au front ridé, dénotait l'intelligence et l'habitude de la réflexion. Sa parole était brève et élégante. Il souhaita la bienvenue à M. du Bourg, s'enquit de sa santé, de l'état de sa caravane.

« J'espère, lui dit-il, que les ennuis que t'a causés à Chabadino un choum maladroitement zélé ne se sont pas renouvelés. Tu dois savoir déjà et tu t'assureras encore par la suite que tout cela s'est fait en dehors de moi et contre mon gré ».

M. du Bourg le remercia, l'assura que pour sa part il n'avait jamais été inquiet du résultat de l'aventure, sachant quel chef gouvernait le pays; puis il lui présenta ses lettres de créance et ses cadeaux : une carabine Mannlicher, un revolver Hammerless, deux lits de camp en fer, une grande table pliante de route et deux chaises pliantes. Le dedjaz remercia avec une dignité qui ne dissimulait pas son plaisir. Puis la conversation reprit sur le pays, sur la chasse. Quand M. du Bourg quitta Baltcha, ils étaient dans les meilleurs termes.

(1) Espèce de chambellan.

« Voilà au moins un *homme du monde*, disait en riant le vicomte au docteur; c'est le gratin de l'Abyssinie; il sent son gentilhomme. Et dire que Makonnen l'a ramassé sur une route du Gouragué!... »

De retour au camp les voyageurs trouvèrent un dergo magnifique que l'on venait d'apporter de la part de Baltcha. Jamais aucun prince, même Ménélik, n'en avait offert de pareil à M. du Bourg. Qu'on en juge :

5 bœufs entiers,
500 *endjerras* (pains abyssins),
50 œufs,
10 casseroles de sauce au berberi,
5 moutons,
12 *dabos* (pains de blé),
10 poulets,
1 pot de beurre,
10 jarres de *talla*,
10 jarres de tesch.

M. du Bourg profita de l'occasion pour offrir à toute sa troupe un magnifique guébeur, auquel il présidait. Le festin fut merveilleux; on célébra la générosité du chef abyssin; Daniel ne se sentait pas de joie, car le dedjaz avait bien voulu le reconnaître, et le brave garçon, comme à son ordinaire dans ces solennités joyeuses, mangea, but, cria plus que les autres et eut beaucoup de peine à retrouver sa tente le soir.

Tout était donc à la joie le 8 avril. Le 11, tout était à la discorde. Un certain nombre d'Abyssins, après s'être reposés et s'être gavés pendant trois jours, déclaraient le métier qu'on leur imposait trop difficile, la nourriture trop maigre, les salaires trop petits. C'était le renouvellement d'une scène qui, hélas! n'avait plus pour M. du Bourg l'attrait de la nouveauté. Il savait comment y mettre fin. Le procédé fort simple, consistait à montrer aux mécontents que l'on pouvait se passer d'eux. L'explorateur avait résolu de partir ce jour même. Il ne changea rien à ses plans et commença à charger les bêtes avec les hommes qui lui restaient fidèles (parmi lesquels quelques Abyssins sous les ordres de Naser), avec les boys et quelques Sidamo loués pour la circonstance. Aussitôt le phénomène ordinaire se produit. Puisqu'on se passe d'eux, les mécontents sentent qu'ils ne tireront aucun avantage de leur petite sécession; aussi se calment-ils comme par miracle et demandent-ils à Daniel d'interpréter leurs sentiments de conciliation auprès de M. du Bourg. Ils veulent bien rentrer dans le rang, reprendre leur service. Le vicomte y consent de son côté, mais, pour éviter le retour de semblable aventure en pays abyssin, il exige que le nouveau contrat soit consigné par écrit et scellé du sceau du dedjaz Baltcha : ainsi M. du Bourg, en cas de révolte, pourra partout recourir à la force armée du négous. Les Abyssins y consentent, le dedjaz se prête de bonne grâce à la formalité, et le contrat suivant est rédigé :

« Moi, vicomte Robert du Bourg de Bozas, devant un représentant du « gouvernement abyssin, -- pour mes 41 soldats engagés dans le gouvernement du dedjaz Baltcha (suivent les noms des hommes), je m'engage par « contrat à verser 8 thalers par mois jusqu'au Nil. Là, par bateau ou par

Femme gouragué d'Oulbarag.

« quelque autre moyen, je les remettrai entre les mains d'un choum de « l'empereur en leur assurant la nourriture. Si les soldats me quittent « dans le désert, je ne les payerai pas. Quant aux malades reconnus par « le docteur de la mission, ils seront renvoyés avec un mulet ou un cheval ; s'ils sont trop malades pour être rapatriés, on les paiera et les « remettra chez un choum abyssin.

30 mars (11 avril de notre calendrier). »

V^te R. du Bourg de Bozas.

M. du Bourg n'avait plus qu'à prendre congé du dedjaz Baltcha. Comme toutes les entrevues, les adieux furent très cordiaux. Puis la caravane prit vers le sud la route du lac Abbay. Voici la note qu'en la quittant M. du Bourg rédigea sur la ville d'Abarra dans son Journal :

« Abarra comporte 300 ou 400 paillottes. C'est une ville neuve : Baltcha n'en a commencé la construction que depuis un an. Elle est située à une altitude relativement haute. Par un temps clair on y a une vue magnifique : à l'est, tout le pays aroussi; au sud, les interminables plaines du Borana; à l'ouest seulement l'horizon est borné par les masses montagneuses qui se superposent sur des plans très rapprochés. Abarra possède un marché quotidien : il est purement local. Les échanges se font en marchandise; nulle monnaie, si ce n'est parfois les cartouches. Un thaler est une marchandise comme une autre : il vaut dix ou onze cartouches. Les céréales, au contraire de ce que nous avons constaté à Chabadino, sont d'un prix relativement bas ; l'orge surtout s'achète à fort bon compte ».

Pendant quatre jours, sous la conduite du bacha Bérou, guide intelligent et poli auquel le dedjaz avait confié les explorateurs, M. du Bourg marcha à travers un pays semblable à tout ce qu'il avait vu déjà dans le Sidamo : toujours de hauts massifs en forme de tables, coupés par des vallées-fondrières. Pourtant on descendait insensiblement, par échelons, vers la dépression : en quatre jours, la caravane s'était ainsi abaissée de 1.300 mètres et campait le 15 avril, sur les bords de la rivière Guidabo, affluent du lac Abbay, à 1.650$^{m}$ d'altitude. Déjà des avant-coureurs de la flore de kolla apparaissaient : les mimosas se faisaient plus nombreux; on pressentait déjà la steppe.

Ce fut sur les bords de la rivière Guidabo qu'un évènement douloureux frappa, le 16, la caravane. Au petit jour, nos voyageurs sont réveillés par des lamentations qui résonnent dans tout le camp. Ils se lèvent en hâte et sortent de leur tente. Tous les Abyssins sont groupés, en larmes, autour d'un corps sans vie : c'est celui de leur chef Naser. Le malheureux a succombé pendant la nuit à une attaque d'épilepsie. C'était un brave garçon, courageux, fidèle, et jouissant d'une autorité incontestable sur ses hommes. Sa mort était donc une véritable perte pour M. du Bourg, qui avait appris à l'estimer depuis Addis-Ababa. Le cadavre fut entouré de bandelettes d'abou-djedid et mis dans un linceul. On brûla de l'encens autour de lui, pendant que les Abyssins se lamentaient et que les Somalis creusaient une fosse. Puis le mort y fut déposé, tandis que les Abyssins en cachaient la vue à tout étranger derrière une chama, pour le garantir du mauvais œil. Certains, faisant fonction de pleureurs, se lamentent continûment :

« Adieu, disent-ils, Ato Naser, Naser le bon, Naser le juste, toi notre maître, toi qui nous aimais. C'était toi qui nous donnais la nourriture, toi qui nous protégeais. Au revoir !... »

Rien de cela, au reste, n'est sincère. Ces marques de douleur bruyante ne sont qu'extérieures et rappellent les rites en usage chez tous les peuples sémitiques.

Puis la fosse est comblée, on y plante une croix autour de laquelle les pierres sont entassées. Et le camp fut levé : tous avaient au cœur la tristesse que laisse toujours le passage de la mort.

Le 17 avril, après une étape de 22 kilomètres, pendant laquelle la caravane descendit encore de 200 mètres par une route en lacets, le lac Abbay fut atteint (1370m). M. du Bourg se mit aussitôt en mesure d'en inspecter les alentours. Il nota immédiatement les caractères propres qui le distinguaient autant du lac Abassa que du lac Challa. Ce n'était plus la forêt, les bambous du lac Abassa ; ce n'était pas non plus la steppe aride du lac Challa. L'eau du lac Abbay était douce. Ce lac est une grande vasque creusée dans un paysage volcanique ; la lave, qui compose le sol de toute la contrée, a, en se décomposant sous la chaleur et sous la pluie, donné à tous ses bords un humus fertile. Mais l'humidité du sous sol est ici trop abondante pour permettre autre chose qu'une flore demi-palustre. En sorte que sur un rayon d'un kilomètre autour du lac s'étend une jungle épaisse, inextricable, de plantes de marécages. Papillonacées, malvacées arborescentes à fleurs jaunes, joncs communs, voilà ce que M. du Bourg trouva sur les bords du lac. La faune terrestre se signalait par de nombreuses traces d'hippopotames dont les pattes énormes s'étaient profondément enfoncées dans le sol liquide. Pour la faune aquatique, elle parut très riche à l'explorateur : il y trouva des tortues, des silures, des anodontes et une quantité de petits mollusques.

Mais pour ce qui était de l'homme, nos voyageurs en cherchèrent en vain la trace. Ces bords, marécageux et fiévreux, inhospitaliers malgré leur abondante verdure, étaient complètement déserts.

« Les hommes, naturellement, disait M. du Bourg, ont fui les basses altitudes, humides chaudes, et par conséquent malsaines, pour se réfugier sur les hauteurs salubres. Nous constatons là le fait que tous les explorateurs ont relevé dans toute l'Ethiopie : les vallées profondes désertées, les sommets et les pentes exclusivement habités.

Le 21 avril après avoir reconnu la rivière Bilalti, autre émissaire du lac Abbay, la caravane tournait à l'ouest et se dirigeait vers les montagnes de l'Ethiopie Méridionale.

Comment les indigènes passent l'Omo.

## CHAPITRE XIV

### Les montagnes de l'Ethiopie Méridionale

(20 avril — 17 mai 1902)

La rivière Bilalti. — Vers les monts du Oualamo : ascension pénible. — Le négous des Oualamo. — Régime politique des provinces équatoriales de l'Abyssinie. — En pays montagneux. Vallées. — Fondrières. — Les marchés d'Ofa et de Nati : le coton. — Un enthousiasme extraordinaire. — Cultures en terrasse. — Le pays et le marché d'Ouba. — Expédition de M. du Bourg au pays de Gofa. — La montagne-éponge. — Surpopulation. — Kamé, reine de Gofa. — Fin du pays oualamo.

« Bérou, comment s'appelle cette rivière ?

— Frendji, elle s'appelle Bilalti ici, mais là-haut (et la main de Bérou désigne le nord-ouest) tu la rencontrerais sous le nom d'Ouera, et là-bas (il désigne le sud, par delà le lac), tu l'entendrais appeler Sageoun.

— Là-bas ?

— Oui, Frendji, au-delà du lac. C'est la Bilalti qui entre dans le lac, c'est la Sageoun qui en sort.

Cette conversation avait lieu entre M. du Bourg et le bacha Bérou, au moment où, se dirigeant de nouveau vers les montagnes du Oualamo, l'expédition venait de franchir la rivière Bilalti. C'est dans ce langage simple et inaccoutumé à mettre en forme des idées abstraites, que le bacha Bérou indiquait à M. du Bourg le régime hydrographique de la région. Ainsi par ce témoignage irrécusable l'explorateur s'assurait de l'exactitude des renseignements fournis par la plupart des récents explorateurs de la partie méridionale du lac Abbay : ce lac n'est pas pour les eaux de la région un déversoir, mais seulement un lieu de passage. Amenées dans la vaste cuvette par la Bilalti ou Ouera, par la Guidabo, par d'autres peut être, elles en ressortent, assagies, égalisées grâce à ce réservoir, par la rivière Sageoun.

«... Comme notre Rhône, disait le vicomte, entre dans le Léman et en ressort. Mais ici les indigènes, peu experts en géographie, ont donné des noms divers à un système hydrographique parfaitement homogène. Il faut l'intelligence déjà supérieure de Bérou pour comprendre et exprimer cette homogénéité. »

Le 22 avril, la caravane était remontée à l'altitude d'Abarra et se dirigeait de nouveau vers les montagnes du Oualamo, mais franchement vers l'ouest cette fois, pour s'enfoncer au cœur de l'Ethiopie méridionale. La montée fut rude ; sans cesse M. du Bourg et ses compagnons devaient exciter le courage des hommes et le vicomte dut pendant ces journées d'ascension imposer silence en lui au chasseur et s'abstenir de toute excursion en dehors des sentiers que suivait la caravane. Au reste, il semblait que la route fût composée d'un certain nombre d'échelons, marqués par de grandes plates-formes de basalte séparées les unes des autres par de profondes vallées. Le 21 avril, on campait à 1366$^{m}$ ; le 22, à 1675$^{m}$ ; le 23 à 2020$^{m}$. A cette hauteur la flore commençait à se modifier : c'était encore la flore de kolla, et les mimosas constituaient le plus bel ornement du pays comme autour du lac Abbay ; mais déjà des espèces de la woinadega apparaissaient et les pentes des monts se couvraient de lambeaux de forêts. M. du Bourg trouvait cette altitude de 2000$^{m}$ la plus favorable à la marche de la caravane, et il résolut de s'y maintenir autant que possible et d'éviter par tous les moyens l'obligation de monter plus haut et d'imposer à ses bêtes des ascensions pénibles.

D'ailleurs la nature seule faisait appréhender des obstacles pendant cette partie du voyage. En effet, les populations, au contraire de leurs congénères Oualamo que M. du Bourg avait vus jusqu'alors, étaient amènes et accueillantes. Les rares Oualamo que M. du Bourg rencontra pendant les étapes du 22 et du 23 saluaient joyeusement la caravane au passage, demandaient le chef, et, quand on les avait amenés devant

M. du Bourg, le saluaient jusqu'à terre et arrachaient des brins d'herbe qu'ils jetaient devant lui en signe de soumission. Puis, ils criaient avec conviction : « Sarro ! Sarro ! » (bonjour, bonjour !) et repartaient d'un pas allègre. Dans la journée du 23 de petits villages se montrèrent, assez gracieusement étagés sur le flanc de la montagne, au dessus de la route qu'ils dominaient. M. du Bourg se persuada bien vite que le double caractère des habitants était la prospérité matérielle et la naïveté des mœurs. Les traces de richesse abondaient autour des villages : de grands champs de céréales les entouraient, et surtout de grandes plantations de coton.

« Voilà, enfin, le pays du coton ! disait notre explorateur, le pays où se tissent les chamas abyssines, où pousse cette plante, qui est, avec le café, la richesse de l'Ethiopie d'aujourd'hui, le grand produit d'exportation de l'Ethiopie de demain ».

C'est que tout dans le climat de la région favorisait le coton : la chaleur égale toute l'année, et la répartition stricte des pluies dans une saison spéciale, qui donne au pied de la plante naissante l'humidité nécessaire à l'époque de la pousse, et qui évite à la plante arrivée à maturité l'humidité fâcheuse qui pourrirait les gousses de coton épanouïes. Les huttes, précédées pour la plupart d'une petite pelouse fleurie, étaient propres et bien entretenues. Certaines s'ouvraient par des portes aux montants sculptés. Entourés d'une palissade de joncs ou d'arbustes, flanqués de quelques bouquets de tendres musas ou de quelques champs de sorgho dru, hauts et éclatants, ces petits cottages respiraient la fraîcheur et la prospérité. C'était un cadre tout prêt pour une vie que l'on ne pouvait s'empêcher d'imaginer idyllique et naïve. En fait les Oualamo d'Oumbo (c'était le nom de ce pays) étaient heureux : ils échappaient à la domination directe des Abyssins. Dans la journée du 23, une troupe d'Oualamo se présenta, qui invitèrent M. du Bourg à recevoir l'hospitalité de S. M. Tona, *négous* des Oualamo.

« Je croyais, leur dit l'explorateur, que dans toute l'étendue des états de S. M. Ménélik, il n'y avait qu'un seul négous : celui d'Addis-Ababa ».

Mais il apprit bientôt que, de même que les habitants des hautes montagnes de l'intérieur, les Oualamo d'Oumbo jouissaient de l'autonomie. L'ancien roi du pays, Gobé, avait d'abord résisté aux Abyssins, et M. du Bourg put voir des fortifications indigènes qui avaient été construites en vue de cette résistance. Mais son successeur, Tona, s'était soumis : il avait reconnu la suzeraineté de Ménélik, s'était fait chrétien, payait un impôt annuel, et à ce prix avait conservé son trône et tous ses états. La loi du pays n'était pas la loi abyssine, mais l'ancienne coutume oualamo. C'est ainsi que M. du Bourg nota la survivance du trafic des esclaves (1).

« D'ailleurs, lui disait un lieutenant du roi Tona, après une réception qui avait été fort cordiale, nos esclaves sont moins malheureux que les Gallas assujettis aux Abyssins. Ceux-ci sont soumis à de rudes travaux par leurs dominateurs ; ils paient un impôt écrasant, doivent le travail de leurs bras à la moindre réquisition ; le sol qu'ils cultivent, ils ne le doivent qu'à une concession du vainqueur, qui peut la leur retirer quand il lui plaît. Ajoute les razzias des soldats abyssins et examine si nos esclaves, dont nous économisons les forces parce qu'ils sont notre propriété, ne sont pas plus heureux ! »

Le vicomte renonça à discuter avec ce primitif sur les principes ; et, pour les faits, il dût reconnaître que son interlocuteur n'avait pas tort : l'esclave oualamo était plus heureux que le serf galla, de même que l'esclave antique d'Athènes coulait à tout prendre des jours moins sombres que le serf féodal.

Le 24, le 25, la marche continua sans incident. La route se maintenait à l'excellente altitude de 2000$^{m}$, dans un pays riche et populeux. Par deux fois en deux jours, M. du Bourg traversa deux grands marchés, animés et prospères : ceux d'Ofa et de Nati. Ce dernier spécialement présentait à l'explorateur un spectacle très pittoresque. Les vendeuses, dont quelques-unes étaient fort jolies, étaient assises par petits groupes, étalant devant elles les marchandises qu'elles offraient au client. Mais elles ne mettaient aucune ardeur dans cette offre, plus préoccupées, semblait-il, de continuer leurs bavardages que de s'assurer une bonne recette. D'autres, isolées, fumaient silencieusement de grosses pipes, sans essayer non plus de ces sollicitations qui sur nos marchés parisiens assaillent sans cesse le paisible badaud. Pourtant la foule était fort dense, et le choum qui y guidait M. du Bourg distribuait généreusement à ses compatriotes force coups de trique pour lui livrer passage. Le vicomte nota peu d'Abyssins dans le marché : clients et vendeurs étaient en grande majorité Oualamo et l'animation de ce marché purement local témoignait de l'abondance et de la richesse de cette population. L'examen des matières mises en vente n'était pas moins intéressant. A Ofa, peu de céréales, peu de bestiaux ; à Nati, peu de bestiaux, peu de céréales, si l'on

(1) Les Abyssins ont toujours beaucoup d'esclaves ; mais ils doivent leur être donnés par un chef à la suite d'une expédition. Le commerce des esclaves est interdit par l'empereur.

Marché d'Ofa, dans le Oualamo.

excepte le maïs assez abondant. Mais ici comme là le grand produit de transactions était le coton, coton brut, coton tissé en lots ou chamas toutes faites. Tous les gens de la région venaient évidemment s'habiller là; mais les marchés n'étaient point des centres d'exportation. Les monnaies courantes étaient le thaler et une pièce de fer qui vaut un douzième ou un quinzième de thaler. Au contraire de leurs congénères visités jusqu'à ce jour par notre explorateur, les Oualamo d'Ofa et de Nati ne se servaient pas de cartouches pour les transactions.

Le 25, dès le départ, les guides veulent faire grimper à toute la caravane les fortes pentes qui mènent, directement à l'ouest, aux montagnes du Koutcha et du Gofa. Or cette ascension eût été très fatigante pour les bêtes et les hommes; elle contrariait en outre le but de M. du Bourg, qui était de se diriger le plus rapidement et le plus facilement possible à travers ces hautes montagnes vers l'Omo et le lac Rodolphe, en utilisant les chemins les plus plans et les altitudes les plus basses. Son objectif était donc le Dimé, cette région peuplée de nègres, qui est contenue dans une grande boucle que décrit l'Omo avant de se jeter dans le lac. Etait-il bien nécessaire pour cela de conduire la caravane à l'assaut de ces murailles redoutables et presque verticales qui se dressaient au-dessus des voyageurs et abritaient le mystérieux Gofa? Certes M. du Bourg se réservait d'inspecter personnellement la région comme il avait fait pour les parties arides de la dépression. Mais de là à y conduire toute sa troupe, il y avait loin. Il hésitait donc fort à suivre la route qu'indiquaient les guides, quand deux hommes de la caravane se présentèrent à lui. C'était deux Abyssins qui avaient jadis fait partie de la suite du dedjaz Léontieff, gouverneur des provinces du Sud. Ils connaissaient une route qui devait conduire la caravane jusque dans le Dimé par un terrain bas et plan. Sans doute la route était quelque peu désertique, mais on y trouverait l'eau en quantité suffisante, sinon en abondance, et l'on n'aurait à lutter ni contre des pentes trop ardues ni contre les obstacles parfois insurmontables qu'oppose une végétation trop luxuriante.

Les deux hommes paraissaient intelligents et sûrs de leur fait. M. du Bourg se rendit donc à leurs raisons : on n'avait qu'à gagner à une expérience que le chef aurait toujours le loisir d'interrompre en cas d'échec. Sous la conduite des deux ascaris de Léontieff la caravane prit donc la route indiquée. Semée de quelques ondulations elle descendait de plus en plus : le 25 avril on était à 1.690$^{m}$; le 28 à 1.500; après que l'on eût remonté le 30 jusqu'à 1750$^{m}$; la descente s'accentua les jours suivants : le 1$^{er}$ mai, on était à 1.440$^{m}$; le 2, au confluent des rivières Mazi et Sala, à 1.160. A cette altitude fort basse, M. du Bourg se trouvait en pleine région de kolla. Tout autour, les montagnes entouraient d'un cadre sévère, sombre et puissant, la plaine basse, qui, malgré sa faible altitude, ne rappelait en rien les steppes de la dépression. Sans doute la flore était steppiforme : de l'herbe des buissons, de nombreux mimosas, voilà tout ce que permettait la température élevée. Mais de nombreuses rivières descendant des montagnes environnantes maintenaient dans le sous-sol une humidité suffisante pour entretenir la végétation, insuffisante pour former des marécages malsains comme il arrive trop souvent dans les dépressions. Aussi l'herbe, était-elle drue, les buissons fournis, les mimosas hauts et larges. Le tapis vert était semé de fleurs éclatantes, rouges, grenat, violet, jaune, et dont l'aspect velouté attirait. Parfois, dans la fente d'un rocher moussu, une orchidée jaillissait s'offrant à la main de l'explorateur. Et la crudité de toutes ces couleurs était compensée par les teintes atténuées des mimosas, dont le tronc, qu'on eût dit enduit de rouille pâle, et le feuillage vert tendre, piqueté de blanc par de longues épines et se ramifiant en arabesques ténues, donnaient au paysage quelque chose d'irréel et d'idéal.

Un homme auprès de M. du Bourg chantait les louanges du mimosa...

« Maître, quand l'Oualamo descend des katamas perchées sur la montagne et que dans la plaine il voit les mimosas, son cœur se réjouit. Mais la plaine est chaude et les hommes l'ont fuie ; seul le mimosa l'habite ; il est l'unique compagnon du voyageur. Le montagnard sédentaire trouve son feuillage grêle, son ombre mince, et il déplore ses épines pointues. Mais pour le nomade errant il est le seul charme de la steppe, et voilà pourquoi le nomade aime le mimosa ».

Cependant notre voyageur songeait : ces mimosas à côté de cette herbe tendre et de ces fleurs fraîches étaient comme un contre-sens de la nature ; les unes ne poussent que le pied dans l'eau, l'autre est l'hôte des contrées arides. L'homme donna à M. du Bourg l'explication de l'énigme :

« Aujourd'hui, c'est le printemps. La saison des pluies vient de se terminer ; l'herbe et les fleurs sont leur œuvre. Mais si tu repassais ici dans deux mois tu retrouverais la steppe brûlée et seuls les mimosas subsister ».

En tout cas, l'eau pour l'instant ne manquait pas. De petits ruisseaux sillonnaient la plaine et le 2 mai M. du Bourg campa au confluent de deux rivières assez considérables, les rivières Maze et Zala. Pendant deux jours il fit séjourner sa troupe sur leurs bords. Les hommes étaient assez fatigués. Lui-même, si dispos et si courageux depuis le départ, ne se sentait pas sans lassitude. Le docteur lui ordonna le repos, et pendant ces deux jours, malgré la tentation que lui donnait la vue de nombreuses traces d'hippopotames il passa le temps à faire des observations sur les deux rivières. La rivière Maze était la plus importante : large de 6 à 10 mètres, profonde de près d'un mètre, elle avait un courant très rapide, et sa température n'était que de 21° ce qui était peu, étant donnée la température ambiante. La rivière Zala, large tout au plus de 3 ou 4 mètres, profonde de 40 centimètres, roulait lentement une eau fort limoneuse, et la température à 6 heures du matin était déjà de 24°. De grands roseaux, hauts de 3 et 4 mètres, bordaient les deux rivières en palissade presque continue, où seules quelques clairières tapissées de renoncules jaunes et blanches permettaient le passage.

Tout le pays était inhabité. Pour la plaine elle-même il n'y avait aucune raison de s'en étonner. Mais il semblait que le vide eût gagné de la plaine les pentes des montagnes voisines. Au cours des excursions que du 25 avril au 2 mai il fit sur les flancs de sa caravane, M. du Bourg constata sur ces pentes la présence d'une population fort clairsemée. Or il estima qu'elle avait dû être jadis beaucoup plus dense. La meilleure preuve en était dans les nombreux champs de cotonniers abandonnés qu'il rencontrait et dans les travaux de maçonnerie fort habilement exécutés sur les pentes pour retenir la terre et en permettre le travail. De petits murs parallèles s'y étageaient, jadis utiles à arrêter les eaux sauvages et à leur permettre de féconder la terre au lieu de l'entraîner; aujourd'hui, en partie démantelés, ils étaient les derniers témoins de cultures en terrasses et d'une population abondante et prospère. Qui avait ainsi fait le vide dans cette contrée? les Abyssins? la sécheresse? l'épizootie? M. du Bourg ne put trouver la solution.

En tout cas, les rares habitants des villages subsistants étaient aimables et hospitaliers. A peine l'un d'eux apercevait-il notre explorateur qu'après un salut rapide il s'empressait de prévenir le choum de la katama. Celui-ci d'ordinaire accourait, escorté de quelques hommes portant des présents, généralement quelques jattes de lait. Il se précipitait à terre, baisait les pieds de M. du Bourg, lui offrait son backschich et s'en retournait portant sur son visage la satisfaction du devoir accompli.

Tous ces gens-là semblaient de mœurs simples et naïves, spontanés dans leurs douleurs comme dans leurs joies et incapables de les dissimuler extérieurement. Le 29 avril, sur les bords d'une petite rivière, la rivière Dana, M. du Bourg emmena à la chasse avec lui un de ces petits choums oualamo pour lui marquer sa reconnaissance après une réception tout à fait cordiale. Ayant tué un *bubale*, il eut l'idée assez naturelle de lui en faire don. Aussitôt, voilà notre homme qui ne se tient plus de joie. Il prend sa lance et en porte deux coups à la malheureuse bête, comme pour affirmer sa propriété ; puis, triomphant, il se rue sur elle, le couteau en main, l'émascule, l'égorge, et, ivre de carnage, asperge de sang son cheval, lui-même, et toute l'assistance, chantant et dansant, glorieux, fou de bonheur. Pendant un bon quart d'heure, il hurla : « Ilicamot!... Ilicamot!... » Puis il se tourna vers M. du Bourg, se jeta à terre, lui baisa longuement les pieds, disant avec conviction et par saccades : « Frendji aoura ! Frendji aoura ! » (« Je suis l'esclave du blanc ») et il accompagnait sa déclaration de roulements d'yeux terribles et de « Brouououy » très convaincus. Cependant M. du Bourg recevait avec la dignité qui convenait, et sans sourire, l'hommage de son esclave, et M. Brumpt prenait imperturbablement quelques photographies des manifestations d'un enthousiasme violent, spontané, sauvage... et justifié au moins par la coutume du pays qui veut qu'un Oualamo qui a tué un bubale soit aussi honoré qu'un Abyssin qui a tué un éléphant.

Le 7 mai, la caravane arriva dans le pays d'Ouba. On était dans les états administrés par le dedjaz Léontieff. Mais celui-ci était pour l'instant à Addis-Ababa, et l'on disait qu'il ne reviendrait plus dans son gouvernement. Pourtant dans la première katama du pays d'Ouba, à Oda, le vicomte trouva trois soldats indigènes, vêtus de gros bleu, coiffés de chéchias rouges, armés de fusils de fabrication russe : c'était un poste laissé ici par le dedjaz ; ils rendirent les honneurs à l'européenne. Au reste l'aspect des routes laissait soupçonner aussi un essai d'aménagement selon nos goûts. Mais Léontieff n'était plus là, et quand ces essais seraient-ils repris ?

M. du Bourg résolut de séjourner quelque temps dans le pays d'Ouba. Il se trouvait là dans un lieu fort propice pour rayonner alentour et inspecter cette partie de l'Ethiopie avant de se diriger vers le pays de Dimé qui en marque la limite occidentale. Ouba est en effet le centre de ces provinces méridionales de l'Abyssinie : à l'est, s'étendait le pays oualamo d'où venait M. du Bourg ; à l'ouest, le Dimé où il se rendait. Mais au nord et au sud s'étendaient de vastes contrées que la caravane ne devait pas traverser : au sud, c'étaient les montagnes de Gofa ; M. du Bourg se réserva de les inspecter en personne ; — au nord, c'était le pays de Malo, où coule l'Omo dans son cours moyen, avant que par un brusque coude vers le sud il ne baigne le Dimé. Pour inspecter cette dernière région M. du Bourg délégua le docteur : M. Brumpt devait sillonner le Malo, reconnaître l'Omo, puis rejoindre la caravane aux confins de l'Ouba et du

Dimé. Il importait que toutes les forces fussent de nouveau réunies au moment de pénétrer dans une région mystérieuse, et dont on ne savait rien sinon qu'elle était peuplée de véritables négroïdes. M. Brumpt partit le 7 mai.

Pendant les premiers jours qui suivirent la séparation, M. du Bourg inspecta le pays d'Ouba, tandis que sa caravane campait. Il constata que le pays, assez peuplé, ne différait point du pays oualamo par les productions. Comme les marchés oualamos, le marché d'Oda, par exemple, n'offrait à l'acheteur presque pas de céréales et de bestiaux, mais le coton en balle était très abondant. Pourtant le pays n'était pas dépourvu de céréales : les champs de sorgho et de maïs s'étendaient sur les flancs des collines, alternant avec les cultures de tabac et de café. Mais tout cela n'était pas matière à transactions locales : seul le coton se vendait sur place. Pourtant, M. du Bourg vit souvent des gens d'Ouba prendre la route du Gofa avec leurs mulets et leurs ânes chargés de sacs de grains : c'était là-bas, dans la montagne, qu'ils allaient vendre leurs céréales à meilleur prix.

Le bien-être régnait dans tout le pays. Les hommes étaient vêtus d'une façon presque cossue, ils étaient de belle race, grands et bien musclés pour la plupart. Les femmes, à la figure et à l'allure un peu trop masculines, se paraient de rares bijoux. Drapées dans des chamas qui laissaient les épaules et la gorge à nu, elles étaient chargées des gros travaux. Chaque jour on les voyait aller par bandes dans la plaine couper l'herbe pour les bestiaux. Elles faisaient des bottes très longues qu'elles chargeaient sur leur dos en leur donnant la forme d'un fer à cheval, les deux extrémités pointant haut vers le ciel.

Les premiers jours, le vicomte se sentait encore las. Pourtant, le 11 mai, il remit vaillamment sa caravane en marche, et, pendant qu'elle se dirigeait lentement à travers la savane herbeuse et grasse vers le Dimé, il fit un *raid* rapide vers le Gofa. Voici ce que nous lisons dans son journal de route.

« *11 mai.* — Je pars de bon matin avec ma petite troupe. Je perds un mulet, après quelques pas à peine, en franchissant une petite rivière, la Zentou. L'ascension commence par un chemin épouvantable, raide et défoncé à souhait. La pente est quelquefois à 45°. En certains points, le sentier est tellement encaissé entre les rochers et si étroit que les charges des mulets sont trop larges et qu'il faut empiler les colis verticalement sur les malheureuses bêtes pour leur permettre de passer. L'ascension dure 6 heures : bêtes et hommes sont à bout ; moi-même, mal remis de mes dernières fatigues, j'avoue que je souffre un peu. Enfin à midi 1/2 nous arrivons à Djaola, résidence du fiteorari Kassa, qui représente le dedjaz Lama dans ces contrées perdues. Djaola est une katama de 4 à 500 paillotes, perdue dans les nuages à 2700$^{m}$ d'altitude.

« Je vais rendre visite au fiteorari. C'est un homme de 45 ans, sale et crasseux, aux cheveux horriblement beurrés. Il est, paraît-il, originaire du Choa. Quand je l'aborde, il est entouré de ses femmes. Il se dérange à peine. Il n'est pas poli et ne possède pas les grandes manières des chefs abyssins qui mettent une certaine coquetterie à manifester leur urbanité. Ce ne sont pas, semble-t-il, ses qualités, mais l'âge et les années de service qui l'ont porté à ce poste relativement élevé (sans jeu de mot) : il a été, si j'ose dire, promu à l'ancienneté. A toute mes questions il proteste de son ignorance.

« Le chemin est-il difficile vers l'ouest ?

— Je ne sais pas.

— Les porteurs se louent-ils cher ?

— Je ne sais pas.

— Comment se vendent les bêtes de somme ?

— Je ne sais pas.

— Peux-tu m'en fournir ?

— Je n'en sais rien. »

« Et ainsi de suite pendant dix minutes. Au bout de ce laps de temps je renonce à pousser plus loin mon enquête, et, estimant que je me suis assez mis en frais de politesse pour un individu qui en montre si peu, je le laisse à ses femmes et m'en vais rejoindre ma troupe.

« *12 mai.* — J'engage des négadis pour porter jusqu'à Addis-Ababa les colis que nous envoyons en Europe. Rendu visite au jeune roi Acka, dont la mère régnait sur le Gofa avant l'arrivée des Abyssins. Il est âgé de 14 ans. On lui a donné une petite cour. Mais il n'a aucun pouvoir effectif : c'est le fonctionnaire abyssin qui fait tout. Ce régime rappelle tout à fait celui de nos protectorats. Le teint très clair, le nez recourbé, les oreilles détachées, les yeux louchant légèrement, il a l'air d'un petit juif d'Algérie. Son père était, dit-on, un homme énergique ; il a disparu lors de la conquête abyssine... on ne sait comment. Je lui ai posé quelques questions, demandé des porteurs. Mais lui aussi m'a répondu : « Je ne sais pas », — car il redoute les Abyssins.

« Ce matin, la nuée qui entourait hier la montagne s'est levée. Le panorama tout autour est magnifique : ce ne sont que montagnes qui se chevauchent, toujours plus hautes jusqu'à l'horizon. Un homme du pays me les désigne : de l'est au sud, il me montre le massif du Sidamo, du Gamo, qui bordent la dépression des lacs, puis le Koutcha, le Zala et le Bako. A l'ouest les monts du Malo. Entre ceux-là et celui-ci les Monts du Dimé. Tous ces massifs divergents semblent se réunir vers le sud. « Là, me dit l'homme, s'étendent trois royaumes : le Basketo, le Bako et le Dimé ». C'est un fouillis inextricable, et il faudra, je pense, bien des explorateurs avant qu'il soit complètement démêlé. Pour moi, je ne songe (avec

Campement de Baguendja, dans le Doko.

angoisse) qu'à en tirer ma caravane sans y perdre toutes mes bêtes de somme.

« Le marché de Djaola est assez riche en céréales et en légumes, pois et choux. Pas de coton brut, naturellement, à cette altitude, mais beaucoup de chamas de coton apportées d'en bas. Le bétail est très rare : faut-il accuser l'épizootie ? Je n'ai jamais vu de gens aussi rétifs à l'interview ; Djaola ne serait pas le paradis des reporters !...

« Vu les premiers Chankalla. Je les considère avec une admiration qui semble les étonner. C'est qu'ils n'en peuvent pénétrer la raison secrète : ces types nouveaux m'annoncent, avec la sortie prochaine de l'Ethiopie, des régions différentes, l'Omo, le lac Rodolphe, et bientôt le Nil. Nous avançons. Courage !... »

Le 13 mai, M. du Bourg avait rejoint sa caravane qui n'avait progressé que de 13 kilomètres. Les journées qui suivirent furent rudes. Quoiqu'en eût le vicomte, il lui fallut bien engager tout son convoi sur des routes ardues, puisqu'il n'y en avait point d'autres. La marche, très lente, conduisit nos voyageurs à l'altitude de 2.500$^{m}$. les routes, à peine tracées et fort étroites, surplombaient d'épouvantables précipices ; ce fut merveille si aucun mulet n'y roula avec sa charge. Mais un cheval, pris de vertige, s'y précipita dès les premiers kilomètres : son cavalier l'avait quitté quelques minutes auparavant...

Le 14, M. du Bourg était dans le pays de Kentcho, à 2.350$^{m}$ d'altitude. Le pays était remarquablement humide. Sur les pentes des ravins, hérissées d'énormes bambous, l'eau jaillissait de partout, en sources vives et fraîches. La montagne était comme une vaste éponge. Les routes étaient sillonnées de nombreux indigènes du Bako, du Malo, du Dimé, qui se rendaient au marché de Djaola. Les types étaient très mêlés, les teintes de peau très variées. On se sentait à une limite ethnique, en un point où les races sémitique et négroïde s'étaient mélangées en des proportions différentes selon les lieux, en sorte qu'ici dominait le type des sémites, là le type des nègres, sans que jamais ni l'un ni l'autre ne fut à l'état pur.

A Kentcho, M. du Bourg put rendre visite à la reine Ganné, mère du jeune Acka, roi du Gofa, qu'il avait vu quelque temps auparavant à Djaola. Elle partageait d'ailleurs la royauté nominale de son fils. Elle était elle-même fille de Koulou, négous du Kaffa. Jadis, elle avait vaillamment combattu contre l'invasion abyssine; puis, après la disparition mystérieuse de son mari elle s'était soumise, avait embrassé le christianisme, abandonné tout son pouvoir au dedjaz de Ménélik, gardant à ce prix ses biens et son titre. Elle reçut l'explorateur dans une paillotte tendue de soie, et dont le sol de terre battue était couvert de tapis de Smyrne. Tous les meubles étaient abyssins, à l'exception de quelques étagères de bambou fabriquées dans le pays. Grande, mince, élancée, la reine n'avait certainement pas atteint la trentaine. Ses yeux noirs, grands et vifs éclairaient un visage incontestablement sémitique. Elle reçut M. du Bourg en s'efforçant de copier les mœurs européennes : elle alla même jusqu'à lui offrir de la liqueur dans des petits verres.

« Et dire, songeait notre voyageur, que dans trois jours je me trouverai dans le Baskéto où les hommes vont nus comme vers. Que m'offriront-ils ceux-là ? du porto ? du Rœderer pour l'exportation ? ou des flèches empoisonnées ? »

Cette reine mondaine papotait comme dans un salon parisien ; elle parlait... de la saison des pluies et aussi des mille tracas de sa vie ; mais c'était les tracas d'une reine détrônée et la source en était auguste. M. du Bourg se retira après avoir déposé ses cadeaux qui, comme de juste, se composaient surtout de flacons d'odeurs et d'eaux de toilette.

Le 16 mai, la caravane franchissait par un col haut de 2.400$^{m}$ la limite du pays de Gofa. M. du Bourg, avait dit adieu aux races sémitiques ; il se trouvait maintenant en pays nègre. Le soir du même jour, M. Brumpt rentrait au camp après une absence de dix journées. Il venait du Malo. Arrêté pendant deux jours par des pluies abondantes, il avait pénétré dans ce haut massif par un profond ravin qui semble entourer de toutes parts cette forteresse naturelle. Dans ce ravin coulait la rivière Erguiné. Comme M. du Bourg dans le Gofa, le docteur avait trouvé là un pays bien cultivé, riche et prospère, où un roi avait gardé le pouvoir nominal sous le gouvernement effectif des Abyssins. Le 11 mai, d'une katama du nom de Boullassa, perchée sur un contrefort de la montagne, le docteur avait vu l'Omo. Il coulait tranquillement, au fond d'une vallée ravinée, semblable à celle de l'Erguiné. Au-delà, un autre massif, le Konta, faisait sur la rive droite pendant au Malo. Au-delà encore, on distinguait les premières assises du Kaffa, le géant des géants de l'Ethiopie.

Le 13 mai, le docteur était descendu sur les bords de l'Omo, qui coulait à 870$^{m}$ seulement d'altitude. Il y avait trouvé une assez grande animation : non que la population y fut sédentaire, car le pays devait être malsain et il venait d'y retrouver sa vieille amie la tsé-tsé; mais l'explorateur avait eu la bonne fortune de tomber sur un des passages les plus fréquentés de la rivière. De nombreux passeurs y gagnaient leur vie et M. Brumpt eut l'occasion de les contempler à l'œuvre. La méthode dont ils se servent pour transborder clients et marchandises vaut d'être citée. Ils emploient une *séletcha*, outre volumineuse, en peau non épilée. Ils la remplissent à moitié avec quelques objets à passer, pots de beurre et de miel, effets, bagages du client, etc. Puis ils la remplissent d'air et l'attachent. Gonflée et lestée, elle surnage et reste stable. Alors le client passe ses bras autour de l'outre, et s'y cramponne, tenant avec ses dents l'extrémité du lien qui la ferme. Le passeur se met à l'eau, saisit de la main gauche la *séletcha* par un lien spécial, et de la main droite il fait si bien qu'en peu de temps outre et client sont transbordés, l'une portant l'autre, sur la rive opposée. En ce point l'Omo n'avait pas plus de 30 mètres; en amont et en aval, il dépassait 80.

Le 15 et le 16, le docteur avait regrimpé sur les hauteurs pour y rejoindre la caravane. Le 16, en franchissant un col entre les monts Damola et Yelo, il avait atteint 2900$^{m}$ ; il avait même fait l'ascension du mont Yelo, 3000$^{m}$, et du mont Damola, 3040$^{m}$. A cette altitude les cultures se faisaient rares, mais les bambous, les kossos et d'autres arbres encore poussaient dru.

En somme, M. du Bourg et M. Brumpt convinrent qu'au point de vue physique et ethnographique rien ne différenciait les pays d'Ouba, de Gofa et de Malo. C'était partout les mêmes massifs se dressant en châteaux forts au-dessus des vallées profondes, — partout la même richesse et la même prospérité, — partout la même race, de fonds évidemment sémitique, de mœurs paisibles, naïves, spontanées, accueillantes à l'étranger pourvu que celui-ci ne vînt pas en pillard.

« Souhaitons, déclara M. du Bourg, sinon le même sang, du moins le même esprit et les mêmes mœurs aux nègres Baskéto que nous allons maintenant aborder ».

Comme on le verra, cet espoir fut déçu.

Flore désertique du plateau Galla. — L'arbre est couvert de vautours.

L'Omo, près du confluent de la rivière Anton.

## CHAPITRE XV

### Vers l'Omo

(17 mai-6 juin 1902)

En pays nègre : le Baskéto. — La limite des races sémitique et nigritienne. — Enfin, la plaine !... la jungle et les éléphants. — Au long de la rivière Anton. — Un pays de voleurs et de fantômes. — L'itinéraire de Donaldson Smith atteint. — Le Moursi. — La boucle de l'Omo. — Un chef abyssin. — Un Basketo. — Abstention héroïque. — L'Omo !

M. du Bourg et M. Didier chevauchaient, le 17 mai, à quelque distance de la caravane, dans une plaine assez large qui séparait les monts du Gofa, auxquels ils tournaient le dos, des monts du Basketo et du Dimé, vers lesquels ils se dirigeaient. Cette plaine était sillonnée d'une multitude de petites rivières, aux eaux peu courantes, fournies par les montagnes voisines, et s'étalant parfois en grandes plaques marécageuses qui obligeaient la mission à de grands détours. On était à 2.000 mètres ; la chaleur et l'humidité, les deux agents essentiels de la pousse du maïs, avaient permis dans toute la plaine la culture en grand de cette céréale : les champs de maïs alternaient avec les marécages et les grands carrés de roseaux et d'autres plantes aquatiques. M. Brumpt était parti en avant, pour amener la caravane dans le Baskéto. Tout en allant, il visait les montagnes et continuait l'itinéraire que la nouveauté du pays rendait plus intéressant. Quant au vicomte, chargé spécialement de l'ethnographie, il chômait, car aucun habitant ne se montrait dans la plaine. On eût pu croire que les champs de maïs et les autres cultures étaient l'œuvre d'un travailleur invisible et surhumain, si là-bas sur les hauteurs on n'eût distingué de nombreux indigènes, qui, devant leurs huttes haut perchées, regardaient passer la caravane. En effet, tous les habitants, au contraire des montagnards de nos régions, fuirent ici les vallées et les plaines pour habiter les hauts sommets. Jadis ils le faisaient pour lutter plus facilement contre l'ennemi envahisseur, et les katamas, comme nos châteaux féodaux, dominaient et protégeaient la plaine fertile et nourricière. Mais jadis, au temps de l'indépendance, comme aujourd'hui qu'ils sont soumis, les habitants de la contrée avaient une autre raison majeure de fuir la plaine : c'est qu'elle est très insalubre. La fièvre sévit à l'état endémique dans toutes les régions basses, chaudes et humides, — et grâce à elle, malgré « la paix abyssine » qui s'étend sur toute la contrée, les vallées y sont encore les limites des peuples.

On avait franchi déjà dans la matinée la rivière Erguiné, son affluent la rivière Mito, plus trois petits ruisseaux anonymes, quand M. Didier s'écria tout à coup :

« Adieu pour toujours aux Abyssins, aux sémites ! Et salut aux bons nègres, à la race aussi noire qu'inconnue des Baskétos !

— Voilà, mon cher Didier, un salut de circonstance, reprit le vicomte. Le lieu ne saurait être mieux choisi pour le formuler. Car Dieu me damne si ce pays ne marque pas une limite ethnographique entre sémites et nègres, entre asiatiques et africains, — autant bien entendu que l'on peut trouver une limite exacte entre deux peuples dans cette Afrique Orientale, que je proclame la bouteille à l'encre de l'ethnographie.

— Comment l'entendez-vous ?

— Je m'explique : il est fort probable que dans le Basketo et le Dimé nous rencontrerons des nègres purs. Mais les hommes que nous venons de quitter, les gens de l'Ouba, du Gofa, du Malo, étaient-ils des sémites purs comme les Oualamo de l'extrême est, qui habitent la bordure même de la dépression ? *That is the question.*

« Longtemps on a cru que les populations qui couvrent le sud du massif éthiopien étaient composées de purs sémites : ces sémites auraient été séparés des Abyssins proprement dits, comme les sémites du Gouragué et du Oualamo, au moment de l'invasion hamitique. Regardez la carte que Paulitschke a mise à la fin de son beau livre sur l'Afrique nord-orientale : elle ne date que de dix ans ; or elle mentionne comme sémitiques toutes les populations sans distinction qui s'étendent du Kaffa jusqu'au lac Rodolphe.

« C'est à des Italiens, aux explorateurs Vannutelli et Citerni, que revient l'honneur d'avoir découvert les premiers que les choses n'étaient pas aussi simples. Jadis, tous ces pays ont dû être occupés par des nègres, probablement analogues aux Bantous qui, vers Zanzibar, peuplent toute l'Afrique Orientale Anglaise. Elles durent être refoulées par l'invasion hamite, par les Gallas, dans les parties les plus reculées du massif, vers l'ouest. Là, elles se sont trouvées en contact, à l'est avec les Gallas alors envahisseurs, au nord avec les Abyssins alors en recul. Et sur les points de contact elles se sont mêlées avec les races voisines.

« Aussi, aujourd'hui, la différence n'est-elle pas tranchée et absolue entre les races. Les éléments bantous se sont, suivant le lieu, plus ou moins mêlés aux sémites et aux hamites. Dans les populations que nous venons de visiter, dans l'Ouba, le Gofa et le Malo, les caractères d'origine sémitique dominent, peau claire, traits réguliers, nez busqué. Mais il faut nous attendre à voir de plus en plus le type négroïde s'affirmer dans les individus que nous inspecterons : teint sombre, pommettes saillantes, le maxillaire inférieur développé, lèvres lippues, etc. Vannutelli et Citerni pensent que la ligne de partage entre les deux races est précisément dans la région ou nous sommes, entre le Malo et le Dimé. Cette limite me paraît acceptable, à la condition que l'on ne méconnaisse pas que la transition, loin d'être brusque, est insensible, et se fait, non par une ligne, mais sur une surface où les deux races se sont mêlées. »

En attendant, les habitants du pays persistaient à se tenir cachés, ou tout au moins hors de la portée des Européens. Ils devaient se révéler à eux de façon brusque et désagréable. Au cours de l'après-midi du 17 mai, tandis que le vicomte et son compagnon chevauchaient en paix, un homme accourt vers eux, à bout de souffle. Il fait partie de l'avant-garde que commande le docteur, et il annonce que celui-ci se débat avec un choum qui lui a refusé le passage : au dire de l'homme, les deux partis sont aux prises et près d'en venir aux coups. A ces nouvelles alarmantes, M. du Bourg met son cheval au galop et une demi-heure après il arrivait dans une katama, séjour ordinaire du cagnazmatch Badélou, mais dont celui-ci était momentanément absent. Le choum qu'il y avait laissé et qui répondait au nom d'Ato Ayasi, était dans un état complet d'ivresse et faisait beaucoup de vacarme : Daniel tentait en vain de le calmer, tandis que M. Brumpt, imperturbable, semblait attendre la fin de ces criailleries. A l'arrivée du vicomte, le choum accourt vers lui et réclame justice sur un ton suraigu.

« Ton lieutenant, clame-t-il, m'a giflé. Il a giflé un fonctionnaire de Ménélik ! Châtie-le. »

Il est vrai que le docteur, exaspéré par les atermoiements de cet homme, qui se refusait à lui livrer le passage et même à lui indiquer la route, l'a quelque peu bousculé. Diplomatiquement, le vicomte commence par faire apporter le rescrit de Ménélik, enjoignant à tous ses sujets de bien recevoir la mission. Comme de coutume, lecture en est faite à haute voix par Daniel, tous se tenant découverts dans le plus profond silence. Et ce silence obligatoire calme à moitié le choum, qui se grisait lui-même à ses propres cris. La ruse de l'explorateur a réussi : quand la lecture est terminée, le choum reprend ses protestations, mais sans conviction et sur un ton plus modéré. Il ne demande plus la tête de son adversaire, lequel n'a cessé de sourire philosophiquement... Et l'on s'en tire avec le don d'une carabine. Le choum et ses administrés sont désormais tout dévoués à la mission.

Pendant cet entretien mouvementé, M. du Bourg avait pu constater que les hommes à qui il avait maintenant affaire étaient bien des nègres. Il avait décidément quitté le pays oualamo. Ces nègres rappelaient les Chankalla qui habitent sur les bords du haut Nil. Ils étaient absolument nus ; à peine les femmes et les jeunes filles portaient-elles un minuscule tablier de pudeur ou de petites jupes fabriquées en feuilles de musa. Comme chez toutes les peuplades primitives, les ornements remplaçaient le vêtement : grelots, perles et grigris abondaient sur toutes les poitrines. Et parmi tous ces êtres primitifs, dans cette katama pourtant très populeuse, on ne voyait que de très rares Abyssins : ils semblaient être installés là seulement pour indiquer par comparaison à l'ethnographe combien leur race était supérieure à celle de ces malheureux nègres, naïfs, arriérés, enfantins.

Au reste, ces sauvages semblaient fort experts en agriculture et les gens du Choa eussent pu venir ici prendre des leçons. Sur les pentes des collines, très vertes, autour des huttes basses, en forme de pain de sucre, s'étendaient des champs de maïs, de sorgho, et de certaines aroïdiées (arrow root) dont les feuilles et les rhizômes sont comestibles. Les palmiers et des kossos de plusieurs espèces abritaient contre le vent de grandes plantations de café assez bien entretenues. Sur les pâturages paissaient quelques troupeaux de vaches petites, rondes et grasses, des chevaux, des mulets et quelques ânes. Tout donnait l'impression de l'abondance et d'un travail fructueux : les réserves de grains étaient abritées sous le chaume auprès des maisons, et les hommes et les femmes labouraient certains champs en retard avec deux piquets ferrés dont ils se servaient fort adroitement. On était à coup sûr dans une région très riche.

« Vous le croyez, du moins, déclarait à ses compagnons M. du Bourg, qui revenait en maugréant d'une exploration à travers le village. Eh bien ! détrompez-vous ; il paraît que nos yeux nous abusent. Questionnez tous ces gens comme je viens de le faire. Tous vous répondront sur un ton plaintif qu'ils n'ont rien, que la terre est pauvre et que la maladie a tué tous leurs bestiaux. Ils mentent même devant l'évidence. On ne peut obtenir d'eux aucun renseignement exact. Ils n'ont même pas voulu me dire où ils prennent le fer de leurs instruments aratoires. Il a fallu m'adresser à un Abyssin pour savoir qu'il vient du Dimé !

— Et pourquoi ces mensonges ? pourquoi ce mutisme ?

— Daniel prétend, et son affirmation est plausible, qu'ils mentent parce qu'ils craignent qu'on pille leurs greniers et qu'on aille épuiser leurs gisements miniers. Cette réserve et cette dissimulation leur seraient donc imposées par l'expérience de la rapacité abyssine. Nous prennent-ils donc pour des Abyssins ? »

Et la vertu du vicomte s'indignait...

Le 20 mai la caravane pénétrait décidément dans le pays baskéto. Entre les montagnes, une grande plaine s'ouvrait, que les habitants disaient s'étendre jusqu'à l'Omo. Celui-ci se trouvait, disaient-ils, à dix jours de marche. Malgré les récriminations des Abyssins de la caravane, qui préféraient la montagne, plus peuplée, offrant plus ample matière à ce que Daniel appelait le « chapardage » le vicomte engagea sa troupe dans cette plaine.

« Maître, disaient les Abyssins, dans la plaine nous mourrons de soif ».

En fait, ce danger n'était pas à craindre. La plaine n'était pas tellement large que les explorateurs dussent jamais perdre de vue l'horizon montagneux : en cas de sécheresse on aurait vite fait de regagner les chemins montueux qui conduisaient aux sources certaines. Au reste la plaine ne présentait point l'aspect du désert. Avant d'y engager ses hommes, M. du Bourg l'avait inspectée à la lunette du haut de la montagne : légèrement ondulée, elle ne paraissait nulle part absolument dénuée de végétation ; et même au loin, en avant d'une ligne montagneuse qui devait être le Dimé, une grande zébrure sombre annonçait certainement une forêt épaisse, une forêt galerie, partant une rivière importante. Quelle était cette rivière ? Après avoir pris conseil de ses acolytes, M. du Bourg put se croire autorisé à identifier ce cours d'eau hypothétique avec celui que certaines cartes désignaient sous le nom d'*Anton*, affluent de l'Omo. Cette rivière est appelée par d'autres Ousné ou Podi. En interrogeant les hommes de l'expédition, nos voyageurs purent se persuader que ces trois noms n'étaient pas des noms propres, mais signifiaient également *rivière* en des dialectes différents.

Toutes ses prévisions se réalisèrent au cours de la marche qui occupa les jours suivants. Parfois aux bois et aux grasses prairies des contrées humides succédaient les mimosas épineux, les hautes herbes comme vernissées contre l'évaporation et la chaleur et coupantes ainsi que des rasoirs, — en un mot tous les signes précurseurs de l'aridité absolue. Mais nulle part l'eau ne manqua et l'on atteignait bientôt la rivière Anton, que la caravane devait suivre jusqu'à l'Omo.

Ici le paysage était merveilleux. La rivière coulait en certains points au milieu de sites rocheux et boisés, où les amoncellements de blocs de grés alternant avec les dépressions feuillues et sombres rappelaient tel coin de la forêt de Fontainebleau. Plus bas, la rivière, se faisant plus large et plus forte, avait depuis longtemps brisé, rongé, pilé, éparpillé la roche, et sur ses rives planes c'était la forêt-galerie qui s'étendait, le ruban noir que notre explorateur avait discerné du haut des monts du Baskéto. Et la caravane s'enfonça dans l'ombre bienfaisante. Souvent il lui fallut se servir du sabre d'abatis pour se frayer un passage entre les lianes entrelacées. C'est à peine si de loin en loin les traces d'un ancien sentier apparaissaient, parallèles au cours de la rivière : les pièges à éléphants, que l'on y découvrait encore, indiquaient là une région autrefois fréquentée par les pachydermes et par l'homme. Mais ni l'homme ni les pachydermes ne paraissaient plus. Ce fut un Abyssin qui dut expliquer à M. du Bourg comment les indigènes procédaient pour s'emparer de ceux-ci :

« Les trous sont toujours creusés sur le bord de la route que suivent les éléphants. On rejette la terre au loin, afin que le tas n'indique point le piège à la bête maligne. Le chasseur se tapit dans le trou, recouvert de frondaisons. Quand vient à passer l'éléphant, l'homme essaie de lui couper les tendons du jarret pour le faire tomber ; il se tapit de nouveau dans sa cachette souterraine et il attend. Si la tentative a réussi, l'éléphant tombe, ne pouvant se tenir sur trois pattes. Alors, selon sa bravoure, le chasseur sort de sa cachette pour l'achever ou le laisse mourir d'épuisement.

Rhinocéros tué par M. du Bourg dans le Dimé.

— Mais ces pièges sont abandonnés.

— C'est que les nôtres, depuis qu'ils détiennent le pays, ont fait de grands massacres d'éléphants ; ceux qui ont échappé se sont certainement retirés vers le sud.

— Mais les habitants, s'exclamait M. du Bourg, en qui l'ethnographe aux abois protestait, les habitants, vous ne les avez pas tous tués ! Ont-ils donc fui ? »

En effet, de temps en temps, de petites clairières, œuvre évidente de l'homme, apparaissaient et procuraient pour un instant aux explorateurs la jouissance de la lumière, avant qu'ils replongeassent dans la forêt. Mais ceux qui avaient pratiqué ces clairières avaient disparu. Avaient-ils fui devant la conquête ou se cachaient-ils des Européens ?

Or, le 23 mai, dans l'après-midi, un homme vient annoncer à M. du Bourg que deux chevaux et un mulet chargé ont disparu. Le chef retourne lui-même avec quelques hommes à la recherche des bêtes, peut-être égarées. Il ne trouve rien. Pourtant un des chercheurs revient avec une indication grave : il a suivi pendant quelque temps les traces des trois bêtes auxquelles se mêlaient des pas d'hommes. Puis, les traces s'enfonçant dans la forêt, il a craint d'être attaqué dans la solitude et il a rebroussé chemin. Plus de doute, les animaux ont été volés ; la forêt silencieuse abrite des hôtes ; des yeux hostiles, des guetteurs rapaces épient la caravane dans l'ombre. La nuit suivante, la garde du camp fut doublée...

Le lendemain, nouvelle disparition : un cheval, deux mulets et deux ânes escamotés avec leur charge, voilà le bilan de la journée. On envoie à leur recherche : le caporal Mirdjân rentre le soir en affirmant avoir vu des nègres armés d'arcs et de flèches qui se sont sauvés à son approche. La garde est encore doublée, les armes vérifiées, carabines et revolvers mis à la portée de la main pendant le sommeil : au matin, aucune alerte n'avait eu lieu. Et ce jour là deux mulets chargés disparurent encore. Il est vrai que M. Golliez retrouvait un mulet... sans sa charge perdu la veille. Ce fut la seule restitution que l'on obtint de la forêt. Et jamais aucun voleur en vue, si ce n'est les nègres hypothétiques de Mirdjân !

M. du Bourg avait hâte de sortir de cette forêt enchantée. La brousse est moins traîtresse, au clair soleil ! — Et puis la tsé-tsé, la terrible tsé-tsé venait de faire son apparition. La présence d'une rivière assez considérable permettait là l'existence du redoutable insecte. Par bonheur aucune bête de somme ne fut piquée. Le docteur récolta une ample collection de ces bestioles dont il se servit pour faire des expériences sur un petit chien du nom de Robbi et sur un bouc. Notre savant manifestait pour sa collection d'insectes une sollicitude qui étonnait beaucoup les porteurs indigènes : comment peut-on, semblait dire leur face stupéfaite, nourrir avec soin des êtres malfaisants et leur donner à piquer ce petit chien et ce bouc? Si l'on veut s'en débarrasser, il vaudrait mieux en faire quelque succulent rôti ?

« Allez donc leur expliquer, disait en riant M. du Bourg, que grâce à vous Robbi et le bouc deviennent des auxiliaires de la science! »

Cependant la marche continuait à travers un pays de plus en plus humide et de plus en plus chaud. C'est qu'en suivant le cours de la rivière Anton la caravane descendait rapidement à des altitudes fort basses. En 4 jours elle s'était abaissée de plus de 700 mètres. Elle était maintenant à 850 mètres d'altitude et la température semblait à nos voyageurs singulièrement chaude après l'air frais et salubre des hauteurs éthiopiennes. Entre les lambeaux de forêt s'étendaient perpendiculairement à la rivière des ravins profonds où roulaient des eaux abondantes, preuve certaine que la saison des pluies venait de se terminer récemment. Autre preuve : de grandes flaques d'eau occupaient encore toutes les dépressions que l'on pouvait remarquer dans le sol. Ce fut merveille, si, au cours de la marche dans cette contrée basse, chaude et humide, la fièvre paludéenne ne fit aucune victime. En tout cas, elle devait y régner comme une menace perpétuelle, car les vols avaient subitement cessé, indice sûr que tout habitant avait disparu.

Enfin, le 27 mai, M. du Bourg débouchait dans une vaste plaine dominée par les contreforts du Dimé, et qui s'étendait continûment vers l'ouest jusqu'à l'Omo. La rivière traversait la plaine et semblait aller se perdre entre deux contreforts montagneux qui devaient être le Dimé et le Bako : c'était donc sur cette coupure qu'il fallait pointer : là-bas était l'étape, là-bas était l'Omo !...

La plaine semblait avoir revêtu sa plus belle parure pour recevoir les explorateurs. Les mimosas de cette région demi-désertique étaient en fleurs et leurs grappes d'or contrastaient avec les fleurs d'un mauve tendre qui émaillaient l'herbe de la steppe. Sur les bords de la rivière, aux mimosas succédaient les palmiers phœnix et certains buissons de petits arbustes dont les baies de couleur orange pendaient en grappes gracieuses. Partout le plus grand calme régnait dans cet océan de verdure : aucun homme, aucun animal visible; la caravane marchait au milieu du silence; aucun souffle d'air n'animait le paysage immobile. Et ce silence et ce calme ne laissaient pas d'être impressionnants.

« Du moins ne sommes-nous plus volés, ici ! s'écria M. du Bourg, rompant le silence qui accablait ses compagnons. La forêt avait des yeux invisibles et des mains insaisissables : la steppe, elle, n'en a pas. »

Néanmoins, cette solitude, cette absence de toute vie animale parmi la surabondance de la vie végétale, les oppressaient au point que nos voyageurs eussent volontiers consenti à rencontrer un ennemi, pourvu que cela remuât, criât, sortît de l'immobilité où toute chose semblait ici se figer et se complaire.

Pourtant des hommes avaient déjà passé par là, des Européens. Dans la soirée du 27 mai, en effet, M. du Bourg se persuada que la caravane campait sur le point le plus extrême qu'avait atteint au nord l'explorateur Donaldson Smith lorsqu'en 1894 il explora le lac Rodolphe, venant de la Somalie anglaise. Ainsi les deux itinéraires étaient maintenant raccordés : on était dans ce pays des Moursi, nègres analogues aux Baskéto leurs voisins. Se dissimuleraient-ils comme eux, la mission aurait-elle à souffrir de leurs vols ?... Le massif du Dimé (le mont Smith, comme l'avait nommé son premier explorateur) se dressait maintenant à l'E.S.E. de la caravane qui lui tournait le dos. Dans son désir d'atteindre l'Omo, M. du Bourg faisait hâter la marche. La route montait rapidement, mais les pentes paraissaient moins rudes parce qu'on espérait que derrière ce dernier dos de pays la vallée de l'Omo s'offrirait enfin à la vue. Le 29 mai, M. du Bourg, quittant la caravane, et montant au sommet d'un piton rocheux qui s'avançait dans la plaine comme un bastion détaché de la montagne, put l'apercevoir enfin. Il coulait à 200 mètres en contrebas : l'eau en était sur certains points visibles ; mais la plus grande partie de son cours était dissimulée par une bande de forêt-galerie que M. du Bourg jugea large de 15 kilomètres environ. Le fleuve décrivait une grande boucle, de la façon indiquée par l'explorateur Bottego dans la très remarquable relation de son voyage mise au point après sa mort par ses lieutenants. M. du Bourg crut apercevoir quelques groupes de maisons dispersés dans la boucle. Cette vue redoubla son courage et il rejoignit en hâte ses compagnons pour leur faire part de sa découverte.

Plus la caravane avançait, et plus le pays se faisait vert et humide, annonçant l'approche d'un grand fleuve. La tsé-tsé se montrait plus mauvaise dans ces régions déjà marécageuses. De plus un nouveau fléau se manifesta : la peste chevaline (1). Dans la journée du 30 mai, plusieurs animaux qui étaient allés boire à la rivière tombèrent pendant qu'on les

(1) C'est ce que les Anglais de l'Afrique Australe appellent *horse sicliness.*

ramenait pour les charger. Ils ne devaient plus se relever. C'était dix bêtes de somme qui manquaient subitement à la mission. Et où en trouver d'autres? La troupe était déjà réduite à la portion congrue depuis les vols récents. Faudrait-il, comme jadis dans la steppe somal, laisser en dépôt les charges les plus lourdes, pour venir les reprendre quand on aurait trouvé de nouveaux animaux? Mais cela était-il prudent, dans cette région où M. du Bourg se supposait épié comme naguère? et les espions, qui peut être entouraient la caravane, ne profiteraient-ils pas du petit nombre de gardes que l'explorateur laisserait au dépôt, pour les attaquer? Tout était à craindre de la part d'habitants dont l'astuce malfaisante s'était révélée les jours précédents. L'embarras de M. du Bourg était grand.

Enfin, le lendemain 31 mai, Daniel, qui était à l'avant-garde, accourut porter à M. du Bourg une nouvelle rassurante : un chef abyssin, escorté d'une troupe nombreuse, s'était présenté à lui et demandait à voir le vicomte. Il attendait à un kilomètre de là. Après douze jours de solitude complète, on allait donc revoir des hommes, et des hommes presque civilisés, car, dans ce pays de nègres primitifs, un fonctionnaire de Ménélik pouvait être considéré comme un modèle de civilisation.

« C'est ainsi, murmurait en soupirant M. du Bourg, que les appréciations varient avec les latitudes et les points de vue ! »

Combien on était loin, déjà, d'Addis-Ababa, des colons européens, de la demi-culture et de l'*européanisation* superficielle de la cour du négous !... Ce fut presque comme un compatriote que M. du Bourg aborda le chef abyssin.

Celui-ci n'était abyssin que par adoption : c'était un Galla musulman qui avait reconnu la suzeraineté de Ménélik. Cruelle déception : il n'avait aucun pouvoir dans la contrée, qu'il parcourait simplement avec ses 60 hommes pour chasser l'éléphant et le rhinocéros. Il n'avait même du pays qu'une notion rudimentaire, — assez exacte toutefois pour qu'il déclarât à M. du Bourg que les larcins dont il avait été victime ne l'étonnaient pas. Il confirma toutes les suppositions de l'explorateur sur le pays, qui était bien le pays de Moursi, jadis exploré par Donaldson Smith. Il quitta le vicomte avec de nombreuses marques d'amitié et après avoir bien voulu se charger de quelques lettres pour Addis-Ababa où il retournait Mais il le laissa indécis comme auparavant, sans aucune ressource, sans aucune indication nouvelle, si l'on excepte l'affirmation *a priori* contestable que sur le lac Rodolphe se trouvaient des bateaux à vapeur !...

A la fin de la même journée, un incident plus intéressant se produisit. Des hommes en chasse rencontrèrent et capturèrent un nègre. C'était un

Chankalla semblable à ceux que l'on trouve dans la région du Haut Nil. En vain M. du Bourg voulut-il l'interroger sur le pays et ses habitants. La seule réponse qu'il obtint fut : « *Ani Mouny* ». (Je suis Mouny).

« Où est ton pays ? » lui demanda le vicomte.

L'autre fait un signe vague et circulaire qui embrasse tous les points de l'horizon. On lui parle de Dimé, de Moursi : il ne connaît pas, ne sait rien : « Ani Mouny ! Ani Mouny ! »

Désespérant d'en rien retenir, les explorateurs l'examinent. Il porte en bandoulière une moitié de courge arrangée en callebasse, qui contient quelques graines rouges, probablement oléagineuses : il les écorce et s'en frotte les bras, comme les anciens se frottaient d'huile ; tel en est l'emploi. Un morceau de tabac dur comme bois, un couteau à double tranchant, deux petits morceaux de bois pour faire du feu, constituent tout son attirail et tout son vêtement, car il est complètement nu. Il n'a aucune arme, ni arc, ni carquois, ni flèches. Le vicomte lui en demande la raison : il répond encore par son geste circulaire. Sans doute les a-t-il cachés à la première alerte, de peur qu'on ne les saisisse. Pourtant il se rend bien vite compte qu'il n'a rien à perdre et beaucoup à gagner à la rencontre : on lui offre un morceau d'aboudjedid pour se couvrir, du sorgho, de l'eau, du beurre, un peu de viande. Il prend tout sans façon et mange avec avidité, en regardant autour de lui, curieux et sans effroi.

Il accompagna la caravane dans la marche du lendemain. Ce jour-là enfin, on en obtint un mot précieux : Courré ! On était dans le pays de Courré, dans cette région que, au dire de Donaldson Smith, borde immédiatement l'Omo. On approchait donc de ce fleuve décevant, que M. du Bourg avait vu du haut du Dimé et qui semblait reculer devant les explorateurs ! Cela donna du courage à tout le monde et dans la journée du 1er juin 18 kilomètres furent franchis malgré les broussailles, les buissons et les lambeaux de forêt qui parfois entravaient la marche. M. du Bourg tua, au passage, un superbe rhinocéros. Les traces d'éléphants se montraient toutes fraîches à chaque pas sur la route de la caravane. Quelle tentation pour un chasseur comme le chef de la mission ! Il eut pourtant l'héroïsme d'y résister et de rester à la tête de ses hommes pour les guider plus rapidement et sans arrêt jusqu'à l'Omo.

Enfin, le 2 juin, après une marche de 12 kilomètres, au cours de laquelle la caravane s'était insensiblement rapprochée de la rivière Anton, on atteignit le point où celle-ci se jetait presque perpendiculairement dans le grand fleuve. L'Omo était atteint, l'Omo de Donaldson Smith et de Bottego ! M. du Bourg pouvait désormais inscrire son nom à côté de ceux de ces glorieux pionniers de la science. Par une autre voie, il avait atteint le même but...

L'Omo coulait tranquillement, majestueusement, comme un grand fleuve, entre des rives escarpées. Sur des plages de sable, au pied des rives, des crocodiles dormaient sous le soleil, la gueule ouverte et terrible. Des marabouts, des ibis, des grues animaient le paysage. Et, chose plus intéressante, des pirogues s'allongeaient sur le sable, au côté des crocodiles. Sur la rive opposée des huttes basses apparaissaient parmi la verdure : des cris stridents (cris d'alarme ou d'accueil?) en sortaient. Enfin les habitants parurent : c'était des Chankalla. Ils se tenaient sur la rive opposée, obstinément, et ne paraissaient pas disposés à franchir le fleuve, malgré l'invitation des explorateurs. Mais ils criaient : « Sarro!... Koré!... » (Bonjour! Venez!) Puis, sur un geste des Européens, croyant qu'ils allaient obéir et passer l'eau, ils s'enfuirent en poussant de grands cris.

« Ils sont sauvages, mais bons enfants, dit M. du Bourg. Demain, j'en suis certain, ils viendront à nous ».

Et il donna l'ordre d'établir le camp sur le bord du fleuve.

M. Golliez et son radeau, sur l'Omo.

Troupeaux recueillis dans la région septentrionale du lac Rodolphe.

# CHAPITRE XVI

## Au long de l'Omo

(3-21 juin 1902)

RIVERAINS PEU SOCIABLES. — DESCRIPTION DU FLEUVE. — MOISSON ETHNOGRAPHIQUE ET GÉOLOGIQUE. — SOLDATS DE LÉONTIEFF. — LES INDIGÈNES FUIENT TOUJOURS : LA PEUR DES ABYSSINS. — NÉGOCIATIONS. — S. M. LABOUKO. — ALLIÉS COMPROMETTANTS ET ENCOMBRANTS. — LA COURBE DE MOURLÉ. — DISPARUS ! — SOLIDARITÉ DEVANT L'ÉTRANGER. — LE LAC RODOLPHE VU DE LOIN. — RAZZIAS FORCÉES. — L'ANCIEN LIT DU LAC. — UN MORT ! — EXPÉDITION VERS MOURLÉ. — NOUVEL ASSASSINAT. — JUSTICE SOMMAIRE. — VERS LE LAC RODOLPHE.

Les paroles de M. du Bourg ne devaient pas se confirmer sur l'heure. Le lendemain, il partait en reconnaissance avec quelques hommes, en pescendant les rives de l'Omo. Bientôt sur l'autre berge, comme la veille, des naturels apparurent. M. du Bourg, leur faisant des signes d'amitié, leur tendait des perles et de l'aboudjedid. Mais ils se contentaient de rire entre eux, comme pour se moquer du Frendji, qui ne pouvait les atteindre. L'après-midi, M. du Bourg prit la résolution de passer la rivière et de parvenir jusqu'au village que l'on apercevait à travers les frondaisons. Un petit bateau Berthon, qui se trouvait dans les bagages, fut aménagé et la traversée commença.

En arrivant sur l'autre rive, nos voyageurs entendirent des cris d'alarme. C'était les gardes postés aux environs du village qui signalaient de loin la venue de l'étranger.

« Courons », dit le vicomte.

Il fallait en effet prévenir leur fuite. Mais la course fut vaine : quand ils arrivèrent, le village était vide. C'était un groupe peu important de huttes basses et rondes, d'une construction malhabile et hâtive : une heure, tout au plus, aurait suffi à l'homme le moins expérimenté pour en édifier de semblables. Tout y dénotait un peuple primitif, une civilisation presque nulle. Certaines étaient entourées d'une haie ; les portes basses, ne permettaient l'entrée qu'à quatre pattes. Quelques calebasses, des écuelles grossièrement taillées dans le bois, des œufs d'autruche servant de récipients, des couteaux ébréchés, des harpons primitifs, quelques oreillers et quelques sièges en bois, tel était le mobilier de ces huttes. Il dénotait des propriétaires peu civilisés. Des pirogues, allongées sur le sable, témoignaient de la précipitation de leur fuite.

Pendant une heure nos voyageurs marchèrent en s'éloignant de plus en plus de la rive. A mesure qu'ils avançaient, les mêmes cris d'alarme se transmettaient de proche en proche, se mêlant aux beuglements des bêtes que l'on emmenait en hâte. Deux petits villages furent rencontrés, absolument déserts. Il y avait donc dans tout ce pays une population relativement dense, mais redoutant les étrangers. Là encore, aux confins de l'empire de Ménélik, M. du Bourg retrouvait les effets déplorables de l'administration des fonctionnaires abyssins. Partout, dans chaque agglomération de paillotes, il laissa, comme preuve de ses sentiments amicaux, un morceau d'aboudjedid avec quelques perles, puis il regagna le camp.

A son arrivée, il fut rejoint par quatre Souahilis qu'il avait envoyés en reconnaissance dans une autre direction. Ceux-ci poussaient des cris de triomphe : ils avaient pu capturer un enfant. Le petit Chankalla devait avoir une dizaine d'années. Le vicomte procéda incontinent à son interrogatoire.

« Comment t'appelles-tu ?

— .....

— Comment se nomment ta tribu, ton village, tes parents ?

— .....

— Pourquoi ne réponds-tu pas ? As-tu peur ? Nous ne sommes point mauvais, et, si tu réponds, je te donnerai des perles et de beaux vêtements.

— .....

La caravane au bord de l'Omo.

Silence absolu. L'enfant baissa la tête, lançant à la ronde des regards obliques et apeurés. A peine quelques grognements indistincts prouvent-ils par instants qu'il entend bien, s'il ne veut point répondre. En vain le docteur lui fait-il le magnifique présent de sa vieille veste en velours enviée par tous les boys de l'expédition, et qui est certainement la plus belle pièce de bric-à-brac de la caravane. La vue en soulève des cris d'admiration et de convoitise. L'enfant se la laisse passer comme une camisole de force. On la lui ôte, en lui certifiant qu'elle lui appartient désormais : à peine daigne-t-il se coucher dessus en gardant sa mine maussade. Le docteur est fort vexé de son échec et le petit Chankalla se retire entre ses gardes.

Le lendemain nouvel effort pour obtenir de lui quelques renseignements. Mais il s'entêta dans son mutisme. M. du Bourg se décida enfin à le renvoyer, muni d'une pièce d'aboudjedid et de quelques perles, qu'il accepta. Mais le docteur ne put le contraindre à emporter la belle veste : on dut la remettre aux bagages...

Dès le 3 juin, M. du Bourg s'occupa du transbordement de tous les bagages sur la rive droite de l'Omo. Comme jadis à Imi, il fallait construire un radeau. Plusieurs ascaris furent envoyés à la recherche des pirogues ; puis toutes celles qu'ils purent recueillir furent solidement réunies par des câbles et couvertes de planches. Une corde jouant sur des poulies fut tendue entre les deux rives, et le transbordement commença... Ici encore comme à Imi, M. Golliez se surpassa. L'appareil pouvait supporter 500 kgs et il faisait le voyage, aller et retour, d'une rive à l'autre en vingt minutes. Malgré cela, les bagages étaient si nombreux, les bêtes parfois si récalcitrantes, le câble se rompit si souvent, qu'il fallut deux jours pleins pour accomplir le passage. Deux accidents dramatiques le signalèrent : le premier fut la noyade de deux chevaux ; le second aurait pu avoir des circonstances plus graves. Dans l'après-midi du second jour, le câble se rompit alors que le radeau était exactement au milieu de la rivière. Le courant, en ce moment très fort sur ce point, emporta vivement vers le lac Rodolphe le radeau, avec les hommes qui le montaient et les bêtes qu'il remorquait. Malgré les coups de feu répétés, les crocodiles qui le suivaient parvinrent à saisir un âne. Courant à travers les buissons, dégringolant les falaises des deux rives, les hommes s'efforçaient de tendre des cordes aux naufragés : par deux fois les cordes saisies se rompirent ; enfin à la troisième, la manœuvre réussit et le radeau fut ramené à son port d'attache.

Le 6 juin au matin, la dernière bête, le plus ancien chameau de l'expédition un vétéran de l'Ogaden qui avait déjà vu le passage du

Ouabi Chébéli fut transbordé en grande pompe. L'Omo était franchi.

Sur le point où la manœuvre avait eu lieu, la rivière avait une largeur de 100 mètres environ. Les falaises hautes et surplombant presqu'à pic une plage de sable présentaient des strates très nettes et parfaitement horizontales, qui contenaient surtout du gypse. La rivière, profonde dès ses bords, n'était, comme on l'a dit, rapide qu'en son milieu, et seulement sur les points où le lit se rétrécissait à l'excès. Au reste, nous ne sau-

Agoumo, indigène karo.

rions mieux faire que de donner ici un extrait du journal de M. du Bourg.

« *7 juin.* — L'Omo, dans les parages où nous venons de séjourner pendant six jours, coule entre des rives tantôt plates, tantôt élevées et à pic, formant des falaises à strates bien nettes où l'on remarque surtout le faciès gypseux. Les rives sont boisées d'une bande étroite mais fournie de ficus, où pullulent des familles de singes (*colobus gouréza*) ; dans les clairières de cette forêt-galerie poussent les ricins et s'étendent des champs de dourah vastes et assez riches. Vers l'intérieur le plateau, strictement horizontal, est sec et couvert d'une herbe jaunâtre.

» Le fleuve a une largeur moyenne de 70 mètres. La vitesse du courant est moyenne, variable suivant l'écartement des rives et la force des crues. Pendant tout le temps que nous avons séjourné, la sonde accusait au milieu plus de 5 mètres. La température moyenne, résultant des températures prises à 6 heures du matin, midi, 3 heures et 6 heures du soir, est de 28°.

» Les huttes et les camps des indigènes sont situés immédiatement sur le bord de l'eau, pour leur permettre sans doute de mieux surveiller le fleuve, leurs filets et leurs pirogues. Outre les hippopotames et les crocodiles, qui sont nombreux et énormes, nous avons trouvé dans l'Omo des lézards d'eau, de grands silures, et une multitude d'autres poissons d'espèces inconnues. Les oiseaux aquatiques sont également très nombreux. Aussi les indigènes riverains ne doivent-ils pas être malheureux. Le fonds de leur subsistance est le poisson, qu'ils pêchent au harpon, à l'hameçon et surtout au filet. Au produit de leur pêche ils ajoutent le sorgho et les haricots qu'ils cultivent et les quelques vaches, moutons et chèvres qu'ils possèdent et que nous n'avons pas encore vus, mais dont nous avons distingué les traces.

Heilou, indigène karo.

» Nous ne connaissons encore rien des indigènes, ayant pu seulement les apercevoir d'une rive à l'autre. Ils nous ont paru de taille moyenne, mais forts et bien constitués. Ils avaient des plumes d'autruche dans les cheveux. Les objets ethnographiques récoltés dans leurs paillotes, ainsi que ces paillotes elles-mêmes, dénotent un degré inférieur de civilisation. Ils connaissent toutefois le fer et savent le forger : ils fabriquent des rasoirs, des fers de flèche, des colliers, des ciseaux à froid pour tailler le bois, etc. Leurs pirogues, creusées par le moyen du feu, ont jusqu'à 6 m. 50 de longueur... En somme ils vivent de l'Omo. C'est le fleuve qui cause la fertilité de leurs champs, l'ombre de leurs forêts et cette quantité d'animaux dont ils se repaissent. Une carte du peuplement de la région montrerait le rôle qu'a joué le fleuve.

» Tels sont, autant que j'ai pu m'en rendre compte par induction, ces indigènes que Donaldson Smith, plus heureux que moi, a vus et décrits sous le nom de *Giremba*. Il les a connus sans difficulté. Aujourd'hui, on peut à peine les approcher. Ce sont sans doute les incursions et les pillages des Abyssins, qui ont rendu tous ces Chankalla si farouches. Pourquoi faut-il que les soldats de Ménélik aient traversé ces régions avant nous ? Nous ne pourrons pas faire que, dans l'esprit des indigènes, nous ne soyons les successeurs de ces pillards ».

Le 7 juin, vers 6 heures du soir, quelques hommes de la mission revinrent avec quatre prisonniers, trois hommes et un enfant. Ce dernier était un jeune Chankalla, en tous points semblable à celui que l'on avait renvoyé la veille. Mais hélas ! les adultes n'étaient que des Gallas, qui avaient jadis fait partie de l'escorte du dedjaz Léontieff et qui rentraient en Abyssinie. L'enfant leur servait de guide et d'interprète. Epouvantés, ils ne firent d'abord que des réponses incohérentes à M. du Bourg. Mais bientôt ils se rassurèrent, et l'un d'eux particulièrement, qui semblait intelligent et s'appelait Waldé Mikhaël donna au chef en français des renseignements précieux. Il affirmait notamment qu'en descendant le fleuve, on trouverait à un jour de marche vers le sud un pays et un roi portant également le nom de Labouko. Là l'expédition pourrait facilement se ravitailler. Waldé Mikhaël et ses compagnons acceptaient volontiers de servir de guides à l'expédition ; ils furent donc engagés.

Le 8 juin, la caravane se mettait en route. Pour couper court à une boucle que faisait l'Omo, elle s'aventura dans le plateau. A peine avait-on quitté les rives du fleuve que la végétation changeait brusquement : c'était la brousse sèche, semée seulement d'aloès et de mimosas épineux. La marche continua ainsi toute la journée, tantôt au bord de la rivière, tantôt sur le plateau. Sur le bord de la rivière M. du Bourg releva de

Les guerriers de Labouko.

nombreux champs de dourah, de maïs et de haricots, qui témoignaient d'une culture récente, et un gros village, composé d'une soixantaine de huttes et entouré d'une palissade que le jeune Chankalla, qui suivait toujours Waldé Mikhaël, déclara se dénommer Karo. C'était probablement celui que Donaldson Smith appelle Kéré sur ses cartes.

Le village, cela va sans dire, paraissait vide. Cela n'empêcha pas le docteur d'y pousser une petite incursion ethnographique. Dès l'entrée il y releva de nombreuses traces de chèvres et de moutons datant de deux jours. Il n'y avait donc pas longtemps que le village était abandonné. Tandis qu'il les inspectait, des cris partirent d'une maison ; les imprécations de ses hommes s'y mêlaient ; il y courut. Un vieillard malade et infirme s'y trouvait, que des parents avaient laissé là avec quelque nourriture. Malgré ses questions pressantes, le docteur n'en put rien obtenir. Il se rabattit donc sur le mobilier et là sa récolte fut fructueuse. De petits tabourets très nombreux et très curieux, un bouclier en peau d'éléphant ayant la forme d'un rectangle très allongé, une clochette pour vaches faite d'une carapace de tortue, une *tarbouka* ou lyre indigène, en furent les éléments les plus dignes d'intérêt.

Ce fut une bonne journée pour la science. Le docteur, d'autre part, avait soigneusement inspecté les stratifications des falaises, pendant la marche sur le bord du fleuve. Le soir il avait eu la joie de découvrir des fossiles, et, avec l'aide de M. Didier et de ses boys, il avait recueilli une ample collection d'os de mammifères, de vertèbres de poissons, de dents et de fragments d'ivoire de l'époque tertiaire. C'était une véritable mine géologique, et, pour complaire à notre savant, M. du Bourg consentit à camper en ce point pendant toute la journée suivante.

Le 10, la marche reprit au travers du plateau : la brousse comme l'avant-veille était semée de buissons de mimosas épineux; qui s'y aventurait n'en ressortait pas indemne. Au reste, l'aloès-baïonnette, sorte d'agave triangulaire à l'extrémité très pointue, semblait rivaliser d'hostilité avec les mimosas. Enfin les termitières apparaissaient pour compléter l'aspect ordinaire et classique de la steppe. Le plateau augmentait progressivement d'altitude. A un certain moment, il fut assez haut pour que les explorateurs pussent contempler toute la vallée de l'Omo : elle apparaissait comme une longue bande de forêts, semée de clairières où, parmi les champs de dourah, se dressaient des cases. Mais tout ce paysage était mort : là encore l'homme avait fui.

« Et pourtant, si nous en croyons nos guides, nous sommes maintenant dans le pays de Labouko, disait M. du Bourg. D'où vient qu'ils fuient encore? »

Parmi les arbres, des colonnes de fumée s'élevant au-dessus des arbres indiquaient les points où les fugitifs s'étaient groupés. Waldé Mikhaël interrogé indiqua l'un des groupes de huttes que l'on apercevait comme étant Labouko. M. du Bourg dirigea donc sa caravane vers la rivière. A dix heures, on atteignait le fleuve. Un indigène qui pêchait au harpon s'enfuit précipitamment, laissant tous ses engins, dès qu'il vit les explorateurs. A onze heures ceux-ci pénétraient dans le village de Labouko. Il était vide. Sur l'autre rive, regardaient quelques soldats gallas de Léontieff, qui déclarèrent à Waldé Mikhaël que le roi et son peuple étaient en fuite depuis trois jours. Ils avaient dit qu'ils partaient, parce que les Frendji avaient avec eux des Abyssins, et que les Abyssins mettent tout à feu et à sang. Ainsi toutes les avances faites, toutes les perles et les quincailleries laissées dans les villages avaient été inutiles! On considérait le vicomte comme un fonctionnaire du négous! Malgré tout, il envoya Waldé Mikhaël et ses compagnons vers Labouko pour proposer une entrevue, comptant que ces hommes, qui vivaient depuis plusieurs jours avec lui, rassureraient le roi nègre sur ses intentions. Le soir, ils étaient de retour avec des ambassadeurs de Labouko.

Le vicomte, heureux de voir enfin des gens qui ne fuyaient point, leur assura que ses hommes et lui venaient pour explorer et non pour razzier et qu'ils voulaient demeurer en bons termes avec les indigènes. Ils semblèrent touchés par les arguments du vicomte et déclarèrent qu'ils allaient rapporter à leur roi ce qu'ils avaient vu. En attendant, ils donnèrent à notre voyageur quelques renseignements sur la nomenclature géographique de la contrée : Mourlé, était à un jour de marche plus au sud, et le Tourkouana à cinq jours. Quant à la région où l'on se trouvait, eux aussi l'appelaient Karo et ignoraient le nom de Kéré donné par Donaldson Smith. Là-dessus ils partirent et nos voyageurs attendirent pleins d'espoir le résultat de leur ambassade. La fin de la journée se passa sans nouvelles, mais le matin du 11 juin un cortège apparut en vue du campement : c'était S. M. Labouko qui se portait à la rencontre de M. du Bourg de Bozas.

Le roi s'avançait entouré d'une quinzaine d'indigènes, tous armés. C'était un homme de cinquante ans environ, à la haute stature. Il était affublé d'une pièce d'indienne, don des *moscoves* (c'est le nom que l'on donne aux Russes dans tout le pays). Trois petites plumes d'autruche, formant panache, étaient piquées dans sa chevelure rejetée en arrière et rendue compacte par un mélange de terre et de beurre. De nombreux colliers de perles noires à son cou, une vingtaine de bracelets de cuivre et de fer à son bras et à ses chevilles complétaient son costume, dont on pourrait dire qu'il rappelait la défroque classique des rois nègres du continent noir. Parmi son entourage, on distinguait un de ses parents, dont le cou était entouré de seize colliers de fer, carcan terrible qui interdisait tout mouvement à sa tête, mais dont il semblait très fier. La physionomie de Sa Majesté était peu intelligente; mais tout dans ses gestes, dans ses discours et dans les silences dont il les entrecoupait, annonçait un homme méthodique et réfléchi.

La conversation fut longue, cordiale dans la forme, mais pleine de réticences diplomatiques.

« Tu le vois, lui dit M. du Bourg, nos intentions sont bonnes. Nous ne voulons pas piller, mais explorer et acheter des provisions.

— Je le vois, et j'en suis content.

— Peux-tu nous vendre du sorgho ?

— Non, il n'y en a plus.

— Et des ânes ?

— Nous n'avons plus que des femelles, et les femelles ne se vendent pas. Les mâles nous ont été pris par les Abyssins.

— Allons ? réfléchis bien : tu ne peux nous procurer aucun secours. Pourtant nous le payerions bien... »

Sa Majesté réfléchit en effet.

« Si tu veux, je te conduirai dans une contrée où tu auras tout ce que tu demandes.

— Il y a là des gens disposés à vendre leur bien ?

— Non, il te faudra le prendre. Mais... je t'accompagnerai avec quelques-uns de mes guerriers. »

Maintenant Sa Majesté parle vite : il faut se hâter si l'on veut « faire le coup », car les indigènes ont déjà eu vent de l'arrivée des Frendji, et, si on ne les prévient, ils ne tarderont pas à se réfugier en des lieux où l'on ne pourra les retrouver... Cependant le vicomte réfléchit : jusque là, il a ponctuellement payé tout ce qu'il a pris. Mais on se trouve dans des circonstances nouvelles : on est au milieu d'une population hostile, les bêtes de somme ont été décimées depuis le Gofa et la disette menace. Faut-il qu'il laisse périr ses hommes ? Les Karo et leur chef Labouko ne veulent rien vendre et ont mis à l'abri tout ce qu'ils possèdent. Que faire, sinon les utiliser et accepter leur proposition ? Il faudra bien essayer de se procurer avec leur aide, *s'ils tiennent parole*, ce qui est absolument nécessaire à l'expédition.

« C'est une mesure de salut public, disait M. du Bourg à ses compagnons, mais il nous faudra indemniser les victimes de cette réquisition forcée », et il accepta, sans enthousiasme, la proposition de Labouko. Très satisfait, celui-ci indique son plan : ce sont les *Galébi* qu'il s'agit de visiter; ils habitent une boucle formée par l'embouchure de

Labouko, roi des Karo,

l'Omo et une baie à moitié desséchée que le lac Rodolphe dessine dans les terres au N.-O.

« D'ailleurs, dit Labouko pour rassurer la conscience du chef français, tu ne seras pas le premier à agir ainsi. Jadis le dedjaz moscove (M. Léontieff) a fait de même, et l'an dernier, un autre moscove (M. Babitcheff sans doute) l'a imité ».

Le départ fut résolu pour le lendemain 12 juin. Les hommes de la mission fraternisaient avec les hommes qui accompagnaient Labouko. Ceux-ci donnèrent à M. du Bourg et à ses compagnons, un exemple de la façon dont ils passaient l'Omo, quand ils n'avaient pas d'embarcation. C'était une réédition de ce qu'avait vu le docteur lors de son excursion au Malo. Ils prenaient une outre, y jetaient les objets qu'ils voulaient emporter, la gonflaient et en ficelaient l'orifice. L'outre flottait, formant bouée. Un des hommes qui ne savait pas nager s'y cramponnait fortement, et l'appareil était poussé dans le fleuve. Un nageur conduisait ainsi l'outre, les objets et l'homme jusqu'à l'autre rive.

Le lendemain à l'heure dite, Labouko arrivait avec soixante de ses guerriers. Tous étaient armés de lances et de boucliers et leur coiffure était parée de plumes d'autruche noires et blanches. C'était de beaux hommes,

Baguedo, indigène karo.

de stature haute et bien découplée, mais accusant fortement tous les caractères du type négroïde. Leurs lances étaient fort jolies : le bois en était souple, le bas était garanti par une armature de fer, et la pointe, large et tranchante, était recouverte pendant la marche d'une enveloppe de cuir assez savamment ouvragée. On sent que ces hommes vivent encore plus du pillage que de l'agriculture; ce sont déjà ces populations semi-laborieuses semi-pirates, que M. du Bourg devait trouver à l'ouest du lac Rodolphe. La nature du sol, l'irrégularité des pluies, les épizooties, l'incertitude des récoltes, sont les causes les moins contestables d'un tel genre de vie.

Les deux troupes longèrent d'abord l'Omo, puis s'en écartèrent sensiblement pour remonter sur le plateau et ainsi éviter une boucle que décrivait le fleuve et où devait se trouver le pays de Mourlé. A l'ouest, un peu vers le sud, s'étendait une ligne de montagnes : c'était les monts Nakoua. Le terrain était sablonneux et poussiéreux, la brousse clairsemée, composée d'une herbe courte et jaunâtre et de mimosas-parasols aux épines crochues. La chaleur était torride. Par bonheur, le vent de la steppe en atténuait les effets. Les termitières, aux formes allongées et bizarres, apparaissaient nombreuses, des troupeaux *d'hartebeest* et de gazelles de Grant fuyaient au passage de la caravane. Celle-ci marchait en rangs serrés, soulevant des flots de poussière qui ne retombaient que lentement derrière elle. Pendant la marche, le nombre des guerriers chankallas augmenta. Lorsque l'on campa le soir, après une marche de 19 kilomètres, sur les bords de l'Omo retrouvé, ils étaient plus de cent. Après avoir planté leurs lances en terre, ils s'étaient étendus sur le sol et causaient entre eux avec vivacité. Le soir, pour les amuser, M. du Bourg fit allumer quelques feux de bengale, puis ils goûtèrent avec satisfaction aux provisions européennes. Pour Labouko, gorgé de corned-beef, de riz, de sucre, d'absinthe et de kummel, il voulut bien accepter une couverture rouge pour la nuit et daigna répondre, bien qu'avec répugnance, au questionnaire ethnographique du vicomte. Il se défendit énergiquement d'appartenir à la race nègre, appelait avec mépris *Chankalla* ses voisins du Tourkouana, dont il avait cependant grand peur.

« Car ils vivent de pillage dans la steppe ; ils ont des chameaux rapides et nous accablent souvent de leurs incursions. Mais ils sont nègres (il disait « Chankalla ») ; nous, au contraire, nous sommes parents des Oromo et des Amhara qui habitent les montagnes du nord (1) ».

... Longtemps dans la nuit les Karo causèrent entre eux. Malgré leurs intentions évidemment pacifiques, M. du Bourg avait fait doubler les gardes. Mais le matin arriva sans incident. Dès le réveil, les Karo se montrèrent plus indiscrets et plus exigeants ; ils touchaient à tout, pénétraient dans toutes les tentes, quêtant des conserves, du tabac, des liqueurs. Cependant Labouko indiquait à M. du Bourg la marche à suivre vers le sud, et la caravane s'ébranla. Pour les Karo ils devaient rester encore quelques instants au camp pour manger la viande d'un hippopotame tué la veille et qu'on leur avait abandonné : ils allumaient neuf grands feux pour la faire cuire incontinent.

(1) Ces indigènes appartiennent en effet au groupe des Arboré Gallas.

Habitué à la voracité des peuplades primitives, M. du Bourg s'éloigna sans méfiance, espérant voir les Karo revenir bientôt. A une heure de l'après-midi, quand la caravane campa, ils n'avaient point paru. Inquiet, le vicomte envoya quelques hommes en arrière vers les feux qui brûlaient toujours. Ceux-ci revinrent deux heures après, haletants : Labouko et ses hommes avaient disparu et les recherches faites pour les retrouver échouèrent...

Ainsi pendant deux jours ils s'étaient nourris aux frais de l'expédition, avaient reçu des cadeaux, et avaient néanmoins réussi à conduire, sous un prétexte bien imaginé, toute la troupe hors du territoire, sans rien donner, ni une bête de somme, ni une mesure de dourah, ni un renseignement. Le tour était bien joué. Mais voici le comble. Bientôt nos voyageurs virent s'allumer vers le sud une série de feux analogues à ceux autour desquels ils avaient laissé Labouko. Ceux-ci étaient un signal : de loin en loin, tout au long des rives de l'Omo, d'identiques bûchers flambaient, portant la nouvelle de « l'invasion européenne ». Si ces tribus sont ennemies les unes des autres et n'hésitent pas à se piller mutuellement, toutes au moins sont solidaires devant l'étranger, réputé ennemi, qu'il soit Frendji ou Abyssin. Est-ce dans le caractère de ces tribus d'être inhospitalières, ou bien sont-ce les Abyssins, ou même les Européens de passage, qui les ont effarouchées ? Peut-être les deux causes ont-elles agi, l'une renforçant l'autre.

« Toujours est-il, déclare M. du Bourg dans son journal, que je plaindrais celui qui viendrait ici avec une escorte insignifiante, car la force est la seule chose que ces sauvages respectent. »

Maintenant tous étaient prévenus de l'arrivée de nos voyageurs. Le mieux était d'essayer de s'approvisionner malgré eux et d'opérer, sans Labouko, ce que l'on avait espéré faire avec lui.

La marche continua donc à travers la steppe, en inclinant vers l'ouest, comme faisait l'Omo lui-même, qui semblait aller rejoindre les montagnes. Plus on avançait, plus les bords eux-mêmes de la rivière devenaient arides. Les falaises, striées de bandes alternativement blanches et noires et où dominaient maintenant les grés, présentaient une mine opulente de fossiles, à la grande joie du docteur ; mais elles étaient absolument arides, sans la moindre forêt-galerie, et les mimosas de la steppe, bas, secs et rabougris, s'étendaient maintenant jusqu'au lit du fleuve.

Aussi, M. du Bourg résolut-il d'opérer dès le lendemain, 14 juin, car, en attendant plus longtemps, on risquait de s'aventurer dans des régions absolument désertiques, où rien ne serait plus possible. On devait agir nuitamment, ou tout au moins à l'aurore. Donc, à huit heures du soir, le vicomte partait avec M. Brumpt et M. Golliez. Il emmenait avec lui 63 hommes, dont 19 Abyssins, et laissait le reste de la troupe à la garde des bagages sous les ordres de M. Didier. Tous les hommes étaient armés de fusils Gras et quatre mulets suivaient, dont un portait l'eau potable. Pendant toute la nuit la troupe marcha dans la direction du lac Rodolphe. A l'aurore elle se trouvait dans une plaine qui était incontestablement l'ancien lit du lac : pendant la saison des pluies, elle devait être inondée et former un marécage. Bientôt les gens de l'avant-garde aperçoivent deux formes humaines, une grande et une petite : c'est une femme et son enfant qui fuient. Le vicomte détache quelques hommes à leur poursuite. Ils les ramènent. La femme veut bien reconnaître qu'il y a des troupeaux dans le pays ; elle guide les explorateurs vers le lieu où elle sait qu'ils paissent et bientôt on aperçoit quelques kérias de nomades faisaient pacager tranquillement leur bétail. A peine ont-il aperçu l'étranger qu'ils commencent à fuir, Mais ils ont été surpris : ce n'est plus la fuite ordonnée qui a fait le vide devant la mission depuis des semaines. Pour profiter de leur trouble, M. du Bourg déploie ses hommes, préalablement divisés en trois corps, avec la triple recommandation de capturer tout le bétail qu'ils rencontrent, de ne point maltraiter les propriétaires et surtout de ne pas s'écarter les uns des autres par crainte de surprise. L'une des troupes, partie la première et commandée par Daniel, se heurte à une troupe de nègres, qui, après une tentative de résistance, se débandent ; l'opération commença...

Les hommes ramenaient méthodiquement vers le point assigné par M. du Bourg toutes les bêtes qu'ils rencontraient. Tout semblait réussir à souhait, sans à-coup et sans conflit. A une heure de l'après-midi, plus de 600 bêtes étaient rassemblées, beuglant, bêlant, hennissant. Les hommes, dans leur coup de filet, avaient en même temps amené trois prisonniers, deux femmes et un homme, qui, au reste, semblaient peu se soucier de leur captivité et furent les premiers à égorger les moutons de leurs congénères pour en manger la plus grande quantité possible. Un rapide triage fut pratiqué : toutes les femelles et une quantité des moutons, qui constituaient la plus grande partie du butin, furent laissés. Ceci fait, les résultats matériels de l'expédition étaient les suivants :

3 chameaux,
40 ânes,
30 bœufs,
300 moutons.

Les Karo.

A trois heures l'opération était terminée, et M. du Bourg procédait à l'appel des hommes : un porteur, du nom de Desta, manquait. Certains l'avaient aperçu durant l'opération, puis l'avaient perdu de vue. Pendant deux heures, on battit la campagne dans tous les sens en l'appelant : il ne répondit pas. Il fallut donc revenir au camp sans lui ; il devenait certain que, pendant l'expédition, malgré les ordres de M. du Bourg, il s'était écarté et qu'il avait été mis à mort par les indigènes. Tous les hommes étaient ivres de fureur ; le vicomte et ses compagnons durent user de toute leur autorité morale pour les empêcher de partir à la recherche des auteurs du méfait en brûlant tout sur leur passage. Le soir du 16 juin, l'expédition rentrait au camp, où tout était resté dans le plus grand ordre.

Pendant deux jours, on se reposa : beaucoup d'hommes étaient malades, et s'engager dans ces conditions à l'ouest du lac Rodolphe eût été une imprudence. Cependant M. du Bourg envoya une seconde expédition, sous la direction de MM. Brumpt, Didier et Golliez, pour opérer une nouvelle razzia et essayer de trouver un plus grand nombre d'animaux porteurs. L'expédition partit le 19. Malheureusement les hommes se mettaient en route avec la résolution de venger la mort du malheureux Desta. A peine un village de pêcheurs se montra-t-il à l'horizon que deux d'entre eux se mirent à faire feu. Aussi le village était-il évacué avant que les Européens fussent arrivés en vue. Pourtant une femme, portant un enfant sur le dos, fut faite prisonnière. Par des signes, le docteur lui signifie qu'il voudrait trouver du sorgho et des bêtes de somme. Comme c'est une pauvresse, qui se nourrit de figues et de racines dans la forêt, elle a, semble-t-il, des velléités quelque peu anarchistes, et elle conduit très volontiers et très vite les Européens vers une petite baie que fait l'Omo et au bord de laquelle se trouvent de grands champs de sorgho. Malheureusement la céréale n'est pas assez mûre. Les Abyssins, très excités, tirent inconsidérément des coups de feu dans tous les sens et partent comme des fous à la poursuite des Chankalla. Ils reviennent avec quelques prisonniers, parmi lesquelles surtout des femmes, mais aussi cinq hommes, deux Mourlé, deux Pouma et un Moursi. Le docteur renvoya les femmes, mais crut bon de garder les hommes comme otages en cas d'attaque. Cependant, malgré des marches et des contremarches le long du fleuve et sur le plateau, il ne trouva rien de ce qu'il cherchait, ni sorgho mûr, ni bêtes de somme. Le soir l'expédition rentrait au camp bredouille...

... Le 21 juin, un autre assassinat fut commis... La veille au soir les hommes avaient trouvé un mulet égorgé, et pour manifester leurs intentions, les meurtriers lui avaient laissé une lame plantée dans le cœur. Le lendemain matin, M. du Bourg se levait, quand des cris et des imprécations le tirèrent hors de sa tente. Un des gardiens de mulets avait été criblé de coups de lance pendant la nuit et ses camarades le rapportaient en hurlant. Le malheureux avait péri victime de sa désobéissance. Depuis huit jours que le camp était installé à la même place, les bêtes avaient enlevé toute l'herbe qui poussait aux environs du camp : d'où la nécessité de les mener paître plus loin, hors du rayon d'action des hommes qui montaient en armes une garde continuelle auprès des bagages. Craignant une attaque contre les isolés, M. du Bourg avait recommandé aux gardiens des bêtes de ne jamais s'écarter les uns des autres et de

Labouko partage entre ses hommes un crocodile tué par M. du Bourg.

toujours rester à portée de la vue ou de la voix. Depuis le meurtre de Desta, ses recommandations avaient été plus pressantes. Pourtant l'Abyssin Mouloum n'avait pas obéi aux prescriptions du maître et maintenant il gisait sans vie, victime de son imprudence. C'était un homme jeune, paisible et obéissant, qui n'avait jamais donné à M. du Bourg le moindre sujet de mécontentement. Le coup en était plus cruel. Mais c'était surtout vers l'avenir que le vicomte regardait avec angoisse... Les hommes hurlaient de douleur autour de leur compatriote : que ferait-il, s'il ne donnait pas satisfaction à leurs désirs de vengeance et s'ils se débandaient pour aller satisfaire une haine dont leur chef ne pouvait empêcher la fureur?... D'autre part, on était évidemment entouré de populations sauvages et cruelles, aux attaques d'autant plus frappantes et déprimantes qu'elles se faisaient en secret, sans bruit et sans éclat : que deviendrait l'expédition, si, frappés de terreur, les hommes se refusaient à pousser plus avant dans une contrée hostile ?... L'heure était grave. Il fallait parer à un double danger, et pour cela il n'y avait qu'un seul remède : faire un exemple terrible, qui satisfît les Abyssins vindicatifs et qui interdît le retour de pareils crimes.

Après avoir mûrement réfléchi, M. du Bourg convoqua ses compagnons, leur confessa qu'à son avis un exemple était nécessaire et que pour éviter les malheurs futurs il fallait venger les crimes récents sur un des prisonniers chankallas. Un silence atterré suivit cette déclaration.

« Je comprends ce que vous éprouvez, dit M. du Bourg ; je l'éprouve depuis deux heures déjà, depuis que la terrible solution m'est apparue. Nous avons déjà traversé bien des pays hostiles sans verser le sang et j'espérais terminer mon voyage de même. Mais hélas ! croyez-vous que l'exécution que je vous propose puisse être évitée sans danger pour notre mission ? »

Tous convinrent que l'exécution s'imposait... Donc les prisonniers furent amenés, le sort désigna l'un d'entre eux, et devant ses compagnons, devant tout le personnel de la mission, il fut passé par les armes par le frère de l'assassiné.

Puis M. du Bourg parla aux autres prisonniers.

« Vous êtes libres. Allez dire à vos compagnons ce que vous avez vu. Nous sommes venus chez vous avec des intentions pacifiques pour regarder, non pour tuer, — pour acheter, non pour piller. Les vôtres ont tué deux des miens ; il m'a fallu tuer l'un des vôtres. Allez dire ce que vous avez vu : et si quelque autre crime est commis contre nous, je saurai le venger. »

Puis nos voyageurs rentrèrent sous leur tente. Là, le masque de dignité impassible qu'ils avaient dû se donner devant les indigènes tomba, et leurs véritables sentiments apparurent. Tous convinrent que cette exécution les avait encore plus émus qu'ils ne le prévoyaient, mais il fallait venger Desta et Mouloum, assurer le salut de l'expédition...

On lit dans le journal de M. du Bourg à la date du 21 juin : « Nous nous attendions de jour en jour à l'évènement de ce matin ; peut-être se reproduira-t-il quand la leçon d'aujourd'hui sera oubliée. Pourtant nous sommes tous atterrés de la justice expéditive qu'il nous a fallu employer pour apaiser nos hommes et du meurtre concerté et pratiqué de sang-froid sur cet homme, qui pourtant n'était coupable à notre égard que de n'avoir pas trouvé l'occasion de nous planter sa lance entre les deux épaules. Mais qu'il est difficile à un être civilisé de verser le sang même pour défendre sa vie !... Le métier d'explorateur a ses mauvais jours ! »

Pendant que M. du Bourg écrivait ces lignes et que ses compagnons méditaient, les Abyssins chantaient dans la nuit leur chant de triomphe et leurs *Addo Cheva* ! disaient leur joie du meurtre vengé : ils n'auraient pas compris ces scrupules. Et la lune argentée des tropiques contemplait la scène, impassible, versant également ses rayons blancs et froids sur la tombe de l'assassiné et sur le corps de la victime expiatoire, sur les Européens anéantis, sur les Abyssins exultants, et sur le sombre lac, cause de tant de sauvagerie, de tant de drames et de tant d'héroïsme...

Les Karo se parent des étoffes qu'on vient de leur donner.

En marche dans le Tourkouana.

## CHAPITRE XVII

### A l'ouest du lac Rodolphe

(22 juin-1er août 1902)

Fausses alertes. — Abandon du plan primitif. — Vers le sud et vers la Turkwell. — Savane sans fin. — A la recherche de l'eau : mirage — Les Pouma. — Un nouvel assassinat. — La prétendue rivière Bass : un marécage. — En Tourkouana. — M. du Bourg sauve la vie de M. Brumpt. — Une réplique du pays somal. — Les Tourkouana. Un peuple de chasseurs. — La prétendue rivière Turkwell. — Détails sur les mœurs des Tourkouana. — Le mont Pélekétch. — Tout le Tourkouana sur le qui-vive. — Une exécution nécessaire. — Vue générale sur le Tourkouana.

Le 22 juin au matin la mission du Bourg de Bozas disait adieu à l'Omo et aux territoires placés sous le protectorat de Ménélik. Le plan de l'expédition, tel qu'il avait été dressé à Addis-Ababa, voulait qu'après avoir reconnu la région de l'embouchure de l'Omo, M. du Bourg piquât droit à l'ouest vers le Nil, qu'il comptait atteindre dans la région de Ouadélaï. Il s'agissait donc de traverser les vastes plaines qui s'étendaient dans la direction de l'ouest ; semées de quelques rides montagneuses, elles constituaient la partie septentrionale de cette région, qui, fort peu connue malgré les explorations de Donaldson Smith, borde le lac Rodolphe à l'ouest et s'appelle le Tourkouana. Mais il était bien entendu que ce plan était provisoire : l'exécution en était subordonnée à l'existence de points d'eau assez riches pour ravitailler une caravane considérable. On allait donc partir directement vers l'ouest, et, si l'eau manquait, on se rabattrait vers le sud-ouest, de façon à gagner le Nil non par la perpendiculaire, mais par une oblique, et à couper ainsi en cours de route toutes ces rivières qui, au dire des explorateurs, vont du Tourkouana vers le lac Rodolphe, rivière Bass, Turkwell, etc.

La caravane s'ébranla donc lentement vers l'ouest, dans la direction d'une ligne de montagnes qui s'estompaient dans le lointain, et qui devaient être les monts Nakoua. Les débuts furent pénibles : les nouvelles bêtes de somme, produits de la razzia opérée chez les Galébi, n'étaient pas encore habituées à leurs charges. Et puis la fatigue des étapes sur les bords de l'Omo avait abattu bien des hommes : treize encore étaient impo-

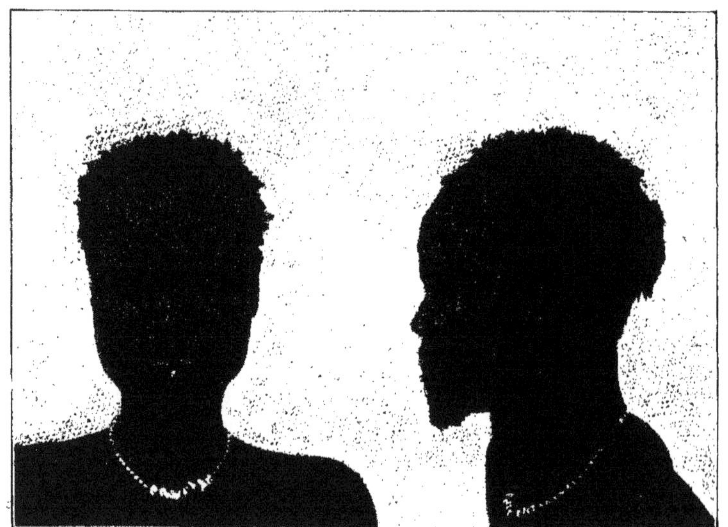

Mouni, indigène pouma.

ents, qu'il fallait laisser à dos de mulets. Les charges des autres animaux n'en étaient que plus lourdes et les hommes valides y avaient aussi gagné un surcroît de travail et de fatigue. En outre le pays ne favorisait pas la marche. Sur la plaine les rayons d'un soleil ardent avaient craquelé e sol dépourvu d'ombre et d'herbe ; une épaisse poussière arrêtait les pas des bêtes qui y enfonçaient comme dans du sable. De place en place de gros cailloux d'aspect volcanique indiquaient que jadis les volcans éthiopiens avaient agi jusqu'ici ; et les monts Nakoua, que l'on atteignit avec peine vers le milieu de la journée, étaient eux-mêmes composés de cratères érodés mais assez bien conservés pour dénoncer encore l'ancien rôle qu'ils avaient joué dans la formation du sol. Au-delà des monts Nakoua comme en deçà, la plaine continuait, jaune, nue, éclairée par un soleil torride et aveuglant. Enfin, la caravane atteignait un lit de rivière où subsistaient quelques flaques d'eau depuis la dernière saison des pluies. M. Brumpt fit le point à l'aide de son itinéraire et constata que ce devait être là la rivière marquée sur les cartes d'état-major sous le nom de rivière Bass. C'était à peine un toug : la végétation, même sur les bords, était fort rabougrie. Mais dans les circonstances actuelles les hommes y virent une merveilleuse oasis. On avait marché huit heures de suite et parcouru

Indigène pouma.

25 kilomètres sous le soleil. Comme disait Daniel, « les hommes tiraient la langue ». M. du Bourg décida de camper dans « la rivière Bass. »

Diverses circonstances devaient allonger ce séjour bien au-delà du délai qu'il avait d'abord fixé. La nuit qui suivit fut en effet troublée par trois alertes. La première eut lieu vers neuf heures, au moment où le silence du repos commençait à s'étendre sur toute la caravane. Une sentinelle a cru voir des ombres marcher dans la nuit claire ; elle tire un coup de feu qui met tout le monde sur pied : on se tient aux aguets pendant une demi-heure, puis tous, rassurés, regagnent leur couche... A dix heures, nouvelle alerte : une autre sentinelle vient réveiller M. du Bourg pour lui signaler une ombre qui rampe à quatre pattes le long d'un buisson.

Est-ce une hyène? Est-ce un Chankalla ? Pour en avoir le cœur net, M. du Bourg réveille la troupe et fait exécuter un feu de salve dans la direction de l'ombre suspecte : elle s'évanouit sans bruit et le calme renaît... A onze heures, troisième et dernière alerte : Daniel, qui est de garde, l'a causée à lui seul. Le brave garçon, dont on a déjà pu apprécier l'imagination et qui a été fort impressionné par les événements de la nuit, s'efforce de trouver des Chankalla dans l'ombre, et, soit par autosuggestion, soit avec raison, il en a vu et exécute un feu roulant et ininterrompu sur des ombres peut-être imaginaires. Le vicomte se lève pour le rassurer et l'arrêter. Rien n'a bougé. Le reste de la nuit se passa tranquillement. Ces alertes ont au moins eu l'avantage de permettre à M. du Bourg de se rendre compte du sang-froid de ses hommes : ils sont maintenant aguerris ; par trois fois ils se sont armés et rendus à leur poste sans émoi et sans bousculade. Toutefois, il était bien certain que les populations de la rivière Bass, averties peut-être par celles de l'Omo, se tenaient sur le qui-vive et épiaient la caravane dans la nuit. Ces Tourkouana ont une réputation de ruse et de férocité qui obligeait M. du Bourg à la prudence. Il résolut donc d'inspecter le pays avant d'y engager sa caravane plus avant.

Les événements du matin le confirmèrent dans ses résolutions. Trente-quatre hommes nouveaux se présentèrent à la visite du docteur : la plupart tremblaient de fièvre et furent reconnus malades. Il n'était pas prudent de continuer avec aussi peu d'hommes valides. Enfin quelques Abyssins en expédition ramenèrent un naturel du pays qui voulut bien répondre aux questions de M. du Bourg. D'après lui, il n'y avait pas un seul point d'eau à l'ouest : pour s'y engager, il fallait attendre la saison des pluies. Il semblait sincère :

« Tu as rencontré sur ta route, fit-il entendre au vicomte, et tu retrouveras vers l'ouest des huttes abandonnées. Ce sont celles qu'habitent les nôtres pendant la saison des pluies : alors, ils font paître leurs troupeaux dans ces plaines momentanément fertiles. Mais en saison sèche, tu as pu le voir, toutes les huttes sont vides. Nous nous retirons vers les monts ou vers le sud.

— Qui me dit que ce n'est pas notre arrivée qui a mis les tiens en fuite ?

— Tout t'indique que ces huttes sont depuis longtemps abandonnées ».

En fait rien n'y attestait une vie récente.

« Il y a donc de l'eau vers le sud ?

Versant occidental des monts Nakoua, vu de la rivière Bass.

— Oui, dans les parages du lac tu trouveras beaucoup de rivières. »

Cette conversation, que nous avons essayé de mettre *en paroles*, s'était faite *par gestes*, — comme toutes celles que M. du Bourg devait avoir avec les guides éphémères qu'il put parfois se procurer dans ce pays inconnu. Cette conversation par gestes était plus facile, plus variée et plus riche qu'on ne le pourrait croire. Un exemple le fera comprendre. Qu'est-ce qu'un explorateur peut surtout avoir à demander à un sauvage? sa route et les points où il trouvera de quoi boire et manger. S'il veut

Chiens sauvages, dans la région de la rivière Bass.

aller à l'ouest, il demande à un guide d'occasion par des gestes simples et expressifs si dans cette direction on peut trouver des aliments ou surtout de l'eau. Le guide alors regarde le soleil, en faisant un grand geste qui va du point où le soleil se lève à celui vers lequel il se couche. Or ce geste saurait-il signifier autre chose que l'affirmation suivante : « Pour trouver de l'eau, il me faudrait, à moi, marcher du lever au coucher du soleil. » Le calcul alors est facile : le jour durant douze heures et les sauvages parcourant en moyenne cinq kilomètres à l'heure, il faut parcourir soixante kilomètres pour atteindre le point d'eau, étape énorme avec des bêtes fatiguées et chargées, étape impossible à accomplir en une seule journée. Or, que de fois des réponses aussi désespérantes furent-elles près d'apporter le découragement dans l'âme de nos voyageurs, au cours de cette traversée du Tourkouana !...

Quoiqu'il en soit, dans la circonstance présente, les craintes de la nuit et de la matinée, les *dires* de l'homme, le conseil que tinrent ensuite les membres de l'expédition, décidèrent le vicomte. Il fallait abandonner la marche vers l'ouest et traverser en diagonale le Tourkouana vers le sud-ouest, pour couper toutes les *rivières* (?) que l'on disait couler vers le lac Rodolphe. On atteindrait ainsi le Nil beaucoup plus haut dans son

Groupe de Pouma, près de la rivière Bass.

cours. La mission y gagnerait peut-être d'éclaircir le mystère de la rivière Turkwell, cet émissaire du lac que toutes les cartes signalent sans s'accorder sur sa direction ni sur son régime et sans même savoir s'il ne se perd pas dans les sables avant d'atteindre le lac Rodolphe.

Pour utiliser le repos que lui imposait l'état sanitaire de sa caravane, le vicomte résolut de pousser quelques explorations autour de la rivière Bass. A 20 kilomètres vers le sud-ouest s'étendait une chaîne de montagnes, les monts Pouma, qui, lors du départ, seraient sans doute la première étape. Il y avait donc intérêt à les reconnaître et à rechercher les points d'eau. Le 25 juin, le vicomte, le docteur et quelques hommes partirent dans ce but. Pendant longtemps ils traversèrent un pays analogue à celui qu'ils avaient parcouru l'avant-veille. Mais à cinq ou six kilomètres du camp, ils commencèrent à rencontrer des kérias et des enclos à bestiaux que leurs propriétaires avaient dû abandonner fort récemment, la veille ou peut-être le matin même. Dans les parcs quelques jeunes agneaux avaient été oubliés, qui ne souffraient pas encore de la faim. Toutes les traces de pas allaient vers la montagne; nos voyageurs s'attendaient donc à tout moment à faire une rencontre. Sur l'ordre du vicomte les armes furent chargées

Zèbre du Tourkouana.

et la petite troupe avança désormais en groupe compact et sur le qui-vive.

Ce n'était pas une précaution excessive. Alors que les premiers contre-forts des monts Pouma avaient déjà été escaladés, le docteur s'écarta un instant de ses compagnons pour faire des visées et des levés topographiques. Tout semblait tranquille à l'horizon, aucun mouvement suspect dans la brousse, aucun murmure dans l'air. Tout à coup un des hommes pousse un cri. M. du Bourg regarde dans la direction qu'il indique : trois Chankalla, abrités derrière une termitière épient les mouvements du docteur. Mais celui-ci les a vus; s'apercevant que la troupe les a également aperçus et que le vicomte vient d'ordonner un mouvement tournant et enveloppant pour les capturer, il feint d'ignorer tout ce qui se passe et continue ses opérations pour fixer l'attention des Chankalla, qui jugent celles-ci cabalistiques.....

Cependant un autre Chankalla, que personne n'avait découvert, rampait d'un autre point rapidement vers le docteur. Il n'est plus qu'à quelques mètres, va l'atteindre et lui planter sa sagaie entre les épaules, quand un homme qui gardait les mulets l'aperçoit, sent l'imminence du péril et affolé tire un coup de feu dans la direction de l'agresseur. Ce coup de feu opère un changement à vue dans la scène : les trois Chankalla de la termitière se retournent, voient qu'ils vont être cernés et prennent la fuite. Le quatrième, surpris aussi, s'élance : veut-il tuer M. Brumpt avant d'être tué lui-même, veut-il fuir?... Mais M. du Bourg l'a vu :

« Attention Brumpt, du sang-froid ! Ne bougez pas ».

Puis il épaule son arme, et atteint le Chankalla.

Le coup malheureusement avait été mortel. Mais le docteur était sauvé.

... Nous trouvons à la date de ce jour sur le journal de M. du Bourg ces mots qui en disent long sur son tranquille courage et son horreur du meurtre inutile : « Le Chankalla tué est un tout jeune homme, très beau. Il tient encore à la main le javelot destiné à notre pauvre docteur. Ses parures sont intéressantes. En le voyant si jeune, nous avons tous regretté sa vie perdue. Mais quoi..! il le fallait bien. C'est la dure loi de ce pays : la *self-protection* est nécessaire »...

Après cet incident dramatique, l'ascension des monts Pouma continua. Comme les monts Nakoua, ils étaient constitués par des roches volcaniques, des laves modernes et des tufs. Deux cratères, très rapprochés l'un de l'autre, se distinguaient encore nettement à l'ouest. Du haut de la montagne, la vue s'étendait sans obstacle du côté du Nil comme du côté du lac Rodolphe. Du côté du Nil c'était une vaste plaine absolument plate ; sa couleur jaune et fauve comme l'absence complète d'arbres semblaient dénoncer la rareté de l'eau. Pourtant on y discernait quelques kérias ; les plus proches étaient mornes et désertes ; mais autour des plus lointaines on percevait malgré la distance le mouvement de la vie ; des points noirs se déplaçaient, qui devaient être des troupeaux et des hommes. C'était en somme la savane africaine, qui, malgré sa nudité, par ses horizons immenses et sa solitude, ne manque pas d'une beauté sévère et mystérieuse. Du côté du lac Rodolphe la plaine était sillonnée de quelques accidents de terrain et dans le fond une ligne de verdure signalait encore le cours de l'Omo.

Un point d'eau dans le Tourkouana. L'arbre est couvert de nids d'oiseaux.

« Tout cela est très beau, murmuraient nos voyageurs en retournant au camp, mais nous n'avons trouvé aucun point d'eau ».

Il est vrai que les malades ne guérissaient pas dans le camp transformé en hôpital et qu'il fallait prévoir encore trois ou quatre jours de station : les hommes valides avaient le temps de chercher l'eau dans d'autres directions. Le 27, ils repartaient donc directement vers le sud cette fois. Pendant un instant ils suivirent le lit de la rivière Bass, complètement à sec, mais abritant encore une certaine quantité de végétaux! Ils arri-

Autopsie d'un zèbre.

vaient bientôt sur les bords du lac à une espèce de marécage, qui devait signaler le point par où la rivière se jette dans le fleuve... quand elle a de l'eau. Au sud comme à l'ouest, c'était la plaine aride. Pendant trois heures les explorateurs marchèrent en avant, c'est-à-dire qu'ils parcoururent l'espace que franchissait la caravane en cinq heures, en une étape ordinaire. Au bout de ce temps révolu, ils n'avaient point trouvé d'eau. Ils s'en revinrent exténués, épiés au retour comme à l'aller par des Chankalla dont les silhouettes se profilaient de temps en temps sur l'horizon. Tout à coup M. Brumpt s'écrie :

« Un bœuf à l'horizon ! »

Un bœuf! Ce cri ranime tout le monde. Un bœuf, c'est un troupeau tout proche, ce sont des hommes, c'est donc l'eau à portée!... On marche vers le bœuf supposé : hélas ! à mesure qu'ils avancent, ils se rendent comptent de leur erreur ; ce qu'ils avaient pris pour un bœuf n'est qu'un crâne d'éléphant qui se dessèche au soleil de la steppe. C'est *le mirage* qui commence, le mirage, effet de la fatigue et des vastes horizons où la vue s'égare. Tandis que nos voyageurs se hâtent vers le camp, il se plaît à tout transformer autour d'eux. Tout, par lui, revêt des formes fantastiques; l'herbe de la plaine devient pour les assoiffés l'eau d'un lac ; les

La caravane s'approvisionne en eau dans le Tourkouana

buissons prennent l'aspect d'une forêt dont les hautes cîmes se reflètent dans ces eaux imaginaires. Une antilope gigantesque apparaît, embrassant tout l'horizon ; — puis c'est tout un troupeau d'antilopes que les malheureux prennent pour un régiment aux lances hérissées. Ils fuirent, accablés par l'illusion et par la chaleur... A cinq heures ils étaient rentrés au camp, sans avoir trouvé d'eau. La seconde expédition avait, elle aussi, échoué.

Le 19 juin, nouvelle expédition, vers le nord cette fois, en remontant le lit de la rivière Bass. C'est toujours le même paysage : la vallée à sec, mais couverte de buissons assez fournis; des deux côtés, la steppe aride, au sol nu, craquelé, poudreux et peu solide. Tout indique qu'à la saison des pluies la contrée tout entière ne doit être qu'un vaste marécage. Pourtant bientôt l'excursion prend un caractère nouveau et intéressant : des traces d'hommes apparaissent, nombreuses et très fraîches. La troupe qui les a laissées ne doit pas être à plus d'une heure de marche. Cela donne

Guerriers du Tourkouana.

du courage à tout le monde; M. du Bourg entraîne ses hommes par sa propre ardeur, et bientôt les explorateurs tombent à l'improviste sur quatre petits villages habités. La scène ordinaire se produit : c'est la fuite éperdue, le groupement des bestiaux et de tout le matériel transportable, la déroute désordonnée parmi les cris et les beuglements... Pourtant les hommes de la mission s'emparent d'un assez grand nombre des fuyards. Le vicomte passe les prisonniers en revue, garde ceux dont la physionomie dénote une certaine intelligence et renvoie les autres à leurs troupeaux. Les uns regardent les autres partir avec envie. Mais bientôt les bons traitements dont ils sont l'objet les rassérènent : ils veulent bien répondre, toujours par signes, aux questions que leur pose le voyageur francais.

D'après leurs renseignements, il y a, à 50 kilomètres environ vers le sud-ouest, une rivière qui a d'abondantes eaux en saison de pluies, et qui, même aux époques de sécheresse, offre toujours des ressources liquides. Quelle est cette rivière ? Ils ne lui donnent point de nom. M. du Bourg suppose que c'est le même cours d'eau reconnu récemment par un explorateur anglais, Welby, et dénommé par lui rivière Rouzi. Peut-être aura-t-on là les mêmes désillusions que récemment à propos de la rivière Bass; mais il n'importe : c'est là qu'il faut aller. Et c'est ainsi que le plan primitif d'une marche vers l'ouest fut définitivement abandonné et remplacé par un projet de marche vers le sud-ouest, grâce aux renseignements donnés par les Pouma.

Les prisonniers étaient en effet membres d'une tribu qui se donne le nom de Pouma ou de Poumé ; à leurs vagues indications, M. du Bourg put conjecturer qu'elle se localise assez exactement sur les bords de la rivière Bass. C'était de beaux hommes, à l'air martial, assez semblables aux Chankalla que nos voyageurs avaient déjà vus depuis l'Omo. Le soin que tous apportaient à l'arrangement de leur coiffure dénotait la coquetterie : ils se comprimaient les cheveux en forme de calotte ou de casque sur la partie la plus saillante du crâne ; le front, la nuque et les oreilles étaient dégagés au rasoir ; puis la masse chevelue était colorée avec une substance gris-bleu ou jaunâtre qui lui donnait l'aspect d'une éponge. Leur seule arme était une lance analogue à celle que M. du Bourg avait déjà vue dans les mains des soldats de Labouko. Bien que possesseurs de troupeaux, ils se nourrissent surtout de racines, qu'ils extraient du sol avec des piquets de bois durcis au feu. Quelques-uns de ces hommes consentirent à demeurer un certain temps avec la mission comme guides bénévoles.

En revenant au camp, les voyageurs rencontrèrent une troupe de chiens sauvages ; ils étaient couchés sur le sable chaud et fin de la rivière et venaient sans doute de s'abreuver aux mares voisines. M. du Bourg put en abattre deux. Ils étaient très maigres ; leur poil brunâtre aux taches claires, leur queue courte et peu fournie, leurs oreilles droites, leur crâne étroit et leurs mâchoires puissantes leur donnaient un aspect bizarre et terrible. A l'autopsie, le docteur constata qu'ils se nourrissaient principalement de petites gazelles de Grant, qui abondent dans la région. Mais les indigènes paraissent les redouter pour leurs troupeaux.

Nazounongue, indigène du Tourkouana.

Cette chasse nouvelle acheva de signaler la journée comme une des plus heureuses que nos explorateurs eussent trouvée depuis longtemps, car depuis l'Omo bien rares étaient celles que M. du Bourg eût pu, à la manière du sage antique, marquer d'un caillou blanc.

Le lendemain, 30 juin, la série noire recommençait : un des meilleurs soldats de l'expédition, le Soudanais Faradjallah Amdan fut trouvé assassiné avec les quatre chameaux qu'il gardait à 200 mètres du camp. Son cadavre et ceux des bêtes furent découverts à cinq heures du soir ; déjà les oiseaux de proie les avaient abîmés. Le meurtre avait dû être commis le matin. Trop confiant, insouciant et imprudent comme le sont tous ces nègres, il s'était écarté du camp, et, malgré les ordres quotidiens et pressants du vicomte, il s'était couché sous un arbre à côté de son fusil non chargé, et s'était endormi sous la protection d'Allah. Les Chankalla, toujours à l'affût aux environs du camp, avaient aperçu les bêtes sans gardien apparent; ils s'étaient approchés en rampant, comme l'indiquaient les traces recueillies aux environs, avaient découvert le dormeur et lui avaient porté un premier coup de lance. Le malheureux avait eut la force de se traîner encore sur un espace de 50 mètres avant d'être achevé. Ses aggresseurs avaient alors tourné leur imbécile férocité sur les chameaux

Comment on dresse un chameau indigène dans le Tourkouana.

et les avaient égorgés. Parmi eux se trouvait le vétéran de l'Ogaden.

M. du Bourg fut très affecté du meurtre de Faradjallah Amdan. Il le donna en exemple à ses hommes; c'était en effet une terrible leçon de choses que les sauvages venaient d'ajouter en forme de commentaire à ses recommandations quotidiennes.

« Nous sommes, leur répéta-t-il devant le cadavre rapporté au camp, dans un mauvais pays, où l'eau manque, où les hommes sont cruels. Nous n'avons pourtant rien à craindre si nous ne nous décourageons pas, si nous marchons avec prudence et si nous ne nous déplaçons qu'en bloc. Tout homme, tout animal qui s'écarte est perdu. La steppe pour lui aura des yeux et des oreilles. Ces Chankalla, hostiles les uns aux autres, se coalisent pourtant contre l'étranger. Rappelez-vous Labouko... »

Les hommes se retirèrent très impressionnés. Mais combien de temps cette impression durerait-elle sur ces âmes enfantines ?...

Le 1er juillet, M. du Bourg adressait un dernier adieu à la rivière Bass. Voici comme il la décrit dans ses notes : « En somme, ce que le voyageur Bottégo et d'autres ont appelé la rivière Bass n'est même pas un toug. C'est un canal d'écoulement pour les eaux sud-occidentales de la région éthiopienne, une dépression assez nettement esquissée au milieu

Tioko, indigène du Tourkouana.

de la grande plaine que nous venons de traverser et qui reçoit naturellement toutes les eaux qui se précipitent sur les régions montagneuses du pourtour. *C'est un égout*, qui se termine en marécage avant d'atteindre le lac Rodolphe. Ce marécage est actuellement presque sec, mais non pas définitivement; on y trouve des anodontes, et, dans certaines mares qui subsistent, de petits silures, preuve indubitable que le lac Rodolphe s'étend jusqu'ici au moment des crues. S'y est-il étendu jadis d'une façon permanente ? en d'autres termes, le lac est-il là aussi en retrait ? Cela est probable, mais je ne puis l'affirmer. »

Au matin du 1er juillet, la caravane repartait pour faire, comme disait M. Didier avec l'insouciance de la jeunesse, « un plongeon dans l'inconnu. » Elle comprenait alors exactement cent hommes tout armés : quatre Européens, l'interprète Daniel, onze Souahilis, onze Soudanais et Arabes, trente-et-un Somalis, trente-deux Gallas et Abyssins. Ajoutons dix ou onze porteurs bénévoles et éphémères, tant Gallas que Chankalla. Deux chevaux, quarante-deux mulets et cent soixante-deux ânes pour les charges, un troupeau de bœufs et un de moutons, achevaient de constituer un convoi fort important, capable d'en imposer aux indigènes et de mener à bien la route jusqu'au Nil, si la sécheresse et la maladie le laissaient

Nasourouan, femme du Tourkouana.

quitte. Le moral des hommes, qui semblait avoir un instant faibli après les aventures de l'Omo inférieur, s'était retrempé d'énergie. Les Abyssins eux-mêmes, maintenant guéris de la fièvre, paraissaient malgré leur nature indolente et peureuse avoir pris leur parti de l'équipée. Au reste, ils sentaient que pour eux le mieux était désormais de suivre l'expédition jusqu'au bout et de ne faire entendre aucune récrimination. Tous étaient donc pleins d'espoir et de courage.

Or pendant quinze jours l'expédition devait marcher sans autre halte que celles qu'imposait le repos nocturne, et ces quinze jours furent peut-être les plus pénibles de toute la durée de l'exploration. De plus en plus, le pays se faisait inconnu et hostile et l'on sentait, dans le silence inquiétant de la brousse, des regards cachés qui épiaient. Le manque et le besoin de guides obligeaient à une incessante chasse à l'homme : le gibier pris, il fallait l'amadouer pour tirer de lui quelques minces renseignements, souvent faux. Les bêtes s'épuisaient avec rapidité ; et le refus obstiné qu'opposaient les nomades à toute tentative de transaction obligeait la mission à de nouvelles razzias. Enfin, sans discernement, sans souci du lendemain, les hommes de l'expédition, et surtout les Abyssins, mangeaient tout ce qui leur tombait sous la main : les moutons disparaissaient comme par enchantement et souvent la caravane fut menacée de disette.

Partie d'abord dans la direction de l'ouest-sud-ouest, la mission obliqua le 4 vers l'ouest, et du 7 au 17 elle marcha franchement au sud. Ces changements de direction étaient nécessités par la recherche des points d'eau. On avait dû bientôt se persuader que la rivière Rouzi, si elle existait, n'était qu'un *toug* desséché tout comme la rivière Bass. Nous disons : « Si elle existait ». Car aux renseignements que lui fournirent quelques indigènes M. du Bourg crut comprendre que le mot *rouzi* ou *arouzi*, pris par l'anglais Welby pour un nom propre, est un nom commun et signifie simplement *rivière*. C'est sur ces renseignements vagues et pleins de réticences que se fondait M. du Bourg pour aiguiller ainsi sa caravane dans des directions différentes selon qu'un point d'eau lui était signalé à l'ouest, au sud-ouest ou au sud. Mais ceux-là seuls qui se trouvaient dans l'une de ces trois directions l'intéressaient : jamais il ne se rabattit vers l'est ni vers le lac Rodolphe pour abreuver sa troupe, sinon dans les eaux du lac qui sont salées, du moins aux puits qui devaient être plus nombreux dans les alentours de cette mer intérieure. Sa marche inégale et souvent oblique le rapprochait constamment du Nil.

Cent-soixante kilomètres environ furent ainsi parcourus à travers la steppe. Au loin des lignes de montagnes discontinues s'estompaient à l'horizon. Le pays ressemblait fort au pays Issa et à toute la Somalie. La flore y était identique ; c'était la flore désertique ; les Somalis de la caravane reconnaissaient avec émoi de nombreux arbres de leur pays, le herreri, le koulou, le beulé, le morréyo, le goula, le garass, etc. Le sol était couvert de cailloux noirs, d'origine incontestablement volcanique, comme ceux qui se trouvent en Somalie. Quant au contraire la caravane touchait aux montagnes, c'était alors un changement à vue ; aux mornes étendues plates succédaient des gorges sauvages et magnifiques, des roches gigantesques et entassées comme si elles provenaient d'un monstrueux éboulis. L'eau, assez rare d'ailleurs, y avaient suscité toute une végétation d'euphorbes et d'arbres désertiques, dont la teinte vert pâle s'harmonisait

Guerriers du Tourkouana.

heureusement avec l'étrange nuance mauve qui couvrait les rochers au soleil.

Quant aux habitants de cette vaste plaine, ils semblaient peu nombreux; là encore la sécheresse de la saison avait chassé la vie vers les montagnes. Les quelques Tourkouana que l'on apercevait au loin s'empressaient de fuir. Pendant ces longues journées, un seul homme se montra disposé à entrer presque spontanément en rapports avec les Européens ; nous citons le fait pour sa rareté. C'était le 7 juillet : une silhouette humaine s'étant signalée à l'horizon, on lui fit les signes ordinaires d'amitié. Généralement les naturels répondaient à cette invite par une fuite précipitée. Cette fois, la silhouette ne disparut pas, mais s'approcha. Bientôt Daniel désarmait l'homme et l'amenait à M. du Bourg, qui conquit presqu'instantanément ses bonnes grâces en lui offrant du tabac. Il donna au chef de l'expédition force renseignements sur les points d'eau qui se trouvaient vers le sud-ouest et sur la vie de ses compatriotes. Comme M. du Bourg avait déjà pu le constater aux nombreuses carcasses d'animaux abandonnées et aux nombreux pièges dressés autour des puits, ceux-ci étaient presqu'exclusivement des nomades chasseurs, sauf peut-être dans les régions voisines de la montagne. Et de fait, depuis qu'elle avait quitté la rivière Bass, la caravane n'avait plus rencontré aucune trace de village ni d'agglomération sédentaire. Tous ces habitants sont essentiellement carnivores ; quelques Tourkouana qui furent embauchés de force le 16 pour servir de guides étonnèrent les voyageurs par l'énorme quantité de viande qu'ils dévoraient sans être incommodés. Ils prétendaient n'être point pasteurs, n'avoir ni bestiaux de boucherie, ni bêtes de somme, et vivre exclusivement de la chasse. Tout au plus reconnaissaient-ils avoir des troupeaux de chameaux, mais qu'ils conservaient uniquement pour le lait des chamelles, — et quelques ânes pour porter leur eau au cours des expéditions lointaines.

Le 16 juillet, des montagnes apparurent au sud-est ; elles séparaient maintenant l'expédition du lac Rodolphe. Elles étaient dénommées par les indigènes monts Péleketch. La caravane s'installait pour plusieurs jours en vue de ces montagnes, et une expédition, commandée par le docteur et M. Golliez, partit pour les inspecter. Voici leur journal de route.

« *17 juillet.* — Nous partons avec une quarantaine d'hommes et trois mulets de charge, dont deux portant l'eau. D'après les guides nous devons trouver au pied des monts une kéria d'habitants sédentaires qui ne nous attendent pas et seront obligés de nous fournir les bêtes de somme et les céréales qu'ils possèdent. Après une longue marche, la scène habituelle se reproduit : nous ne trouvons que quelques enclos abandonnés, dont les alentours sont piétinés comme par une troupe d'hommes et d'animaux en fuite. Au pied de la montagne, se trouve une plaine marécageuse où l'on enfonce. A 11 heures, le bruit d'une clochette en bois attire notre attention. Nous disposons aussitôt nos hommes en colonne et les dirigeons vers le point d'où vient le bruit, après leur avoir recommandé le silence. Nous arrivons ainsi sans être découverts jusqu'à une courte portée de fusil d'une troupe qui doit être composée des anciens habitants de la kéria vue ce

Le docteur se documente sur l'hygiène culinaire des Tourkouana.

matin. Les hommes parviennent à s'enfuir, sauf un malade et une fillette de dix ans ; mais ils laissent entre nos mains une douzaine d'ânes chargeables dont nous nous emparons. Nous traversons à trois heures une rivière où coule un mince filet d'eau : c'est la rivière Nakalallé.

« *18 juillet.* — Marche au pied de la montagne. Nous donnons le nom de *Pic du Bourg de Bozas* à un pic qui nous paraît dominer de loin tout le massif du Péleketch. Ce massif a l'aspect de toutes les montagnes rencontrées depuis la rivière Bass. Il est notable que, depuis notre retour en pays relativement humide, les traces d'habitations permanentes ont reparu. Nous avons trouvé aujourd'hui deux kérias abandonnées et nous avons recueilli quelques ânes.

« *19 juillet.* — Nouvelle journée assez fructueuse. Nous avons rencontré bien des indigènes en fuite. Tout le Tourkouana est sur le qui-vive. Nous avons beau faire : on nous fuit comme des pillards ! Il est vrai que, si nous laissions faire nos Abyssins, cette fuite ne serait bientôt plus sans fondement. Les meilleurs, même Daniel, deviennent comme des fous furieux dès qu'ils voient un indigène : ils ne comprennent pas que nous fassions tout pour les indemniser des bêtes que nous sommes obligés de leur prendre, et nous sentons bien que, livrés à eux-mêmes, avant de s'emparer des animaux, ils massacreraient les propriétaires. — Rencontré une autre rivière ayant de l'eau, la rivière Kaloposséia. Sur les bords s'étend la forêt-galerie. Beaucoup d'indigènes y ont cherché refuge. Aucune trace de culture : les sédentaires mêmes sont uniquement pasteurs.

« *20 juillet.* — Nous rentrons au camp à 9 heures. En somme le butin matériel est maigre, le butin scientifique presque nul. Mais nous avons pu constater une fois de plus combien les accidents du sol influent sur le climat, sur la flore et sur la vie. Une montagne dans ces plaines arides, c'est la pluie moins rare, la végétation plus dense, c'est la vie humaine qui s'établit et se concentre. La montagne, c'est l'oasis naturelle de toutes ces régions. »

Le 22 juillet la caravane, réconfortée par le repos et renforcée de quelques bêtes de somme recueillies aux monts Péleketch, reprenait sa route dans la direction du sud-ouest. C'est dans cette direction, en effet, que plusieurs indigènes avaient signalé le pays des Lodousso, qui se trouvait, disaient-ils, en montagne, et M. du Bourg, après l'expérience faite, préférait encore pour sa troupe le pays ardu au pays aride. Nous renonçons à décrire au jour le jour les étapes de la caravane pendant les derniers jours du mois de juillet. A travers la plaine stérile et sous le soleil brûlant ce furent des étapes mornes et accablantes. En neuf jours 120 kilomètres furent ainsi parcourus. Le 28 juillet, la caravane arrivait dans un pays plus accidenté, plus élevé et plus fertile. Le 30, elle campait à 1610 mètres d'altitude, à Lomognol, dans le pays des Lodousso. La longue, monotone et pénible traversée du Tourkouana était terminée.

En somme, cette région du Tourkouana est une vaste plaine, allant de 640 à 740 mètres d'altitude et sillonnée de rides montagneuses qui dépassent rarement 1.000 mètres. Sur ces vastes étendues l'eau est très rare ; le pays, désertique, rappelle par son aridité le Borana. qui se trouve de l'autre côté du lac Rodolphe, tel que l'ont dépeint les récents explorateurs, Donaldson Smith, Neumann, Wickenburg, etc. Quelques sources au pied des montagnes, surtout dans la région du nord, proviennent sans doute des eaux d'infiltration, qui se sont localisées et concentrées en nappes souterraines capables d'alimenter la source même pendant la saison sèche.

La flore est désertique. Elle est composée de mimosas bas et épineux et d'autres arbustes que nos voyageurs avaient déjà vus dans la Somalie. Seuls, le long des torrents et des lits des rivières intermittentes, de grands mimosas parasols et des tamarins tracent une ligne de vraie verdure et de fraîcheur. A l'époque où l'expédition de M. du Bourg traversa le pays, l'herbe était rare dans les plaines, si ce n'est sur les points où l'eau des

**Un guide féminin, dans le Tourkouana.**

pluies subsistait encore. Aussi le désert végétal cause-t-il partout le désert humain sauf sur les points d'eau et dans le lit des rivières.

La faune est peu variée. Dans les plaines, des gazelles de Grant, des zèbres de Burchell, de rares girafes, quelques autruches, des outardes, des francolins, des dig-dig et des lièvres; — dans les gorges basses des montagnes, des rhinocéros et quelques éléphants ; — sur la montagne même, des antilopes *beiras*, qui ressemblent beaucoup aux chamois.

La population semble fort clairsemée, bien que M. du Bourg n'ait pu en juger exactement, à cause de la sauvagerie des habitants. Les Tourkouana, tels qu'il les vit, lui apparurent comme un ensemble de tribus de chasseurs et de pasteurs demi-nomades, n'émigrant que lorsque le manque de pâture pour les troupeaux les y obligeait. Sur les points d'eau et au pied des montagnes il y a des kérias de sédentaires. Ils se divisent en tribus; M. du Bourg n'en connut que trois : les Galébi, les Marillé et les Pouma; elles sont au nord de la contrée, mais il doit en exister beaucoup d'autres; pourtant l'explorateur ne put estimer si les Tourkouana du centre portent des noms génériques autres que celui de leur peuple; toutefois, cela est probable.

Les hommes sont de haute stature, bien faits, puissamment musclés. Tout dans leurs traits et dans leur contenance respire la sauvagerie. Ils sont nus avec des bracelets de fer aux poignets, au cou et quelquefois aux genoux. Quelques colliers de perles et des amulettes pendent sur leurs poitrines. Ils sont toujours armés d'une ou de deux belles lances et d'un bouclier de forme rectangulaire fait en peau d'éléphant ou de rhinocéros. Ils donnent surtout leurs soins à leur coiffure, édifice bizarre et compliqué, surmonté d'ornements divers et surtout de plumes d'autruche.

La caravane dans le Tourkouana.

Ce sont des hommes féroces, redoutés de tous leurs voisins. Ils n'ont point de relations avec l'extérieur, si ce n'est avec les Souahilis qui viennent en caravanes de la côte de l'Afrique Orientale anglaise et leur apportent du fer et des perles en échange de l'ivoire et des plumes d'autruche qu'ils récoltent dans leurs chasses. Ils pillent souvent au sud les peuplades Karamodjo qui s'étendent vers la Massaïe.

L'avenir du peuple est incertain. Il est évident qu'une puissance colonisatrice, qui voudrait étendre la civilisation sur ces régions, serait obligée de les combattre, de les refouler ou de les détruire. Mais qui songerait à occuper ces contrées désolées? C'est la terre hostile et ingrate qui a fait sans doute en partie la sauvagerie de ces hommes; c'est elle aussi qui longtemps encore offrira à cette sauvagerie un refuge contre la civilisation.

Le village d'Adjallé.

# CHAPITRE XVIII

## Vers le Nil

( 1er août-9 septembre 1902)

Capture de Lodousso. — Un pays de céréales. — M. du Bourg blessé. — Indigènes armés, mais sociables : les Karamodjo. — Le commerce en Karamodjo. — Marécages. — Chasse a l'éléphant. — Disparition d'un Abyssin. — Les Otomours. — Un océan de verdure. — Le pic Lem : un bloc de gneiss. — Pays pittoresque. — Les Adjallé. — Ovations de tout un village. — Le sultan Rhamadan. — « Salam » et backschich. — Un gentleman nègre. — Premiers méfaits du paludisme. — Un ancien poste d'esclavagistes. — La rivière Assoua. — M. du Bourg part en ambassade vers Nimulé. — Une guerre de Troie sous l'équateur. — Le Nil.

Pendant les jours qui suivirent, il parut aux explorateurs que les temps d'épreuve étaient terminés. Ce n'était plus la steppe aride du Tourkouana, avec ses termitières et ses herbes brûlées. Le pays était plus accidenté et plus vert. Au sud la plaine s'étendait sans fin, mais au nord et à l'ouest de longues rides montagneuses barraient l'horizon ; d'après les renseignements que M. du Bourg recueillit dans la suite, la principale était le mont Torror. D'autre part, était-ce l'effet du relief plus accidenté ou de la saison ? toujours est-il que le pays devenait plus frais et plus humide : il arriva souvent aux voyageurs de se réveiller le matin tout trempés par les vapeurs de la nuit ; bientôt, ce n'était plus la soif qu'il faudrait combattre, mais la fièvre. Pour l'instant, l'humidité ne procurait à la caravane que des avantages, un spectacle plus agréable et une route plus facile. Les pentes des collines qu'elle doublait n'étaient qu'un parterre de fleurs de toute espèce, aux couleurs multiples, volubilis violets et blancs, marguerites, boutons d'or. De même dans la plaine, parmi les hautes herbes, des fleurs aux couleurs vives pointaient. On distinguait surtout de belles agaves en floraison, autour desquelles se promenaient, inquiètes, légères et jolies, des gazelles de Grant. C'était le paradis après l'enfer du Tourkouana. Les chasses étaient fructueuses : M. du Bourg, ce jour là, put tuer une belle girafe.

Pourtant, parmi les hautes herbes, la marche hésitait, ralentie. Parfois, un sentier récemment tracé par les éléphants, offrait à la caravane une piste déjà battue ; mais le plus souvent M. du Bourg était livré à ses propres ressources, sans autre point de repère que les montagnes lointaines. Aussi devenait-il urgent de trouver un guide. Cependant la fortune, longtemps rébarbative, souriait décidément : dès le soir du 2 août, une vingtaine d'hommes apparurent ; à la vue de la caravane ils prirent la fuite ; mais la chasse fut vite organisée et deux prisonniers ramenés au vicomte.

C'était, depuis le lac Rodolphe, les premiers indigènes rencontrés qui ne fussent point des Tourkouana. Ils se disaient Lodousso et se rattachaient à la grande peuplade des Karamodjo, comme les Issa se rattachent au peuple somali et les Aroussi au peuple galla. Ils différaient de leurs redoutables voisins autant que leur contrée aimable de la steppe sauvage. Ils souriaient aux explorateurs qui les traitaient avec douceur et les comblaient de menus présents. Ils indiquèrent les points d'eau, la route la plus commode vers l'ouest, et même ils se firent forts de conduire la caravane dans des régions où l'on trouverait ce que M. du Bourg cherchait depuis l'Omo : du sorgho frais et mûr. Il se trouve, paraît-il, à moins d'une heure derrière les montagnes qui s'étendent au N. E. et que la caravane a dépassées. A cette nouvelle, les hommes, fatigués des viandes de conserve, sautent de joie et crient comme des enfants. Car les tendres épis du sorgho frais sont pour eux un régal.

Dès le soir même, une expédition de vingt hommes partit sous la direction de M. du Bourg et du docteur vers les montagnes. Au bout d'une heure ils pénétraient dans de grandes vallées, où, parmi les arbres,

M. du Bourg et une girafe tuée par lui en Lodousso.

s'étendaient des champs de sorgho. A leur approche, des hommes et des femmes qui y travaillaient prirent la fuite. Malgré leurs cris et leurs gestes rassurants, les voyageurs ne purent en retenir que quelques-uns. Ils apprirent au vicomte qu'en temps ordinaire ils habitaient dans la montagne ; mais à la fin de la saison des pluies, tous les Lodousso valides descen-

**Un coup de fusil de M. Didier dans le pays iguiai.**

daient habiter autour des champs de sorgho pour préserver les épis de l'atteinte des oiseaux et aussi des pillages que les Tourkouana ne manquent point d'y faire. Le sorgho qu'ils cultivent est de quatre espèces, rouge, blanche, jaune et violette. Les vastes champs s'étendaient, riches et monotones, hérissés seulement çà et là de miradors où s'installent les guetteurs pour écarter les oiseaux et signaler les pillards. La céréale n'était pas tout à fait mûre, mais assez avancée toutefois pour la récolte. Les Lodousso ne firent point de difficulté pour laisser les hommes de la mission emplir les dix sacs qu'ils avaient apportés, et l'expédition revint joyeusement au camp. Le lendemain les épis récoltés furent égrénés, séchés les jours suivants, puis mis en sacs. C'était une réserve précieuse pour l'expédition.

Réconforté par cette heureuse journée, assuré que la région devenait plus amène et les habitants plus traitables, M. du Bourg continua allègrement sa marche. Les herbes hautes entravaient parfois la route ; mais tous s'accordaient pour préférer cet obstacle verdoyant au sol craquelé et aux tourbillons de poussière du Tourkouana. Le chef de l'expédition voyait régulièrement diminuer de 15 kilomètres environ par jour la distance qui le séparait du Nil, et l'approche du but lui redonnait confiance en lui-même. Aussi supporta-t-il gaîment un accident qui lui arriva le 4 août. Pendant qu'il s'occupait à dresser à la monte trois chameaux, en vue d'une expédition dont il sera parlé plus loin, il fit une chute et se contusionna assez sérieusement les reins. Le docteur constata une rupture musculaire, recommanda quelque temps de repos, et le vicomte ne souffrait plus de l'accident lorsque M. Golliez partit pour l'expédition qui en avait été la cause première.

Cette expédition n'avait en somme pour but que de préparer la marche en avant de la caravane et son entrée en contact avec les habitants, puisque maintenant ce contact était possible. M. Golliez devait également tâcher de se procurer par échange du sorgho, comme avait fait M. du Bourg le 3 août. Il emmenait avec lui deux hommes seulement, certain, disait-il, que cette faible escorte lui suffirait parmi ces peuplades bienveillantes. La petite troupe partit le matin du 5 août.

Le soir, vers 5 heures, elle était déjà de retour, à la grande surprise des Européens. La surprise, d'ailleurs, se transforma en joie, quand ils apprirent le succès de M. Golliez. A moins de trois heures de marche en avant, il avait découvert un village assez important, dont les paillottes se groupaient sur le pourtour d'une grande mare. Il était riche en céréales et en bestiaux. Les habitants après avoir fait quelques difficultés — des cérémonies, disait M. Golliez avec sa belle insouciance de vieux routier, — s'étaient rapprochés, constatant la faiblesse numérique de la troupe, et ils étaient devenus rapidement si familiers que M. Golliez, malgré son optimisme, se voyant entouré d'une centaine de grands gaillards armés de lances et prêts, comme tous les primitifs, à abuser de leur force à l'égard du plus faible, avait jugé bon de se retirer en promettant de revenir avec toute la mission.

Le 6, la caravane atteignait, après une marche de 13 kilomètres, le

Un beau coup de fusil de M. du Bourg dans le pays iguiai.

village, qui s'appelait Iguiai. Quand M. du Bourg se fut avancé jusqu'à portée de la voix et qu'il eût témoigné de ses intentions pacifiques en étalant des perles et des étoffes, les indigènes envahirent le camp et le calame commença.

Ils déclaraient faire partie de la peuplade des Iguiai, mais ils ont des attaches avec les Karamodjo, bien que leur tribu fût actuellement en guerre avec d'autres Karamodjo qui habitaient plus au sud (1). Mais c'est la loi de tout ce pays : alternative de guerres intestines et de coalitions unanimes contre l'étranger. C'étaient de beaux hommes, de haute stature comme les Tourkouana. Comme eux ils sont nus et toute leur originalité et leur coquetterie est consacrée à leur coiffure. Celle-ci forme un édifice haut et bizarre, sauf chez les chefs, qui ont, semble-t-il, le privilège de la porter pendante sur les épaules. Ils construisent de vastes enclos ou zéribas, dont ils entourent des paillottes rondes et assez élevées ; chacune abrite les membres de toute une famille. Ils cultivent en grande quantité le sorgho, possèdent de grands troupeaux de bœufs et de moutons. Les ânes sont rares, et le peu que M. du Bourg en vit devait provenir de razzias faites chez les voisins.

Ils avaient déjà vu des blancs, Egyptiens ou Européens. Ils exhibaient un fusil à capsule qui devait provenir d'eux, et, à leurs renseignements, M. du Bourg augura que c'était l'explorateur anglais Macdonald ou l'un de ses lieutenants qui avait dû passer par là. En tout cas leur familiarité indiquait que cet explorateur, quel qu'il fût, les avait traités avec douceur, car l'accueil que reçoit un voyageur dans un pays sauvage résulte souvent de la conduite qu'y a observée le voyageur précédent. Ils se laissaient facilement mensurer, étonnés et souriants, et le patient soumis au compas de l'ethnographe était généralement l'objet des lazzi de ses compagnons, comme jadis en pays galla. Ils étaient même en bons rapports avec les Abyssins et cela fut une preuve pour M. du Bourg que non seulement l'action, mais la terrible réputation des hommes de Ménélik n'avait jamais pénétré jusqu'ici. On avait décidément quitté la zône d'influence abyssine ; la zône d'influence anglaise commençait.

Les voyant converser paisiblement avec ses hommes, recevoir d'eux de menus cadeaux, leur donner eux-mêmes quelques épis de sorgho, M. du Bourg se décida à demander au chef du village ce dont il avait besoin.

(1) Les Iguiai sont désignés par leurs voisins les Choulli sous le nom de *Lango*, mais il est bien évident que les nombreuses razzias de femmes qu'ils opèrent chez les Karamodjo les ont profondément métissés.

« Peux-tu me donner des hommes pour guider ma troupe vers l'ouest et m'indiquer les points d'eau?

— Tu auras des hommes quand tu voudras partir.

— Je désire aussi du sorgho.

— Nous n'avons pas de sorgho à donner.

— Pourtant tu en as plus qu'il ne t'en faut pour nourrir ton village, et, si tu voulais m'en céder, je te donnerais des perles, des étoffes, des fusils.

Ladamci, indigène guiai ou lango.

— Nous n'avons pas l'habitude de donner le sorgho ».

C'est le même refus des échanges que M. du Bourg a déjà constaté chez les populations de l'Omo; les hommes ne connaissent point le commerce et pour vivre ils n'admettent que deux moyens : manger tout leur bien et leur bien seul, ou *prendre* le bien d'autrui. Plus loin, chez les Otomours, M. du Bourg devait se heurter aux mêmes difficultés et se voir refuser du sorgho même contre du bétail, alors qu'ils en manquaient complètement et qu'ils sont très friands de viande. Ils auraient compris à la rigueur que M. du Bourg prît chez eux ce qu'il désirait, puisqu'il avait la force pour lui, quittes à « chaparder » eux-mêmes tout ce qu'ils trouveraient dans son camp. Mais pour un échange librement consenti de part et d'autre, ils n'en concevaient ni la possibilité ni même la légitimité. On ne leur avait pas encore appris le commerce.

Comme M. du Bourg avait obtenu les guides qu'il désirait et qu'après la récolte du 3 août il n'avait pas un besoin immédiat de sorgho, il n'insista point. Mais, quand arriverait le temps du réapprovisionnement indispensable, comment ferait-on ? Faudrait-il renouveler les razzias de l'Omo, au dépens cette fois de populations pacifiques et coupables seulement d'ignorance ?...

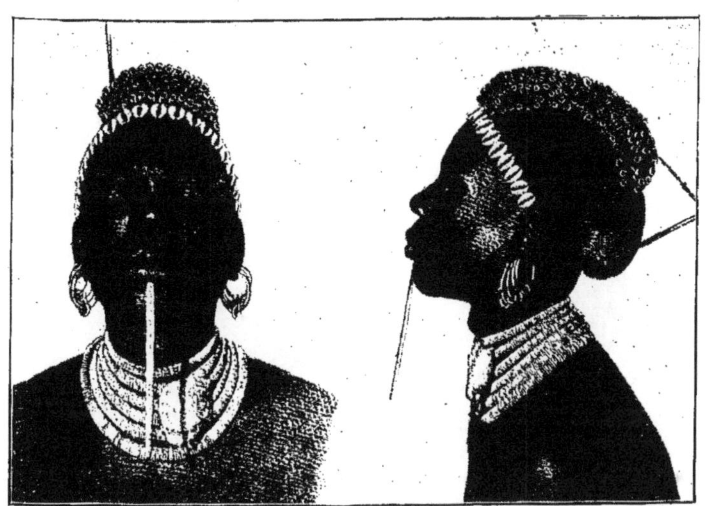

Petenmoï, indigène iguiai ou lango.

« Souhaitons, disait M. du Bourg, qu'alors nous nous trouvions chez des peuples plus civilisés, capables de négoce ».

Et sur cette parole, on prit congé des Iguiai.

Jusqu'au 13 août, la caravane traversa un pays inhabité. Elle reconnut les localités de Lopoua, Kalémodjit et Kailoyon. La plaine se maintenait à 1.400 mètres d'altitude, mais devenait de plus en plus humide. Après Kalémodjit commencèrent de véritables marécages ; les hommes s'embourbaient dans le terrain détrempé et dans les trous qu'avaient pratiqués les éléphants et qui s'étaient remplis d'eau. Sur les points plus fermes et plus secs c'était toujours la même floraison extraordinaire de marguerites d'or et de volubilis mauves. Des troupeaux de girafes, au pelage clair ou foncé, humaient l'air avec inquiétude au passage de la caravane, puis s'éloignaient de leur trot allongé, gauche et pourtant très rapide. Avec l'humidité, les éléphants aussi avaient reparu. Durant la journée du 8 août, M. du Bourg, qui s'était écarté un instant de la caravane pour chasser, surprit dans une vaste dépression très herbeuse un troupeau d'au moins 300 pachydermes occupés tranquillement à paître. C'était un spectacle unique, comme peu de chasseurs ont jamais pu en contempler. Pendant deux jours, tous les Européens de la caravane se livrèrent au plaisir violent de la chasse à l'éléphant ; tous firent mille prouesses. M. Didier tira là son premier éléphant. M. du Bourg en tira trois pour sa part.

Rouaumoï, indigène iguiai ou lango.

Pourtant ce pays enchanté devait laisser un mauvais souvenir à nos voyageurs. L'état sanitaire de la caravane, redevenu bon depuis que l'on avait quitté la rivière Bass, fut de nouveau compromis par quelques attaques bénignes de fièvre paludéenne. Puis, le soir du 9 août, Daniel vint annoncer à M. du Bourg qu'un de ses hommes, l'Abyssin Kapada n'était pas rentré au camp. Les jours suivants se passèrent sans que, malgré de nombreuses battues, on pût le retrouver. L'homme, égaré, isolé, avait-il été victime de quelque bête féroce ou des hommes ? La seconde hypothèse était hélas la plus probable. Bien qu'on ne se trouvât plus en Tourkouana, il était bon que tous les hommes se tinssent sur leurs gardes, sans s'écarter jamais du gros de la troupe.

Le 13 août la mission pénétrait dans le pays des Otomours. Ils étaient en tous points semblables aux Iguiai et vivaient de même : mêmes huttes cylindriques, mêmes champs de sorgho, même empressement à sympathiser avec les Européens pacifiques, et, malheureusement, même répugnance à pratiquer le commerce. Toutefois, disaient-ils, les Français trouveraient bientôt vers l'ouest des populations « qui portaient des toiles en manière de vêtement et qui vendraient leur sorgho aux étrangers »... La promesse était si alléchante, que, sans plus s'attarder

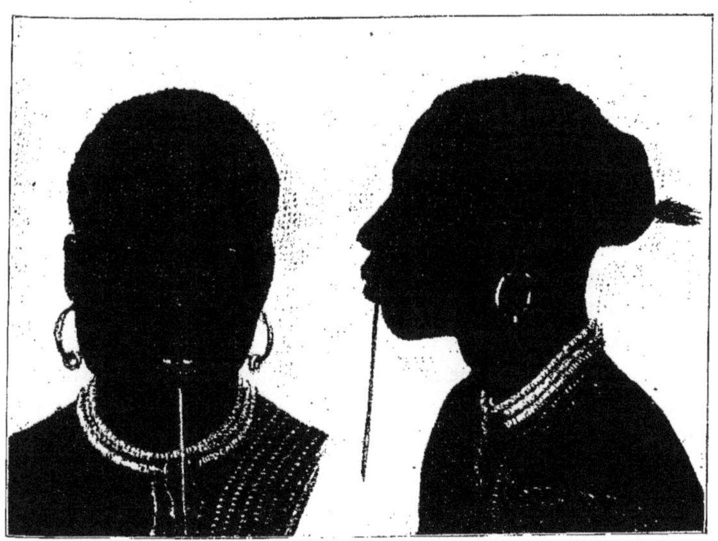

Tetamoï, indigène iguiai ou lango.

chez les Otomours, M. du Bourg continua sa marche à travers les hautes herbes et les marécages.

De temps en temps, on longeait quelque montagne, dont les pentes souvent érodées laissaient pointer le gneiss et le micaschiste de leur substructure. L'une d'elle, en particulier, que la caravane dépassa dans la journée du 15 août, attira l'attention du vicomte. Elle se dressait, parfaitement isolée, au milieu de la jungle. C'est le pic Lem. Autour, à quelque distance, un chaos de roches lui faisait comme une couronne. La forme était pyramidale et dominait au loin le pays : depuis la frontière du Tourkouana les voyageurs avaient pu la deviner dans l'air pur, et il fut précieux au docteur comme point de repaire pour les levées topographiques. Son énorme masse, tout entière en gneiss grisâtre et clair, ressortait admirablement de son alvéole de végétation sombre et fournie. Sa hauteur relative était de 200 mètres.

Le 17 août, le pic Lem était dépassé. La marche devenait de plus en plus pénible, dans les hautes herbes qui ne permettaient pas aux voyageurs de voir seulement à quelques mètres devant eux. Souvent la caravane s'embourbait dans quelque marécage et employait plusieurs heures à se délivrer de la boue prenante. Enfin le soir du même jour, elle débouchait dans de grands champs de sorgho ; c'était le pays des Adjallé, le premier peuple nilotique que M. du Bourg visitait enfin. A partir de ce point, en effet, l'expédition allait se retrouver en pays connu, sinon sûr, du moins exploré et repéré sur les cartes. Les populations, dès lors, vont se montrer plus aimables. Comme les Somalis et comme les Gallos de l'Afrique Orientale, elles ont l'habitude du commerce avec les étrangers et sentent que les bons rapports avec eux sont sûrement obligatoires, peut-être utiles. Un indice dénotait ce nouvel état d'esprit. L'usage du *backschich*, que nos voyageurs avaient désappris depuis l'Ethiopie, reparaissait ici, sur les rives du Nil...

... Quand elle déboucha dans les champs cultivés, la caravane produisit d'abord son ordinaire effet de terreur. Quelques hommes, qui travaillaient, se redressèrent et prirent la fuite en poussant des cris éperdus. Par bonheur, la panique ne dura pas. Il suffit aux Européens de faire des gestes amicaux et de brandir quelques rameaux verts en signe de paix, pour que les Adjallé revinssent. Un seul s'avança d'abord et risqua un timide « Salam ! » Il lui fut répondu gracieusement et son initiative fut payée de quelques perles. Alors tous de s'enhardir et d'approcher, sauf deux ou trois qui courent porter la nouvelle au village voisin. Bientôt en effet c'est tout le village qui envahit le camp dressé à la hâte. L'air retentit de « Salam » sonores. « Salam ! Compagna ! Kef Taheb ! » Les exclamations de bienvenue se mêlent dans les airs, entremêlées de rires bruyants de bons enfants, de roulements d'yeux et de sautillements d'épileptiques. Jusqu'à la fin du jour ils séjournèrent dans le camp, fraternisant avec tous les hommes et spécialement avec leurs frères soudanais, se prosternant devant M. du Bourg comme devant un sultan. Au reste, M. du Bourg renonça à dénombrer les sultans qui vinrent ce jour-là lui rendre visite : c'était à croire qu'il y avait plus de souverains que de sujets dans ce coin du Soudan. Tous d'ailleurs étaient également pauvres en escorte, également sordides, également quémandeurs.

Mais tous aussi étaient de beaux individus, aux épaules larges, à la taille mince et élégante. La plupart portaient quelque lambeau de vête-

Village des Otomours dans la montagne.

ment, foutas de Zanzibar, vieux pantalon de khaki, chemises de cotonnade ou tuniques en cheviotte bleue de tirailleurs de l'Ouganda : c'étaient les « toiles » annoncées par les Otomours. Mais, à divers signes, M. du Bourg crut comprendre que cet appareil si somptueux avait été déployé en son honneur et qu'à l'ordinaire les beaux effets devaient demeurer pliés dans un coin de la paillotte. Beaucoup d'entre eux étaient armés de fusils à capsule de provenances diverses. D'autres portaient de grands pots d'eau

Le pic Lem.

et des courges pleines d'arachides qu'ils voulaient offrir en hommage au grand chef des étrangers.

Le lendemain, le grand homme de la région, le sultan Rhamadan, apparut au camp. Il se disait le maître de tout le pays jusqu'au Nil. Il était vêtu de khaki, avec des guêtres de flanelle, un casque colonial sur la tête et un stick à la main. Il semblait très fier de cet équipage, don sans doute de quelques Anglais dont il balbutiait quelque peu le langage. Il se mit à la disposition de l'explorateur français avec une bonne grâce pleine de condescendance. M. du Bourg en profita pour lui demander s'il connaissait la route directe pour atteindre le poste anglais le plus proche. Il apprit avec joie que directement vers l'ouest il trouverait à quelques jours de marche le poste de Nimulé, situé sur le Nil. M. du Bourg y rencontrerait un capitaine anglais et deux compagnies de tirailleurs indigènes. Le sultan s'offrait lui-même comme guide. Un des plus puissants sultans de l'Afrique ! Quel honneur ! Le vicomte accepta sans broncher, puis la conversation prit une allure plus générale.

« Connais-tu le Nil, au-delà de Nimulé ?

— Je sais que si l'on descend le cours de la rivière au-delà de Nimulé, on trouve, après de longs jours, une ville appelée Khartoum. Après, je ne sais plus.

— Sais-tu de quelle race je suis ?

— Tu es un *Tourc* (Turc).

— Et les Anglais.

— Ce sont aussi des *Tourcs*. Tous les hommes qui viennent sur des bateaux des pays lointains, qui sont pâles et bien vêtus, sont des *Tourcs*. Tous sont venus en remontant le fleuve. Toi seul es venu d'un autre côté. »

Négligeant le témoignage rendu ainsi à son expédition par Rhamadan, M. du Bourg admira la persistance du souvenir qu'avaient laissé dans la région les Turcs, qui durent y parvenir à l'époque où ils étaient les maîtres de l'Egypte. Puis, accompagné de M. Brumpt et de M. Didier, il alla visiter le village des Adjallé. Ils trouvèrent des indigènes accueillants, dans un village fortifié et propre autant qu'un village nègre peut l'être. Les paillottes, cylindriques et assez basses, étaient surmontées d'un toit de chaume très pointu. L'intérieur en est soigneusement balayé ; le sol et la partie inférieure des murs, qui sont maçonnés, présentent quelques ornements insignifiants, mais qui attestent un besoin d'art; des réserves de grains, sous la forme de petites huttes montées sur pilotis, alternent avec les paillottes. Des poules, quelques chiens endormis complétaient ce tableau, qui rappelait enfin aux voyageurs le spectacle d'une demi-civilisation.

M. Brumpt prit quelques photographies, pendant que M. Didier se chargeait des mensurations et que M. du Bourg tentait d'arracher aux indigènes quelques renseignements sur leur ethnographie. Il parvint à comprendre que les Adjallé étaient une des tribus les plus importantes de la peuplade des Choulli laquelle en comportait en outre une vingtaine d'autres (Kotonga, Cader, Fadjoulli, Fatier, Ouol, Fatiko, Lobongo, Faloro, etc.) Toutes ces tribus sont rarement en guerre les unes avec les autres. Pourtant, tout récemment encore, le village où se trouve M. du Bourg est parti en expédition contre les Lango (Iguiai) qui avaient enlevé la femme de leur chef. Ils en ont tiré une vengeance exemplaire, mais ils

Intérieur du village d'Adjallé.

ont usé toute leur poudre... et, si M. du Bourg pouvait leur en donner quelques pincées, ils seraient bien heureux. L'explorateur fait la grimace, mais s'exécute, en considération de l'habileté que les nègres ont employée à mendier ici, comme partout et comme toujours.

Aussi, ce fut au milieu de l'unanime sympathie que M. du Bourg quitta le 19 août le village des Adjallé. Il avait hâte de gagner Nimulé et sentait qu'il n'en était plus loin. La route diminuait presque continûment d'altitude. Du 13 août au 8 septembre depuis le pays des Otomours jusqu'au Nil, la caravane devait descendre de 620$^{m}$ sur une longueur de 252$^{km}$, comme l'indique le tableau suivant, que nous empruntons au journal de route de l'explorateur :

| Date | Lieu d'étape | Distance de l'étape précédente | Altitude |
|---|---|---|---|
| 13-14 août | Pays des Otomours | | 1420$^{m}$ |
| 15 août | Tobour | 1$^{km}$ | 1320 |
| 16 août | Logouapéto | 11 | 1300 |
| 17-18 août | Adjallé | 19 | 1320 |
| 19 août | Laboua | 17 | 1290 |
| 20 août | Laféna | 20 | 1230 |
| 21-22 août | Loromoya | 7 | 1220 |
| 23 août | Lamogi | 16 | 1260 |
| 24-25 août | Guem | 10 | 1220 |
| 26-27 août | Pacho | 16 | 1160 |
| 28 août | Tchoa | 13 | 1120 |
| 29 août | Daniakoual | 13 ½ | 1110 |
| 30 août | Atochol | 14 ½ | 980 |
| 31 août-1$^{er}$ sept. | Rivière Assoua | 11 | 920 |
| 2 sept. | Bomroma | 11 | 1120 |
| 3 sept. | Kéléro | 10 | 1150 |
| 4 sept. | Tourkana | 13 | 1020 |
| 5-6 sept. | Rivière Niama | 17 | 890 |
| 7 sept. | Apodo | 20 | 810 |
| 8 sept. | Nimulé. Nil | 4 ½ | 800 |

Les premiers jours de marche furent seulement signalés par la mort de l'Abyssin Waldé Mikhaël, malade de la dyssenterie depuis la rivière Bass. Il n'avait pu se rétablir pendant la traversée du Tourkouana et des marécages du pays d'Adjallé. Ceux-ci augmentaient encore à mesure que l'on descendait vers le Nil. Pour les habitants, ils demeuraient toujours aussi aimables et l'influence des Anglais sur leur caractère et sur leurs mœurs se faisait de mieux en mieux sentir. A Loromoya, le sultan du village était un véritable gentleman, qui s'habillait et qui se présenta avec une grande correction. Il semblait tout heureux de montrer son élégance fashionable à des Européens, certainement capables de la goûter. Il était accompagné d'un autre chef, de rang inférieur, et habillé à l'africaine d'une grande chemise de Zanzibar. Tout cela sentait le voisinage des Européens. Rhamadan ne se lassait pas d'annoncer tous les jours le Nil pour le lendemain, et, sans le prendre à la lettre, M. du Bourg se persuadait qu'il en était assez rapproché maintenant pour essayer de se mettre en rapport avec les postes qui devaient s'y trouver. Dès le 24 août, il envoyait donc par un exprès une courte lettre au représentant de la Grande-Bretagne à Nimulé, dans laquelle il l'informait qu'avec trois autres Européens, 85 indigènes et une importante caravane, il se dirigeait vers le Nil, venant des régions éthiopiennes.

Toutefois on devait mettre beaucoup plus de temps qu'il ne prévoyait pour atteindre le Nil. A partir du 25, en effet, le paludisme commençait à faire des victimes dans la caravane et la fièvre sévissait. M. du Bourg et M. Didier tombaient malades ce jour-là ; le 29, c'était au tour de M. Golliez : la mission traînait dès lors à sa suite une sorte d'hôpital ambulant, qui compta certains jours plus de 30 malades. Le 1er septembre, M. Didier allait mieux. Enfin deux jours après, presque tout le monde était sur pied, mais on avait marché fort lentement pendant ces jours de maladie, et le 3 septembre la mission se trouvait encore sur les bords de l'Assoua, à 65 kilomètres du Nil.

A partir de ce point, on était décidément dans la région nettement nilotique. Un plateau de 65 kilomètres qui séparait encore la caravane du Nil était coupé par un très grand nombre de vallées. Celles-ci étaient alimentées par des cours d'eau permanents qui se rattachaient tous aux systèmes hydrographiques de deux affluents du Nil : la rivière Assoua et la rivière Niama. Tous avaient un débit abondant et rapide. Tous avaient sensiblement le même aspect, avec leur cours obstrué par des îlots de verdure, et leurs berges à pic ombragées de quelques grands arbres et couverts de broussailles auxquelles succédaient plus près de l'eau les papyrus. L'Assoua avait un minimum de profondeur d'un mètre et demi et sa rapidité, calculée soigneusement par M. du Bourg, était en moyenne de 1 kil. 800 à l'heure, ce qui est considérable pour une rivière de ces régions. Les caractéristiques de la rivière Niama étaient sensiblement identiques ; mais elle était encore plus encombrée que la première par des pointes rocheuses et des îlots boisés dont les eaux n'avaient pas eu la force de débarrasser son lit.

Le passage de ces deux rivières et de leurs affluents causa bien des difficultés et des retards à la caravane. D'autre part le plateau, loin d'être uni, présentait un grand nombre de petits accidents de terrain qu'il fallait escalader, non sans grande fatigue pour les hommes et pour les animaux, et spécialement pour les chameaux, qui, comme on sait, sont de mauvais ascensionnistes. Mais ce qui donnait du cœur à tous, c'est

Indigènes Echoulli. A gauche, une femme porte son enfant sous une calebasse pour le garantir du soleil.

qu'on sentait là proximité de l'étape finale. Les indigènes que la caravane rencontrait ne donnaient même plus des signes d'étonnement. Tout dénotait en eux une longue connaissance des Européens ; ils saluaient gaiement M. du Bourg au passage, puis échangeaient bruyamment entre eux leurs impressions, qui, pour n'être point dépourvues de malice, n'étaient nullement inspirées par la malveillance. A la porte des cases, les commères faisaient chorus et les voyageurs reconnurent à des signes certains qu'elles tournaient en dérision la couleur de leur peau et la forme de leur nez. « Nous faisons ici, note M. du Bourg, le même effet que pourraient produire des nègres dans un petit village de

France. » En tout cas l'accueil fut partout très aimable, même le 7 septembre chez les Madi, sur les bords de la rivière Niama, et pourtant les Européens eussent excusé chez eux quelque méfiance, car la population était alors en guerre avec ses voisins pour leur reprendre la femme d'un chef, que ceux-ci avaient enlevée, et pour venger la querelle de ce Ménélas exotique. Tout son peuple partait en guerre pour ramener la nouvelle Hélène, séduite par les charmes sombres d'un Pâris au nez camard, — attestant ainsi une fois de plus que rien n'est neuf sous le soleil et que l'histoire n'est que l'incessante répétition de quelques faits sempiternels.

Pourtant la tranquillité et l'amabilité des populations assuraient M. du Bourg qu'aucun conflit ne se produirait entre elles et sa troupe, aussi pendant que la caravane continuait lentement sa route, il la quittait le 7 septembre, pour aller en reconnaissance jusqu'à Nimulé et le soir même, après une marche forcée de 25 kilomètres il atteignait le poste anglais et le Nil. En l'absence du capitaine anglais commandant le poste, les deux lieutenants présents, MM. Holles et Ward lui firent un excellent accueil et lui offrirent mille commodités pour l'installation de sa caravane. Le 8 au soir, celle-ci était campée sur le bord du grand fleuve. La seconde partie de la traversée de l'Afrique, la plus périlleuse, la plus neuve, était terminée.

Rapides situés en aval de l'île Anjou (Doufilé-Nord).

## CHAPITRE XIX

### Sur le Haut Nil

(9 septembre-15 octobre 1902)

ACCUEIL DES ANGLAIS. — LE POSTE DE NIMULÉ. — LE COMMERCE ARABE DANS LA RÉGION. — LE MARCHÉ DE NIMULÉ. — LA FAUNE DU PAYS. — LE CAPITAINE LANGTON. — DISLOCATION DE LA MISSION : ADIEUX AUX COMPAGNONS NOIRS. — MERCANTILISME DU GOUVERNEMENT DE L'ETAT INDÉPENDANT. — LE NIL REMONTÉ. — EN TERRITOIRE BELGE. — DOUFILÉ FORT. — UN ANCIEN POSTE D'EMIN-PACHA. — L'ORGANISATION BELGE. — LA TRIBU DES LOGOUARÉ. — UNE MALADIE LOCALE. — LE LIEUTENANT RENARD. — NOTE SUR L'ENCLAVE DE LADO. — L'INSPECTEUR D'ÉTAT HANOLET. — LE NIL. — DOUFILÉ-NORD : UN POSTE COMMERCIAL. — DÉPART POUR L'OUELLÉ.

Les officiers du poste anglais avaient indiqué à M. du Bourg un emplacement commode pour installer son camp. Pour y parvenir la caravane dut traverser le village de Nimulé et passer devant la caserne des soldats anglais. Partout nos explorateurs reçurent l'accueil le plus sympathique ; en l'absence du capitaine Langton, chef du poste, actuellement en excursion vers le nord, les lieutenants Holles et Ward s'ingénièrent pour offrir aux Français la plus large hospitalité, et, quand le capitaine Langton fut revenu, les choses n'en allèrent que mieux. Il n'était point de jour que nos voyageurs ne reçussent un nouveau témoignage d'attention diligente et délicate et ils devaient quitter la station enthousiasmés de leurs hôtes de quelques jours.

Pendant que M. du Bourg se préoccupait de liquider la situation et de renvoyer la plus grande partie des porteurs qui l'avaient accompagné jusque-là, il put avec ses compagnons visiter en détail le poste de Nimulé. Nimulé est le nom que lui donnent les Anglais ; les indigènes l'appellent Lamoulé. Il est installé dans la vallée du Nil, mais non point sur les bords du fleuve, dont un marécage le sépare. Les casernements des hommes et le village indigène, sont installés sur les versants d'une colline, que domine le fort où flotte le drapeau anglais. On a voulu ainsi éviter la chaleur des bas-fonds, les moustiques et la fièvre. Néanmoins, le poste est très malsain, et, malgré les précautions prises contre les moustiques, ces terribles véhicules de toutes les maladies locales, les Européens, s'ils s'anémient, sont menacés de fièvres paludéennes et d'hématurite bilieuse. D'ailleurs la fièvre n'épargne pas les indigènes, non plus que la dyssenterie et les filaires de Médine, pour citer les seules affections qui tiennent à la nature du pays et non point au genre de vie ni au contact des hommes entre eux.

La question sanitaire est la seule qui soit grave et grosse de périls dans ce poste. Au point de vue stratégique et commercial, il est admirablement situé. La colline domine en effet toute la plaine du Nil, plate et dénudée ; elle commande ainsi la vallée en un point particulièrement intéressant, car c'est là que cessent les rapides, qui en amont, rendent le fleuve impraticable jusqu'à Lado. Nimulé est donc comme la tête de ligne d'une longue voie de navigation fluviale. Aussi la garnison que l'Angleterre y entretient est-elle assez considérable. Elle se compose de la 1re et de la 2e compagnie des *King's Africa Rifles*; chacune comprend environ 250 hommes, commandés par des *effendis* et des sergents indigènes sous la direction d'officiers européens. En outre le capitaine Langton, commandant le poste, avait sous son autorité toutes les forces que l'Angleterre a échelonnées sur le Nil, depuis Ouadelaï au nord jusqu'à Gondokoro-Lado au sud.

Le capitaine Langton était vraiment un charmant homme. Grand, de forte stature, d'allures faciles et de visage ouvert, il attirait la sympathie. Catholique et parisien dans l'âme, connaissant bien la patrie et la langue de nos voyageurs, mélange de cordialité saxonne et de finesse gauloise, il plut dès les premiers moments à M. du Bourg et les deux hommes étaient de vrais amis au moment de la séparation. Le personnel que le capitaine avait sous ses ordres comprenait en premier lieu le docteur Milne. Long indéfiniment et quelque peu voûté, respirant la bonté et toujours prêt à rendre service, s'intéressant à son métier et très expert en médecine, ce qui n'est pas toujours le cas des médecins coloniaux, il s'entendit de suite avec M. Brumpt et les deux savants s'embarquaient souvent dans des discussions interminables sur la pathologie, la parasitologie et la physiologie des peuples nilotiques. M. du Bourg n'eut qu'à se féliciter de ce premier contact avec les Anglais du Haut Nil.

Aussi les jours coulaient-ils vite à Nimulé. Chaque matin, les sonneries militaires, souvent atrocement exécutées (car les nègres sont par instinct amoureux de la cacophonie), éveillaient gaiement nos voyageurs et les disposaient à leur tâche du jour. Une seule chose manquait au bonheur de M. du Bourg, et tous les chasseurs le comprendront. Une de ses premières questions au lieutenant Ward, qu'il avait d'abord rencontré à son arrivée à Nimulé, avait été :

« Le pays est-il giboyeux ?

— Extraordinairement, avait répondu le lieutenant. La faune du pays est très riche. Peu de régions du Haut Nil en offrent une aussi variée. Waterbucks aux grandes cornes (1), bucks de l'Ouganda (2), égarés dans cette contrée, bubales de Jackson, bushbucks de plusieurs espèces, léopards, éléphants dans la savane, hippopotames dans le fleuve, rien ne manque, sans compter le gibier à plumes ».

Et déjà l'esprit du vicomte escomptait les prouesses à venir, quand la suite du discours de M. Ward rabattit son enthousiasme :

« Malheureusement, nos hommes ont tellement travaillé sans discernement sur les hippopotames (pardonnez-leur : ils usent du fusil comme les enfants d'un jouet nouveau) que ceux-ci sont devenus très défiants et d'une chasse difficile. Quant au gibier de terre, il vous faudra vous en abstenir, — à moins que vous ne nous procuriez le plaisir de votre compagnie pour de longs mois. Car nous sommes en saison de pluie, et les herbes sont si hautes et si drues que la circulation et les battues sont impossibles. Mais en saison sèche, quand le soleil a brûlé les herbes, la chasse offre de très grandes ressources. »

Force fut donc à M. du Bourg de se priver de son sport favori et de consacrer tous ses loisirs aux études ethnographiques. Celles-ci ne lui apprirent rien de nouveau. Ces populations du haut Nil rappelaient beaucoup les Chankalla qu'il avait rencontrés depuis le Tourkouana : même type négroïde, même stature élevée, même prestance, mêmes vêtements ou plutôt mêmes ornements, enfin mœurs identiques. Les seules différences proviennent du contact avec les Anglais. Ici les indigènes

---

(1) *Kobus Ellypsiprymus.*

(2) *Kobus Thomasini.*

connaissent et pratiquent le commerce, heureusement pour M. du Bourg, non qu'il en eût besoin pour s'approvisionner (l'obligeance du capitaine Langton y eût suffi), mais parce qu'il en profita pour écouler sur le marché les bêtes fatiguées, chameaux, ânes et mulets dont il n'avait que faire désormais. Il lui fut donné de constater à cette occasion que les nègres avaient excellemment profité des leçons des Anglais, maîtres d'ailleurs en la matière; ils discutaient sur le bétail comme l'éleveur le mieux entendu et M. du Bourg se vit réduit à vendre tous les animaux bien au-dessous de leur valeur.

« Cinquante pour cent de perte, soupirait M. Golliez, qui savait le prix qu'ils avaient coûté.

Félicitons-nous encore, répliquait le vicomte, de ne plus nous trouver dans ces pays où il nous aurait fallu les abandonner sans toucher une roupie. Liquidons, mon ami, liquidons! »

On liquidait en effet. Le voyage d'exploration proprement dit était terminé. Désormais la caravane devait traverser des territoires occupés par les Européens, des routes fréquentées. M. du Bourg n'avait donc plus besoin d'une escorte nombreuse et armée. Il laissait à Nimulé sa mitrailleuse et le plus grand nombre de ses fusils. Il devait aussi se séparer de presque tous les hommes engagés à Addis-Ababa. C'est à peine s'il garda trois Abyssins particulièrement dévoués et qui en firent la demande; le seul avantage qu'avaient offert jusqu'alors ces hommes paresseux, indisciplinés, pillards, c'est-à-dire le prestige qui leur vient du négous, avait totalement disparu désormais. Somalis et Souahilis ne connaissaient pas les ressources des nouvelles contrées que l'on allait traverser. Quelques Soudanais enfin demandèrent à quitter la mission. En sorte que M. du Bourg dut se séparer de 73 hommes; il les remplaça seulement par quelques indigènes de l'Ouganda, qu'il engagea comme porteurs pour un avenir indéterminé, jusqu'au jour où l'on atteindrait Dongou, point où le Congo devient navigable. C'était des hommes à l'esprit lourd, mais d'apparence robuste.

Le 4 octobre, les hommes congédiés partirent. Malgré les sommes qu'on leur avait distribuées en cours de route, M. du Bourg leur en devait beaucoup. Il ne leur donna à Nimulé que l'argent nécessaire à leur voyage de retour; ils devaient toucher le reste dans les banques des villes terminus où ils devaient aboutir, qui à Djibouti, qui à Mombaza, qui à Malindi. Sage précaution, mais qui leur fit faire la grimace. Encore les sommes immédiatement soldées ne furent-elles pas distribuées à chacun, mais comptées au seul Daniel, qui devait faire toutes les dépenses tant que la troupe marcherait unie, et distribuer le reste soit aux chefs des détachements qui le quitteraient pour gagner Mombaza et Malindi, soit aux hommes qui ne le quitteraient pas avant Djibouti. Cet

L'interprète Daniel Tassama lisant une lettre du négous Ménélick.

excellent serviteur n'avait jamais manqué à son devoir pendant tout le temps qu'il accompagna la mission. Il devait s'acquitter de cette dernière tâche avec autant de dévouement que d'intelligence.

Ces questions matérielles réglées, M. du Bourg réunit ceux qu'il allait quitter et leur fit ses adieux : tous, en somme, l'avaient satisfait au cours du voyage; quant à ceux qui s'étaient rendus coupables de quelques peccadilles, ils le payaient aujourd'hui, car le chef de la mission leur avait donné un certificat moins bon qu'aux autres.

« J'espère, ajouta-t-il, que vous me quittez satisfaits. J'ai toujours été juste, et, si j'ai été parfois sévère, il le fallait pour ne pas compromettre le salut commun. Le succès de l'expédition est pour moi une récompense suffisante. Mais je serais encore plus heureux, si j'avais pu vous enseigner que le pillage est un mauvais moyen pour traverser des pays inconnus et que la modération dans la force est le meilleur secret pour vivre tranquille et prospère ».

Là-dessus, un concert de protestations discordantes, mais énergiques, s'élève : tous emporteront le meilleur souvenir du chef frendji ; tous mèneront à son exemple une vie calme et exempte de pillage. Les Abyssins crient le plus fort. Nos voyageurs ont de la peine à dissimuler un sourire sceptique. Pourtant, quand la troupe s'éloigne en chantant, ils ne peuvent s'interdire quelque mélancolie. Les aventures communes ont créé des uns aux autres un lien plus fort qu'ils ne pensaient. Malgré les ennuis qu'ils ont souvent suscités, l'indiscipline dont ils ont fait preuve, leur manque presque complet de sentiment et leur déplorable stupidité, ils ont eu aussi leurs bons moments, ces coquins, qu'il fallait parfois faire obéir au fouet ! Chacun d'eux a eu l'occasion de rendre quelque petit service à l'un ou à l'autre des explorateurs. Telle physionomie rieuse de Somali ou telle face bestiale de Soudanais leur rappelle une reconnaissance heureuse, une rude épreuve, un épisode du long voyage. De là venait cette mélancolie que les Européens secouèrent avec peine, alors que depuis longtemps la troupe avait disparu avec des cris joyeux, oublieuse déjà des chefs qu'elle quittait, — car le souvenir n'existe pas dans ces cœurs primitifs...

M. du Bourg s'était déjà préoccupé d'entrer en rapports avec les fonctionnaires belges qui administrent cette enclave de Lado par laquelle l'Etat Indépendant du Congo touche au Nil. C'était en effet de ce territoire qu'il devait partir pour atteindre le Congo. D'autre part, il il y avait intérêt à entrer en contact le plus tôt possible avec les autorités belges, puisque c'était sous leur patronage que devait s'accomplir la dernière partie du voyage. Dès l'abord M. du Bourg vit bien que ce n'était pas là une précaution vaine. Sinon par goût personnel, du moins pour obéir à la tradition qui semble régner dans tout l'État Indépendant, les officiers belges devaient faire preuve d'une administration plus tatillonne que les Anglais.

Dès le 14 septembre, M. du Bourg, en remontant le Nil, s'était rendu à Doufilé-Fort, le poste belge le plus proche de la frontière anglaise. Il fut reçu très cordialement par le chef du poste, le lieutenant Renard, qui lui parut dès l'abord un excellent homme, impression qui devait se confirmer dans la suite. Mais, au contraire du capitaine Langton, celui-ci lui déclara qu'il ne pouvait prendre sur lui de lui donner l'autorisation de circuler sur un territoire belge.

« Ce n'est pas, lui dit-il, dans les usages de notre gouvernement. Je suis un trop petit personnage pour cela. Ecrivez le plus tôt possible à l'inspecteur général de la région, M. Hanolet, qui est en tournée et doit se trouver à Dongou ou sur l'Oubangui. C'est un homme très serviable (ce qui était vrai) et je ne doute pas qu'il ne vous donne l'autorisation ; mais mon administration me blâmerait si je vous la donnais moi-même.

— Et la venue de cette autorisation tardera-t-elle beaucoup ?

— Le temps que votre courrier touche M. Hanolet et prenne la réponse ; — je ne voudrais pas sembler trop pessimiste, mais peut-être vous faudra-t-il attendre un mois. »

C'était gai ! On se sentait en pays civilisé : l'ad-mi-ni-stra-tion, *la fôôrme* (ô Brid'oison !) reprenait ses droits.

« Me laissera-t-on libre au moins de prendre la route qui me plaira ?

— Je n'ose le penser, répondit en souriant M. Renard, plein de confusion. Il est probable qu'on vous indiquera une route que nous avons sillonnée de postes et qui aboutit à l'Ouellé, sur le point où celui-ci devient navigable. Je crois même que l'on vous offrira... une escorte de soldats de l'Etat Indépendant. »

Sur cette bonne parole, M. du Bourg avait quitté le lieutenant Renard, après avoir laissé entendre à cet officier très distingué qu'il ne le rendait nullement responsable de la mesquinerie de son gouvernement.

Au reste, le lieutenant avait été pessimiste, sinon sur la teneur de la réponse, du moins sur le temps qu'il la faudrait attendre. Ce n'est en effet que treize jours après, le 27 septembre, qu'elle arriva. L'autorisation était accordée, mais les conditions en étaient un peu... draconiennes. Les Belges, excellents commerçants, tiennent à ce que le passage d'un étranger sur leur territoire ne soit pas pour eux sans profit. Tout est objet de négoce au Congo Belge. La caravane de M. du Bourg serait donc conduite à Zémio, sur l'Ouellé, par étapes de 25 à 30 kilomètres ; à chaque étape, elle devrait recevoir l'hospitalité des postes disposés à cet effet, hospitalité très large et... rémunérée; M. du Bourg ne devait pas avoir une escorte armée, mais il utiliserait les services d'un détachement de soldats de l'Etat Indépendant... Enfin il devrait avoir des porteurs du gouvernement, au prix de 1 franc par jour, par homme et par charge de 25 kilogs, sans compter 0 fr. 30 pour la nourriture. Et l'énumération des clauses continuait indéfiniment... Le lieutenant Renard, qui avait apporté le factum, semblait un peu honteux; le capitaine Langton souriait vaguement. M. du Bourg rit franchement

Indigène Méto.

et déclara qu'il acceptait tout, — puisqu'il ne pouvait faire autrement.

Le 7 octobre, tout l'état-major de la mission était réuni chez le capitaine Langton pour le repas d'adieu avec les lieutenants Ward et Holles et le docteur Milne. On but à la prospérité du poste anglais, au succès définitif de l'expédition française, puis toute la compagnie se rendit au warf que les Anglais ont bâti sur la rive. Un petit vapeur y avait accosté, où déjà tout le personnel de l'expédition était installé. C'était le *Kenia*, qui, après avoir fait la navigation entre Khartoum et Gondokoro, avait été remonté jusqu'à Nimulé pour joindre ce poste militaire au poste civil de Ouadelaï. Un jeune ingénieur anglais, très aimable reçut M. du Bourg sur la passerelle. Le capitaine Langton accompagnait les voyageurs jusqu'à Doufilé. Après des adieux cordiaux aux officiers du poste, tout le monde embarqua et le petit vapeur dérapa, remontant à grande peine le courant et coupant difficilement de son étrave le *sudd*, sorte d'amoncellement compact de plantes et d'herbes aquatiques que charrie le grand fleuve. À chaque instant il fallait louvoyer pour éviter de véritables îlots flottants formés par la végétation entremêlée et où se tenaient majestueusement de graves échassiers, amoureux de navigation et usant fort à propos de ces radeaux naturels. La largeur moyenne du fleuve était dans cette région de 500 à 800 mètres, mais souvent on traversait de vastes bassins (des *pools*, comme on dit), analogues à ceux du Congo inférieur, où le courant était moins rapide et la végétation plus dense. C'était de véritables ports naturels ; on n'y voyait pourtant aucune embarcation, et de la surface de l'eau émergeaient seuls les dos de monstrueux hippopotames, qui somnolaient au soleil. Les rives immédiates du fleuve étaient constituées par de grands marécages, en sorte que l'on ne pouvait dire à coup sûr où finissait l'eau et où commençait la terre ferme. La végétation, de caractère aquatique, y était très épaisse ; le papyrus y dominait, ainsi que de petits arbres nommés *ambatch* (1), semblables en tous points, sauf les dimensions plus restreintes, à nos peupliers. Toute une population d'oiseaux aquatiques avait accroché ses nids aux branches et à la voûte de verdure qui recouvrait le sol humide et mouvant, population bruyante et bigarrée, que surveillait, comme un souverain son domaine, le grand aigle pêcheur à tête blanche, perché au plus haut des cîmes. Au point où commençait la terre ferme, au delà de cette région que l'on pourrait qualifier d'*amphibie*, la végétation plus sèche et moins drue de la brousse reprenait ses droits.

Six kilomètres furent ainsi parcourus, au bout desquels le vapeur atteignait Doufilé-Fort : le lieutenant Renard attendait sur le quai M. du Bourg et l'accueillit à bras ouverts. Il présenta au vicomte ses trois compagnons européens, un sous-lieutenant, M. van de Male, un sergent et un adjoint militaire. Le lieutenant Renard était un homme d'une trentaine d'années. Son accueil était courtois et empressé. On sentait au premier abord qu'il possédait les deux qualités qui font le bon administrateur colonial : l'énergie et la prudence. Il avait vécu de nombreuses années à Paris, parlait notre langue sans accent et avait pris une tournure d'esprit toute française. Ses trois subordonnés étaient eux aussi fort aimables.

(1) Famille des légumineuses.

C'était des Flamands, reconnaissables à leur haute taille et à leur accent très prononcé. Deux d'entre eux étaient des *seconds termes*, c'est-à-dire qu'après un engagement accompli de trois ans ils en avaient contracté un autre, de même durée. Tous devaient faire avec beaucoup de grâce les honneurs de leur poste à la mission du Bourg de Bozas.

Ce poste de Doufilé était situé sur l'emplacement d'un ancien poste d'Emin-Pacha. Dans une grande allée de palmiers qui borde le Nil, on montre un figuier au tronc énorme, à l'âge vénérable, sous lequel le célèbre explorateur rendait la justice. Le poste est situé sur les bords mêmes du fleuve, à trois kilomètres du mont Méto et par 3° 34' 18" de latitude nord. En amont du poste, le Nil, en décrivant un coude, creuse une anse fort large où il étale majestueusement ses eaux piquées d'îlots de verdure. Partout autour de lui s'étend la plaine, sauf au sud où une ligne de collines barre l'horizon. Le poste a la forme d'un quadrilatère à peu près régulier, de 200 à 300 mètres de côté. Il est entouré d'un remblai de terre haut de 2 mètres, précédé d'un fossé large et profond. Jadis Emin-Pacha avait construit là une citadelle en pierre, que l'on a démolie. La garnison comprend 250 soldats ; mais il y en a toujours une cinquantaine d'absents, à la recherche de vivres ou faisant office de courriers. Ce sont de robustes gaillards, de taille moyenne, à la peau assez claire ; ils sont recrutés parmi les Manyéma, les Basoko et les A-Zandé. Très bien dressés, ils manœuvrent avec ensemble. Le poste, très propre, présente un aspect riant. Les maisons des Européens et des soldats sont construites en bambou et surmontées de toits pointus très élégants. Plantations et cultures maraîchères les environnent : les Européens sont obligés en effet de mettre plusieurs hectares en culture chaque année ; il leur est alloué officiellement une somme pour avoir de la main d'œuvre indigène. Plus de cinquante femmes travaillaient là pour le compte du gouvernement.

Il n'y a pas de médecin attaché au poste, mais on y observe une hygiène rigoureuse. Chaque jour, les soldats, leurs femmes et tous les habitants du poste sont conduits au bain. Une paillote très spacieuse, construite à l'écart, sert d'hôpital. M. du Bourg fut émerveillé de la bonne tenue des hommes et des choses. Au reste la même organisation se retrouve dans tout l'Etat Indépendant, et particulièrement dans l'enclave de Lado : il semble que, situés aux avant-postes de la domination belge, sur un territoire qui s'enfonce comme un coin en plein territoire anglais, les hommes de Léopold aient à cœur de ne prêter sur aucun point à une comparaison désobligeante avec leurs voisins, passés maîtres en colonisation.

Le Nil à Doufilé. Ilots de "Sudd".

Cette enclave de Lado a une histoire. M. du Bourg la voulut connaître de la bouche du lieutenant Renard lui-même. Il ne lui apprit presque rien d'inédit. Toutefois, nous résumons les faits à titre documentaire.

C'est de 1894 que date la situation actuelle. Depuis 1891, l'administration de l'État Indépendant du Congo était en pourparlers avec *l'Imperial British East Africa Company* et le gouvernement anglais pour obtenir un territoire sur le Nil. Jusqu'alors en effet l'Etat Indépendant avait été strictement confiné au bassin du Congo et sa limite était la ligne de partage entre le réseau hydrographique de ce fleuve et celui du Nil. Après bien des atermoiments une première entente était conclue le 12 mai 1894 ; mais elle n'aboutit pas, par suite d'une intervention de la France. Quelques mois plus tard cependant le traité était définitivement conclu, et le territoire de l'enclave de Lado ainsi déterminé : il devait comprendre deux parties, l'une, qui appartiendrait à l'État Indépendant pendant le règne de Léopold II, — l'autre, qui lui appartiendrait aussi longtemps qu'il existerait comme Etat Indépendant, mais qui lui serait retirée de plein droit au cas où il deviendrait colonie d'un autre état. La première partie, la plus importante, était délimitée ainsi qu'il suit : à l'ouest par la ligne de partage des eaux entre Congo et Nil, puis, au point où cette ligne rencontre le 30° long. E. de Greenwich, par ce méridien lui-même ; — au nord, par le parallèle de 5° 30 lat. N. ; — à l'est, par le cours du Nil jusqu'au lac Albert ; — au sud par une ligne idéale allant de Mahagi sur le lac Albert jusqu'à la ligne de partage des eaux. La seconde partie comprenait une bande de territoire large de 25 kilomètres entourant le port de Mahagi. Quant au Nil lui-même, il sembla à M. du Bourg que la question n'était pas définitivement élucidée : les îles du fleuve sont occupées par les Anglais, mais les Belges partagent avec eux le droit de navigation proprement dit.

Il est inutile d'insister sur l'importance de cette enclave pour les Belges. Pour le géographe, elle n'est pas non plus sans intérêt. La partie orientale appartient en effet à une grande fosse analogue à celle que nos lecteurs ont suivie avec nous depuis l'Aouache jusqu'au lac Rodolphe, et qui comprend le haut Nil, le lac Albert et, plus au sud, le lac Tanganyka. Le rebord oriental de cette fosse est admirablement marqué dans la région du lac Albert, où les montagnes tombent à pic dans le lac, tout comme les monts qui entourent à l'ouest notre lac du Bourget ; — mais plus au nord, sur la rive du Nil, les Monts Bleus sont déjà plus atténués et se terminent en modestes collines. Quant au rebord occidental, il est marqué par la falaise moins continue du plateau des Niam-Niam. Le versant nilotique de ce plateau, bombé en dos-d'âne, qui départage les eaux du Nil et du Congo, constitue la partie occidentale de l'enclave. Quant au système hydrographique de la région, il est entièrement constitué par le bassin du Nil. Le lac Albert et le fleuve lui-même, qui forment la frontière orientale de l'Enclave, sont une superbe voie navigable jusqu'à Doufilé ; les steamers la sillonnent en tout temps. Au-delà, vers le nord, et jusqu'à Lado, des barrages rocheux et des rapides ne permettent pas la navigation. Une série de petites rivières, accessibles seulement aux pirogues, traversent l'enclave pour aller au grand fleuve.

Les populations, si l'on excepte une seule tribu, celles des Makrakrao, appartiennent toutes au groupe nilotique. Ceux-ci se rattachent à une grande tribu qui habite en majorité la région congolaise et qui a poussé des ramifications jusqu'ici. Parmi les autres tribus, citons les Logouaré, les Madi et les Bari. Les Logouaré, qui sont les plus occidentaux et ne touchent pas le Nil, occupent un vaste territoire et sont loin d'être soumis. Ce sont des demi-nomades, les uns pasteurs, les autres cultivateurs ; tous dénotent des sentiments belliqueux et des aptitudes guerrières. Ils possèdent quelques fusils à piston, armes bruyantes et inoffensives, mais dont ils sont très fiers. Plus redoutables sont leurs lances et leurs flèches, véritables chefs-d'œuvre de l'art de tuer, joyaux d'une collection ethnographique. Les Belges ont fait dans leur contrée plusieurs expéditions de ravitaillement et de reconnaissance ; mais ils n'ont pu les dompter ; car ils savent échapper à la poursuite en se réfugiant dans des cavernes connues d'eux seuls.

Habitant plus près du Nil, dans une région plus humide et plus fertile, les Bari et les Madi doivent peut-être à leurs qualités génériques et sûrement à la clémence de leur sol d'avoir une vie plus calme et des mœurs plus douces. Leurs villages, dispersés dans la savane, sont propres et bien construits. Ils cultivent le millet et le sorgho et élèvent de nombreux troupeaux de bœufs de petite taille. Mais, s'ils n'ont pas les mœurs des Logouaré, ce sont à l'occasion de redoutables guerriers, les plus braves, dit-on, de tout le pays nilotique.

Sans compter l'importance politique, qui lui vient de sa situation sur le Nil, l'Enclave pourrait présenter de grands avantages économiques. A l'heure actuelle, les récentes incursions des Mahdistes l'ont quelque peu ravagée, principalement dans le nord. D'autre part, il est incontestable que les Anglais font tout pour attirer sur leur territoire les indigènes de l'Enclave, et il faut avouer qu'ils y réussissent. Mais la prospérité de la région dans l'avenir ne saurait être mise en doute.

S'épanouira-t-elle sous le pavillon de l'Etat Indépendant ou sous le pavillon anglais, qui jadis l'abrita ? Là est la question. Les Anglais que visita M. du Bourg prétendaient presque tous que cette province leur reviendrait même avant la mort de Léopold II. Au contraire, les Belges affirment qu'après cette mort ils feront tous leurs efforts, au moins sur le terrain diplomatique, pour conserver un pays sur lequel, depuis le traité de 1894, ils ont acquis des droits en le délivrant des Mahdistes, en l'exploitant, en l'améliorant, en y important la civilisation. Qui vivra verra...

M. du Bourg demeura à Doufilé-Fort pendant une semaine, comblé chaque jour des attentions du lieutenant Renard et de ses adjoints. Le 14, la caravane se remettait en marche vers Doufilé-Nord, point d'où elle aiguillerait franchement vers l'ouest, vers le Congo. Les porteurs que le gouvernement de l'Etat Indépendant offrait à M. du Bourg, étaient des Moya et des Méto, appartenant tous à la grande tribu des Madi. On veilla à ce que leur charge ne dépassât pas 25 kilos, poids réglementaire fixé par le gouvernement. Le lieutenant Renard accompagnait les voyageurs jusqu'à Doufilé-Nord. La distance était de 18 kilomètres. La route, presque rectiligne, traversait une savane assez sèche, que bordaient au loin le mont Méto, dont la ligne granitique, d'une hauteur de 200 à 300 mètres barrait l'horizon. De l'autre côté, c'était le Nil et ses rives verdoyantes. Aucun incident ne troubla la marche. Les haltes se répétaient, trop fréquentes au gré de M. du Bourg, pour laisser reposer les porteurs « administratifs » qui avaient pris des fonctionnaires au moins la sage lenteur et le ferme propos de ne point se suicider à la besogne.

Trois tombes, où reposaient des blancs jadis tués sur ces rives malsaines, signalèrent Doufilé-Nord, où la caravane campait à midi. Le poste n'est plus le siège d'une garnison, mais simplement un lieu d'étape et de ravitaillement. Pour le reste Doufilé-Fort l'a supplanté. Aussi nos voyageurs y trouvèrent-ils, pour les trois grandes maisons de pierre et le magasin à munitions qui le composaient, un seul habitant, un tout jeune homme, M. Raimbaud. M. du Bourg resta à Doufilé jusqu'au lendemain. Puis nos voyageurs firent leurs adieux à M. Renard. Ces huit jours de vie commune en avaient fait un ami. On se donna rendez-vous en Europe.

« A Paris, notre commune patrie » !

Puis la caravane s'enfonça vers l'ouest, vers le Congo, pour la dernière étape...

La garnison de Yei.

# CHAPITRE XX

## De Doufilé à Dongou

(16 octobre-15 décembre 1902)

Dureté des Belges a l'égard des indigènes. — Kadjo-Kadji. — La vallée de la Kaya. — Le poste de Loka. — Le lieutenant van der C... L'arbre a beurre. — La latérite. — Le camp retranché de l'Yeï. — Une route pour automobiles. — La ligne de partage des eaux entre le Nil et le Congo. — Abba. — Danses locales. — Vin de palme. — Une race dégénérée. — Faratj. — Feu la Compagnie Générale Africaine. — Un gite d'étape modèle. — Les A-Zandé. — Le poste de Dongou. — Grave maladie de M. du Bourg. — Séjour a Dongou. — Le sultan Bokoio. — La mortalité européenne dans la région. — Les ticks-ticks.

La nouvelle étape, qu'entreprenait la mission du Bourg de Bozas le 16 octobre 1902, ne devait point se dérouler en pays inconnu. Elle présentait pourtant l'intérêt le plus vif. De Doufilé, sur le Nil, à Dongou, sur l'Ouellé, tributaire du Congo, nos voyageurs devaient traverser tout le dos de pays qui départage les réseaux de ces deux grands fleuves. Bien que la région soit connue et en pleine exploitation, elle comporte encore beaucoup à glaner pour des chercheurs. En outre, un intérêt nouveau s'offrait ici à M. du Bourg; c'était de saisir à l'œuvre et, pour ainsi dire, sur le vif la colonisation belge, ses méthodes et ses résultats, toutes choses dont on a dit le plus grand bien et aussi le plus grand mal. Jusqu'à Dongou, la mission allait se reposer et peut-être séjourner dans cinq grands postes, sans compter ceux de moindre importance : Kadjo-Kadji, Loka, Yeï, Abba, Faratj. En étudier l'organisation n'était pas une besogne inutile. Enfin, ajoutons que des événements inattendus, que la maladie et des périls presque mortels, devaient donner à cette étape un caractère absolument tragique.

Les premières journées de marche furent pénibles. Jusqu'au 31 octobre, la mission devait parcourir le réseau du Nil sur sa rive gauche et plus d'une fois nos voyageurs comprirent à l'épreuve combien cette rive était plus accidentée que l'autre. Depuis l'Abyssinie et les bords du lac Rodolphe, ils avaient désappris à considérer parmi les inconvénients de la route les accidents de terrain, les ascensions pénibles, les descentes rapides et dangereuses. Jusqu'au Nil, en effet, on n'avait fait que descendre en pente douce. Maintenant il fallait remonter jusqu'à la ligne culminante de la contrée qui sépare Congo et Nil. Le 15 octobre on était à 850 mètres, le 16 à 1.090 mètres, le 17 à 1.140, le 20 à 1.230; — le 21 on redescendait à 1.020, pour se retrouver le 22 à 1.160, le 23 à 1.190, le 24 à 1.290; — le 26, on redescendait: 1.210 mètres; le 27, 1.130; le 30, on remontait à 1.180 mètres pour quitter enfin le bassin du Nil le lendemain à 1.230 mètres d'altitude et redescendre, continûment cette fois, vers le Congo. C'était un perpétuel jeu de montagnes russes, dont les altitudes notées plus haut et qui sont celles des étapes ne donnent qu'une très faible idée. Les premiers jours, notamment, entre Doufilé et Kadjo-Kadji, à travers la plaine des Koukou, il fallut à plusieurs reprises gravir des raidillons âpres et caillouteux, qui laissaient aux bêtes à peine assez de force pour redescendre en bronchant et trébuchant vers de véritables fondrières.

Du moins le paysage offrait-il en compensation un spectacle très pittoresque. Les vallées des rivières, ombreuses et touffues, présentaient de nombreuses espèces de bambous; sur les plateaux, la savane herbeuse était piquée de bouquets d'arbres et de buissons, et nos voyageurs retrouvaient leurs vieilles connaissances, les mimosas. Les herbes étaient souvent assez hautes pour entraver la marche, car le sentier n'était pas toujours suffisamment frayé.

« Mais, prends patience, car plus loin tu auras une belle route, large et libre, faite pour les voitures sans bêtes (lisez : les automobiles) ? »

Celui qui faisait cette belle promesse à M. du Bourg était le chef du petit village de Menzou, où s'arrêta la caravane le soir du 16. Il était venu au camp, pour offrir au vicomte ses services avec des poules, des œufs, des arachides, des patates et du sorgho pour les mulets. Il répondait au nom prétentieux de Boula-Matari, c'est-à-dire le « briseur de pierres », nom qui n'avait plus aucun sens en s'appliquant à un tel personnage, mais que les indigènes du Congo avaient jadis forgé pour l'attribuer à Stanley, qui avait fait sauter devant eux des rochers à la dynamite. (1)

(1) C'est aussi le nom qu'ils donnent, pour la même raison, au gouvernement de l'Etat Indépendant.

Ce fut d'ailleurs un des rares indigènes, — et un des rares villages que M. du Bourg rencontra sur sa route. Il lui sembla (et son impression devait se confirmer dans la suite) que les indigènes éprouvaient une certaine répugnance à s'installer sur la route des postes. Pourquoi ? par crainte d'être pour les fonctionnaires et les soldats de passage une sollicitation et une occasion de pillage ? sans aucun doute. Les Belges, en effet, semblèrent à M. du Bourg très durs à l'égard des indigènes. Les porteurs que l'Etat Indépendant lui avait confiés et que commandaient des soldats, étaient simplement menés par ceux-ci comme des bêtes de somme, à coups de fouet. Le vicomte en faisait un jour la remarque à un fonctionnaire belge, fort aimable homme et incapable par tempérament d'aucune violence qui n'aurait pas été réglementaire :

« Que voulez-vous ? lui dit celui-ci. Vous avez assez parcouru ce continent pour vous persuader que le nègre, que nous voudrions civiliser, n'est sensible qu'à la crainte des coups ou des razzias. C'est une brute, qui ne respecte que la force. Les bons traitements ne serviront qu'à donner à leurs yeux pour celui qui en use la réputation d'un extravagant et à lui enlever toute possibilité d'être obéi. Peut-être, comme on le dit en Europe, les nègres sont-ils nos frères ; mais je crains bien qu'il ne faille encore des années de violence et de *conquête* avant qu'ils soient capables de recevoir de nous les paroles de paix et d'initiation que leur fourberie inintelligente et têtue nous interdit pour l'heure ».

Le sentiment humain protestait chez notre explorateur contre cette profession de foi un peu cynique. Et si les cuisantes désillusions naguère ressenties sur les bords de l'Omo lui revenaient à l'esprit pour appuyer la thèse du Belge, il se disait aussi que les nègres sont comparables à des enfants, et que la violence inconsidérée est aujourd'hui abandonnée comme moyen d'éducation, au profit de ce que l'on appelle la discipline raisonnée. Pourquoi ne pas user de la même méthode à l'égard du nègre, après en avoir encore simplifié les principes pour les adapter à ces intelligences rudimentaires ?

Au reste les Koukou, dont on traversaient le pays, semblaient en tous points pareils à leurs congénères nilotiques : même type, même amour de la parure, mêmes huttes petites et basses entourées de greniers en bambou montés sur pilotis.

Le soir du 17 octobre, M. du Bourg atteignait Kadjo-Kadji, le premier poste important de la route, où l'accueillaient M. Austran, Suédois, chef du poste, et son second, un Belge, M. Devillers. Le poste était d'organisation toute récente ; sa fondation datait du début de l'année 1902. Protégé par une forte palissade, il comprenait six maisons en pisé servant de demeures pour les Européens et de magasin pour les approvisionnements en vue desquels il était spécialement constitué. Puis, de chaque côté d'une allée spacieuse, s'étendaient les paillottes carrées des soldats : ceux-ci étaient au nombre de 45, mais se trouvaient presque toujours en route, comme courriers ou comme convoyeurs, en sorte que les deux Européens étaient souvent seuls à recevoir les caravanes de passage, à entretenir le poste, à mettre en culture les potagers et les jardins. Ceux-ci étaient abondamment fournis, et les maisons admirablement propres. On sentait la main d'hommes épris de ce métier de colon, qui comporte tous les déboires, mais aussi toutes les joies réconfortantes du créateur qui travaille sur un sol vierge et doit tirer toute industrie de son propre fonds. M. Austran, en particulier, était le type idéal du pionnier des terres neuves : fort, solide, avenant à tout étranger, mais assez jovial pour se tenir compagnie à lui-même dans les moments de solitude, il était en Afrique, depuis dix ans accomplis, et, après un congé en Europe (car le tempérament le plus solide en a besoin au bout d'un certain temps), il entendait bien revenir ici. « Car, disait-il, on est pris par la nostalgie de la brousse, comme le marin par la nostalgie de la mer ».

M. du Bourg séjourna deux journées auprès de cet homme fort, qui s'ingénia pour enrichir de lances, de flèches, de bambous, de bracelets d'ivoire, etc. la collection ethnographique de la mission. Puis la marche reprit vers le poste suivant, vers Loka.

C'était toujours la même route, la savane coupée de bouquets de bois, le « parc », comme disent les géographes allemands. Mais une savane qui, avec l'altitude croissante (1230 mètres le 20 octobre, dans la région dite Djouaïa) devenait extraordinairement riche : les herbes étaient si hautes qu'elles semblaient vouloir atteindre la cime des arbres qu'elles entouraient.

« Quel admirable pays pour chasser l'éléphant ! » soupirait le vicomte dont l'esprit se reportait au temps encore récent où, dans un paysage identique, mais sous un ciel galla, il forçait les gros pachydermes, tandis que pétaradait à ses côtés l'inoffensif tromblon de Daniel. Comme pour le consoler, le Dieu des chasseurs lui offrit ce jour-là même une belle occasion d'exercer son tir. Pendant que les porteurs de l'Etat Indépendant continuaient leur marche somnolente, il s'était écarté de la route avec M. Didier ; or il tomba sur un sentier tracé dans les hautes herbes par un animal qui, à en juger par l'espace saccagé, ne pouvait être qu'un éléphant. Nos deux chasseurs se mirent à l'affût non loin et bientôt ils virent arriver, bien en face, la plus belle pièce que Nemrod équatorial ait jamais eue au bout de son fusil. La bête avançait lourdement, la trompe basse, sans méfiance, et nos chasseurs de retenir leur souffle... Tout à coup elle dresse les oreilles, puis virevolte et s'enfuit au trot : c'est M. Golliez, qui, arrivant innocemment par le chemin, a fait échouer le guet-apens. Sans perdre leur temps à le maudire, le vicomte et son acolyte prennent la chasse de l'animal, lui envoyant de temps en temps dans l'arrière-train quelques balles qui paraissent l'affecter fort peu. Pourtant il ralentit sa marche, se fatigue :

Éléphant tué dans la région de Loka.

de nouvelles balles le font osciller, une dernière enfin détermine sa chute. Il s'écroule sur lui-même, accroupi, dans une position si naturelle qu'il était mort depuis longtemps et que nos chasseurs tiraillaient encore sur lui par précaution... Le soir tout le camp était en joie ; de grands bûchers se dressaient, où crépitait la viande coriace ; et, tandis que les nègres la dévoraient avec intrépidité, la pacifique détonation du champagne résonna sous la nuit tropicale et les échos de la savane répétèrent, fort avant dans la nuit, mêlés aux airs congolais, les refrains à la mode sur les boulevards... deux ans auparavant.

Le 21, le pays devenait plus accidenté : c'est la région de la Kaya, affluent assez important du Nil. Crevasses et rochers formidables alternaient sur la route de la caravane, parmi des petits ruisseaux qui coulaient de roche en roche, formant autant de cascades en miniatures. C'est ainsi qu'une dernière dégringolade fit tomber (le mot est à prendre presqu'au sens littéral) nos voyageurs sur les bords de la Kaya proprement dite. La rivière était en ce point large d'environ 30 mètres et le courant était très rapide. Plusieurs hommes, s'avançant au milieu de la rivière, tentèrent d'y résister pour essayer leur force : aucun ne le put; tous étaient entraînés. Pourtant, grâce au petit bateau Berthon dont la caravane était munie, le passage des hommes et des bagages se fit assez rapidement. Puis l'éternel jeu de montagnes russes recommença. Mais les pentes s'atténuaient et la végétation devenait plus rare et plus pâle à mesure que l'on s'éloignait de la Kaya. Le lendemain 22, même épreuve, même passage au milieu d'une rivière pittoresquement entourée de bambous, la Kidjou, une Kaya au volume réduit. Le 23, même cérémonie encore avec une petite rivière, qui n'a point de nom sur les cartes, et qui, malgré sa largeur minime (8 mètres) fut peut être d'un passage plus difficile que la Kaya et la Kidjou. Le courant était tellement fort qu'il ne fallait point songer à utiliser le bateau Berthon. Par bonheur, les grands bambous qui poussaient sur les bords offraient la ressource de construire un pont : deux d'entre eux furent abattus, un câble fut tendu sur le côté, et ainsi porteurs et bêtes de somme purent franchir l'obstacle.

Le 24, le poste de Loka fut atteint. Le chef de poste, le lieutenant van der C... n'était pas prévenu de l'arrivée de la mission. Toutefois, après avoir lu les passe-ports, il mit à recevoir le vicomte toute l'amabilité dont il était capable, — ce qui d'ailleurs était peu de chose. Pourtant, pour se conformer au programme qui lui avait été fixé par l'Etat Indépendant, M. du Bourg séjourna un plein jour à Loka. C'est là qu'il vit les premières maisons bâties en briques, depuis Djibouti. Le poste, comme ceux qu'on avait précédemment touchés, était très bien tenu. Chaque petite maison était entourée d'une haie de fortes branches ornées de volubilis et de haricots sauvages du plus gracieux effet. Toutes étaient groupées autour d'un *mess*. Ici, comme partout, potagers et plantations étaient très soignés. Enfin une grande route passait par le poste, qui partait de Dongou sur l'Ouellé pour atteindre le Nil à Redjaf. Large de 10 à 12 mètres, franchissant tous les ruisseaux sur des ponts de terre elle était aménagée pour le passage... des automobiles. L'Etat Indépendant en utilise, en effet, un certain nombre, dont le moteur marche à l'alcool. C'était les voitures sans chevaux promises par le « Briseur de pierres ». Et, de Loka à Dongou, c'est cette splendide route que la caravane suivit : on en avait fini avec les montagnes russes!...

Éléphant tué à Loka. Sur le dos, de droite à gauche, M. Austran, M. du Bourg et M. Didier.

Le 26 octobre M. du Bourg quittait Loka. Le lieutenant van der C... l'accompagnait. Il retournait en effet en Europe. Son remplaçant, le chevalier Charles de Meleunaer, un fort aimable homme, était arrivé la veille au soir, et M. van der C... devait accompagner la mission jusqu'à Bomokandi.

« Le poste y gagne, mais nous y perdons », soufflait à M. Brumpt M. Didier, dont la jeunesse exubérante et cordiale s'accommodait mal d'un si revêche compagnon. Et, ce disant, il traduisait l'impression générale... qui devait se justifier dans la suite.

Le pays, de Loka à Yeï, était en tous points semblable à celui que nos explorateurs avaient traversé auparavant. Mais maintenant, marchant sur une grande route parfaitement entretenue, et n'ayant plus à souffrir des obstacles des jours précédents, ils pouvaient mieux en apprécier les sites et en étudier les caractères. La flore n'offrait rien de remarquable, si ce n'est les fameux *arbres à beurre*, déjà décrits par nombre d'explorateurs et très facilement reconnaissables à leur écorce épaisse, qui les distingue même dans une région où tous les arbres sont cuirassés contre la chaleur, et encore plus à leur feuillage, semblable à celui de notre chataignier. Quant au sol, il était le plus souvent formé d'une épaisse couche de latérite, cette latérite chère aux géologues de cabinet, qui dissertent en chambre sur la composition du sol africain. Ils en mettent partout, et c'était la première fois depuis Djibouti que nos voyageurs en rencontraient en si grande abondance. La région paraissait de plus en plus montueuse : dans la seule journée du 26, la mission passa en vue de quatre massifs, le Gombiri, le Mougoua, le Loka et le Korobé, avec le mont Aléma, et la pointe de Roquadja; c'était la journée des montagnes. On pourrait dire que le lendemain fut la journée des rivières : en moins de 20 kilomètres, la mission franchit sur cinq ponts cinq rivières qui descendaient des massifs vus la veille et se rendaient toutes à l'Yeï, affluent du Nil. C'est alors que M. du Bourg put apprécier les mérites de la « route aux automobiles » en supputant les fatigues, les ascensions et les descentes qu'elle évitait aussi bien aux piétons qu'aux bêtes de somme. Le soir du même jour une sixième rivière s'offrait aux yeux des explorateurs; c'était l'Yeï lui-même avec le poste qui porte son nom. Le chef, le capitaine Gobel, se tenait, à l'entrée de l'enceinte pour recevoir M. du Bourg.

C'est à Yeï que pour la première fois notre voyageur tomba malade. L'humidité des régions récemment traversées avait bien auparavant déterminé chez lui, comme chez ses compagnons, de légères attaques de fièvre. Mais cette fois l'attaque semblait très sérieuse et se compliquait déjà de troubles cérébraux inquiétants. La lassitude du chef était si grande que, bien qu'avec sa vaillance coutumière il voulût continuer la route après l'ordinaire repos de 24 heures, ses compagnons lui firent une douce violence et décidèrent de séjourner à Yeï tant que le docteur ne déclarerait pas le vicomte hors de danger. Aussi le séjour se prolongea-t-il jusqu'au 30 dans ce poste, le plus important que la mission eût rencontré depuis le Nil.

Yeï n'est pas seulement, en effet, un point de ravitaillement et un relais de poste ; c'est aussi un camp retranché. Il a la forme d'un hexagone, muni à chacun des angles d'une batterie. Entre les batteries s'enfoncent à l'intérieur des chemins, dont chacun aboutit à une redoute ; toutes les redoutes sont elles-mêmes reliées par un chemin de ronde qui forme un second hexagone. La garnison est forte de 750 hommes. Tous les magasins, abondamment pourvus, sont situés au centre des ouvrages fortifiés, auprès d'un grand espace libre, qui sert de place d'armes. Autour, les plantations et les potagers ordinaires ; plus de 300 hectares étaient en exploitation. Et les plans du nouveau poste n'avaient été dressés que depuis 6 mois !... Admirable activité, digne d'être donnée en exemple à tous les états colonisateurs, à l'Angleterre comme à la France !

Le 30, M. du Bourg semble rétabli. La caravane reprend donc sa marche, sur la fameuse route, de plus en plus belle, et ornée maintenant de poteaux indicateurs donnant les distances kilométriques. Le 31, la caravane passe en vue des monts N'Dirrfi, qui peuvent être considérés comme constituant la ligne de partage des eaux entre le Nil et le Congo. Par une rampe facile, nos voyageurs atteignent la crête (1.286 mètres) ; ils se retournent pour dire un dernier adieu au bassin du Nil ; à leurs pieds coule la rivière Méridi, le dernier affluent du Nil qu'ils aperçoivent ; au loin le Korobé et le Gombiri montrent encore leurs masses. Adieu au Nil !... un dernier souvenir au capitaine Langton, au lieutenant Renard, et puis en route pour le Congo, le fleuve qui mène vers notre colonie et vers la France !...

Pendant les premiers jours de novembre la différence ne parut pas grande entre bassin du Nil et bassin du Congo. Ce n'était plus le même réseau hydrographique, la carte en faisait foi ; mais c'était le même relief, le même climat, la même végétation, — presque les mêmes hommes et la même histoire. Le 1er novembre, M. du Bourg rencontrait une caravane d'Arabes et d'Hindous qui étaient venus de l'Afrique Orientale faire le commerce jusqu'ici. Jusqu'ici, également, les Derviches de la vallée du Nil avaient poussé leurs incursions, et c'était à leurs pillages que les Belges

Le capitaine Gobel et son exploitation agricole à Yeï.

attribuaient l'état de décrépitude de la principale tribu du pays, les Kakoua. Enfin, ici comme là-bas, les hautes herbes de la savane constituaient la formation végétale caractéristique, — la savane qu'interrompait seule la grande route de Dongou, — les hautes herbes, muraille épaisse et infranchissable que seule avait brisée en certains points la marche pesante de quelque éléphant. Les traces de ces pachydermes étaient plus abondantes dans cette région que sur tout point visité par la caravane.

« Ceux qui assurent que la disparition de l'éléphant d'Afrique n'est plus qu'une question d'années, disait M. du Bourg, devraient venir dans ce pays ; ils changeraient bientôt d'avis. »

Mais dès le 5 novembre le pays se transformait, prenant, si l'on peut dire, un aspect plus tropical. L'altitude diminuait, descendait rapidement vers 1.000 mètres ; le relief s'atténuait ; aux ondulations plus ou moins accentuées tendaient à succéder les formes horizontales du plateau. Les rivières, plus nombreuses et plus abondantes, devenaient aussi moins rapides, s'attardaient dans des méandres, divergeaient, se perdaient dans des marécages. Le soir, une brume épaisse s'élevait de la terre détrempée ; une humidité lourde et chaude pesait toute la journée sur la campagne et s'épaississait encore pendant la nuit, pour se condenser en brouillard au matin.

Le résultat de ce changement d'atmosphère ne se fit pas attendre : dès le 6 novembre M. Didier, puis M. du Bourg étaient atteints de la fièvre ; M. Golliez se sentait fatigué, et c'est un petit hôpital qui, sous la conduite du docteur, seul valide, atteignait le même soir Faratj. Force fut donc à la mission de séjourner plusieurs jours à Faratj, comme elle avait déjà fait au poste d'Yeï.

Ce poste ne présentait rien de particulier. C'était les mêmes petites maisons tenues proprement, le même chef aimable, les mêmes soldats bien disciplinés que dans les postes vus précédemment. Le lieutenant Scheving, commandant de Faratj, était belge ; il avait sous ses ordres deux sous-officiers, dont l'un était suisse et l'autre belge. Il ne faut pas oublier en effet que l'Etat Indépendant n'étant pas une colonie belge, mais la propriété du roi Léopold, celui-ci peut prendre ses officiers où il lui plaît. On ne leur demande que la santé, la correction, l'esprit autoritaire et aussi... le souci des intérêts économiques et financiers de l'Etat. M. Scheving se chargea lui-même de donner à M. du Bourg une nouvelle preuve de la façon dont l'Etat gère ses intérêts. La région de Faratj était encore sous le coup de la disparition de la Compagnie Générale Africaine,

Compagnie *belge* qui s'était installée dans le pays après avoir obtenu de l'Etat Indépendant la concession de l'achat de l'ivoire dans tout le district. Grâce à l'abondance des éléphants, il semblait qu'elle dût prospérer. Or elle a échoué. Et qui fut l'agent de sa chute? L'Etat Indépendant lui-même, qui ne manquait pas de faire une concurrence, d'ailleurs légale, à une compagnie qu'il avait autorisée. Tous les chefs de poste achètent de l'ivoire au nom de l'Etat, les chefs indigènes sont même obligés d'en céder chaque année un certain stock au poste dont ils dépendent, moyennant un prix fixé par un tarif administratif. Pour le reste de leur récolte, ils préféraient souvent, même si la compagnie leur offrait un prix supérieur, le céder à l'Etat pour s'attirer ses bonnes grâces. Une concession donnée sous cette forme ne pouvait qu'amener à bref délai la ruine du concessionnaire. C'est ce qui arriva.

« Mais, déclare avec candeur M. Scheving, comment l'Etat pourrait-il accorder des monopoles sans les partager avec celui à qui il les concède? L'Etat ne peut se désintéresser d'aucune des opérations financières, commerciales ou autres, qui se font sur son territoire. »

Et M. du Bourg, se rappelant les clauses du traité qu'on lui avait imposé dès Nimulé, ne pouvait y contredire ni s'empêcher de remarquer que si le roi Léopold n'est, comme on le croit *trop* en France, qu'un roi « pour rire » en Belgique, en Afrique il est à coup sûr un excellent commerçant.

Le 10 novembre, les malades étaient remis et la marche reprenait. « Nous voyageons actuellement, dit à cette date le Journal de l'explorateur, à peu près comme des colis que l'on transporte de poste en poste. Si nous voyons encore un peu de l'Afrique, nous ne voyons plus rien de l'Africain. Les indigènes fuient la grande route et en ont éloigné leurs villages, par peur des réquisitions. Nous n'avons donc que le spectacle de nos porteurs et des soldats qui vivent dans les postes : c'est peu pour l'ethnographie... Toujours la savane herbeuse, interrompue seulement par des marais... Monotonie et accablement! »

Pour comble de désagrément, la pluie se mit à tomber avec fréquence; les marécages s'étalaient maintenant jusqu'au bord de la route, les brouillards du matin devenaient plus denses et plus pénétrants. Nos voyageurs marchaient comme à travers un gigantesque bain de vapeur. Enfin, le 12 novembre, la route des automobiles manqua : les travaux n'avaient pas été poussés plus avant. Et ce fut une marche lamentable, souvent sous la pluie, toujours sous la chaleur accablante, — le passage d'un réseau inextricable de rivières, larges, abondantes et lentes, rivière Laro au sortir de Faratj, puis rivière Oro, puis rivière Gongo, puis de la rivière Dongou, qui reçoit l'Akka et la Garamba et qui devait conduire la caravane jusqu'à son confluent avec l'Ouellé, près du poste qui porte son nom.

Avant d'atteindre Dongou, nos voyageurs perdirent un instant la compagnie du peu agréable lieutenant van der C... Celui-ci, qui n'avait jamais voulu frayer avec les voyageurs, se considérant plus encore comme leur surveillant que comme leur compagnon, eut tout à

Le lieutenant van den Noortgaets paye en étoffe ses porteurs

coup la fantaisie de partir de bon matin, avec ses porteurs particuliers sans prévenir personne. Le lendemain, on le trouvait à Dongou, où il avait négligé d'avertir le chef du poste, le lieutenant van den Noortgaets, de l'arrivée des Français. Celui-ci s'ingénia dans la suite pour faire oublier à M. du Bourg l'inconvenance de son compatriote.

C'est à Dongou que nos voyageurs éprouvèrent la plus chaude alerte qu'ils aient connue jusqu'à la catastrophe finale qui les priva de leur chef. En effet, c'est à Dongou qu'une première fois M. du Bourg fut en danger de mort. La maladie, qui l'avait déjà fortement éprouvé à Yeï, ne l'avait jamais entièrement abandonné depuis, et il lui avait fallu tout son courage pour faire sans plainte les dures étapes déjà parcourues dans la région congolaise. Dès l'arrivée à Dongou il tomba de nouveau et le mal fit rapidement les pires progrès. Dire les angoisses de ses compagnons nous est impossible : mieux vaut rapporter le journal de M. Didier marquant chaque jour les inquiétudes et les espérances des subordonnés entourant le lit du chef.

« *16 novembre*. — En vue de Dongou. Ce n'est pas là l'entrée que nous aurions souhaitée. M. du Bourg est si malade que nous sommes obligés de le faire transporter en hamac jusqu'au poste. Dix porteurs A-Zandé sont fournis par le lieutenant van den Noortgaets, qui met à notre disposition deux places spacieuses et aérées, où notre malade pourra être confortablement installé...

...Le docteur après avoir étudié les symptômes de la maladie, aux allures si bizarres, de notre chef, diagnostique une fièvre pernicieuse méningitique. Le pauvre vicomte délire et ne reconnaît plus personne.

*17 novembre*. — Des bains froids et des piqûres de quinine semblent avoir produit bon effet. M. du Bourg nous reconnaît et nous sourit, à notre grande joie. Le docteur recommande le repos absolu, et, bien que nous en ayons fortement envie, nous nous abstenons de rendre visite à notre cher malade. Il repose tout le jour sans incident.

*18 novembre*. — Mauvaise, horrible journée. L'état de notre chef s'est aggravé pendant la nuit. La forme méningitique est bien déclarée ; nous sommes dans une angoisse folle. Avoir échappé aux dangers de la brousse, des sauvages et des fauves, et périr de maladie. Un explorateur ne meurt pas ainsi... Et pourtant...

Le docteur a veillé le malade toute la nuit, et voilà le bulletin qu'il nous remet à 10 heures du matin :

*Minuit et demi*. — Grande excitation. Bain. Après le bain, repos.

*4 heures*. — Excitation violente ; puis prostration.

*6 heures*. — Respiration fréquente, courte et embarrassée.

*8 heures*. — Sans connaissance.

*9 heures*. — Raies persistantes sur le front après le passage de l'ongle. Transpiration profuse de la face.

Ces deux symptômes sont, paraît-il, très mauvais. Qu'allons-nous devenir ?...

Jusqu'à 4 heures, notre malade paraît être dans le *coma*. A 4 heures, il prononce quelques paroles incohérentes : c'est un espoir...

Pour comble d'infortune, M. Golliez et moi nous sommes repris d'attaques de paludisme. D'ailleurs la maladie de notre chef nous a tous abattus.

*19 novembre.* — La nuit a été assez bonne. Le matin, après le bain, M. du Bourg nous a reconnus. Il a même plaisanté avec nous et a causé quelques minutes avec M. van den Noortgaets. Mais l'après-midi est mauvaise. Nouvelle prostration et nouveau délire. Ce matin, il était sauvé, ce soir tout est de nouveau compromis. Quand finiront ces épreuves ?

*20 novembre.* — La nuit a été très mauvaise. Le malade a des contractions involontaires des lèvres et de tous les membres. Le docteur est soucieux. Nous commençons à désespérer.

Pourtant, le soir, M. du Bourg s'assoupit. La nuit s'annonce calme. L'espérance renaît.

*21 novembre.* — La nuit a été bonne. Notre malheureux chef a maintenant toute sa connaissance. Serait-ce enfin la guérison ?...

Toute la journée s'est passée sans accident. Le malade a reposé avec calme. La quinine a produit son effet. M. Brumpt croit maintenant pouvoir répondre de lui. Dieu soit loué !

*22 novembre.* — Le docteur a déclaré qu'un bulletin était désormais inutile et que la convalescence commençait. Mais il faudra bien du temps encore avant que notre chef puisse continuer sa route, même en canot ou en litière. Il faudra au moins trois semaines de séjour à Dongou. Mais qu'importe ! Je resterais bien un an pour ma part : notre chef est sauvé. »

Pendant trois semaines, en effet, la mission dut encore séjourner à Dongou. Durant ce temps, les membres de l'expédition purent apprécier l'obligeance et l'hospitalité toute flamande que le lieutenant van den Noortgaets mit à leur service. Il était aux petits soins pour le malade, et son attitude contrastait étrangement avec celle du lieutenant van der C.., qui, après avoir à peine donné signe de vie pendant la maladie du vicomte, se prit de querelle un beau jour avec les Français et avec M. van den Noortgaets lui-même à propos de quelques objets qu'un indigène offrait à M. du Bourg pour sa collection ethnographique; puis, piqué de voir tout le monde contre lui, il réunit ses porteurs et partit incontinent. On ne devait plus le revoir.

« Du moins gagnons-nous à cela de ne pas l'avoir jusqu'à Bomokandi », tel fut l'avis général.

Pour distraire les compagnons de M. du Bourg, le lieutenant leur faisait visiter le poste et ses environs en détail, leur donnant tous les renseignements qu'ils désiraient sur la géographie et sur l'ethnographie de la contrée.

Le poste de Dongou a pour lui les avantages d'une position merveilleuse pour ses qualités stratégiques et pittoresques. Il est situé au confluent du Kibali et de la Dongou, dont les eaux réunies forment l'Ouellé, qui va se jeter dans l'Oubangui, lui-même tributaire du Congo. La Dongou a environ 100 mètres de largeur à son confluent. Pour le Kibali, avant de se séparer en deux bras, comme il fait sur un parcours de 600 mètres jusqu'à ce confluent, il a plus de 250 mètres. Aussi, au point de vue stratégique, le poste est-il merveilleusement garanti sur deux des côtés du triangle qu'il occupe, le troisième étant défendu par quelques canons Nordenfeld. Le spectacle des deux fleuves et surtout du fleuve unique après le confluent, est tout à fait pittoresque : il y a là des masses de verdures très bien agencées par la nature, un de ces sites dont on dit qu'il ferait un beau décor de théâtre. Les constructions comportent trois grandes maisons pour Européens et trois magasins solidement construits en briques et surélevés d'un mètre au-dessus du sol contre l'humidité. Les maisons sont coquettes et confortables. Plus loin sont les huttes des indigènes, très propres. Au confluent des deux rivières, un embarcadère, où sont amarrées douze pirogues. En dehors de l'enceinte du poste, on a édifié des fours et des hangars. Enfin, dans l'île que forme le Kibali en se scindant au confluent, se trouvent le potager, un sanatorium, et le petit cimetière où cinq blancs dorment déjà leur dernier sommeil, sous les grands arbres tropicaux, au bruit continu et doux des cascades de la double rivière.

Il va de soi que, par sa situation, Dongou est un point de transit très important. Toutes les marchandises et toutes les troupes qui vont au Nil, à la frontière du Bahr-el-Gazal ou sur quelque autre point de l'enclave, passent par Dongou. En outre le poste exporte vers la côte un des produits les plus abondants et les plus rémunérateurs de la région : le caoutchouc. Au moment où la mission séjournait à Dongou, l'exploitation de la précieuse résine était à ses débuts et déjà l'on en récoltait plus de 600 kilogrammes par mois. Au dire de M. Faverger, un Suisse, inspecteur des forêts, qui passa à Dongou pendant la convalescence de M. du Bourg, le caoutchouc abonde dans toute la région, et particulièrement dans le pays des Makrakara, c'est-à-dire entre Yeï et Dongou. Les indigènes en recueillent souvent sur une espèce de *ficus*, qui produit un *latex* abondant, mais de mauvaise qualité. C'est surtout une liane spéciale qui donne le caoutchouc estimable. Or, les forêts qui bordent le Kibali et qui ne sont qu'un prolongement de la grande forêt équatoriale du Congo, contiennent surtout des lianes du genre *Landolphia*, celui qui produit le meilleur

Le sultan Bokoio, entouré de quatre soldats et de deux pygmées.

caoutchouc connu jusqu'à ce jour. Nul doute que dans l'avenir Dongou ne gagne sans cesse en importance en centralisant et en expédiant ce précieux produit de l'équateur. Toute cette enclave d'ailleurs, comme toute la région de l'Ouellé, constituent de merveilleux champs d'exploitation pour l'activité humaine. Mais combien les conquêtes de la civilisation y seraient plus nombreuses et plus satisfaisantes si la terre y était plus clémente aux Européens. Pendant l'année 1902, la proportion de la mortalité parmi les Européens séjournant dans les deux districts, fut effrayante : *44 pour 100, près de la moitié !*... Les principales maladies qui causent ces désastres sont, ici comme dans toute l'Afrique Equatoriale, l'hématurie, les abcès du foie, la dyssenterie, la fièvre...

Les indigènes qui peuplent la région n'ont plus aucun rapport avec les Nilotiques. Ce sont les *A-Zandé*. Ils sont bien supérieurs aux populations du Nil. De taille moyenne, fortement charpentés, la peau assez claire et la physionomie relativement intelligente, ils portent tous un léger vêtement autour des reins, usage qu'ils avaient adopté avant l'arrivée des Européens dans la contrée, ce qui indique chez eux une civilisation spontanée et plus avancée que celle de leurs voisins. A l'encontre des Nilotiques, ils donnent un grand soin à leur coiffure et les rares ornements qu'ils portent sont pour leur tête. Leurs huttes, circulaires, au toit pointu et assez élégant, dénotent du goût et de l'ingéniosité. Tels sont les A-Zandé. Tels sont aussi leurs voisins les Mangbattou. Un fait à noter : sur leur territoire, la culture du sorgho est en train de disparaître complètement au profit de la banane, qui fait le fonds de leur nourriture, et de l'éleusine, dont la graine fermentée leur sert à fabriquer une espèce de bière qu'ils nomment *massenga*.

Le sultan le plus puissant de la région se rendit le 29 novembre à Dongou pour voir M. du Bourg et lui présenter ses civilités. Il se nommait Bokoio. Grand et fort, le front fuyant, le nez très épaté, les yeux bien ouverts et expressifs, les dents merveilleusement blanches, c'était un beau type de nègre. Son visage était strié verticalement de raies bleues parallèles. Il était vêtu d'un complet d'indienne gros bleu et coiffé d'un fez qu'ornaient les boutons d'un vieux paletot d'Européen. Il se prélassait dans une chaise longue qui le suivait partout, parlait peu, observait, écoutait, riait souvent aux éclats.

Bokoio est un chef très puissant ; il est de la race *avangoura*, la caste noble des A-Zandé, et peut citer une longue généalogie d'ancêtres. Il s'est déjà révolté une fois depuis l'occupation belge. La répression fut dure : Bokoio s'était fortement retranché dans une montagne, d'où l'on eut grande peine à le déloger; 1.500 A-Zandé périrent dans l'affaire. Convaincu maintenant que toute résistance est inutile, il est devenu un des meilleurs vassaux de l'Etat Indépendant et fournit en moyenne 600 porteurs et 600 kilogs d'excellent caoutchouc par mois, sans compter l'ivoire et les aliments. Mais sa rage conquérante et batailleuse s'est retournée contre ses voisins plus faibles, Mangbattou, Mangbellé, A-Barambo, etc., etc., M. van den Noortgaets affirme au vicomte que, si les Belges n'étaient pas là, ces tribus seraient toutes anéantis par les œuvres de Bokoio.

Bokoio fit à M. du Bourg un cadeau qui l'enchanta : celui d'un nain qu'il avait recueilli, encore jeune, quatre ou cinq ans auparavant, au cours d'une razzia chez les Tick-Tick. Ces Tick-Tick sont une tribu de nains de la région, comme il s'en trouve sur toute la circonférence de la terre à la même latitude. Nul doute que ceux-ci aient des rapports de filiation avec les fameux et peut-être légendaires Tchintchallé d'Ethiopie et avec les nains de la Malaisie et de la Polynésie. Celui-ci répondait au nom d'Aka et se prêta volontiers à l'interrogatoire que lui imposa M. du Bourg, par l'intermédiaire de Bokoio, pendant que le docteur le mensurait et que M. Didier prenait des notes.

« Que faisais-tu chez Bokoio ?

— Rien.

— Es-tu content de le quitter ?

— Non. Mais je suis content de vous suivre.

— Où habitent les hommes de ta tribu ?

— Sur les bords de la Bomokandi, dans la forêt.

— Sont-ils nombreux ?

— Très, très nombreux.

— Ont-ils des maisons, des villages ?

— Non. Ils vivent dans de légers abris, qu'ils quittent à leur gré, après quelques semaines de séjour.

— De quoi vivent-ils ?

— Des bêtes qu'ils chassent et des fruits de la forêt.

— Savent-ils danser ?

— Non. J'ai appris chez Bokoio.

— Jouent-ils de la musique ?

— Non.

— Ont-ils un chef, un sultan ?

— Aucun. Chaque famille vit indépendante.

— Ont-ils des fétiches ?

— Je ne sais pas ce que tu veux dire.

— Croient-ils en Dieu ?

— Je ne vois pas ce que signifient tes paroles. »

En tout cas il appert à la fois de ces réponses que ces Tick-Tick sont au plus bas échelon de la civilisation, puisqu'ils n'ont pas la forme la plus grossière de l'art et du spiritualisme, mais que le petit Aka est très intelligent et divertira plus d'une fois nos voyageurs en cours de route.

Le voyage allait bientôt reprendre. M. du Bourg pouvait marcher maintenant, mais il était encore très faible. Toutefois comme les premières étapes devaient se faire en pirogue sur l'Ouellé, ce n'était pas un obstacle au départ. Le 15 décembre après avoir adressé à M. van den Noortgaets ses remerciements les plus émus, M. du Bourg donnait le signal du départ, et la pirogue qui le portait, quittant l'embarcadère, prenait le fil de l'eau et descendait lentement la rivière, tandis que le bon lieutenant agitait son mouchoir en signe d'adieu.

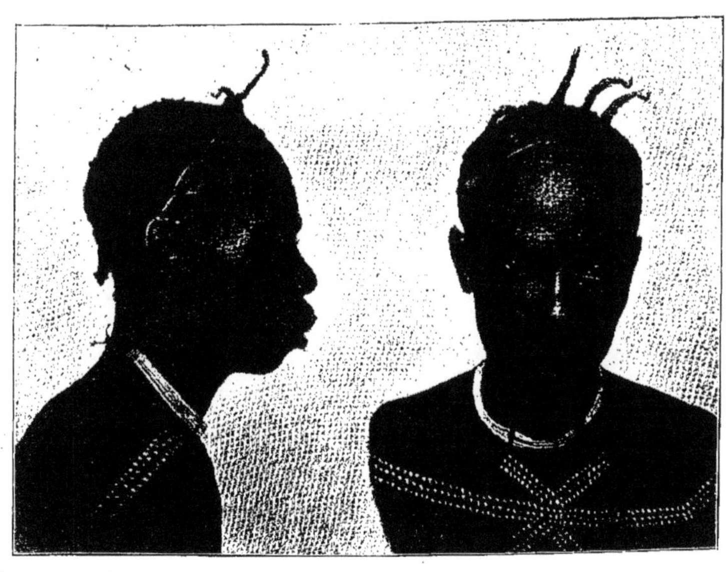

Papagateau, pagayeur bacango.

Sur l'Ouellé.

## CHAPITRE XXI

### Mort de M. le Vte Robert du Bourg de Bozas

(15-24 décembre 1902)

SUR L'OUELLÉ. — M. DU BOURG MALADE. — DESCRIPTION DU COURS DE L'OUELLÉ : « POOLS » ET RAPIDES. — AU POSTE DE NYANGARA. — LES MANGBATTOU. — LA MISSION ROYANT. — RENCONTRE DE NOMBREUSES PIROGUES. — TOMBES D'EUROPÉENS. — AU POSTE DE SURANGO. — ETAT GRAVE DE M. DU BOURG. — LA JOURNÉE DU 23 DÉCEMBRE. — LA JOURNÉE DU 24. — MORT DE M. DU BOURG. — LES FUNÉRAILLES.

Ce n'est pas sans une douloureuse émotion que nous arrivons à ce dernier chapitre de la Mission de M. du Bourg de Bozas. On a vu comment le jeune explorateur a accompli de Djibouti à l'Ouellé un des plus beaux parmi les voyages d'exploration qui honorent la France. Il nous reste à dire maintenant comment il a succombé en cours de route. Nous ne saurions mieux faire que de reproduire ici le journal que rédigea M. Didier pendant ces heures tragiques et qui fait suite au journal que le vicomte lui-même tint à jour tant que la maladie ne l'eût point terrassé.

« *15 décembre.* — Nous voici partis au fil de l'eau sur l'Ouellé. M. Golliez doit faire la route à pied, avec la plus grande partie du bagage jusqu'à Nyangara, où nous devons trouver des pirogues nombreuses, qui permettront à toute l'expédition de continuer sa route par eau. Pour l'instant, nous n'avons que deux pirogues, l'une pour les bagages indispensables, l'autre pour les voyageurs. Cette dernière porte trois Européens, quatre boys, un soldat qui commande la manœuvre et des pagayeurs, — ce qui peut donner une idée des dimensions de la barque. Nous démarrons avec rapidité et perdons bientôt de vue Dongou.

L'Ouellé a fortement baissé pendant les quatre semaines de notre séjour, car nous étions arrivés avec la fin de la saison des pluies. Les eaux basses laissent donc émerger des rives escarpées, hautes de 2 à 3 mètres, herbeuses et boisées, mais seulement sur les bords immédiats de la rivière. Les arbres surplombent l'eau et se penchent vers elle, comme assoiffés. D'ailleurs, à l'exception de quelques palmiers élaïs, les grands arbres sont rares.

La largeur moyenne de l'Ouellé est ici de 200 mètres. Le cours est assez égal ; nous avons franchi aujourd'hui plusieurs rapides, la plupart à peine perceptibles ; un seul nous a effrayés : faute d'habitude ! Dans deux jours nous les franchirons sans y faire attention, comme nos pagayeurs. Ces hommes sont superbes d'allure et d'entrain ; ce sont les mêmes pourtant qui, dans l'office de porteurs, ont l'apparence tantôt de chiens battus, tantôt d'ânes entêtés : la pagaye, visiblement, leur plaît mieux. Et cependant, alléchées par leurs torses nus et brillants, les tsé-tsé noires,(1) qui gîtent dans la végétation des rives, tourbillonnent et s'acharnent. Le docteur en fait une ample récolte.

L'étape se termine en un point, dit Amboua, où le fleuve se divise en plusieurs bras enserrant des îlots verdoyants, et où commence un rapide long et dangereux. Nous débarquons avec toutes les précautions possibles le vicomte du Bourg qui a souffert toute la journée, et nous le transportons dans une mauvaise masure qui sert de gîte d'étape. Le docteur est soucieux; tous nous sommes inquiets.

Reçu la visite du fils d'un sultan mangbattou du voisinage. Salutations et cadeaux réciproques.

*16 décembre.* — Nous avons navigué tout le jour, jusqu'au *relai* de Bimbi. Le spectacle était plus pittoresque qu'hier. Outre les rapides, qui ne manquent pas, la rivière contient dans cette partie de son cours un certain nombre de *pools*, où élargissements : les eaux, comme dans un bief, s'y assagissent, se divisent pour laisser émerger de nombreux îlots. L'Ouellé a tout à fait ici l'apparence d'un grand fleuve.

---

(1) *Glossina palpalis.*

M. du Bourg dans la région de Yeï.

La végétation des rives et des îles est très puissante. C'est un fouillis de ramures tourmentées, de feuillages aux teintes diverses, toute la gamme des verts, et des jaunes, sans compter les bruns et les roux de nos automnes. Echassiers de toute espèce, grues, cigognes, toucans et martins-pêcheurs, rivalisent de la voix avec les oiseaux terrestres. De temps en temps la face d'un grand singe à la barbe blanche et vénérable troue le feuillage. Dans les pools, flottent d'énormes masses roses. Ce sont les museaux des hippopotames qui hument l'air, puis disparaissent.

A la fin de l'étape, nous doublons l'embouchure d'un affluent considérable, le Dourou, navigable, paraît-il, jusqu'à trois heures de marche en amont.

M. du Bourg est toujours très fatigué.

*17 décembre.* — M. du Bourg va mieux ce matin ; mais ses jambes lui refusent encore tout service, et il faut le porter jusqu'à la pirogue. Puis le voyage continue ; l'Ouellé d'aujourd'hui est comme l'Ouellé d'hier : des rapides, des pools, des îles. Sur les bords, une végétation touffue, où apparaissent cependant des palmeraies et des plantations de bananiers, qui semblent entretenues par la main de l'homme. A mesure que l'on approche de Nyangara, la densité de la population paraît augmenter : de nombreux sentiers aboutissent à la rivière et des pirogues sont amarrées à la rive.

... Notre pirogue à bagages vient de nous dépasser. Pris d'émulation, les nôtres veulent la rattraper. Il en résulte un véritable *match*. Nos pagayeurs chantent pour s'entraîner ; bientôt ils hurlent, accompagnés par le son de deux tambours allongés que frappent rageusement des tambourinaires hystériques. Notre pirogue est nettement battue. Mais nous avons marché avec une rapidité inusitée, et c'est deux heures et demie après notre départ, à neuf heures, que nous touchons au poste de Nyangara, où nous trouvons pour nous recevoir M. Golliez, arrivé depuis hier, et le chef du poste, M. Wacquez.

Celui-ci est un homme posé, intelligent, qui ne se contente pas d'administrer, mais étudie les populations qui lui sont confiées. Il s'entretient avec nous des Mangbattou. Selon lui, ceux-ci joueraient parmi les populations environnantes, Medji, Madjo, Moyogo, etc., le même rôle que la famille des Avangoura parmi les A-Zandé : ce serait une caste noble. Le fondateur de cette puissance des Mangbattou serait un sultan appelé Nyangara, qui a donné son nom au poste.

M. du Bourg est assez vaillant pour traiter avec M. Wacquez certaines questions administratives. Mais c'est au tour du docteur d'être pris par la fièvre.

*18 décembre.* — Sont arrivés aujourd'hui à Nyangara quatre membres de la mission du capitaine Royant : M. Preumont, ingénieur-géologue, deux prospecteurs et un médecin. Le but de la mission est principalement d'explorer au point de vue géologique les contrées situées au nord de l'Ouellé, où l'on dit qu'il y a du cuivre et peut être de l'or. Ces travaux terminés, elle rejoindra probablement la mission Lemaire, qui monte actuellement pour se rendre à la frontière du Bahr-el-Gazal.

Nous avons réglé nos thermomètres et baromètres sur ceux de la mission Royant.

M. du Bourg va de mieux en mieux. Est-ce enfin la guérison? Le docteur a toujours la fièvre.

*19 décembre.* — Le poste de Nyangara est déjà vieux de dix ans. Comme tous les postes de l'Ouellé, il est situé sur la rive gauche de ce fleuve. Le commandant Wacquez est chef non seulement du poste, mais de toute la zone dont Nyangara est comme le chef-lieu. Il remplit même les fonctions de commissaire général depuis la mort du commissaire Lahaye, qui fut assassiné il y a quelques mois par le chef manbattou Kodja. Or on disait celui-ci très soumis auparavant, et ami des Européens. Kodja poursuivi a eu recours au suicide et son village tout entier a été déporté sur les bords du Nil. Le commandant lui-même a dû faire quatre mois de campagne cette année contre un chef des A-Zandé, Zimé. Ces nègres ne seront jamais sûrs.

Nous avons vu aujourd'hui Bouando, fils du sultan Nyangara, dont j'ai indiqué le rôle précédemment. Il parle bien l'Arabe du Nil. On sait que les Arabes ont pénétré ici avant les Blancs. Ce sont eux qui permirent à l'explorateur Schweinfurth de parcourir le pays.

Depuis la fin de la saison des pluies, l'Ouellé a baissé ici de 5 mètres. Et il continuera ainsi jusqu'à ce que, en pleine saison sèche, les barrages rocheux faisant écluses, il ne forme plus qu'une série de lacs ou biefs, d'où émergeront une foule d'îlots et de rochers.

M. du Bourg peut maintenant prendre ses repas à la table commune. Le docteur est encore couché; mais la fièvre a disparu. Quand donc ce journal ne sera-t-il plus un bulletin de santé?

*20 décembre.* — Nous repartons : chacun de nous quatre a maintenant sa pirogue, avec un berceau de branches et de feuillages pour nous préserver du soleil. Deux autres pirogues transportent les bagages. Notre flottille à très bon aspect.

C'est aujourd'hui samedi, jour de marché à Nyangara. Nous rencontrons de nombreuses pirogues qui s'y rendent en remontant péniblement le courant. Les rives sont moins boisées qu'en amont de Nyangara; toutefois la végétation est plus riche sur la rive gauche. A deux heures, après avoir dépassé le petit village mangbattou de Kiliou, nous trouvons les tombes de deux Européens, qui se sont noyés dans le fleuve. Depuis le Nil, les tombes européennes jalonnent notre route ; que de morts pour si peu de temps d'occupation !

En pirogue sur l'Ouellé.

M. du Bourg et le docteur vont bien et mangent avec appétit. La fièvre va-t-elle enfin nous laisser en repos ? Nous sommes tous plus ou moins anémiés, mais notre chef est de beaucoup le plus affaibli ; il porte encore les marques des épreuves de Dongou et paye le dévouement et l'activité qu'il a montrés depuis Djibouti.

*21 décembre.* — Ce matin, le brouillard était très épais et nous nous sommes réveillés trempés. Le soleil n'a pu percer qu'à huit heures, transformant l'étuve en fournaise. La route a repris, comme hier, vers le poste de Surango, que nous avons atteint vers onze heures. En approchant du poste, nous trouvons les rives plus habitées et mieux cultivées. Les populations portent le nom d'A-Barambo. Le soir, au poste, les A-Barambo nous ont présenté un spécimen de leur art chorégraphique. Ils ont dansé devant nous un *yango* : aucun caractère spécial.

Journée sans incident, en somme, et sans bulletin médical ; — donc, bonne journée.

*22 décembre.* — Nous ne quittons le poste que vers 10 heures après l'avoir visité. C'est un modèle du genre. Son chef actuel, M. Barreau, y est installé depuis six ans et a apporté à sa construction et à son aménagement tous ses efforts et une intelligente initiative. L'aspect du poste, quand on l'aborde par le fleuve, est celui d'une petite station balnéaire : un quai de pierre surélevé et bien ombragé, une belle allée de palmiers élaïs, menant à une place carrée dont trois côtés sont garnis par les maisons d'habitation des Européens. En arrière, les magasins et une rue composée des maisons des soldats, toutes très confortables. Tout y est propre, même élégant. N'étaient les visages noirs, on se croirait dans quelque petite station méditerranéenne.

M. du Bourg déclare avoir passé une bonne nuit. Pourtant il me semble fatigué et énervé, les yeux trop vifs et fiévreux. Je communique mon impression au docteur, qui la confirme. Pourtant notre chef veut à toute force partir. La descente du fleuve continue.

Nous allons vers le sud-sud-est. Maintenant, c'est la rive droite du fleuve qui est la plus boisée. Cela vient de l'influence des vents d'est qui, certainement, apportent ici la pluie, d'où un accroissement marqué de végétation sur la rive exposée à ces vents. Là aussi sont les cultures. Hommes et femmes s'arrêtent dans leur travail pour nous regarder passer. La plupart ont le corps et la face entièrement tatoués de dessins divers, tracés au moyen d'une substance bleue dissoute dans l'huile de palme.

Nous nous arrêtons au village de Mapoussi, en un point où l'Ouellé a une largeur de 400 à 500 mètres. M. du Bourg se plaint d'une douleur articulaire de la mâchoire inférieure ; le docteur l'examine : elle est en effet contractée. D'ailleurs le vicomte peut encore manger. A tout hasard, et bien que le tétanos ne soit pas à craindre, le docteur lui administre une injection de sérum anti-tétanique.

*23 décembre.* — Deux malheurs dès l'aurore. L'Abyssin Alamo, qui nous suivait comme boy depuis Addis-Ababa et qui était malade de la fièvre depuis deux jours, est mort dans la nuit. Nous l'enterrons à l'aube, tristement. D'autre part, l'état de M. du Bourg s'est aggravé cette nuit. Il est fiévreux et très faible. Néanmoins il peut marcher, et le docteur, craignant un accès grave et long, n'hésite pas à conseiller le départ, pour gagner le prochain poste européen, le poste des Amadis, où nous pourrions a l'occasion trouver de l'aide et une installation plus confortable qu'une mauvaise hutte indigène.

Nous partons à sept heures. Les pirogues filent entre des îles bien boisées, dont les buissons sont surmontés par les panaches des grands élaïs. Le fleuve se maintient à une largeur de 300 mètres. Mais parfois les eaux sont trop basses. A neuf heures, trois de nos pirogues s'enlisent : attente sous le soleil, efforts épuisants...

Bientôt nous rencontrons un rapide infranchissable. Nous débar-

La dernière étape. M. du Bourg est transporté en hamac au poste des Amadis.

quons tous et transportons notre chef dans un hamac ; il souffre beaucoup, mais parvient encore à sourire au docteur qui le photographie pendant le transfert. La contraction de la mâchoire a gagné les muscles du cou et de la nuque. Il ne peut plus agiter la tête. Et pourtant, il a encore la force d'âme de plaisanter, pour dissiper notre inquiétude. L'une de ses incisives est légèrement cassée depuis longtemps, laissant un petit trou entre les dents rapprochées.

« Le doigt de Dieu ! dit-il : c'est par là seulement que je respire, puisque je ne puis plus ouvrir la bouche. »

Nous rions ; mais je sens une angoisse indéfinissable m'étreindre et mon propre rire sonne dans ma conscience comme un glas. Toujours vaillant, le docteur essaie de me remonter. Mais, au fond, M. Golliez, lui et moi, nous sommes tous inquiets... Mon Dieu ! épargnez-nous cette épreuve !...

Cependant les pirogues ont franchi le rapide. Nous rembarquons et à 3 heures après-midi nous arrivons au poste des Amadis. Le chef du poste, le lieutenant Craffen, nous reçoit au débarcadère, M. du Bourg est transporté en hamac jusqu'à la chambre qui lui est destinée. Nous y trouvons un grand *engareb*, ou lit indigène, où notre malade se trouvera bien. Nous serons confortablement établis pour le soigner.

Je vais prendre du repos à 9 heures. En quittant le docteur, j'ai remarqué qu'il était soucieux...

*24 décembre*. — M. du Bourg a bien reposé ; il semble aller mieux. Mais M. Brumpt ne pense pas que nous puissions partir de longtemps.

Une Mission catholique est installée dans le voisinage. M. Golliez et moi, nous faisons une visite aux Pères. Ce sont des Prémontrés. Ils nous reçoivent avec une grande affabilité. Ils ont près de 400 enfants qu'ils catéchisent et enseignent. Ils donnent d'ailleurs aussi leurs soins à de jeunes hommes et à des femmes. La Mission n'est ici que depuis trois ans. Elle a déjà fait bonne besogne matérielle et morale. Elle peut maintenant subvenir, grâce à ses plantations, à la subsistance de ses 400 membres.

Au retour, nous trouvons le docteur inquiet. Pourtant notre chef me semble mieux ; il a reposé toute la journée. On sait que de l'Ouellé nous avions l'intention de gagner vers le Nord le poste français de Zémio. Or, une lettre parvient du chef de ce poste : il nous attend et nous adresse des paroles cordiales. Ces nouvelles d'un Français font grand plaisir au vicomte et, le soir, pendant que nous prenons notre repas auprès de sa couche, il ne cesse de parler de Zémio, de ce compatriote qui nous attend, de la France déjà moins lointaine...

Le docteur l'approuve, l'encourage même. Mais, quand je me retire pour reposer pendant le premier quart de la nuit, il me confie qu'il ne faut pas songer à Zémio : quand la guérison sera venue (et fasse le ciel qu'elle vienne vite !) nous devrons regagner la côte par le chemin le plus court et les voies les plus rapides. Une fois couché, j'entends encore M. du Bourg qui parle, à voix haute, des Pères qui le viendront visiter demain matin...

Je dormais profondément, quant à dix heures et demie les symptômes d'une crise obligèrent le docteur à me réveiller, ainsi que M. Golliez. Une toux épouvantable, saccadée, continue, suffocante, secoue le pauvre malade. Puis elle se calme et le vicomte s'assoupit au milieu de notre silence.

Des minutes, des minutes, longues comme des heures... Tout à coup, à onze heures cinquante exactement, le vicomte ouvre les yeux et se dresse brusquement sur son lit; puis il retombe en arrière, le regard éteint, la bouche ouverte. Nous nous précipitons. Le cœur ne bat plus : notre chef est mort...

Nous sommes atterrés. .

Quelle fin lamentable pour une si belle expédition! Quelle récompense à tant de peines! Toute cette année passée avec lui me revient d'un bloc en mémoire. Je voudrais avoir le talent d'un écrivain pour dire son intelligence, sa fermeté, sa large tolérance, son héroïsme et sa simplicité. Il était notre chef et il était notre ami. Partout où il était passé, il avait laissé de l'affection. Et il est mort, loin des siens, sa noble tâche accomplie, — à la veille du retour et au seuil de la gloire!

*25 décembre.* — Nous avons envoyé de tristes dépêches à tous ceux qui l'attendent là-bas, à son frère, à son vieux père, à qui l'héroïsme de son fils donnait à la fois tant de fierté et tant d'inquiétude. Quelle douleur bientôt dans cette noble famille!

Puis ce sont les formalités de l'inhumation. Au moins notre chef aura-t-il eu les honneurs d'obsèques imposantes.

Vêtu de blanc, avec ses décorations sur la poitrine, nous l'avons mis sur un lit de parade, pendant qu'à la Mission la messe de Noël se disait pour lui. Puis, l'après-midi, nous l'avons mis en bière et nous sommes allés le déposer dans le petit cimetière de la Mission, auprès de deux Pères morts en ce même mois de décembre.

Les Pères, en procession, avec plus de 300 enfants, sont venus le chercher. Les Souahilis qui nous suivent depuis Djibouti, ont pris sur leurs épaules le cercueil. Nous suivions. Puis venait le commandant Royant arrivé dans la nuit et, derrière lui, la population. Le lieutenant Craffen et les hommes du poste ont rendu les honneurs.

Maintenant, notre chef repose en terre chrétienne, dans ce Continent Noir, le bien nommé, qui l'a attiré et qui l'a dévoré... C'est une nouvelle page au martyrologe des explorateurs, et une nouvelle parure pour le nom glorieux qu'il portait. Il est mort en héros moderne, pour la France, pour la science! »

Descente de l'Ouellé.

## EPILOGUE

(26 décembre 1902-2 mars 1903)

Il ne restait plus aux tristes compagnons de M. du Bourg qu'à regagner la côte par les voies les plus courtes. Comme par un miracle d'énergie, leur malheureux chef, malade depuis longtemps, semblait avoir tendu toute sa volonté pour vivre jusqu'à son arrivée en pays connu et souvent exploré. Il n'était mort que sa tâche accomplie jusqu'au bout, et un long séjour entre l'Ouellé et l'Atlantique n'eût rien appris aux membres de l'expédition. Ils n'eussent apporté aucune contribution nouvelle à la science. D'autre part, ils étaient tous fatigués et malades ; le terrible événement qui venait de les accabler, n'était pas pour leur donner du réconfort. En sorte qu'après avoir réglé toutes les formalités qu'entraîne un décès même dans une contrée presque vierge, ils ne songèrent plus qu'à se préparer le retour le plus rapide vers l'Atlantique et vers la France. Il allait de soi que, comme par le passé et pour se conformer à l'esprit même de leur chef, les membres de la mission continueraient leurs travaux, M. Didier se chargeant dorénavant des études ethnographiques qu'avait assumées spécialement jusqu'alors M. du Bourg.

Pour la question du commandement, aucune difficulté ne devait être soulevée.

« Nous sommes unis par l'amitié, par les souvenirs et la volonté du salut commun, avait dit M. Brumpt, qui par son ancienneté devait prendre la direction de la mission ; nous sommes tous inspirés de l'esprit de notre malheureux chef. Continuons donc à marcher comme par le passé, sans nous inquiéter des questions de préséance, et comme si sa personne regrettée était encore là pour nous conduire. »

De fait l'unité de direction et une autorité forte n'était plus aussi nécessaire dans ces contrées civilisées qu'en pays inconnu et hostile. Toutefois, avec une administration aussi formaliste que celle de l'Etat Indépendant, il fallait que nos voyageurs désignassent l'un d'eux, qui pût traiter les affaires *administratives* de la mission, sinon diriger ses affaires scientifiques. Or, jadis, lorsque M. du Bourg avait laissé M. Golliez seul à Goba, il lui avait laissé, dûment signée et paraphée, une procuration pour agir et disposer du matériel de la caravane en son lieu et place. Les voyageurs décidèrent que, au besoin, on exciperait de ce document, et qu'en cas de difficultés avec l'Etat Indépendant, M. Golliez, pour plus de commodité, prendrait en main la direction des affaires. D'ailleurs, l'occasion d'user de cette combinaison ne s'offrit pas et les membres de la mission devaient regagner la côte en bons compagnons, chacun n'essayant de se distinguer des autres que par les services rendus à l'œuvre commune... et nous sommes obligés de reconnaître que là encore ils sont demeurés sur le même rang.

Après avoir écrit au chef du poste français de Zémio, chef que M. du Bourg avait hélas ! prévenu de son arrivée, et l'avoir remercié de l'offre hospitalière qu'il leur avait faite et dont ils ne devaient pas profiter, les membres de l'expédition se rembarquèrent de nouveau sur l'Ouellé. Ils devaient le descendre jusqu'au confluent de la Mbima, où se trouve le poste de même nom, puis, de là, gagner le Congo lui-même pour le descendre jusqu'à son embouchure. Cette descente de l'Ouellé fut monotone, attristée par les souvenirs, et, au reste, sans incident. Le 30 décembre, ils atteignaient le poste de Bomokandi, qui, bâti sur un éperon du plateau qui s'avance dans le fleuve, domine celui-ci, large en ce point de 800 mètres. Ils y séjournaient deux journées et y passaient sans joie le premier jour de l'an 1903, évoquant les gaietés de l'année précédente, où tous étaient groupés autour de leur chef et remplis d'espoir, dans la capitale de Ménélik. Le 2, la descente de l'Ouellé reprenait ; les rives paraissaient suffisamment habitées par les A-Zandé, A-Baboua et Bacango. Le 4, on était au poste de Mbima, au point d'aboutissement de la route qui vient de la rivière Rubi, affluent du Congo, et au confluent d'un des affluents les plus importants de l'Ouellé, l'Ouerré. C'est là que, deux jours plus tard, le 6 janvier, M. Didier, en allant visiter sur la rive droite de l'Ouellé, large ici de 2 kilomètres, un village bacango, faillit se noyer; la pirogue qui le portait fut en effet poussée par un courant rapide sur une roche qui aurait pu la crever; les vagues hautes de près d'un mètre,

**Le Docteur BRUMPT**
**Chef de travaux pratiques à l'Institut de Médecine coloniale.**

le courant très violent auraient empêché tout sauvetage à la nage. Heureusement on en fut quitte pour une alerte un peu vive.

Le 7 janvier, le poste de Libokoua était atteint; les voyageurs allaient quitter la voie d'eau pour gagner par terre le Rubi et le Congo.

L'Ouellé est une des branches de l'Oubangui. Il sort des Montagnes Bleues et prend successivement les noms de Kibali, jusqu'à son confluent avec la Dongou, puis d'Ouellé ou de Makouad qu'il garde jusqu'à son embouchure. Les principaux affluents sont, à gauche, la Nzoro, la Gadda, la Bomokandi, la Mbima ; à droite, la Dongou, la Dourou, l'Ouerré. Les

M. BURTHE D'ANNELET
Lieutenant aux spahis sahariens.

petits affluents sont nombreux et très abondants pendant les saisons de pluies. Le cours du fleuve est très sinueux, encombré de rapides et d'îlots. La vitesse du courant est fort variable suivant les saisons et sur les divers points. A l'époque des eaux basses, elle ne dépasse pas deux kilomètres à l'heure. Pendant la saison sèche, les rapides faisant l'office d'écluses, la rivière se divise, comme toutes celles de la région, en une série de biefs : à l'intérieur de chacun d'eux la navigation est possible, mais non point de l'un à l'autre. Seules les pirogues indigènes légèrement chargées peuvent franchir ces obstacles. Avant Nyangara le nombre des obstacles leur rend à elles-mêmes le passage difficile.

Pendant les mois où ils le virent, la température de l'eau du fleuve était régulièrement de 23°. Chaque matin, avec autant de régularité, s'éle-

M. de ZELTNER
Naturaliste.

vait du fleuve une buée épaisse, un véritable brouillard, que le soleil ne parvenait à percer qu'à la longue et avec peine. Le poisson est abondant, dans cette eau à la température constante. Le lit du fleuve, fait de schistes et de sable, lui donne une saveur parfaite, au contraire des poissons du Nil, qui ont le goût de vase. Les types dominants sont le silure, le malytérure ou poisson électrique et un gros poisson que les Européens appellent *catfish*. Ajoutons les crevettes et les écrevisses que l'on trouve sur le lit sableux des petits affluents au cours de la saison sèche, et les crabes, les moules et les ethéries à forme d'huîtres que l'on recueille sur les rochers aux basses eaux.

La densité de la végétation arborescente sur les rives augmente de la source aux embouchures. Dans la partie reconnue par la Mission, ces rives étaient assez peuplées. De tous les peuples qui bordent le fleuve A-Zandé, Mangbattou, A-Barambo, A-Madi, A-Baboua, Mangbellé, Bacango, les premiers et les derniers sont les plus nombreux et les plus intéressants.

M. GOLLIEZ
Chef de caravane.

Nous avons déjà parlé des A-Zandé; quant aux Bacango, qui se trouvent plus en aval, la pêche est leur grande ressource, leur unique occupation, avec la culture de quelques rares plantations de manioc, de patates douces et de bananiers. Leurs pirogues ont 15 à 16 mètres de longueur et plus d'un mètre de large. Leurs pagayes sont très fines et d'un maniement commode. Pirogues et pagayes sont souvent ornées de dessins grossiers. Ce sont les Bacango qui fournissent à l'État Indépendant les pagayeurs dont il a besoin pour ses transports. Ils sont, semble-t-il, définitivement sou-

La rivière Mbima et la forêt tropicale au poste de Libokoua.

mis. Il n'en est pas de même des A-Baboua, qui, encore en 1901, se sont révoltés contre les Belges ; la lutte fut rude et témoigna que ceux qui la soutenaient n'avaient rien perdu de leurs qualités guerrières de jadis. Ceux-ci sont surtout, comme les A-Zandé et les Mangbattou, des forestiers qui servent l'État Indépendant en « chassant » pour lui le caoutchouc.

Le 8 janvier, les porteurs que l'État Indépendant devait fournir à la

M. DIDIER
Secrétaire.

Mission arrivaient de Bouta ; la caravane était organisée, les charges réparties par les soins de M. Golliez, et nos voyageurs s'enfonçaient vers le sud, après avoir dit adieu au fleuve dont le murmure devait bercer éternellement l'éternel sommeil de leur pauvre chef.

Pendant six jours, jusqu'au 14 janvier, la caravane marcha pour atteindre la Rubi. La route traversait la forêt tropicale, cette forêt vierge du Congo, dont tant de descriptions admiratives ont déjà été faites. A vrai dire, le spectacle qu'elle offrit à nos voyageurs leur fut plutôt une déception. Sur certains points, en effet, la forêt était trop domestiquée, pour ainsi dire. Le sous-bois défriché sur une largeur de 10 mètres, les traces d'anciennes plantations détruites lors de la révolte de 1901, les embryons de plantations nouvelles, les rejetons d'arbres à caoutchouc portant la marque des soins de l'homme, tout contribuait à lui enlever ce caractère de sauvagerie grandiose devant lequel tous les explorateurs des régions équatoriales se sont extasiés. En d'autres points, il est vrai, et notamment le 11 janvier, près du poste de Ibembo, la mission put apprécier ce qu'était la forêt vraiment vierge. On n'avait pas ici touché à la route depuis des années et la nature avait déjà repris une partie de ses droits. Sous les arbres hauts de 25 à 30 mètres et dont le soleil ne perçait jamais l'ombrage, c'était un inextricable fouillis de lianes et de troncs renversés. Mais les embarras que causait aux voyageurs cette surabondance de végétation demandaient à leur travail et à leur peine trop de temps pour en laisser beaucoup à leur admiration. Et nous ne nous étonnons pas des réflexions qu'inspirait à M. Brumpt le spectacle de la forêt-vierge.

« La grande forêt tropicale, devait-il dire le 5 juin 1903 à la Société de Géographie, la grande forêt tropicale, que nous avions tant envie de connaître et que nous venons de traverser, ne nous a pas laissé l'impression que nous en attendions. Depuis notre départ de Djibouti, nous avons pu faire connaissance avec toutes les formes de la nature sauvage : le désert, les steppes, les savanes, les marécages et la forêt. Je puis dire, pour ma part, que je réserve toutes mes sympathies pour la steppe. Dans la grande forêt et dans la savane, l'homme, environné de lianes, de roseaux ou de grandes herbes, est écrasé par la végétation exubérante, il se sent faible à côté d'elle; son esprit même occupé à éviter les obstacles, est esclave de la nature ; rarement il est distrait par un beau site ou par un horizon inattendu. Dans les régions désertiques, au contraire, l'aridité du sol et des végétations épineuses, l'éclat aveuglant des pierres brillantes, sont largement compensés par les merveilleux mirages, la facilité de la marche, les chevauchées rapides qui vous font voir, à l'horizon, sur les lignes âpres des montagnes, ces teintes indéfinissables, cette grandeur et cette majesté de la nature que l'homme peut ici connaître et parcourir et dont il se sent un peu le maître. Aussi combien je comprends l'attachement du nomade pour son désert et pour ses troupeaux ».

Le 14 janvier, le poste de Bouta, sur la Rubi, était atteint. Il était temps ; la marche à travers la forêt avait été fort rude ; M. Golliez et M. Didier étaient malades ; M. Brumpt ne se tenait à son poste que

Porteurs A-Baboua.

par un miracle d'énergie. Les bagages furent chargés sur des pirogues et la descente de la Rubi commença, comme naguère celle de l'Ouellé. Le 23 janvier, les pirogues s'arrêtaient au quai de Boumba sur le Congo. Que dire de l'impression que produisit sur nos voyageurs la vue de ce fleuve énorme, large en ce point de 40 kilomètres, et qui roulait ses flots majestueux et innombrables parmi des îles verdoyantes? Le 26, ils s'embarquaient sur le steamer *la Flandre* qui devaient les amener dans la capitale de l'Etat Indépendant, à Léopoldville. Le 28, ils faisaient escale à Mobeca, près des comptoirs de la Nouvelle-Anvers, le 29 à Loulouga ; le 30, ils

Arrivée à Mbima.

franchissaient l'équateur. Le 1er février, ils étaient à Loukoleba, le 3, à l'embouchure de la Kassaï ; le 7 enfin, ils touchaient Léopoldville.

L'aspect de la grande cité, les mots échangés dans toutes les langues, la foule grouillante, les quais résonnant du sifflet des machines, les steamers, les trains, tout redonnait enfin à nos voyageurs le spectacle de la civilisation dont ils étaient privés depuis deux ans. Le premier soin fut de se rendre, sur l'autre rive du Congo à la ville française, à Brazzaville. Ils y furent reçus à bras ouverts par le commissaire général Desbordes, qui s'y trouvait, faisant fonction de gouverneur : on parla de la France maintenant prochaine, on parla du chef mort, qui ne la verrait plus.

Les jours suivants furent occupés à liquider le matériel de l'expédition, à régler toutes les questions administratives avec l'Etat Indépendant, à préparer le rapatriement des quelques hommes qui avaient suivi la mission depuis le Nil.

Puis le 15 février, nos trois voyageurs disaient adieu à Léopoldville et gagnaient en chemin de fer le port de Matadi. Ils voyaient enfin l'Océan. Leur premier soin fut de retenir leur place sur le « Paraguay », magnifique paquebot de la Compagnie des Chargeurs Réunis, qui devait partir pour la France. Le 18, à 8 h. 1/2, il levait l'ancre et disaient adieu à la terre d'Afrique, à la mangeuse d'hommes, qui gardaient la meilleure part d'eux-mêmes. Le 27, ils touchaient Libreville, le 4 mars Kotonou, le 12 Dakar, le 15 Ténériffe et le 23, ils arrivaient à Bordeaux. Il y avait 27 mois qu'ils avaient quitté la France.

Nous quittons nos héros à l'instant où ils touchent enfin le sol natal.

Au lecteur seul il appartient d'apprécier l'effort accompli par Robert du Bourg de Bozas et par ses compagnons, l'endurance et l'héroïsme dont ils ont, pendant deux ans, donné des preuves quotidiennes, les périls qu'ils ont bravés sur cette terre hostile : la soif et la chaleur accablante dans les déserts, la nuit et les taillis inextricables dans les forêts ; partout enfin, la fourberie cruelle des populations. Nous nous bornerons ici à des considérations d'un ordre moins objectif et plus scientifique. Nous rappellerons d'abord ces paroles du voyageur : « *Le principal auxiliaire de l'explorateur africain, c'est la force, mais à la condition qu'il en fasse usage le plus rarement possible et qu'il s'en serve seulement pour appuyer la diplomatie et les négociations par lesquelles il doit assurer au préalable chaque pas qu'il fait en avant.* » Cette méthode, faite de prudence et de loyauté, est la marque originale de notre héros. C'est grâce à elle qu'il put passer partout presque sans coup férir et obtenir les résultats scientifiques que nous résumerons en terminant.

Ils constituent, en effet, le plus bel éloge de l'explorateur qui n'est plus : l'Afrique traversée de l'est à l'ouest, le massif de Harar reconnu, le cours moyen du Ouabi-Chébili et du Ouebb déterminé, les mœurs de leurs riverains étudiées, quelques notions nouvelles recueillies sur le pays galla et sur la capitale du négous, enfin et surtout la traversée de l'Ethiopie méridionale, du sauvage Tourkouana et des pays du Haut-Nil, — voilà son œuvre! Il l'accomplit en économisant sur la vie et sur le labeur de ses hommes, en ne dépensant sans compter rien autre chose que son dévouement et ses propres forces jusqu'à la mort.

Il faut se taire devant l'éloquence des faits. Ils montrent mieux que tout, à quel rang la France et la Science doivent inscrire le nom de Robert du Bourg de Bozas au livre des glorieuses victimes du Continent Noir.



FIN.

TABLES

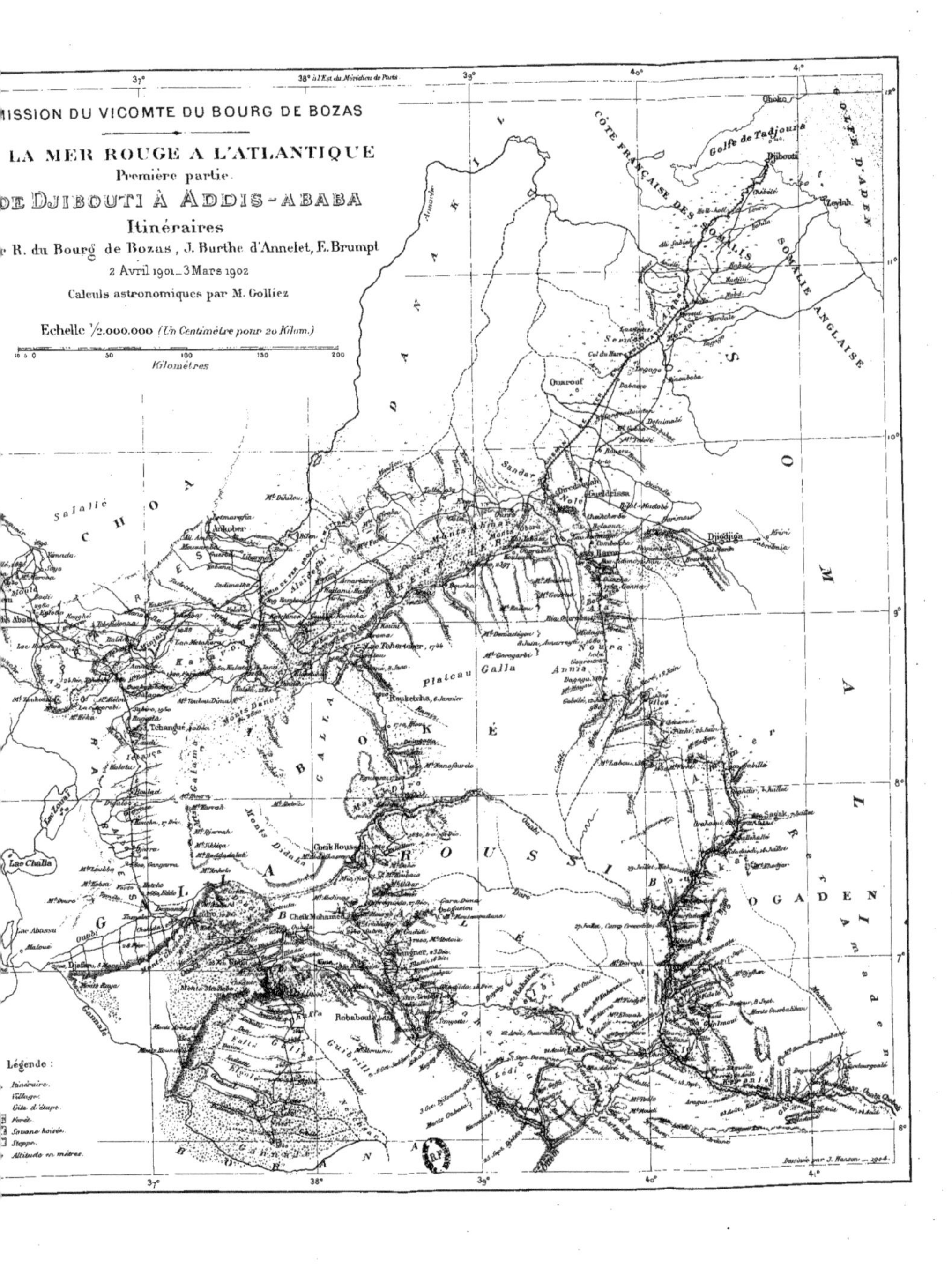

MISSION DU VICOMTE DU BOURG DE BOZAS
LA MER ROUGE A L'ATLANTIQUE
Première partie.
DE DJIBOUTI À ADDIS-ABABA
Itinéraires
de R. du Bourg de Bozas, J. Burthe d'Annelet, E. Brumpt
2 Avril 1901 _ 3 Mars 1902
Calculs astronomiques par M. Golliez
Echelle 1/2.000.000 (Un Centimètre pour 20 Kilom.)
Kilomètres
38° à l'Est du Méridien de Paris
Légende :
Itinéraire.
Village.
Gîte d'étape.
Forêt.
Savane boisée.
Steppe.
Altitude en mètres.
Dessiné par J. Hansen _ 1904.
CÔTE FRANÇAISE DES SOMALIS
SOMALIE ANGLAISE
GOLFE D'ADEN
Golfe de Tadjoura
Djibouti
Zeylah
DANAKIL
CHOA
SOMALIE
OGADEN
Plateau Galla
Lac Challa
Lac Abossu
Djidjiga
Harrar
Ankober
Cheik Houssein
Cheik Mohamed
Robabouti
Ouarouf
Tchangué

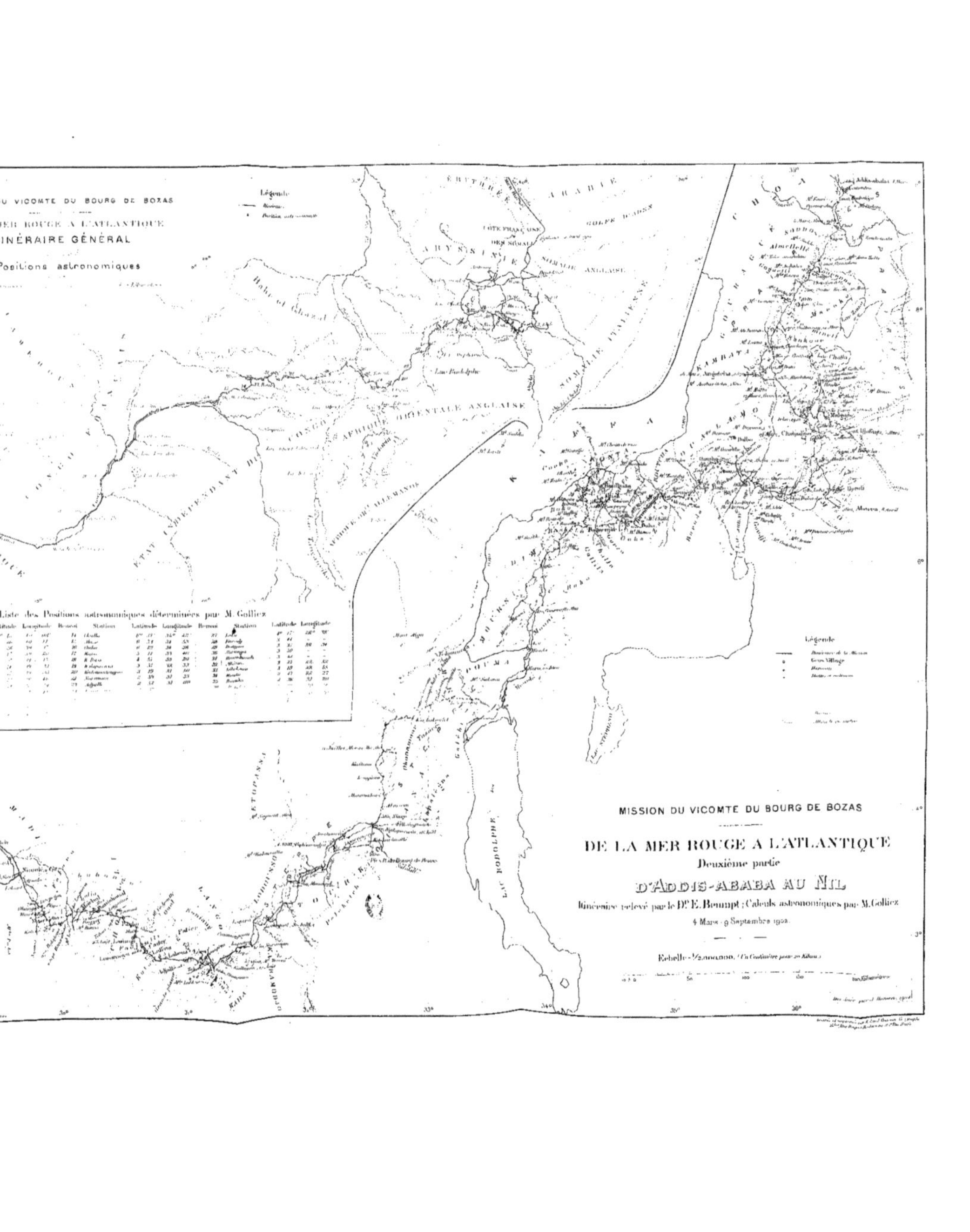
DU VICOMTE DU BOURG DE BOZAS
TINÉRAIRE GÉNÉRAL
Positions astronomiques
Légende
ABYSSINIE
CÔTE FRANÇAISE DES SOMALIS
GOLFE D'ADEN
SOMALIE ANGLAISE
SOMALIE ITALIENNE
AFRIQUE ORIENTALE ANGLAISE
LAC RODOLPHE
MISSION DU VICOMTE DU BOURG DE BOZAS
DE LA MER ROUGE A L'ATLANTIQUE
Deuxième partie
D'ADDIS-ABABA AU NIL
Itinéraire relevé par le Dr E. Brumpt ; Calculs astronomiques par M. Golliez
4 Mars - 9 Septembre 1902.

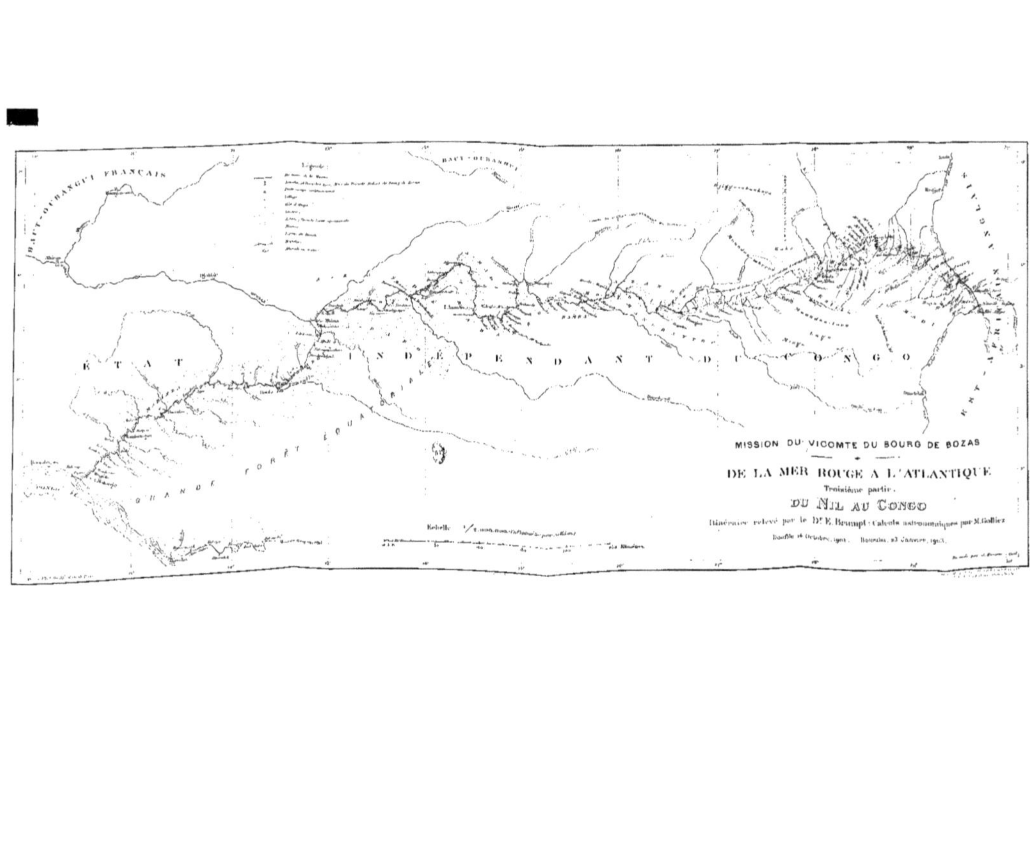

HAUT-OUBANGUI FRANÇAIS
HAUT-OUBANGUI
Légende
ÉTAT INDÉPENDANT DU CONGO
GRANDE FORÊT ÉQUATORIALE
Échelle
MISSION DU VICOMTE DU BOURG DE BOZAS
DE LA MER ROUGE A L'ATLANTIQUE
Troisième partie.
DU NIL AU CONGO
Itinéraire relevé par le Dr E. Brumpt : Calculs astronomiques par M. Golliez

# TABLES

## TEXTE ET GRAVURES

---

ACHEVÉ D'IMPRIMER

*Le 1er Novembre 1905*

par

H. ROBERGE

Imprimeur à Paris

*235, Rue du Faubourg-St-Martin.*

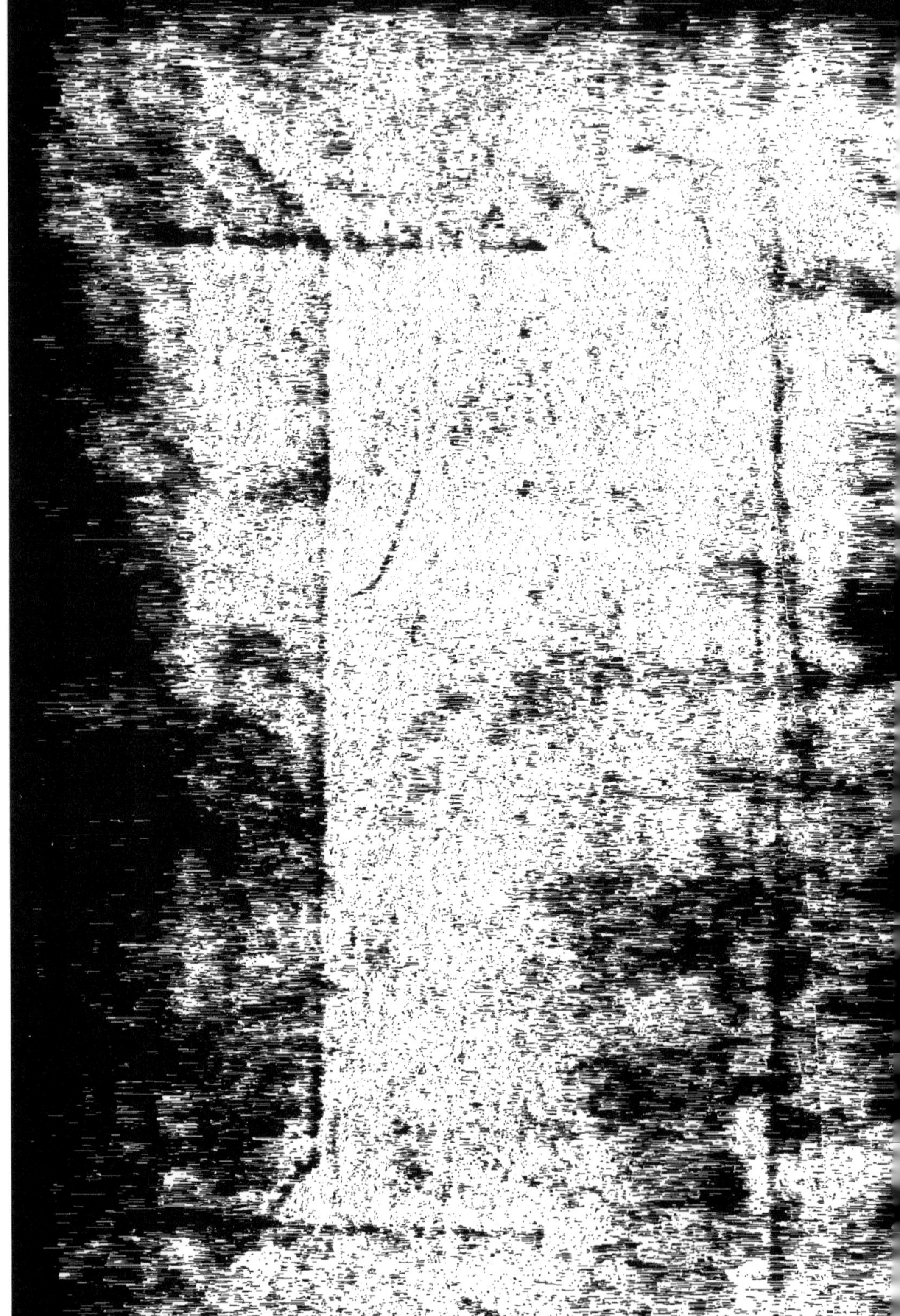

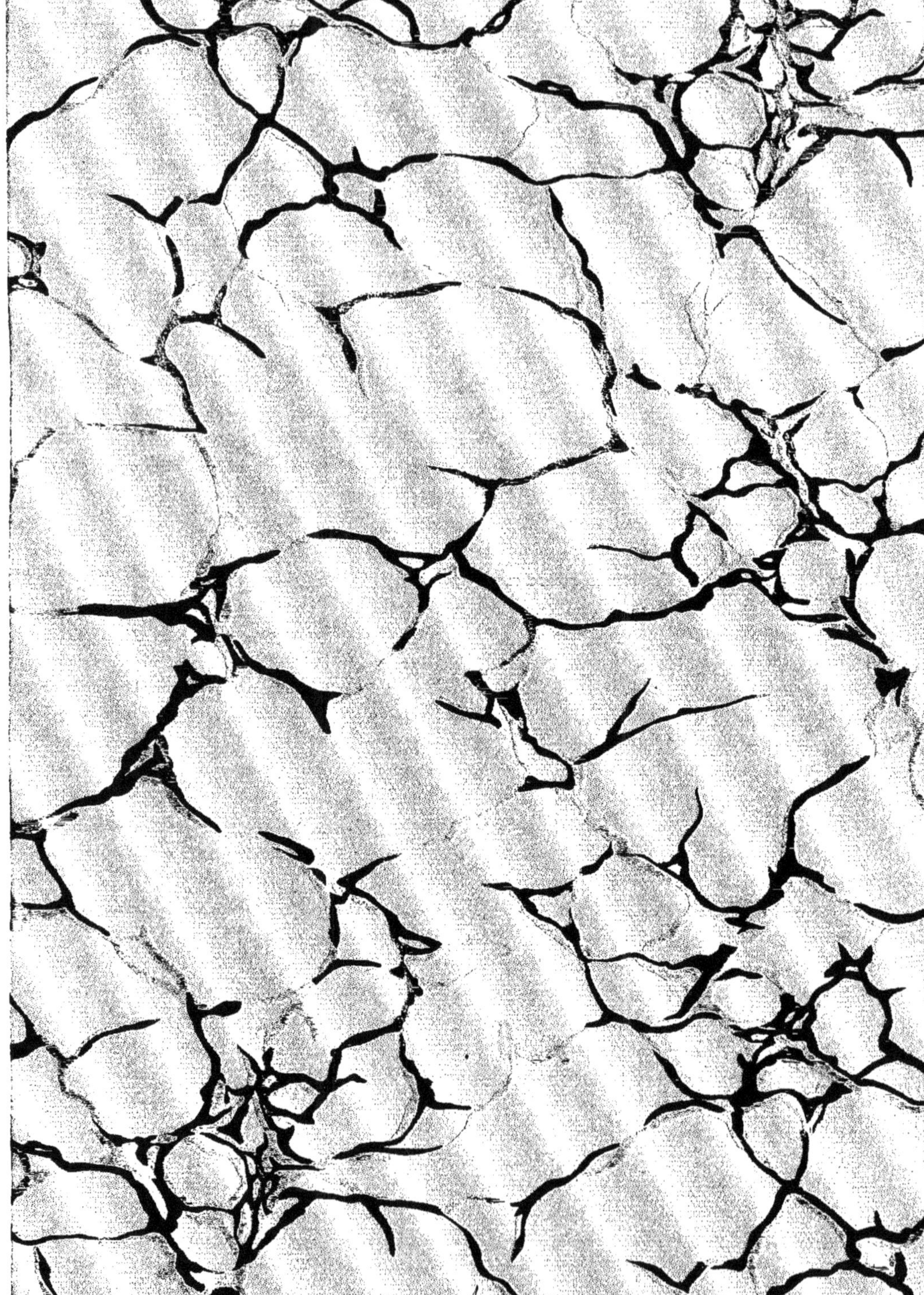

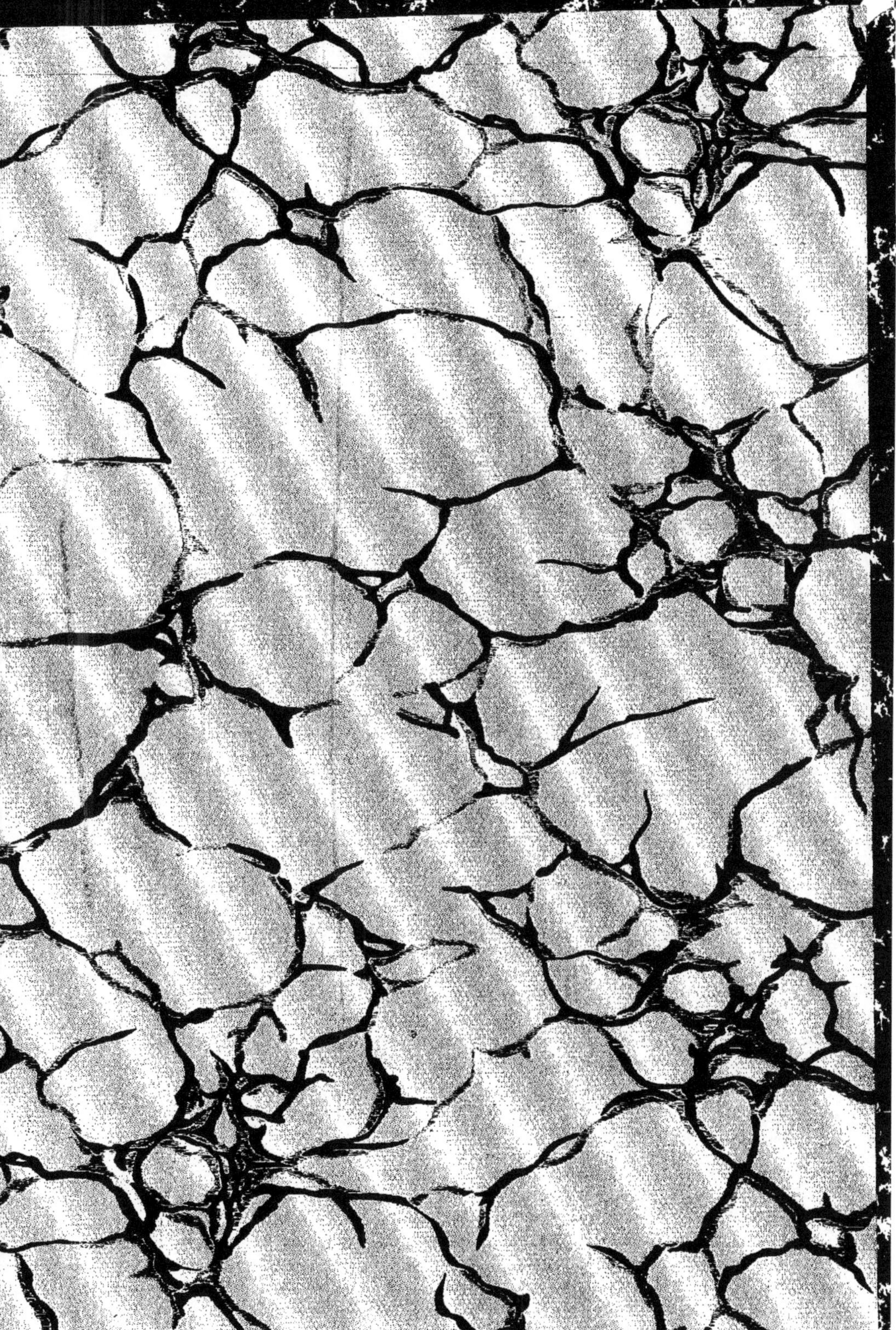

www.ingramcontent.com/pod-product-compliance
Ingram Content Group UK Ltd.
Pitfield, Milton Keynes, MK11 3LW, UK
UKHW021841190726
13855UKWH00001B/82